Distributed Control and Optimization in Smart Grids

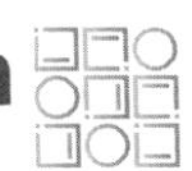

智能电网中的分布式控制与优化

郭方洪 温长云 宋永端 | 著

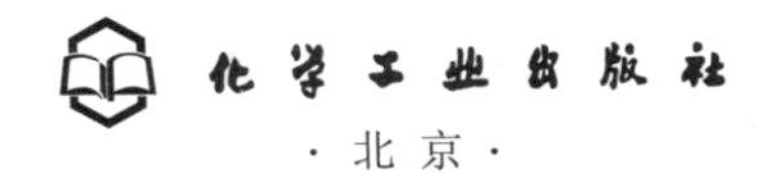

· 北 京 ·

内容简介

在碳中和、碳达峰背景下，构建以新能源为主体的新型电力系统成为我国电力系统改革的重要举措。本书深入研究了新型电力系统的典型代表——新能源微电网的相关控制策略，重点讨论了微电网的分布式控制与优化方法。针对微电网控制问题，本书提出的诸多控制方法可以保证微电网在多种复杂环境下的稳定运行；针对微电网经济调度问题，本书研究的快速优化方法为解决其实时性要求高的技术难点提供了新的思路；在介绍微电网相关控制与优化算法中，不仅有传统算法设计，同时也结合当前研究热点，提出了基于深度学习的优化方法。

本书可为从事电气工程相关工作的技术人员提供参考，也可供从事微电网研究工作的师生阅读 。

图书在版编目（CIP）数据

智能电网中的分布式控制与优化 / 郭方洪，温长云，宋永端著.—北京：化学工业出版社，2024.5
ISBN 978-7-122-45333-4

Ⅰ. ①智… Ⅱ. ①郭…②温…③宋… Ⅲ. ①电网-分布控制-研究 Ⅳ. ①TM727

中国国家版本馆CIP数据核字（2024）第065675号

责任编辑：宋 辉 于成成
文字编辑：毛亚囡
责任校对：李雨晴
装帧设计：王晓宇

出版发行：化学工业出版社
（北京市东城区青年湖南街13号 邮政编码100011）
印 装：河北鑫兆源印刷有限公司
710mm×1000mm 1/16 印张17¼ 字数326千字
2024年9月北京第1版第1次印刷

购书咨询：010-64518888
售后服务：010-64518899
网 址：http://www.cip.com.cn
凡购买本书，如有缺损质量问题，本社销售中心负责调换。

定 价：**88.00**元

前言

PREFACE

能源作为人类赖以生存的基础，极大程度上促进了人类社会的发展。而电能作为高效的能源利用方式在人类生产生活中具有不可或缺的地位。传统电能主要依靠石油、煤炭等化石燃料生产，发电的同时往往伴随着大量的污染排放，加之，不可再生能源终将走向枯竭。因此，大力发展新能源、促进可再生能源利用已成为解决能源需求增长与环境保护之间矛盾的重要措施。此外，“十四五”时期也是我国加快能源绿色低碳转型、落实应对气候变化国家自主贡献目标的攻坚期。大力发展可再生能源是纵深推进能源革命、保障国家能源安全的重大举措。然而，以太阳能、风能和生物质能等为代表的可再生能源通常以分散形式存在，使得以新能源为主体的新型电力系统的发电、配电与储电等问题难以协调。为解决可再生能源利用率问题，微电网这种以高效、清洁的分布式能源为基础，结合储能单元、负荷以及相关控制装置的新型供电方式应运而生。

通常，微电网具有两种运行模式，分别为并网模式与孤岛模式。并网模式下，微电网系统动态特性一般由主电网决定，微电网只需在电流源模式下工作。相较而言，孤岛式微电网控制所带来的挑战更大。为更好地实现孤岛式微电网能量管理，一般采用类似于传统电网的分层控制结构。该控制结构主要分为三层：底层控制基于本地分散控制实现微电网电压/频率稳定及功率初步分配，二层控制（中间层控制）旨在解决由底层控制所导致的电压/频率偏差、电能质量提升等问题，三层控制（上层控制）主要考虑经济调度及优化问题。传统微电网二层与三层控制通常在集中控制器［如微电网集中控制器（Microgrid Central Controller，MGCC）］上实现，而集中式控制往往存在单点故障、通信/计算成本高等缺点。学术界也在积极探索新的控制方式和框架。近年来，分布式控制方式得到了广泛关注。与集中式控制相比，该类控制方式将若干子控制器按地域的“纵向分布”，通过在各个子控制器间建立信息交互机制，实现整个系统的协同控制。在该类控制框架下，各个子控制器“地位平等”，通过“协同优化”，最终实现全局系统的“合作共赢”。

基于此，本书以新型电力系统中的典型代表——微电网为研究对象，提出了一类在分布式控制框架下的微电网二层控制与三层优化算法。本书旨在研究如何增强微电网的可靠性、稳定性以及经济性，提供了清晰的二层控制以及三层优化理念，适合初学微电网控制的本科生以及研究生阅读，同时也适用于长期从事微电网控制研究的学者。本书主要内容：一是讨论了不同通信条件下的分布式二次电压与频率恢复策略（第 2 章）；二是给出了一种分布式不平衡电压补偿策略（第 3 章）；除研究交流微电网二层控制问题外，本书还进一步讨论了直流微电网的分布式二次控制算法以及基于事件触发的低通信负担控制算法（第 4 章）；为了进一步阐述智能算法在微电网中三层控制的运用，本书提出了“虚拟智能体（Virtual agent）”的概念（第 5 章）、基于加速梯度的分布式经济调度优化算法（第 6 章）；针对微电网三层优化非凸经济调度问题，本书提出了一种基于改进连续凸逼近分布式优化算法（第 7 章）。本书最后还讨论了一类新的基于“学习优化（Learning to optimize）”的经济调度优化算法用以解决传统数值优化算法实时性差的问题。

微电网控制从传统控制算法逐渐演变到具有网络攻击的弹性控制算法，再上升到基于智能学习算法的控制，此类演变趋势使得微电网的控制与优化遇到诸多新的困难和挑战。衷心希望本书的出版能够给读者提供更新更广阔的视野，进一步推进我国大规模分布式微电网的研究。

在本书出版之际，作者要特别感谢国家自然科学基金长期以来对微电网控制与优化研究的资助，同时也要感谢国内外学术界和工业界的同行，与他们进行的大量正向交流，使作者对微电网控制与优化的理解不断深入，并获得新的启发。感谢本书编写组，感谢多年来并肩工作在微电网控制与优化研究领域的博士生和硕士生，他们的丰硕成果为此书注入了许多新鲜的灵感。

最后还要感谢自己的家人，他们始终不渝的支持与鼓励是作者进行研究和完成写作的强大动力。

著者

目录 CONTENTS

The Road of
Industrial
Intelligent
Innovation

第 1 章

智能电网控制与优化方法研究现状

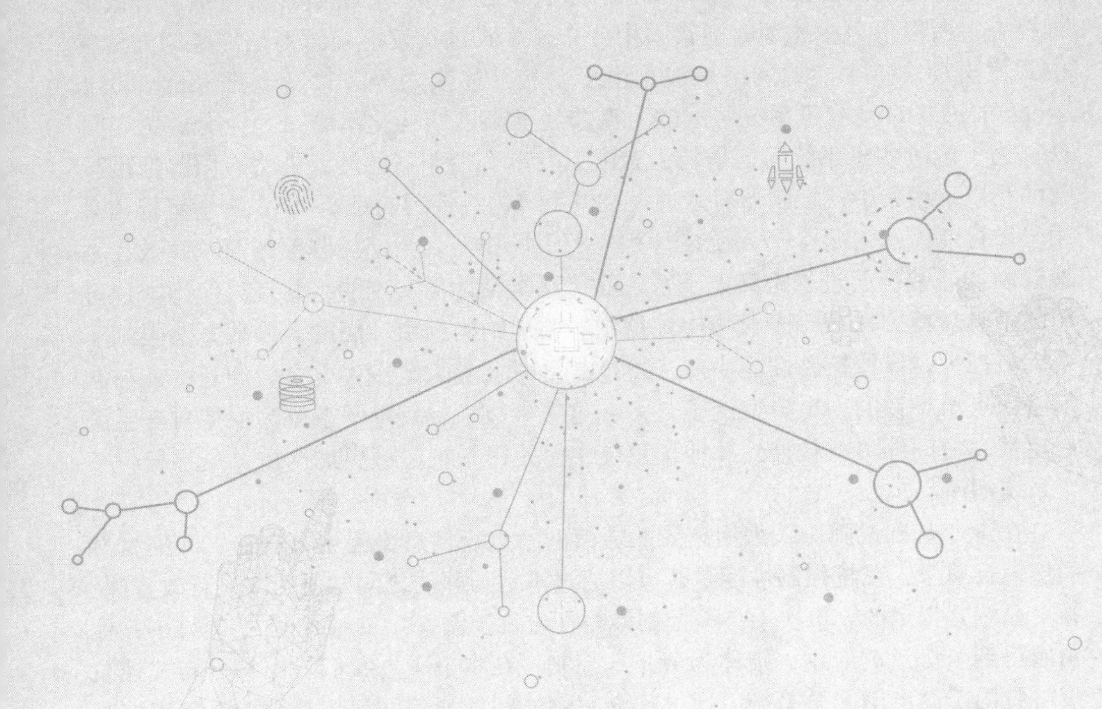

1.1 智能电网简介

近年来，在国民电力需求的日益增长与传统能源危机的压力下，传统意义上的电力发展无法满足国家用电需求。因此，以新能源为主体的新型电力系统应运而生[1]。

人类社会对电能的需求正迅速增加，据估计，2000 ～ 2030 年之间的电力需求将翻番，年增长率为 2.4%。由于不可再生能源的经济可行性、高能量密度等优点，其在短期内仍是主导能源。然而，不可再生能源终将走向枯竭，而且其发电的同时往往伴随着大量的污染物排放；加之，政府部门大量的激励措施以及大规模的部署，使得可再生能源变得越来越普及。因此，大力开发新能源以促进能源系统的转型就变得尤为重要[2]。

新能源主要是指风和光，属于可再生能源。可再生能源发电技术包括风力发电、光伏发电、光热发电、水力发电、生物质发电等[2]。此类能源一般以分散形式存在，所以可再生能源时通常采用分布式方式进行发电，而不是传统的大型集中式发电厂。整个能源网络一般是由多个相互连接的分布式发电机（distributed generation，DG）或子系统组成的大型非线性高度结构化系统[3]，十分庞大与复杂。为了解决各子系统间通信能力有限以及单个控制器的计算能力有限等原因导致的难以采用集中式控制器对这种大规模系统进行控制的难题[4,5]，有学者提出采用分散控制方法对每个子系统设计相应的子控制器。为使控制更加简单高效，本地控制器通常是通过忽略其他子系统的交互来设计与实现的，并且只使用本地可用的信息。此方法相当于对集中式控制器施加结构约束。因此，分散方法限制了系统可控性，导致控制性能变差。2003 年 8 月北美大范围停电事故便是由此控制策略缺点所导致的一个典型例子[6]。在这次事故中，每个子系统为保持自身系统稳定性，将额外负载转移到其他子系统中，使得系统过载更加严重，最终导致整个系统崩溃。

在工业基础设施中，采用高效的通信网络进行信息交互十分普遍，人们自然而然地会思考，系统控制性能是否可以通过本地与邻居之间的通信来进行改善呢？答案显然是肯定的。事实上，该控制策略在过程控制[7]、交通控制[8]等许多其他领域得到了广泛的应用，被称为分布式控制。在本书中，我们提出将分布式控制策略应用于微电网能源系统，通过建立它们之间的通信网络拓扑结构，实现控制器之间的信息交换。某种程度上，分布式控制策略可视为是集中控制和分散控制之间的折中，结合它们的优点，以达到最佳控制性能。集中式、分散式和分布式控制方案之间的比较如图 1-1 所示。

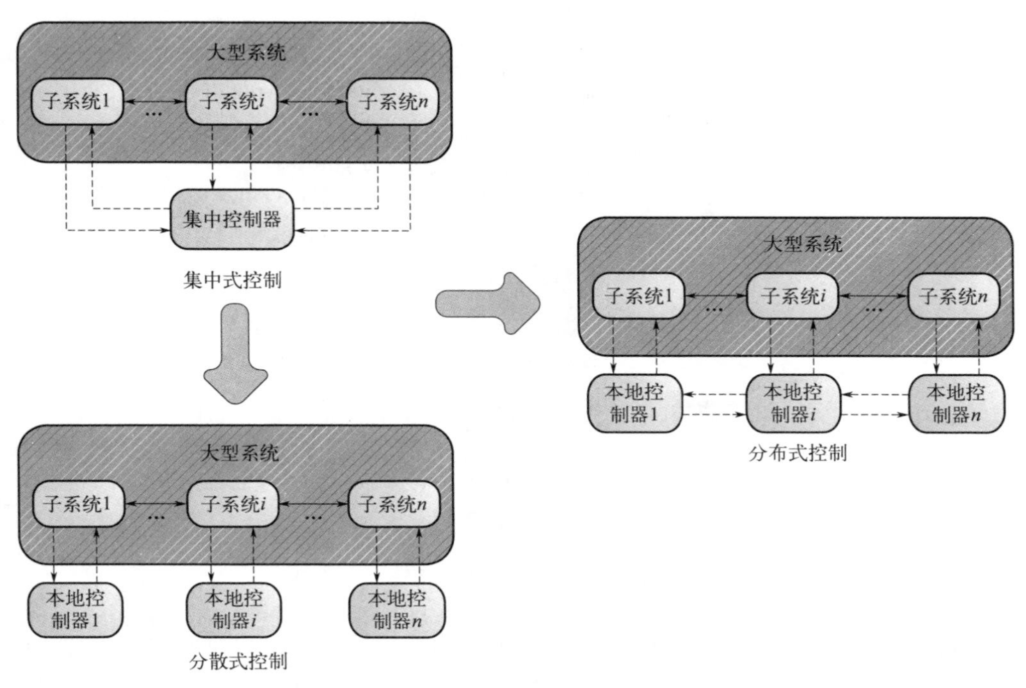

图 1-1　集中式、分散式和分布式控制方案

除提高系统控制性能外，还有其他因素激励分布式控制的发展[9]，如电力市场的放松管制，对新供应商开放，消费者可以选择自己的供应商。目前的控制方法所施加的限制（如低灵活性、低故障恢复能力等）也要求我们重新考虑电力系统的控制算法[10]。

目前，随着传统能源的供应短缺以及对用电可靠性的提高，分布式可再生能源资源的整合正在演变为能源系统的一个新兴电力愿景。智能电网作为一个现代化的电网，能够利用信息和通信技术来提高电力[11-13]生产和分配的效率、可靠性和经济性。而作为智能电网的主要组成部分，微电网（microgrid, MG）这种以高效、清洁的分布式能源为基础，结合储能单元、负荷以及相关控制装置的新型供电方式受到越来越多的关注[14]。其整体框架如图 1-2 所示。

与传统的同步发电机（synchronous generator，SG）不同，微电网中的 DG 利用燃料电池（fuel cell，FC）、光伏（photovoltaic，PV）和风力发电机等进行发电[15,16]。相比于基于化石燃料发电的传统电网而言，微电网具有碳消耗少、需求响应快等优点。不同特点的 MG 可分为不同类型，如根据总线类型不同，MG 可分为交流（alternating current，AC）MG、直流（direct current，DC）MG 和混合交直流 MG[17] 三类；根据能量管理结构可分为集中式、分散式与分布式[18]。

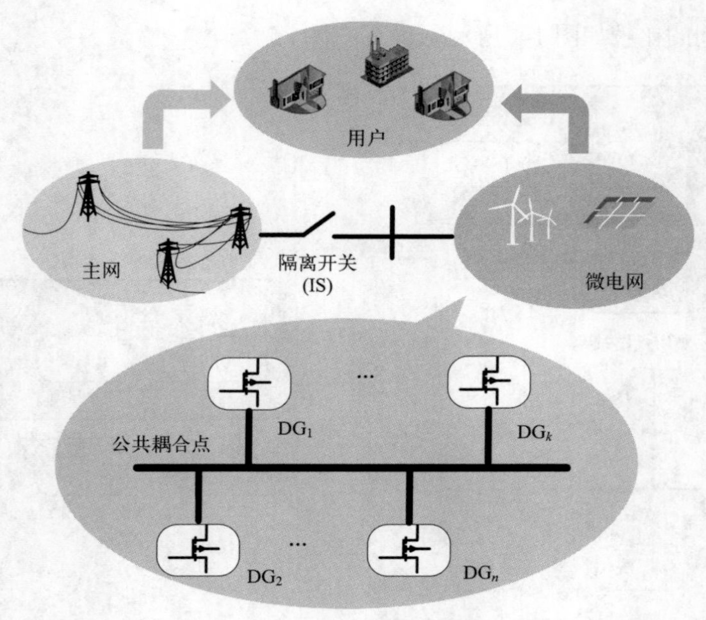

图 1-2　智能电网结构图

目前，与微电网相关的研究和开发项目世界各地均有不同成果。在新加坡，南洋理工大学能源研究所（ERI@N）在塞马考岛建立东南亚首个也是最大的微电网。它可以使用太阳能、风能、潮汐能、柴油等多种混合能源进行发电，并能将储能、电力、气体技术[19]集成在一起。此外，新加坡能源市场管理局（EMA）在新加坡[20]东北一岛普劳·乌宾的码头区建立了微电网试验台。该试验台能利用间歇可再生能源技术（如光伏技术）评估微电网基础设施内电力供应的可靠性。

自 1998 年以来，欧盟广泛开展了对微电网的研究。大多学者旨在研究微电网控制策略及其网络拓扑结构设计，并开发相应的管理操作、技术和商业协议标准化的新工具[21]，这意味着智能电网将具有更广泛的社会参与度并能有效整合欧洲国家的可再生能源系统。后续则关注于将微型发电大规模集成到低压电网中[22]。

美国政府则进行了一个微电网项目——电气可靠性技术解决方案（CERTS）。该项目探讨了新技术与新环境对电力系统可靠性的影响。据报道，此概念已经得到充分发展，并建立了实验室规模的测试系统[23]。

我国通过改进电力网络结构，提高可再生能源发电量，从而推进电力网络的低碳化[24]。现已建成多种微电网示范项目。例如在青海省建设了城镇、居民和学校场景下的孤岛式微电网，主要向终端用户提供可再生能源消费，从而提高经济性与可靠性。再有南京市建设了工业园区微电网项目，为整个园区提供电力供应。

与传统电力系统相比，MG 具有以下优点[25]：

① 微电网整合了分布式可再生能源，从而减少了碳消耗，降低了能源成本。

② 由于 DG 通常接近负载，功率传输损耗将大大降低。此外，它比传统的电力系统具有更快的需求响应。

③ 能提供高电能质量。由于 DG 通常与逆变器连接，它不仅提供了调节的交流电压，而且具有补偿不平衡和谐波电压的能力。

④ 提高了传统能源的利用率。因为通过配电线路的有功、无功、不平衡和失真功率较少。

MG 虽有以上诸多优点，但因其复杂的动态特性，在运行控制方面也存在诸多挑战，主要包括[25]：

① 由于用于发电的可再生能源的间歇性与不确定性，功率注入具有极强的不规则性，因此需要潮流调节与功率分配策略。此外，还需要配备相应的储能设备。

② 微电网具有较小的惯性以及较大的参数不确定性。DG 动态响应的快速性与逆变器的物理惯性，使得系统易受干扰，导致其频率和电压稳定性很差。

③ 微电网中的潮流是双向的，传统的稳压技术不适用，因此需要新的控制和保护策略。

通常，MG 可以采用两种模式运行，即并网模式和孤岛模式[26]。在并网模式下，MG 通过在公共耦合点（point of common coupling，PCC）闭合隔离开关（isolating switch，IS）连接到主网中，如图 1-2 所示。由于主网容量较大，微电网的频率最终与主网同步。此外，微电网系统的功率失配也可由主网立即重新分配。在该模式下，由于 DG 单元的容量较小，微电网系统动力学方程很大程度上是由主网所决定的。该模式下的 DG 如电流源一般，向主电网提供预设的恒有功功率与无功功率。当主网发生故障时，微电网也可通过切断 IS 实现自我保护，并以孤岛模式运行。此模式下，由于缺乏主网的支撑，微电网须实现以下控制目标才能稳定运行[27]：

① 电压和频率管理：微电网须将其频率与电压维持在一定的标称值，可存在一定的容忍误差。

② 实现供需平衡：微电网须重新分配 DG 与负载间的有功功率与无功功率以保证供需平衡。

③ 改善电能质量：它包含两个层次。一个是每台 DG 输出端的无功功率和谐波电压补偿，另一个则是 PCC 的无功补偿、不平衡和谐波电压补偿。

综上所述，微电网的运行控制主要包括两个方面，一方面是保证微电网能在两种运行模式下进行可靠切换，另一方面则是孤岛模式下微电网内部能进行有效的能量管理。而在并网运行模式下，微电网中的电压与频率均由大电网所决定，因此内部 DG 均采用 PQ 控制策略（PQ 控制策略是应用在微电网并网工作模式中广泛采用的控制策略）。相位（IACT）中的电流分量负责有功功率 P 的控制；而电流的正交分量（Ireact）用于控制无功功率 Q。这种控制策略较为简单。本书主要讨论微电网孤岛式模式下的运行控制，因此，涉及并网模式下的控制方法便不加以赘述。下面将对孤岛式微电网结构进行详细介绍。

1.2 智能电网控制与优化方法简介

1.2.1 智能电网分布式控制方法

微电网孤岛式运行时，主要有以下几种控制结构：主从控制结构、对等控制结构与分层控制结构[28]。

主从控制结构中，须选取某台 DG 作为主控制器，此控制器主要采用 U/f 控制，即定压 / 定频控制。类似于并网运行，其他 DG 则采用 PQ 控制，通过参考主控制器来决定自身运行状态。该控制结构中，作为主控制器的 DG 需要具备快响应、功率输出大的特性来满足系统的负荷需求[29]。

对等控制则是所有的 DG 均是等价地位，各 DG 根据本地输入实现对自身电压与频率的控制。该控制方式本质上为分散式控制，而我们熟悉的下垂控制（后面将对该结构进行详细的介绍）便是一种典型的对等控制结构。与主从控制相比，对等控制能自主调节 DG 间的输出功率，而且能在不改变 DG 自身控制方式的条件下，进行运行模式的切换，具有更高的灵活性与拓展性。但如果仅采用对等控制结构，微电网的稳定性与鲁棒性较差，仍存在一定的缺陷[30]。

为提高微电网的性能，在对等控制的基础上，人们提出了分层控制结构。该结构能较好地实现微电网能量管理，同时能确保系统运行的稳定性与经济性，被视为微电网最为有效的控制结构[31]。如图 1-3 所示，该结构主要分为三层，即一次控制层、二次控制层与三次控制层。当微电网负荷变化以及运行模式切换时，一次控制能通过调节 DG 实现负荷与输出功率间的平衡，下垂控制（droop control）常用于一次控制中[32,33]。二次控制旨在消除由一次控制导致的频率 / 电压偏差。三次控制则更多地考虑微电网的高效性、经济效益等优化问题。三个控制层相互制约配合，能更有效地确保微电网的稳定运行。此外，三个控制层的响应时间也是逐层增加的。

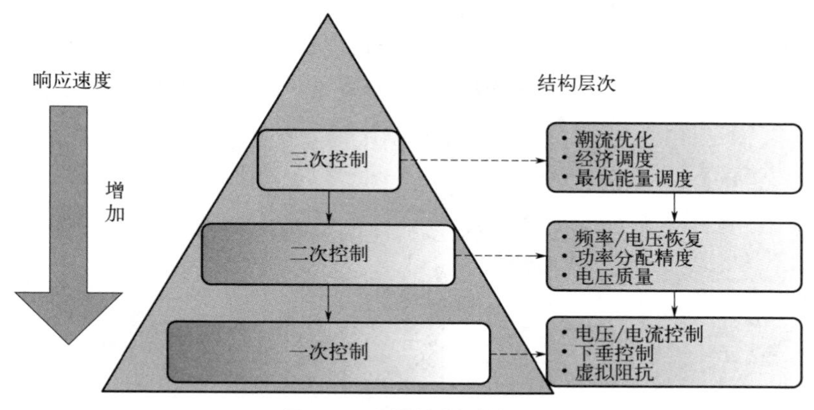

图 1-3　分层控制结构图

一次控制：主要由逆变器与下垂控制组成[29]，具体如图 1-4 所示。由于主控制在本地 DG 上实现，采用完全分散式的控制结构，因此不存在信息交互，各 DG 能自主共享有功与无功功率。下垂控制则模拟传统同步发电机（synchronous generators, SG）的下垂特性，用于调节逆变器的频率与输出电压。在大多数现有的文献中，例如本章参考文献［34］～［37］，逆变器的工作类似于不间断电源（uninterruptible power system，UPS），它有内部电流控制回路和外部电压控制回路。

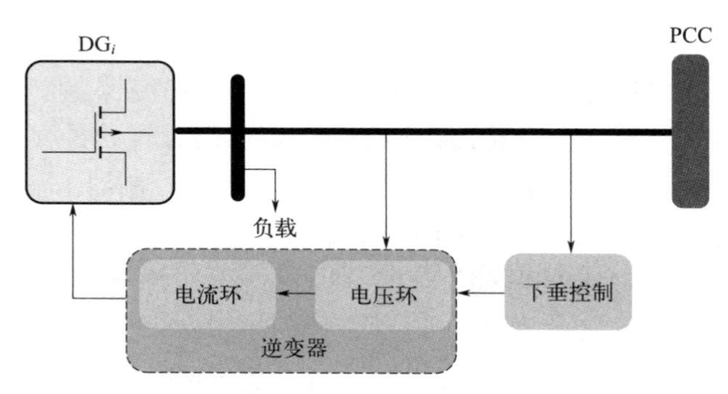

图 1-4　下垂控制框图

此外，下垂控制还用于确定参考电压。其表现为“虚拟阻抗”（下垂系数），当有功（无功）功率分别增加时，频率（电压）减小，具体控制曲线（以频率为例）如图 1-5 所示（图中，横坐标 P_i^m 表示实测有功功率输出，纵坐标 ω_d 表示期望频率，P_i^d 表示期望有功功率输出）。不难看出，下垂控制虽有较好的动态响应时间，但仍存在一些问题。首先，下垂控制功能可能导致频率和电压偏差，因此无法保证零频率和电压调节误差。其次，当线路电阻与线路电抗的比值较大时，功率分配精度变差。为了提高传统下垂控制器的性能，在文献［38］～［40］中提出了其他几种修正下垂控制器。更详细的介绍可参见文献［41］。

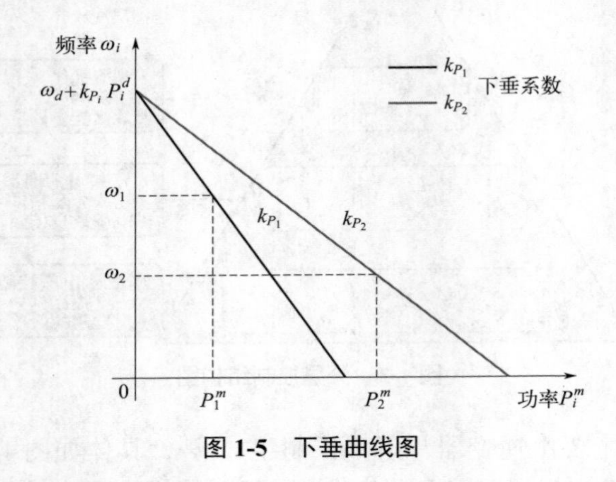

图 1-5　下垂曲线图

更值得注意的是，这种下垂控制考虑的输出阻抗与传输阻抗均为感性阻抗。然而，对于低压或中压微电网电流中的 R/X 比例仍然过大。这导致有功功率和无功功率之间存在耦合不良问题[42]。为解决这一问题，文献［43］～［45］提出了将输出电流反馈至参考电压。在这种情况下，通过选择合适的虚拟阻抗，便可使逆变器输出阻抗达到设定值。与物理阻抗相比，该虚拟阻抗没有无功率损耗。

上述介绍了一次控制的主要结构。简单来说，一次控制器可以在三种坐标框架中实现，即 dq 坐标系（旋转坐标系）、$\alpha\beta$ 坐标系（固定坐标系）和 abc 坐标系（自然坐标系）。如何选择合适的控制框架是另外一个研究课题，本书将不会详细讨论。此外，为了提高一次控制的瞬态响应，文献［46］所提的比例积分微分控制（PID）在电流环和电压环中都采用了比例谐振（PR）控制器。一般来说，PID 控制器在旋转坐标系中实现，而 PR 控制器则在固定坐标系中实现[47]。

尽管有与上述类似的 UPS 控制方法，但也存在另外一种基于同步逆变器[48]概念的一次控制方法。这个概念是使逆变器模拟传统 SG 的行为。它的模型是由传统的 SG 模型导出的，这样它就可以很容易地嵌入 MG 或具有许多传统 SG 的电力系统中。此外，由于引入了控制频率动力学以及虚拟惯性等概念，它比传统的控制策略更具优势。一些传统的 SG 控制策略可直接应用于该模型。在文献［49］中，则采用自适应反馈技术设计了同步器的非线性 MG 稳定器。

此外，在一次控制中还存在许多其他先进的控制方法。这些方法包括滑模控制[50]、基于李雅普诺夫函数的控制[51]、模型预测控制[52]、鲁棒控制[53-54]和无差拍控制[55]等。这些方法的主要目的是调节电压和电流来跟踪它们的基准值。本文不一一赘述。

二次控制：该控制层主要考虑两个控制目标，一是频率和电压恢复问题，二是提高电压质量问题。

如前文所述，一次控制中所采用的下垂控制可能会导致频率或电压偏差，特别是当负载过大时，该偏差就尤为明显。为实现误差补偿，我们引入了二次控制。该控制结构中的动力学响应一般比一次控制慢得多，类似于传统电力系统中的负载频率控制（LFC），也称为自动发电控制（AGC）。

以交流微电网为例，在文献［56］中，作者提出一种微电网中央控制器（MGCC）的集中式二次控制器。该控制器对每台 DG 的频率和电压进行采样，并与相应的基准值分别进行比较。然后分别由 PI 控制器产生二次控制的输出控制信号。其控制方程如下所示：

$$\delta_i\omega_i = K_i^{P_\omega}(\omega^{\text{ref}} - \omega_i) + K_i^{I_\omega}\int(\omega^{\text{ref}} - \omega_i)\text{d}t + \Delta\omega_\text{s} \tag{1-1}$$

$$\delta_i E_i = K_i^{P_E}(E^{\text{ref}} - E_i) + K_i^{I_E}\int(E^{\text{ref}} - E_i)\text{d}t \tag{1-2}$$

式中，$K_i^{P_\omega}$、$K_i^{I_\omega}$、$K_i^{P_E}$ 和 $K_i^{I_E}$ 为 PI 增益；$\delta_i\omega_i$ 为频率偏差；$\delta_i E_i$ 为幅度偏差；ω^{ref} 和 E^{ref} 分别为频率和振幅参考值；$\Delta\omega_\text{s}$ 为补偿 MG 和主网之间频率偏差的附加项。若 MG 与主网断开，则此项为 0，即 $\Delta\omega_\text{s} = 0$。

然而，该方法具有控制动力学差、通信负担高、缺乏鲁棒性等缺点。因此，人们考虑在二次控制中采用分布式控制结构以解决上述问题，即每个本地 DG 控制器都可以与其相邻的 DG 通信。这样，即使在某些 DG 中故障时，也不会影响其他 DG[57]。已有不少文献对这种分布式控制策略进行研究。如文献［58］中，作者提出了一种采用反馈线性化的微电网分布式协同二次控制。假设系统中并不是每台 DG 都可以直接访问基准频率和电压值，但允许控制器与邻居通信，从而确保频率和电压最终达到基准值。然而，该文献没有考虑频率和电压之间固有的耦合。相同地，在文献［59］中，该方法被用来将二次电压控制转换为线性二阶跟踪器的同步问题。

文献［60］还提出了一种通用的分布式方法来调节频率、电压和无功功率。每个 DG 控制器使用一个较大的通信系统收集其他 DG 所有的测量数据，包括频率、电压幅值和无功功率等，然后对它们进行平均计算，并根据比例积分（PI）控制产生控制信号。其分布式二次频率控制方程为：

$$\delta f_{\text{DG}_k} = k_{P_f}(f_{\text{MG}}^* - \bar{f}_{\text{DG}_k}) + k_{i_f}\int(f_{\text{MG}}^* - \bar{f}_{\text{DG}_k})\text{d}t \tag{1-3}$$

$$\bar{f}_{\text{DG}_k} = \frac{\sum_{i=1}^{N} f_{\text{DG}_i}}{N} \tag{1-4}$$

式中，δf_{DG_k} 为频率控制输出；k_{P_f} 和 k_{i_f} 为 PI 控制器参数；f_{MG}^* 为频率基准；$\bar{f}_{\mathrm{DG}_k}$ 为所有 DG 的频率平均值。

分布式二次电压控制方程为：

$$\delta E_{\mathrm{DG}_k} = k_{P_E}(E_{\mathrm{MG}}^* - \bar{E}_{\mathrm{DG}_k}) + k_{i_E}\int (E_{\mathrm{MG}}^* - \bar{E}_{\mathrm{DG}_k})\mathrm{d}t \tag{1-5}$$

$$\bar{E}_{\mathrm{DG}_k} = \frac{\sum_{i=1}^{N} E_{\mathrm{DG}_i}}{N} \tag{1-6}$$

式中，δE_{DG_k} 为电压控制输出；k_{P_E} 和 k_{i_E} 为 PI 控制器参数；E_{MG}^* 为电压基准值；$\bar{E}_{\mathrm{DG}_k}$ 为所有 DG 的电压平均值。

然而，该文献使用的分布式控制方案要求每个本地控制器与整个系统中其他的所有控制器通信，其通信代价与集中式控制几乎一致，并且与多智能体系统中的分布式控制有很大的不同。此外，文献中并未对系统的整体动力学方程进行稳定性分析。文献［61］提出了一种分布式平均 PI 控制器，能在保持功率共享特性不变的同时，实现消除频率偏差的目标。文中应用耦合振子理论推导出一阶逆变器模型。但该控制方法中假设节点电压是不变的，并没有考虑电压恢复问题。

在现代电力系统中，随着信息化的进一步普及，电能生产和消费逐渐由发电厂到用户的单向流动向双向流动模式发展，使得系统中不同主体间的交互更加频繁。微电网与物联网、互联网呈现深度融合的态势，虽提升了微电网控制的智能化与信息化程度，但也引发了一系列新的控制挑战。微电网信息系统与物理系统的融合，使得针对网络层的攻击极易破坏电网运行，影响系统稳定性，造成极大的经济损失。近段时间，因网络攻击导致电力系统破坏的事件层出不穷。如 2015 年，乌克兰因遭到网络攻击引起大规模停电；2016 年，以色列国家电网遭到大规模的网络攻击，造成了难以预估的经济损失；委内瑞拉电力系统也在 2019 年与 2020 年因多起网络攻击事件导致大规模停电事故等。由此可见，由网络攻击导致的电网事故不仅导致了电力系统严重破坏，而且对社会生产生活带来了严重影响。因此，对于电力系统的网络安全研究就变得尤为重要。

基于上述讨论，在 2.2 节中，我们提出了一种基于平均共识的分布式电压、频率控制方法。在纯感性传输线的假设下，推导出一种全新的交流微电网简化模型，并设计相应的电压、频率控制器。在有限时间内将所有 DG 电压恢复至参考值，在保证功率分配的同时，频率也能同步至基准值。此外，作者在第 2.3 节提出了一种基于中间观测器技术的分布式弹性控制策略，以解决微电网遭受到的网络攻击问题。

除上述频率 / 电压恢复问题外，提高电压质量是二次控制中另外一个需要被考虑的问题。在传统的电力系统中，该问题通常是利用连接到输电线路或电压互感器[62]的无源电压补偿器来实现的。然而，在微电网系统中，逆变器的有源补偿方法可直接提高电压质量。文献［63］～［67］提出了一些控制方法以解决谐波补偿和不平衡电压补偿问题。谐波补偿的基本原理是使 DG 在谐波频率下模拟电阻。在补偿电压不平衡的同时，现有文献中的方法是将 MG 中的 DG 控制为负序电导。电导基准值是通过下垂方程来确定的，该方程使用负序无功功率来解决有功功率分配问题。

文献［63］提出了一种基于负序电流的补偿方法，允许 DG 之间均匀地共享不平衡电流。文献［64］提出了一种利用剩余容量的三相平衡方法，该方法通过控制逆变器输出负序电流，来补偿 DG 剩余容量内的电压不平衡。文献［65］提出了一种固定坐标系下孤岛式 MG 电压不平衡补偿控制方法，该方法可以使 DG 自主地分担补偿工作。然而，上述方法只能处理局部母线电压不平衡问题。

为了考虑某些特定母线的电压不平衡补偿，例如敏感负载母线（sensitive load bus，SLB），文献［66］、［67］提出了一种用于提高微电网电压质量的分层控制结构，并设计了向一次控制器输入补偿信号的集中式二次控制器。然而，正如文献［68］～［70］中所指出的，该方法有以下局限性：①当 DG 数量越来越多时，集中式控制器通常需要较为昂贵的计算代价和通信成本；②它极易遭受单点故障，当集中控制器发生故障时，整个系统可能崩溃；③无法满足 MG 系统的即插即用要求。当某些 DG 重新安装或卸载时，集中控制器可能需要重新设计[70]。此外，值得指出的是，在文献［66］、［67］中只考虑特定位置的不平衡电压补偿，例如 SLB。这是以牺牲所有 DG 的不平衡电压输出为代价的。当前较少文献明确考虑到一些本地总线（local bus, LB）的终端输出也需要具有平衡电压输出，同时确保 SLB 中的平衡电压输出的问题。

在第 3 章中，我们提出了一种分布式协同二级控制架构用于补偿不平衡电压，基于此还提出基于负序电流反馈的分布式二次不平衡电压补偿算法。

1.2.2 智能电网分布式优化方法

智能电网三次控制属于优化问题，处于 MG 控制图的顶层，其动力学响应在三层中最慢。它通常考虑 MG 中的最优潮流（OPF）、经济调度（ED）和最优能量调度问题。下面将具体介绍上述三个问题。

最优潮流：在 MG 控制中，控制电压和防止突然的电压波动是一个艰巨的任务。众所周知，这是由于电压对功率注入[71]变化的敏感性。因此，在 MG 控制中，最优潮流问题变得更加重要。其主要目的是在影响电压调节的同时，尽量减少配电损耗或从 DGs 中吸收的功率成本。

从数学的角度来看，MG 中的 OPF 问题被认为是最具有挑战性的，因为它需要解决非凸优化问题。通常，该问题是通过应用牛顿 - 拉夫森法、序贯二次优化、粒子群优化、最陡下降法和模糊动态规划[72-75]等方法来求解的，以获得非凸问题的可能次优解。然而，这些方法在计算上很麻烦。最近，为了缓解这些缺点，文献［76］提出了一种松弛的半正定规划（SDP）对这个问题进行了重新计算，它可以将非凸问题转换为凸问题，并实现全局最优解。可以分别对文献［77］中的平衡分布系统和文献［78］中的不平衡分布系统进行建模，以解决 OPF 问题。

经济调度：ED 问题是电力系统研究的热点和关键问题之一。它以经济有效的方式处理发电机之间的功率分配，同时满足总负荷需求的约束以及发电机的约束。文献［79］提出了一些解决 ED 问题的算法，如二次规划[80]、λ - 迭代[81]、拉格朗日松弛技术[82]等。然而，这些方法都是以集中的方式实现的，即收集所有发电机的全局信息并在中心节点中进行优化。正如文献［83］所指出的，当电力系统越来越大时，这种集中式优化在计算和通信方面的成本通常都是昂贵的。此外，它们无法满足最近智能电网系统的即插即用要求。当一些发电机是新安装或卸载的，这种集中优化可能需要重新设计[84,85]。

最近，为了克服上述缺点，文献［86］、［93］提出了分布式算法。它们的主要思想是将集中式优化分解为几个局部本地优化。通过使每个局部优化智能体与其邻居通信，可以最小化全局目标成本函数。与集中式算法相比，分布式算法具有以下主要优点：①计算和通信成本较低；②满足智能电网系统所需的即插即用特性，使算法设计更加灵活；③对单点故障具有鲁棒性；④设计和实现简单易行，因为它只处理局部信息。

在已有的相关文献中，基于增量成本或基于梯度的方法由于其简单性和易于实现性而最受欢迎。在文献［87］中，ED 问题被建模为增量成本 λ - 共识问题。通过将来自其邻居的 λ_j 与全局功率失配相结合，更新第 i^{th} 发电机 λ_i 的增量成本。然而，功率不匹配项的计算需要每台发电机输出的全局信息和总负载需求。文献［88］提出了一种类似的 λ - 共识算法。增量成本和功率失配都是通过两种共识算法以分布式的方式获得的。文献［89］提出了一种具有传输损耗的分布式 ED 算法，该算法基于两种并行共识算法。除了 λ - 共识外，还在 ED 问题中应用了分布式梯度方法。文献［91］提出了一种改进的分布式梯度方法来处理等式和不等式约束。然而，当变量达到约束边界时，应该谨慎选择步长。文献［92］提出了一种由 θ - 对数势垒函数组成的快速分布梯度方法来解决 ED 问题。注意，分布式梯度方法要求应仔细分配初始值以满足等式约束。值得一提的是，这些基于数值优化的智能电网分布式经济调度方法需要 ED 问题是凸的。因此，当非凸成分被考虑进 ED 问题后，这些算法很容易失去它们的威力。

除了上述基于数值优化的方法外，基于启发式搜索的分布式优化方法也有报告。文献［93］提出了一种基于分布式拍卖的 ED 算法。文献［94］则在遗传算法的基础上，利用平均一致算法获得种群中不同个体之间的平均信息，从而形成了一种分布式遗传算法来解决 ED 问题。遗憾的是，由于启发式搜索不可避免的种群机制，结合嵌入的分布式机制（例如平均一致算法），使得这样的分布式算法在大型系统上的计算代价极为巨大。值得一提的是，这些基于数值优化的智能电网分布式经济调度方法具有解决非凸 ED 问题的能力。

另外，基于机器学习的方法在近年来也得到了初步的研究。文献［95］引入了一种基于分布式 Q 学习的算法来解决 ED 问题。文献［96］中的作者提出了一种具有未知发电成本函数的，用于实时 ED 的分布式 RL 算法。文献［97］中的工作为智能电网中的 ED 开发了基于共识的分布式 RL 方法。通常，上述 RL 算法将 ED 问题的输入（例如特定负载）视为状态，并将相应的最佳解决方案视为动作。在此设置下，ED 问题将转换为状态—动作对。然而，状态—动作对是离散的情况，这意味着上述 RL 算法几乎不可能学习表示 ED 问题的整个关系空间中所有可行的状态—动作对。换句话说，这些 RL 算法缺乏必要的泛化能力，因此它们只能实时响应几个受过训练的案例，这在它们的案例研究中也清楚地显示了出来[95-97]。因此，当考虑到连续的时变负载时，这种 RL 算法似乎无法实时解决分布式框架中的 ED 问题。

在第 5 章中，我们给出了一种基于投影梯度和有限时间平均共识算法的智能电网系统分布式经济 ED 策略。此外，第 6 章还将提出两种优化算法来解决多区域电力系统中的 ED 问题。第 7 章还提出了一种分布式非凸经济调度优化算法。

最优能量调度：最优能量调度是电力市场维持供需平衡的关键问题[98]。最近，随着智能电网技术的出现，一些信息和通信基础设施已经集成到现有的电力系统中，使能源提供者（供给侧）和消费者（需求侧）[99,100]之间能够进行实时通信。因此，它提供了一个额外的自由度，以进行需求方的最优能源管理。需求侧管理（DSM）被设想为智能电网中的一个关键机制，以有效地降低总能源成本和总能源需求[101]的峰均比（PAR）。DSM 的主要目标是在时间和形状上替代消费者的需求配置文件，使其与供应[102]相匹配。

一种直观的 DSM 方法称为直接负载控制[103]，它要求实用程序获得对客户的免费访问。另一种方法称为智能定价或实时定价（RTP）。它以电价作为管理需求方能源消耗的措施。与统一定价策略不同的是，公共事业在所有时期都公布固定价格，RTP 策略下的价格受能耗[104]的影响。通过应用 RTP 战略[105-107]开展了许多 DSM 研究项目。文献［105］提出了峰值负荷定价，其中在开始时宣布了每个时期的不同预定价格。在文献［106］中，RTP 被制定为一个优化问题，以最大限度地提高所有消费者的总效用，同时尽量减少强加的能源成本。文献［107］提出了线性和旋转对称定价，其中价格随总负荷需求的变化而线性变化。

在考虑 RTP 的情况下，可以将最优能量调度[108]为优化问题。这类问题常采用博弈论和凸优化方法[109-111]建模和分析。文献［109］利用非合作博弈理论，讨论了由一个单一效用和几个消费者组成的电力系统，并说明了该博弈的纳什均衡（NE）是能量成本最小化问题的最优解。文献［110］考虑了多实用程序和多消费者模型，其中使用了 Stackelberg 博弈方法。然而，人们注意到，非合作博弈中 NE 点的存在总是高度依赖于博弈结构以及计费策略[111]。此外，NE 点并不总是一个社会最优解[111]。换句话说，如果用户以合作的方式行事，与非合作的方式相比，个人和集体方面的成本都将降低。因此，需要为智能电网开发一个社会最优解。

第 8 章将提出一种新的实时定价策略，然后通过最小化整个电力系统的总社会成本来制定最优能源调度问题，并提出了两种不同通信策略的分布式优化算法来解决这一问题。

1.3 本书的主要内容

本书主要是基于智能电网控制结构层次进行组织，涉及分布式控制和分布式优化。以下为分章具体内容。

① 第 1 章 1.1 节主要介绍智能电网背景，包括其基本概念、意义；1.2 节则是对智能电网系统进行简要的文献综述，主要包括其控制方法与优化的国内外研究现状及发展方向。

② 第 2 章主要介绍微电网分层控制中二次控制算法相关内容。具体如下：2.2 节中主要讨论了下垂控制下的孤岛式交流微电网的电压频率恢复。在电压恢复中采用了分布式的有限时间控制方法，使所有 DG 的电压在有限时间内收敛到参考值，实现了电压和频率分离控制设计。在一定的控制输入约束条件下，本节提出了一种基于一致性的分布式频率控制方法。该控制策略是在本地 DG 上实现的，与目前现有控制方案相比，不需要中央控制器。通过允许这些控制器与相邻控制器通信，所提出的控制策略可以在局部稳定充分条件下，不仅能实现电压和频率二次恢复，还能实现功率精确分配目标。2.3 节主要讨论了虚假数据注入攻击下，微电网的频率恢复问题，提出了一种基于中间观测器技术的弹性控制器设计方法。该方法采用中间观测器技术实现对攻击信号的实时检测，并通过归一化手段大大减少观测代价。所设计的弹性控制器能将攻击信号实时反馈至系统，从而达到消除频率稳态误差的目的，并对全局跟踪误差系统进行稳定性分析，从理论层面上

验证了方法的可行性。通过搭建孤岛式微电网实验平台，进一步验证了所提控制器的有效性。

③ 第 3 章提出了一种孤岛式 MG 电压不平衡补偿分布式协同控制方案。通过使每台 DG 协同分担补偿工作，可以补偿敏感负载总线中的不平衡电压。首先为每台本地 DG 提出了补偿贡献水平的概念，以表明其补偿能力。为每台局部 DG 设计了由通信层和补偿层组成的两层二次补偿体系结构，提出了一种基于有限时间平均共识和新提出的拓扑发现算法的信息共享和交换全分布式策略。该策略不需要以整个系统结构作为先验，可以自动检测结构。所提出的方案不仅实现了与集中式方案相似的电压不平衡补偿性能，而且还带来了通信容错性和即插即用性等优点。最后还讨论并测试了包括通信故障、贡献水平变化和 DG 即插即用在内的案例研究，以验证所提出的方法。

④ 第 4 章主要讨论孤岛式直流微电网分布式二次电压恢复与电流分配控制。4.2 节中，提出了一种双层多智能体框架来实现分布式控制器设计。DG 与负载在物理层进行并行连接，在网络层中，本地节点将被分配作为与其他节点的接口，该节点对各节点都具有通信和计算能力。所有这些节点都被视为独立的智能体，能够执行一定级别的计算任务，并与其直接相邻的智能体进行通信。需要指出的是，该算法的电压恢复是在反馈机制下实现的，仅需要母线电压作为反馈输入，并不需要额外的信息输入，能极大地降低通信代价；受牵制控制思想的启发，加入了最优功率分配控制，使得功率实现按需分配，能大大提高经济效益。基于此，为进一步减少通信冗余，4.3 节讨论了基于事件触发通信机制的控制器设计。与需连续通信的控制器相比，输入仅需在触发条件下进行采样，极大程度地降低了整个系统的实现成本。此外，还进一步考虑了奇诺行为（zeno behavior），使整个理论证明更具完整性。

⑤ 第 5 章中， 我们分别讨论了基于多聚类划分的分布式优化算法和基于分层结构的分布式优化算法，用于解决多区域系统的经济调度问题。在 5.2 中，根据领导智能体的不同通信策略，提出了两种分布式优化算法，即同步算法和顺序算法。值得指出的是，在这两种算法中，每个领导智能体都要进行额外的操作。这种额外的操作可以看作是虚拟智能体，这种新思路可以保证系统算法收敛。借助虚拟智能体，我们从理论上证明了这两种算法的收敛性。5.3 节中，我们讨论了一种分层的新型分散优化结构来解决大规模电力系统的经济调度问题。通过将集中式问题分解成局部子问题完成自身经济调度，同时还解决了全局供需约束的问题。借助所提虚拟智能体的概念，能大大减少计算复杂度。整个算法的通信过程只有局部个体的信息在局部智能体和全局智能体之间进行交换，不仅减少了通信负担，也保护了信息隐私性。理论证明在所提出的分层次的分散式优化框架下，每个本地的发电机智能体能够以分布式的方式求得最优解。并对 IEEE-30 总线

及 IEEE-118 总线电力系统模型案例进行讨论与测试，以验证上述方法的有效性。

⑥ 在第 6.2 节中，我们提出了一种新的分层分散优化体系结构来解决智能电网系统中的经济调度问题。通常，这样的问题是以集中的方式解决的，这通常需要大量的计算，特别是对于大规模电力系统来说，失去了灵活性。与集中式算法相比，本节将集中式问题分解为几个局部问题。每个本地发电机只基于自己的成本函数和生成约束来解决自己的问题。使用额外的协调智能体来协调所有本地生成器智能体。此外，它还负责处理基于一个新的概念虚拟智能体的全球需求供应约束。这样，与现有的分布式算法不同，全局需求供给约束和局部生成约束被分别处理，这将大大降低计算复杂度。理论表明，在所提出的分层分散优化体系结构下，每个局部生成器都可以以分散的方式获得最优解。6.3 节从提高收敛速度角度出发，提出了一种基于交替方向乘子法（ADMM）的分布式优化算法。该方法不仅继承了 ADMM 算法求解速率的快速性，且分别采用障碍函数和虚拟智能体的思想来处理经济调度问题的不等式和等式约束，每次迭代过程中不需要协调中心，仅需通过和相邻智能体之间进行通信即可实现完全分布式求解，具有即插即用的特性。

⑦ 第 7 章提出一种先进的分布式连续凸逼近（sucessive convex approximation，SCA）算法，以有效地解决非凸 ED 问题。所提出的方法是 SCA 技术在不可微优化问题上的首次成功应用，这为经济优化之外的其他优化问题打开了大门。为了处理常规 SCA 对可微分目标函数的要求，我们的方法中使用了扰动技术。该算法摆脱了对中央控制器或任何领导者节点的依赖，而每个节点通过简单的计算和通信来共同解决 ED 问题。且仅需要稀疏的通信结构，该结构实现起来具有成本效益。此外，该算法使解决方法具有唯一性，这意味着反复运行该算法会产生相同的解决方案。这一点与流行的基于一系列随机策略的启发式算法（例如 GA、DE、PSO 及它们的变体）不同，因为它们不能保证解决方案的唯一性。

⑧ 在第 8 章中，为了进一步克服 SCA 等数值优化算法实时性差的问题，提出了一种基于学习优化的集中式 ED 方法。该方法的灵感源于观察到求解一个 ED 问题等价于描述系统负荷和最优 ED 决策之间的非线性映射；采用了深度神经网络（deep neural network, DNN）来学习这样的映射，从而为管理员提供实时 ED 优化结果；基于“深度展开”理论，严格证明了一个 DNN 最多需要多少隐藏层和神经元来有效逼近一种现有的 ED 算法。为了进一步克服基于学习优化的集中式 ED 方法灵活性、可靠性差的问题，为其开发了基于分布式一致算法和 DNN 的分布式变体，从而以分布式方式获得接近最优的 ED 解决方案；设计了分布式平衡发电和需求算法对其进行微调，以获得最终的最优可行解决方案。多个案例分析表明，所提出的分布式学习框架在保证求解准确性、实时性的同时实现了可观的灵活性和可靠性。

参考文献

[1] 颜浩 . 微电网能量管理研究综述 [J]. 科技创新与应用，2021，11（13）：184-187，190.

[2] SARBU L，SEBARCHIEVICI C. A compre-hensive review of thermal energy storage [J]. Sustainability，2018，10（6）：191-223.

[3] NAZIR H，BATOOL M，BOLIVAR OSORIO F J，et al. Recent developments in phase change materials for energy storage applications：a review[J]. International Journal of Heat and Mass Transfer，2019，129：491-523.

[4] NEJABATKHAH F，LI Y W，TIAN H. Power quality control of smart hybrid AC/DC microgrids：an overview [J]. IEEE Access，2019，7：52295-52318.

[5] FENG Z，NIU W，WANG W，et al. A mixed integer linear programming model for unit commitment of thermal plants with peak shaving operation aspect in regional power grid lack of flexible hydropower energy[J]. Energy，2019，175：618-629.

[6] MEYER D H，RUSNOV T，SILVERSTEIN A. Final report on the August 14，2003 blackout in the United States and Canada：Causes and recommendations [OL]. Apr 2004. Available：https：//www3.epa.gov/region1/npdes/merrimackstation/pdfs/ar/AR-1165.pdf.

[7] CHRISTOFIFIDES P D，SCATTOLINI R，PENA D M L，et al. Distributed model predictive control：a tutorial review and future research directions. Computers and Chemical Engineering，2013，51：21-41.

[8] KHALID A，IFTIKHAR M S，ALMOGREN A，et al. A blockchain based incentive provisioning scheme for traffic event validation and information storage in VANETs [J]. Information Processing and Management，2021，58（2）：102464.

[9] 钟建伟，姜芮，王晨 . 高渗透率的分布式电源并网后电能质量评估 [J]. 新能源发电控制技术，2018，40（1）：48-50，54.

[10] 刘云 . 智能电网环境下分布式电源的协调控制与优化算法研究 [D]. 杭州：浙江大学，2016.

[11] LIU G，JIANG T，OLLIS T B，et al. Distributed energy management for community microgrids considering network operational constraints and building thermal dynamics[J]. Applied Energy，2019，239：83-95.

[12] WANG Y，LIU L，WENNERSTEN R，et al. Peak shaving and valley filling potential of energy management system in high-rise residential building. Energy Procedia，2019，158：6201-6207.

[13] PRASATSAP U，KIRAVITTAYA S，POLPRASERT J. Determination of optimal energy storage system for peak shaving to reduce electricity cost in a university. Energy Procedia，2017，138：967-972.

[14] 高盟凯 . 多微电网双层分布式控制策略与分布式优化经济运行方法研究 [D]. 重庆：重庆大学，2019.

[15] DAGAR A，GUPTA P，NIRANJAN V. Microgrid protection：a comprehensive review[J]. Renewable and Sustainable Energy Reviews，2021，149：111401.

[16] 陈志杰，陈民铀，赵波，等. 体系架构下的多微电网极端场景韧性增强策略 [J]. 电力系统自动化，2021，45（22）：9.

[17] ALAM M S，KRISHNAMURTHY M. Electric Vehicle Integration in a Smart Microgrid Environment [M]. Boca Raton，Florida：CRC Press，2021.

[18] KUMAR S. Cost-based unit commitment in a stand-alone hybrid microgrid with demand response flexibility[J]. Journal of The Institution of Engineers（India）：Series B，2022，103（1）：51-61.

[19] BARAN M E，MAHAJAN N R. DC distribution for industrial systems：opportunities and challenges. IEEE Transactions on Industrial Appllication，2003，39（6）：1596-1601.

[20] LASSETER R，ETO J，SCHENKMAN B，et al. Certs microgrid laboratory test bed，and smart loads [J]. IEEE Transactions on Power Delivery，2011，26（1）：325-332.

[21] HATZIARGYRIOU N，ASANO H，IRAVANI R，et al. Microgrids：an overview of ongoing research，development，and demonstration projects [J]. IEEE Power and Energy Magazine，2007，5（4）：78-94.

[22] HATZIARGYRIOU N. Microgrids：Large scale integration of micro-generation to low voltage grids [C]//1st International conference on Integration of RES and DER. Brussels，2004：1-3.

[23] LASSETER R，ETO J，SCHENKMAN B，et al. Certs microgrid laboratory test bed，and smart loads [J]. IEEE Transactions on Power Delivery，2011，26（1）：325-332.

[24] WEI P，CHEN W. Microgrid in China：a review in the perspective of application[J]. Energy Procedia，2019，158：6601-6606.

[25] TENTI P，COSTABEBER A，MATTAVELLI P，et al. Distribution loss minimization by token ring control of power electronic interfaces in residential microgrids [J]. IEEE Transactions on Industrial Electronics，2012，59（10）：3817-3826.

[26] 何瑞东，周文，路艳巧，等. 离网型微电网优化运行策略研究 [J]. 电气传动，2021，51（12）：59-65，80.

[27] VASQUEZ J C，GUERRERO J M，MIRET J，et al. Hierarchical control of intelligent microgrids [J]. IEEE Industrial Electronics Magzine，2010，4（4）：23-29.

[28] J M GUERRERO，M CHANDORKAR，T LEE，et al. Advanced control architectures for intelligent microgrids-part I：decentralized and hierarchical control [J]. IEEE Transactions on Industrial Electronics，2013，60（4）：1254-1262.

[29] GUERRERO J M，VASQUEZ J C，MATAS J，et al. Hierarchical control of droop-controlled AC and DC microgrids：a general approach toward standardization

[J]. IEEE Transactions on Industrial Electronics, 2011, 58 (1): 158-172.

[30] BIDRAM A, DAVOUDI A. Hierarchical structure of microgrids control system [J]. IEEE Transactions on Smart Grid, 2012, 3 (12): 1963-1976.

[31] GUO F, WEN C. Distributed control subjected to constraints on control inputs: a case study on secondary control of droop-controlled inverter-based microgrids [C]// 2014 IEEE 9th Conference on Industrial Electronics and Application, Piscataway, NJ: IEEE, 2014: 1119-1124.

[32] GUO F, WEN C, MAO J, et al. Distributed secondary voltage and frequency restoration control of droop-controlled inverter-based microgrids [J]. IEEE Transactions on Industrial Electronics, 2015, 62 (7): 4355-4364.

[33] SAVAGHEBI M, JALILIAN A, VASQUEZ J C, et al. Secondary control for voltage quality enhancement in microgrids [J]. IEEE Transactions on Smart Grid, 2012, 3 (4): 1893-1902.

[34] TOUB M, et al. Droop control in DQ coordinates for fixed frequency inverter-based AC microgrids [J]. Electronics, 2019, 8 (10): 1168.

[35] CONTZEN M P. An enhanced hierarchical structure for microgrids from a Control Theory perspective [C]// 2018 IEEE International Conference on Automation/XXIII Congress of the Chilean Association of Automatic Control (ICA-ACCA). IEEE, 2018.

[36] GUO F, WEN C, MAO J, et al. Distributed secondary voltage and frequency restoration control of droop-controlled inverter-based microgrids [J]. IEEE Transactions on Industrial Electronics, 2015, 62 (7): 4355-4364.

[37] WANG Y B, et al. A hierarchical control strategy of microgrids toward reliability enhancement [C]// 2018 International Conference on Smart Grid (icSmartGrid). IEEE, 2018.

[38] TAVAKOLI A, FOROUZANFAR M. Adaptive droop control for current sharing and bus voltage stability in DC microgrids [J]. International Transactions on Electrical Energy Systems, 2021, 31 (2): e12753.

[39] 杨海柱，岳刚伟，康乐．微网分段动态自适应下垂控制策略研究．电力系统保护与控制，2019，47 (8): 80-87.

[40] YUAN Y Z, DENG Y N. Improved droop control of DC microgrid based on virtual impedance. Journal of Physics: Conference Series, 2021, 1754 (1): 012013.

[41] BIDRAM A, DAVOUDI A. Hierarchical structure of microgrids control system [J]. IEEE Transactions on Smart Grid, 2012, 3 (12): 1963-1976.

[42] KIM J, GUERRERO J M, RODRIGUEZ P, et al. Mode adaptive droop control with virtual output impedances for an inverter-based flexible AC microgrid [J]. IEEE Transactions on Power

Electronics，2013，26（3）：689-701.

[43] HE J，LI Y W. Analysis and design of interfacing inverter output virtual impedance in a low voltage microgrid [C]//2010 IEEE Energy Conversion Congress and Exposition. Piscataway，NJ：IEEE，2010：2857-2864.

[44] GUERRERO J M，BERBEL N，MATAS J，et al. Droop control method with vitural output impedance for parallel operation of uninterruptible power supply systems in a microgrid [C]// IEEE Applied Power Electronics Conference，Piscataway，NJ：IEEE，2007，1126-1132.

[45] J HE，Y W LI. Analysis，design，and implementation of virtual impedance for power electronics interfaced distributed generation [J]. IEEE Transactions on Industrial Application，2011，47（6）：2525-2538.

[46] HUANG L B，et al. Transient stability analysis and control design of droop-controlled voltage source converters considering current limitation [J]. IEEE Transactions on Smart Grid，2017，10（1）：578-591.

[47] SAVAGHEBI M，JALILIAN A，VASQUEZ J C，et al. Secondary control for voltage quality enhancement in microgrids [J]. IEEE Transactions on Smart Grid，2012，3（4）：1893-1902.

[48] 陈杰，等. 非理想电网条件下的同步逆变器控制策略 [J]. 电力系统自动化，2018，42（9）：127-133.

[49] ASHABANI S M，MOHAMED Y A I. A flexible control strategy for grid connected and islanded microgrids with enhanced stability using nonlinear microgrid stabilizer [J]. IEEE Transactions on Smart Grid，2012，3（3）：1291-1301.

[50] AGHATEHRANI R，KAVASSERI R. Sliding mode control approach for voltage regulation in microgrid with DFIG based wind generations [C]// 2011 IEEE Power and Energy Society General Meeting Piscataway，NJ：IEEE，2011：1-8.

[51] DASGUPTA S，MOHAN S N，SAHOO S K，et al. Lyapunov function based current controller to control active and reactive power flow from a renewable energy source to a generalized three-phase microgrid system[J]. IEEE Transactions on Industrial Electronics，2013，60（2）：799-813.

[52] TAN K T，SO P L，CHU Y C，et al. Coordinated control and energy management of distributed generation inverters in a microgrid [J]. IEEE Transactions on Power Delivery，2013，28（2）：704-713.

[53] BABAZADEH M，KARIMI H. A robust two-degree-of-freedom control strategy for an islanded microgrid [J]. IEEE Transactions on Power Delivery，2013，28（3）：1339-1347.

[54] KAHROBAEIAN A，MOHAMED Y A I. Suppression of interaction dynamics in DG converter-based microgrids via robust system-oriented control approach [J]. IEEE Transactions on Smart Grid，

2012, 3 (4): 1800-1811.

[55] KAHROBAEIAN A, MOHAMED Y A I. Interactive distributed generation interface for flflexible micro-grid operation in smart distribution systems [J]. IEEE Transactions on Sustainable Energy, 2012, 3 (2): 295-305.

[56] GUERRERO J M, VASQUEZ J C, MATAS J, et al. Hierarchical control of droop-controlled AC and DC microgrids: a general approach toward standardization [J]. IEEE Transactions on Industrial Electronics, 2011, 58 (1): 158-172.

[57] YU W, WEN G, YU X, et al. Bridging the gap between complex networks and smart grids [J]. Journal of Control and Decision, 2014, 1 (1): 102-114.

[58] LOU G N, et al. Distributed model predictive secondary voltage control of islanded microgrids with feedback linearization [J]. IEEE Access, 2018, 6: 50169-50178.

[59] BIDRAM A, DAVOUDI A, LEWIS F L. A multiobjective distributed control framework for islanded AC microgrids [J]. IEEE Transactions on Industrial Informatics, 2014, 10 (3): 1785-1798.

[60] SHAFIFIEE Q, GUERRERO J M, VASQUEZ J C. Distributed secondary control for islanded microgrids: a novel approach [J]. IEEE Transactions on Power Electronics, 2014, 29 (2): 1018-1031.

[61] SIMPSON-PORCO J W, DORFLFLER F, BULLO F. Sychronization and power sharing for droop-controlled inverters in islanded microgrids [J]. Automatica, 2013, 49 (9): 2603-2611.

[62] SINGH B, AL-HADDAD K, CHANDRA A. A review of active fifilters for power quality improvement [J]. IEEE Transactions on Industrial Electronics, 1999, 46 (5): 960-971.

[63] CHENG P T, CHEN C, LEE T L, et al. A cooperative imbalance compensation method for distributed-generation interface converters [J]. IEEE Transactions on Industrial Application, 2009, 45 (8): 2811-2820.

[64] HOJO M, IWASE Y, FUNABASHI T, et al. A method of three phase balancing in microgrid by potovoltaic generation systems [C]// 2008 13th International Power Electronics and Motion Control Conference. Piscataway, NJ: IEEE 2008: 2487-2491.

[65] SAVAGHEBI M, JALILIAN A, VASQUEZ J C, et al. Autonomous voltage unbalance compensation in an islanded droop-controlled microgrid [J]. IEEE Transactions on Industrial Electronics, 2013, 60 (4): 1390-1402.

[66] SAVAGHEBI M, JALILIAN A, VASQUEZ J C, et al. Secondary control for voltage quality enhancement in microgrids [J]. IEEE Transactions on Smart Grid, 2012, 3 (4): 1893-1902.

[67] SAVAGHEBI M, JALILIAN A, VASQUEZ J C, et al. Secondary control scheme for voltage unbalance compensation in an

islanded droopcontrolled microgrids [J]. IEEE Transactions on Smart Grid，2012，3 (2)：1-11.

[68] GUNGOR V C，SAHIN D，KOCAK T，et al. Smart grid technologies：communication technologies and standards [J]. IEEE Transactions on Industrial Informatics，2011，7 (4)：529-539.

[69] SAFDARIAN A，FOTUHI-FIRUZABAD M，LEHTONEN M. A distributed algorithm for managing residential demand response in smart grids [J]. IEEE Transactions on Industrial Informatics，2014，10 (4)：2385-2393.

[70] XU Y，LIU W. Novel multiagent based load restoration algorithm for micorgrids [J]. IEEE Transactions on Smart Grid，2011，2 (1)：152-161.

[71] CARVALHO P，CORREIA P，FERREIRA L. Distributed reactive power generation control for voltage rise mitigation in distributed networks [J]. IEEE Transactions on Power Systems，2008，23 (2)：766-772.

[72] IRVING M R，STERLING M J H. Efficient Newton-Raphason algorithm for load-flflow calculation in transmission and distribution networks [J]// Proceedings of IEE Generations，Transmission Distribution. IET，1987，134 (5)：325-330.

[73] FORNER D，ERSEGHE T，TOMASIN S，et al. On efficient use of local sources in smart grids with power quality constraints [C]// Proceedings of 2010 IEEE International Conference on Smart Grid Communication. Piscataway，NJ：IEEE，2010：555-560

[74] LU F，HSU Y Y. Fuzzy dynamic programming approach to reactive power/voltage control in a distribution substation [J]. IEEE Transactions on Power Systems，1997，12 (2)：681-688.

[75] SORTOMME E，EL-SHARKAWI M A. Optimal power flflow for a system of microgrids with controllable loads and battery storage [C]// Proceedings of 2009 IEEE Power System Conference and Exposition. Piscataway，NJ：IEEE，2009：1-5.

[76] LUO Z，MA W，SO M C，et al. Semidefifinite relaxation of quadratic optimization problems [J]. IEEE Signal Processing Magzine，2010，27 (3)：20-34.

[77] BOLOGNANI S，ZAMPIERI S. A distributed control strategy for reactive power compensation in smart microgrids [J]. IEEE Transactions on Automatic Control，2013，58 (11)：2818-2833.

[78] ANESE E D，ZHU H，GIANNAKIS G B. Distributed optimal power flflow for smart microgrids [J]. IEEE Transactions on Smart Grid，2013，4 (3)：1464-1475.

[79] OLIVARES D E，MEHRIZI-SANI A，ETEMADI A H，et al. Trends in microgrid control [J]. IEEE Transactions on Smart Grid，2014，5 (4)：1905-1919.

[80] FAN J Y，ZHANG L. Real-time economic dispatch with line flflow and

emission constraints using quadratic programming [J]. IEEE Transactions on Power Systems, 1998, 13 (2): 320-325.
[81] LIN C E, CHEN S T, HUANG C L. A direct Newton-Raphson economic dispatch [J]. IEEE Transactions on Power Systems, 1992, 7 (3): 1149-1154.
[82] GUO T, HENWOOD M, VAN OOIJEN M. An algorithm for combined heat and power economic dispatch [J]. IEEE Transactions on Power Systems, 1996, 11 (4): 1778-1784.
[83] LIANG H, CHOI B J, ABDRABOU A, et al. Decentralized economic dispatch in microgrids via heterogeneous wireless networks [J]. IEEE Journal on Selected Areas in Communication, 2012, 30 (6): 1061-1074.
[84] CHEN G, LEWIS F L, FENG E N, et al. Distributed optimal active power control of multiple generation systems [J]. IEEE Transactions on Industrial Electronics, 2015, 62 (11): 7079-7090.
[85] GUO F, WEN C, LI G, et al. Distributed economic dispatch for a multiarea power system [C]// 2015 IEEE 10th Conference on Industrial Electronics and Applications. Piscataway, NJ: IEEE, 2015: 620-625.
[86] FAN Z. A distributed demand response algorithm and its application to PHEV charging in smart grids [J]. IEEE Transactions on Smart Grid, 2012, 3 (3): 1280-1290.
[87] ZHANG Z, CHOW M. Convergence analysis of the incremental cost consensus algorithm under different communication network topologies in a smart grid [J]. IEEE Transactions on Power Systems, 2012, 27 (4): 1761-1768.
[88] YANG S, TAN S, XU J. Consensus based approach for economic dispatch problem in a smart grid [J]. IEEE Transactions on Power Systems, 2013, 28 (4): 4416-4426.
[89] BINETTI G, DAVOUDI A, LEWIS F K, et al. Distributed consensus-based economic dispatch with transmission losses [J]. IEEE Transactions on Power Systems, 2014, 29 (4): 1711-1720.
[90] ZHANG W, LIU W, WANG X, et al. Online optimal generation control based on constrained distributed gradient algorithm [J]. IEEE Transactions on Power Systems, 2015, 30 (1): 35-45.
[91] LI C, YU X, YU W. Optimal economic dispatch by fast distributed gradient [C]// The 13th Internaional Conference on Control, Automation, Robotics and Vision, Piscataway, NJ: IEEE, 2014: 571-576.
[92] LI C, YU X, YU W. Distributed Event-triggered scheme for economic dispatch in smart grid [J]. IEEE Transactions on Industrial Informatics, 2016, 12 (5): 1775-1785.
[93] BINETTI G, DAVOUDI A, NASO D, et al.

A distributed auction-based algorithm for the nonconvex economic dispatch problem [J]. IEEE Transactions on Industrial Informatics, 2013, 10 (2): 1124-1132.

[94] XU B, GUO F, ZHANG W A, et al. Distributed Nonconvex Economic Dispatch Algorithm for Large-scale Power System [C]// 2020 15th IEEE Conference on Industrial Electronics and Applications (ICIEA). Piscataway, NJ: IEEE, 2020: 1231-1236.

[95] LI F, QIN J, ZHENG W X. Distributed q-learning-based online optimization algorithm for unit commitment and dispatch in smart grid [J]. IEEE Transactions on Cybernetics, 2019, 50 (9): 4146-4156.

[96] DAI P, YU W, WEN G, et al. Distributed reinforcement learning algorithm for dynamic economic dispatch with unknown generation cost functions [J]. IEEE Transactions on Industrial Informatics, 2019, 16 (4): 2258-2267.

[97] LI F, QIN J, KANG Y, et al. Consensus based distributed reinforcement learning for nonconvex economic power dispatch in microgrids [C]// International Conference on Neural Information Processing. Springer, 2017: 831-839.

[98] ALIZADEH M, LI X, WANG Z, et al. Demandside management in the smart grid: information processing for the power switch [J]. IEEE Signal Processing Magzine, 2012, 29 (5): 55-67.

[99] MOU Y, XING H, LIN Z, et al. Decentralized optimal demand-side management for PHEV charging in a smart grid [J]. IEEE Transactions on Smart Grid, 2015, 6 (2): 726-736.

[100] DENG R, YANG Z, CHOW M Y, et al. A survey on demand response in smart grids: mathematical models and approaches [J]. IEEE Transactions on Industrial Informatics, 2015, 11 (3): 570-582.

[101] HUANG H, LI F, MISHRA Y. Modeling dynamic demand response using monte carlo simulation and interval mathematics for boundary estimation [J]. IEEE Transactions on Smart Grid, 2015, 6 (6): 2704-2713.

[102] ALIZADEH M, LI X, WANG Z, et al. Demand-side management in the smart grid: information processing for the power switch [J]. IEEE Signal Processing Magzine, 2012, 29 (5): 55-67.

[103] CHEN J, LEE F N, BREIPOHL A M, et al. Scheduling direct load control to minimize system operation cost [J] IEEE Transactions on Power Systems, 1995, 10 (4): 1994-2001.

[104] CHEN Z, WU L, FU Y. Real-time price-based demand response management for residential appliances via stochastic optimization and robust optimization [J]. IEEE Transactions on Smart Grid, 2012, 3 (4): 1822-1830.

[105] CREW M, FERNANDO C S, KLEIN-

DORFER P R. The theory of peak-load pricing: a survey [J]. Journal of Regulatory Economics, 1995, 8 (3): 215-248.

[106] SAMADI P, MOHSENIAN-RAD A, SCHOBER R, et al. Optimal real-time pricing algorithm based on utility maximization for smart grid [C]// 2010 IEEE International Conference on Smart Grid Communications. Piscataway, NJ: IEEE, 2010 : 415-420.

[107] MA K, HU G, SPANOS C J. Distributed energy consumption control via real-time pricing feedback in smart grid [J]. IEEE Transactions on Control System Technology, 2014, 22 (5): 1907-1914.

[108] MA Y, ZHANG W, LIU W, et al. Fully distributed social welfare optimization with line flflow constraint consideration [J]. IEEE Transactions on Industrial Informatics, 2015, 11 (6): 1532-1541.

[109] RAD A H M, WONG V W S, JATSKEVICH J, et al. Autonomous demand-side management based on game-theoretic energy consumption scheduling for the future smart grid [J]. IEEE Transactions on Smart Grid, 2010, 1 (3): 320-331.

[110] MAHARJAN S, ZHU Q, ZHANG Y, et al. Dependable demand response management in the smart grid: a stackelberg game approach [J]. IEEE Transactions on Smart Grid, 2013, 4 (1): 120-132

[111] YE M, HU G. Distributed Extremum Seeking for Constrained Networked Optimization and Its Application to Energy Consumption Control in Smart Grid [J]. IEEE Transactions on Control Systems Technology, 2016, 24 (6): 2048-2058.

The Road of
Industrial
Intelligent
Innovation

第 2 章

交流微电网分布式二次电压和频率恢复控制

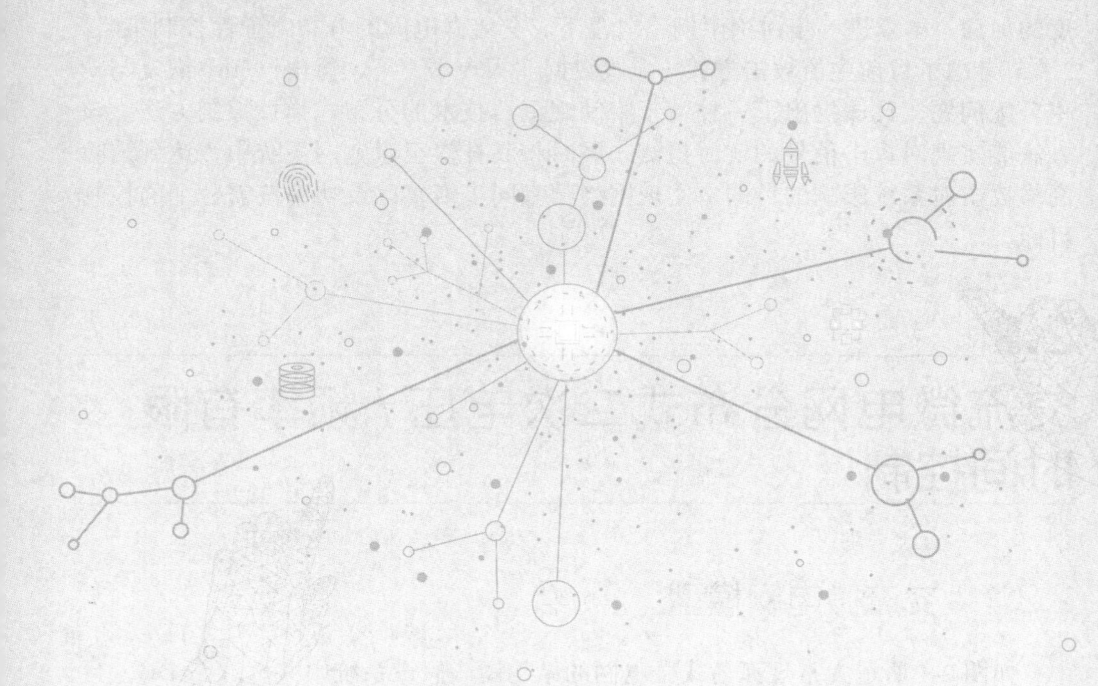

2.1 概述

在本章中，我们将重点讨论交流微电网分布式二次控制问题。传统交流微电网中二次控制是采用中央控制器（MGCC）作为主控制器，它收集每台 DG 的所有信息，然后将控制命令发送回各 DG 作为其主要控制方式[1]。该方法具有控制效率低、需要中央计算和通信单元等固有缺点。此外，它可能会遭受单点故障。为了解决以上问题，很多学者将其控制器结构更换为分布式控制结构，即每台本地 DG 控制器与其相邻的 DG 通信，不需要中央控制器，极大程度上提高了微电网的灵活性与可靠性。

基于分布式控制原理，2.2 节在纯感性传输线的假设下，推导出孤岛式微电网的简化动力学模型。在此简化模型上，针对电压与频率恢复问题分别设计了分布式电压控制器与频率控制器，在有限时间内将所有 DG 的电压幅值恢复至参考值，且在满足功率分配的情况下，完成频率同步恢复。随着微电网信息化程度的加深，本章进一步讨论了网络攻击下，交流微电网的分布式弹性控制策略。2.3 节考虑了目前主流攻击方式（虚假数据注入攻击）下，微电网频率恢复与功率分配问题，具体提出了一种基于中间观测器技术的分布式弹性控制方法。该方法能实现对攻击信号的实时检测，同时将其补偿至微电网系统中，达到消除网络攻击对系统影响的目的，实现网络频率同步恢复以及功率按需分配的控制目标。

2.2 交流微电网分布式二次电压 / 频率有限时间控制

2.2.1 交流微电网模型

如图 2-1 所示为常规孤岛式微电网的结构图。假设系统中共有 N 台 DG，且每台 DG 已与各自的本地负载连接，并通过 MG 网络连接在一起。因此，该模型主要由 DG 模型和 MG 网络模型两部分组成。

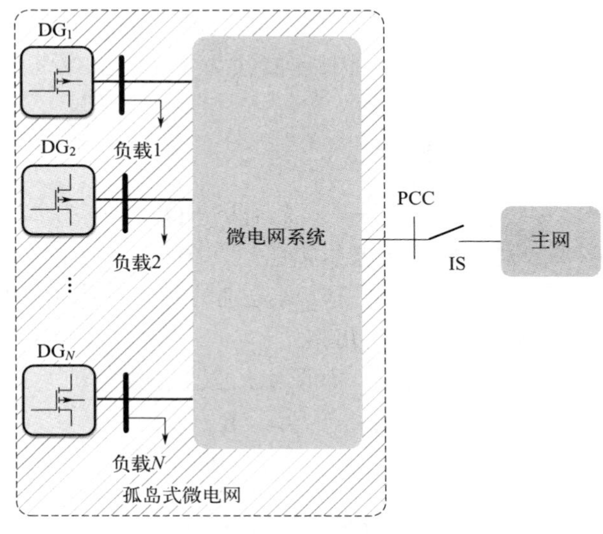

图 2-1　交流微电网模型

(1) DG 模型

在传统交流 MG 系统中，每台 DG 由一个主直流源、一个 DC/AC 逆变器、一个 LCL 滤波器和一个 RL 输出传输线[2]组成，如图 2-2 所示。当微电网运行在孤岛模式下时，这些逆变器便工作在电压控制模式下。在一次控制器中，一般有三个控制回路，即电压控制回路、电流控制回路和下垂控制回路。文献 [3] 介绍了其详细的数学模型，并给出了其模型动态响应范围。由于 LCL 滤波器、RL 输出传输线、电压和电流控制回路的动力学方程响应速度比下垂控制快得多，计算中可以仅考虑下垂控制动力学方程而忽略其他四个快速动力学模块方程来重构主控制器。

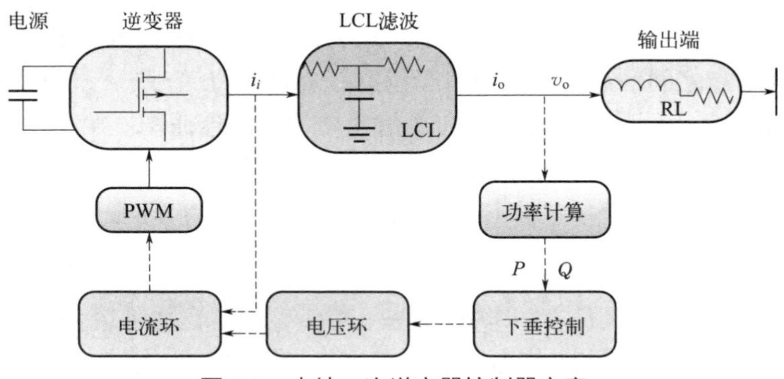

图 2-2　本地一次逆变器控制器方案

一般来说，下垂控制是通过本地测量的有功功率和无功功率信息来调节相角 δ_i 和电压幅值 V_i 的。根据电气可靠性技术解决方案（CERTS）下垂控制方程[4]，第 i 台 DG 的相角和电压下垂方程为：

$$\dot{\delta}_i = \omega^{\mathrm{d}} - k_{P_i}(P_i^{\mathrm{m}} - P_i^{\mathrm{d}}) \tag{2-1}$$

$$k_{V_i}\dot{V}_i = (V^{\mathrm{d}} - V_i) - k_{Q_i}(Q_i^{\mathrm{m}} - Q_i^{\mathrm{d}}) \tag{2-2}$$

式中，ω^{d} 和 V^{d} 分别为频率和电压幅值设定值；k_{V_i} 为电压控制增益；k_{P_i} 和 k_{Q_i} 分别为频率和电压下垂增益；P_i^{m} 和 Q_i^{m} 分别为实测有功功率和无功功率；P_i^{d} 和 Q_i^{d} 分别为所需的实际功率和无功功率。

测量的 P_i^{m} 和 Q_i^{m} 可以通过以下一阶低通滤波器获得：

$$\tau_{P_i}\dot{P}_i^{\mathrm{m}} = -P_i^{\mathrm{m}} + P_i \tag{2-3}$$

$$\tau_{Q_i}\dot{Q}_i^{\mathrm{m}} = -Q_i^{\mathrm{m}} + Q_i \tag{2-4}$$

式中，τ_{P_i} 和 τ_{Q_i} 分别为两个滤波器各自的时间常数；P_i 和 Q_i 分别为第 i 台 DG 的有功和无功输出。

相角的导数可以用 ω_i 表示如下：

$$\dot{\delta}_i = \omega_i \tag{2-5}$$

将式（2-3）和式（2-4）代入式（2-1）、式（2-2）和式（2-5）中：

$$\tau_{P_i}\dot{\omega}_i + \omega_i - \omega^{\mathrm{d}} + k_{P_i}(P_i - P_i^{\mathrm{d}}) = 0 \tag{2-6}$$

$$\tau_{Q_i}k_{V_i}\ddot{V}_i + (\tau_{Q_i} + k_{V_i})\dot{V}_i + V_i - V^{\mathrm{d}} + k_{Q_i}(Q_i - Q_i^{\mathrm{d}}) = 0 \tag{2-7}$$

上述方程即为第 i 台 DG 的简化模型。

（2）网络模型

在介绍网络模型之前，首先简要介绍图论的一些基础知识，以了解网络模型的完整性[5]。

① 图理论：图被定义为 $G=(\nu,\xi)$，其中 $\nu=\{1,\cdots,N\}$ 表示顶点集，$\xi\subseteq\nu\times\nu$ 是两个不同顶点之间的边集。如果对于所有 $(i,j)\subseteq\xi,(j,i)\subseteq\xi$，那么称为 G 无向，否则称为有向图。本章中的物理图和通信图均为无向连通图。第一个顶点的邻居集合表示为 $N_i \triangleq \{j\subseteq\nu:(i,j)\subseteq\xi\}$。邻接矩阵 $\boldsymbol{A}$ 的元素定义为 $a_{ij}=a_{ji}=1$，且 $j\subseteq N_i$；否则，$a_{ij}=a_{ji}=0$。将 G 的拉普拉斯矩阵定义为 $\boldsymbol{\mathcal{L}}=\varDelta-\boldsymbol{A}$，其中 $\varDelta$ 称为度矩阵，定义为 $\varDelta=\mathrm{diag}(\varDelta_i)\subseteq\mathbb{R}^{N\times N}$（$\varDelta_i=\sum\limits_{j\subseteq N_i}a_{ij}$）。具有 M 个不同边的图的入射矩阵 $\boldsymbol{B}$ 定义为 $\boldsymbol{B}=[b_1,\cdots,b_M]$，其中 $(b_l)_i=1$ 和 $(b_l)_j=-1$，如果边 l 连接顶点 i 和 j，则其他条目为 0。然后，将加权拉普拉斯矩阵定义为 $\boldsymbol{\mathcal{L}}_w=\boldsymbol{BwB}^{\mathrm{T}}$，其中 $\boldsymbol{w}=\mathrm{diag}(w_1,\cdots,w_N)$ 是加权矩阵。

② 网络模型：微电网可认为是一个连接的复加权图 $G=(\nu,\xi)$，节点 ν 是 DG

（总线），边 ξ 是线阻抗。现考虑一个具有 N 台 DG 的网络，假设第 i 台 DG 和第 k 台 DG 之间的导纳为 Y_{ik}，定义为 $Y_{ik}=G_{ik}+\mathrm{j}B_{ik}\in\mathbb{C}$，其中 $G_{ik}\in\mathbb{R}$ 和 $G_{ik}\in\mathbb{R}$ 分别是电导和电纳。若第 i 台 DG 和第 k 台 DG 之间无连接，则 $Y_{ik}=0$。第 i 台 DG 的相邻 DG 的集合定义为 $N_i=\{k\mid k\in 1,\cdots,N,k\neq i,Y_{ik}\neq 0\}$。此外，还定义 $G_{ii}=\sum_{k\in N_i}G_{ik}$ 和 $B_{ii}=\sum_{k\in N_i}B_{ik}$。假设本地负载连接到每台 DG，即 $S_{L_i}=P_{L_i}+Q_{L_i}$。为了合并各种类型的负载，这里应用 ZIP 负载模型 [6]，它表示为：

$$P_{L_i}=P_{1_i}V_i^2+P_{2_i}V_i+P_{3_i} \tag{2-8}$$

$$Q_{L_i}=Q_{1_i}V_i^2+Q_{2_i}V_i+Q_{3_i} \tag{2-9}$$

式中，P_{1_i}、Q_{1_i} 分别为标称恒定阻抗负载；P_{2_i}、Q_{2_i} 分别为标称恒流负载；P_{3_i}、Q_{3_i} 分别为标称恒定功率负载。

基于功率平衡关系 [7]，可得注入有功功率 $\hat{P}_i$ 和无功功率 $\hat{Q}_i$ 为：

$$\hat{P}_i=V_i^2G_{ii}-\sum_{k\in N_i}V_iV_k\,|Y_{ik}|\cos(\delta_i-\delta_k-\phi_{ik}) \tag{2-10}$$

$$\hat{Q}_i=-V_i^2B_{ii}-\sum_{k\in N_i}V_iV_k\,|Y_{ik}|\sin(\delta_i-\delta_k-\phi_{ik}) \tag{2-11}$$

式中，V_i 和 δ_i 分别为第 i 台 DG 的电压大小和相位角；$|Y_{ik}|$ 为导纳 Y_{ik} 的大小，即 $|Y_{ik}|=\sqrt{G_{ik}^2+G_{ik}^2}$；$\phi_{ik}$ 为 Y_{ik} 的导纳角，即 $\phi_{ik}=\phi_{ki}=\arctan(B_{ik}/G_{ik})$。

第 i 台 DG 的有功功率和无功功率输出：

$$P_i=P_{L_i}+\hat{P}_i \tag{2-12}$$

$$Q_i=Q_{L_i}+\hat{Q}_i \tag{2-13}$$

结合式（2-6）～式（2-13）可以得到整个系统的动力学模型。为便于设计下一节中所提电压和频率恢复控制，可作以下假设。

假设 2-1　微电网网络的输电线路传输中是无损耗的，即 $G_{ik}=0$，$Y_{ik}=\mathrm{j}B_{ik}$，$\phi_{ik}=\phi_{ki}=-(\pi/2)$，$\forall i\in\mathbb{N}$，$k\in N_i$。

基于假设 2-1，式（2-12）与式（2-13）可以简化为：

$$P_i=P_{L_i}+\sum_{k\in N_i}V_iV_k\,|B_{ik}|\sin(\delta_i-\delta_k) \tag{2-14}$$

$$Q_i=Q_{L_i}+V_i^2\sum_{k\in N_i}|B_{ik}|-\sum_{k\in N_i}V_iV_k\,|B_{ik}|\cos(\delta_i-\delta_k) \tag{2-15}$$

注 2-1　上述假设在电力系统分析中是普遍合理的。纯感性传输线可以通过虚拟阻抗技术控制逆变器输出导纳来实现，更详细的描述见文献［7］、［8］。

注 2-2　结合式（2-6）～式（2-15），我们得出电压动态方程式（2-7）和式（2-15）与频率动态方程式（2-6）和式（2-14）相互耦合的结论。为了分别设计电压和频率控制，首先在有限时间内将电压控制到其参考值，然后设计具有恒定电压幅值的频率恢复控制器，这将在下一节中介绍。

2.2.2 分布式二次电压恢复控制

在本节中，首先给出有限时间控制[9-12]的一些基本术语，将在后续推导中使用。然后，通过研究节点状态来完成电压与频率控制。在此基础上，结合本节二次控制目标，设计相应的微电网分布式二次控制器。

（1）有限时间控制

有限时间稳定的思想是引导系统状态在有限时间内达到平衡。此外，有限时间稳定闭环系统具有更好的鲁棒性和抗干扰性[9]。由于篇幅限制，此处省略了一些关于有限时间稳定的基本概念和定义，这些概念和定义可以在文献［9］～［12］中找到。然而，为了控制器设计，我们需要以下引理。为了方便起见，定义 $sig(x)^{\alpha} = sgn(x)|x|^{\alpha}$。

引理 2-1[10]　用于以下系统：

$$\dot{\boldsymbol{x}} = \boldsymbol{y}$$
$$\dot{\boldsymbol{y}} = \boldsymbol{M}\boldsymbol{u} \tag{2-16}$$

反馈控制输入：

$$\boldsymbol{u} = -k_1 sig(\boldsymbol{x})^{\alpha_1} - k_2 sig(\boldsymbol{y})^{\alpha_2} \tag{2-17}$$

式中，$\boldsymbol{x} = [x_1, \cdots, x_N]^{\mathrm{T}}$；$\boldsymbol{y} = [y_1, \cdots, y_N]^{\mathrm{T}}$；$k_1$，$k_2 > 0$；$\alpha_1$ 和 α_2 为满足 $0 < \alpha_1 < 1$、$\alpha_2 = 2\alpha_1/(1+\alpha_1)$ 的两个常数；$\boldsymbol{M} \in \mathbb{R}^{N \times N}$ 为对称正定矩阵；$sig(\bullet)$ 是按元素定义的，它是全局有限时间稳定的。

（2）控制目标

从文献［13］和［14］的相关工作中，我们得出结论，微电网系统在具有下垂功能的一次控制器控制下的频率是同步的。根据文献［15］，同步稳态频率为 $\omega_{\mathrm{ss}} = \omega^{\mathrm{d}} + \left(\sum_{i=1}^{N} (P_i^{\mathrm{d}} - P_i) / \sum_{i=1}^{N} (1/k_{P_i}) \right)$。显然，这表明，只要总标称功率输出 $\sum_{i=1}^{N} P_i^{\mathrm{d}}$ 与 $\sum_{i=1}^{N} P_i$ 的总消耗实际功率不同，同步频率就会偏离标称频率 ω^{d}。由于频率是全局状态，下垂控制函数可以与下垂增益的反比精确地共享有功功率，即 $k_{P_i}(P_i - P_i^{\mathrm{d}}) = k_{P_k}(P_k - P_k^{\mathrm{d}})$，$\forall i,k=1,\cdots,N$。同样，如果无功功率 Q_i 与其期望值 Q_i^{d} 不同，则电压将偏离其标称值。为解决该问题，需要为频率和电压恢复设计二次控制器。因此，本节对孤岛式微电网系统的控制目标定义如下：

① 在有限时间 T 内，将微电网系统频率和电压恢复至参考值，即：

$$\lim_{t\to\infty}\omega_i(t)=\omega^{\text{ref}},\forall i=1,\cdots,N$$

$$\lim_{t\to T}V_i(t)=V^{\text{ref}},V_i(t)=V^{\text{ref}},\forall t>T,\forall i=1,\cdots,N$$

② 保证有功功率精确共享，即：

$$\frac{P_i}{P_k}=\frac{m_i}{m_k},\forall i,k=1,\cdots,N \tag{2-18}$$

式中，$m_i,m_k\in\mathbb{R}^+$ 为有功功率分配系数，并根据 DG 之间[13]的功率等级进行选择。通常，在初级控制中，频率下垂增益 k_{P_i} 通常被选择为功率额定值的反比。因此，式（2-18）表达为：

$$\frac{P_i}{P_k}=\frac{m_i}{m_k}=\frac{k_{P_k}}{k_{P_i}},\forall i,k=1,\cdots,N \tag{2-19}$$

（3）分布式二次控制器设计

在二次控制层中提出了分布式控制策略，如图 2-3 所示，与 MGCC 控制策略不同，每个本地 DG 由自身的二次控制器进行控制，并与其相邻控制器进行通信。将二次控制输入 $\boldsymbol{u}_i=[u_i^{\omega}\quad u_i^{V}]^{\mathrm{T}}$ 添加到底层控制模型式（2-6）和式（2-7）中，形式如下：

$$\tau_{P_i}\dot{\omega}_i+\omega_i-\omega^{\text{d}}+k_{P_i}(P_i+P_i^{\text{d}})+u_i^{\omega}=0 \tag{2-20}$$

$$\tau_{Q_i}k_{V_i}\ddot{V}_i+(\tau_{Q_i}+k_{V_i})\dot{V}_i+V_i-V^{\text{d}}+k_{Q_i}(Q_i-Q_i^{\text{d}})+u_i^{V}=0 \tag{2-21}$$

式中，u_i^{ω} 和 u_i^{V} 分别为二次频率和电压控制输入。

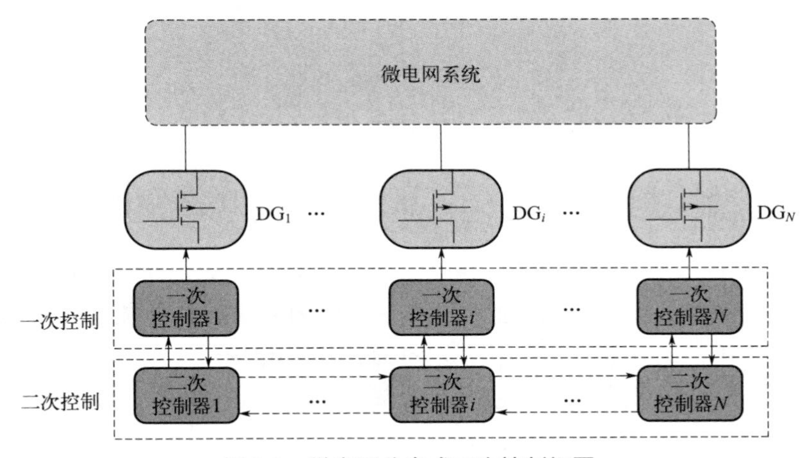

图 2-3　微电网分布式二次控制框图

有限时间电压恢复：电压动态方程（2-21）可以改写为以下二阶非线性系统。

$$\dot{x}_i = f_i(x_i, x_k) + g_i(x_i)u_i, i \in 1, \cdots, N, k \in N_i \tag{2-22}$$

式中，$x_i = [V_i \ \ \dot{V}_i]^{\mathrm{T}}$，$f_i(x_i, x_k) = [\dot{V}_i \ \ f_{1i}(x_i, x_k)]^{\mathrm{T}}$，$g_i(x_i) = [0 \ \ 1/(\tau_{Q_i} k_{V_i})]^{\mathrm{T}}$，$u_i = u_i^V$，$f_{1i}(x_i, x_k) = -\dfrac{\tau_{Q_i} + k_{V_i}}{\tau_{Q_i} k_{V_i}} \dot{V}_i - \dfrac{k_{Q_i}(Q_{1i} + \sum_{k \in N_i} |B_{ik}|)}{\tau_{Q_i} k_{V_i}} V_i^2 + \dfrac{k_{Q_i}}{\tau_{Q_i} k_{V_i}} \sum_{k \in N_i} |B_{ik}| V_i V_k \cos(\delta_i - \delta_k) - \dfrac{1 + k_{Q_i} Q_{2i}}{\tau_{Q_i} k_{V_i}} V_i - \dfrac{k_{Q_i}(Q_{3i} - Q_i^{\mathrm{d}}) - V^{\mathrm{d}}}{\tau_{Q_i} k_{v_i}}$。与文献［14］相似，假设只有一台 DG 能够访问参考电压值，则电压局部邻域跟踪误差可定义为：

$$e_i^V = \sum_{k \in N_i} (V_i - V_k) + g_i^V (V_i - V^{\mathrm{ref}}) \tag{2-23}$$

$$e_i^{\mathrm{d}V} = \sum_{k \in N_i} (\dot{V}_i - \dot{V}_k) + g_i^V (\dot{V}_i - 0) \tag{2-24}$$

式中，g_i^V 为电压牵制增益，若该 DG 能直接访问参考电压值 V^{ref}，则其取值为 1，反之则为 0；N_i 为第 i 个控制器的通信邻域集。

选择：

$$y = h_i(x_i) = V_i - V^{\mathrm{ref}} \tag{2-25}$$

然后，利用下面的坐标变换[16]：

$$\begin{cases} z_{1_i} = h_i(x_i) = V_i - V^{\mathrm{ref}} \\ z_{2_i} = L_{f_i} h_i(x_i) = \dot{V}_i \end{cases} \tag{2-26}$$

式（2-26）被重写为：

$$\begin{cases} \dot{z}_{1_i} = z_{2_i} \\ \dot{z}_{2_i} = v_i \end{cases} \tag{2-27}$$

其中：

$$v_i = L_{f_i}^2 h_i(x_i) + L_{g_i} L_{f_i} h_i(x_i) u_i \tag{2-28}$$

$L_f h(x)$ 是 $h(x)$ 对 f 的导数，定义为 $L_f h(x) = \nabla h(x) \cdot f$，同时 $L_f^2 h(x)$ 被定义为 $L_f^2 h(x) = L_f(L_f h(x))$。请注意，$h(x)$ 和 f_i 在它们的域中都是连续的和可微的，因此李雅普诺夫函数的导数 $L_f h(x)$ 和 $L_f^2 h(x)$ 总是存在的[17]。

对于式（2-27），我们可以构造一个分布式有限时间控制器：

$$v_i = -k_i sig(e_i^V)^{\alpha_1} - k_2 sig(e_i^{\mathrm{d}V})^{\alpha_2} \tag{2-29}$$

式中，$k_1, k_2 > 0$，$0 < \alpha_1 < 1$，$\alpha_2 = 2\alpha_1 / (1 + \alpha_1)$。

由式（2-26）、式（2-28）和式（2-29）可得到有限时间电压控制器：

$$u_i^V = u_i = -\frac{k_1 sig(e_i^V)^{\alpha_1} + k_2 sig(e_i^{dV})^{\alpha_2} + L_{f_i}^2 h_i(x_i)}{L_{g_i} L_{f_i} h_i(x_i)} \tag{2-30}$$

式中，$L_{f_i}^2 h_i(x_i) = f_{1i}(x_i)$，$L_{g_i} L_{f_i} h_i(x_i) = 1/(\tau_{Q_i} k_{V_i})$。

定理 2-1　具有分布式电压控制［式（2-30）］的电压动力学系统［式（2-21）］是全局有限时间稳定的，即可以在有限时间内将所有 DG 的电压恢复到参考值。

证明：该定理的证明等价于证明具有分布式控制输入式（2-28）的系统式（2-27）是全局有限时间稳定的。其全局方程表达如下。

$$\begin{cases} \dot{\boldsymbol{z}}_1 = \boldsymbol{z}_2 \\ \dot{\boldsymbol{z}}_2 = -k_1 sig((\boldsymbol{L}_c + \boldsymbol{G}^V)\boldsymbol{z}_1)^{\alpha_1} - k_2 sig((\boldsymbol{L}_c + \boldsymbol{G}^V)\boldsymbol{z}_2)^{\alpha_2} \end{cases} \tag{2-31}$$

其中，$\boldsymbol{z}_1 = [z_{1_1}, \cdots, z_{1_N}]^{\mathrm{T}}$；$\boldsymbol{z}_2 = [z_{2_1}, \cdots, z_{2_N}]^{\mathrm{T}}$；$\boldsymbol{L}_c$ 为设计通信图的拉普拉斯矩阵；$\boldsymbol{G}^V = \mathrm{diag}(g_1^V, g_2^V, \cdots, g_N^V)$。

令 $\boldsymbol{M} = \boldsymbol{L}_c + \boldsymbol{G}^V$，显然，它是一个对称正定矩阵[18]。设 $\boldsymbol{x} = \boldsymbol{M}\boldsymbol{z}_1$ 和 $\boldsymbol{y} = \boldsymbol{M}\boldsymbol{z}_2$；然后，结合式（2-31）与式（2-17）可得式（2-16）。根据引理 2-1，系统是全局有限时间稳定的，所以定理 2-1 成立。

注 2-3　所提出的有限时间电压控制器［式（2-30）］可以在有限时间 T 内将电压幅值恢复到参考值。且与频率无关，这意味着无论使用什么频率控制器，电压均能在有限时间内恢复至参考值。这使得电压和频率设计能够分离。

2.2.3　分布式二次频率恢复控制

频率恢复：在实现频率二次恢复，同时保证实际功率共享精度仍与式（2-19）一致的情况下，控制输入 u_i^ω 将会受到限制，即：

$$(u_i^\omega)_s / (u_k^\omega)_s = 1, \forall i, k \in 1, \cdots, N \tag{2-32}$$

式中，$(u_i^\omega)_s$ 表示稳态下的第 i 台 DG 频率控制输入值。因此，式（2-32）要求稳态下的控制输入应相等。

为了实现式（2-32）中受输入约束的控制目标，本节提出了一种分布式比例积分方法。在文献［19］的启发下，频率控制输入可设计为：

$$u_i^\omega = \alpha_i(\hat{\omega}_i - \omega_i) \tag{2-33}$$

$$\dot{\hat{\omega}}_i = \beta_i e_i^\omega + \gamma_i \left(\sum_{k \in N_i} (u_k^\omega - u_i^\omega) \right) \tag{2-34}$$

$$e_i^{\omega}=\sum_{k\in N_i}(\omega_i-\omega_k)+g_i^{\omega}(\omega_i-\omega^{\mathrm{ref}}) \tag{2-35}$$

式中，$\alpha_i,\beta_i,\gamma_i\in\mathbb{R}^+$为比例增益；$e_i^{\omega}$定义为频率局部邻域跟踪误差；$g_i^{\omega}$为频率牵制增益，类似地，若DG可直接访问参考频率值ω^{ref}，则其取值为1，反之为0。

综上所述，本节所提出的二次控制器的结构如图2-4所示，结合式（2-33）～式（2-35），可以看到，二次频率控制输入u_i^{ω}包含两个部分。第一部分是局部跟踪误差，使稳态频率跟踪参考频率，即$\lim\limits_{t\to\infty}\omega_i(t)=\omega^{\mathrm{ref}}$，$\forall i\in 1,\cdots,N$。第二部分是确保满足式（2-32）中的稳态控制输入约束。

值得注意的是，文献［20］已经建立了一些关于受非线性传输约束的多智能体系统的共识的相关结果。在本章考虑的微电网系统中，允许线性传输是足够的，因为在实际的MG通信系统中，数据传输的精度总是可以通过线性传输来保证的。在文献［20］中的非线性函数f_{ij}被设置为$f_{ij}(x)=x$，本节设计的协同控制方程式（2-33）～式（2-35）与文献［20］一致。

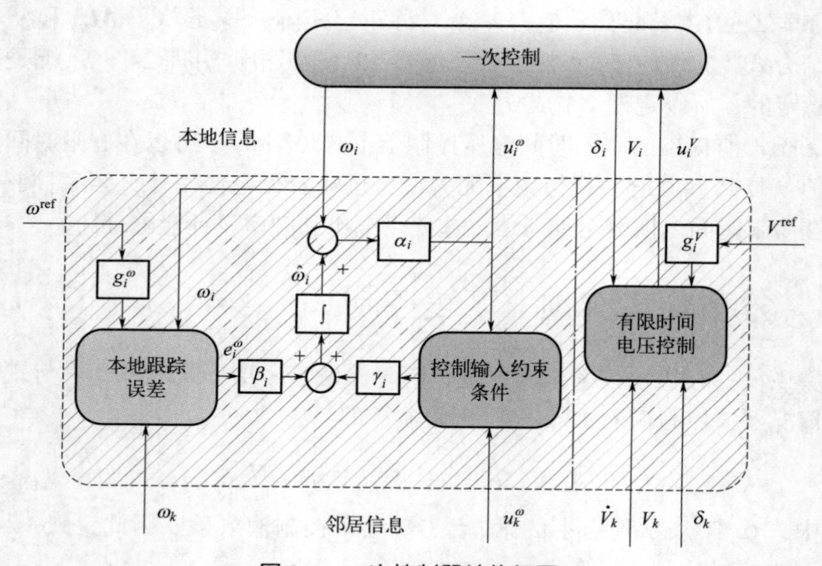

图2-4　二次控制器结构框图

下面分析所提出分布式频率恢复控制器的稳定性情况，并建立系统稳定性的充分条件。由于本节考虑闭环系统，有限时间逃逸不会发生，在时间$[t_0,t_0+T]$内，频率控制系统的任何信号都不会达到无穷大。因此，只需要在$t>t_0+T$之后检查所提出频率控制器的稳定性。

另外，在不失去一般性的情况下，此处，设置$P_i^d=0$，这不会影响稳定性分析。整个MG系统的分布式二次控制器可以用以下全局形式描述：

$$\boldsymbol{U}^{\omega}=\boldsymbol{\alpha}(\hat{\boldsymbol{\omega}}-\boldsymbol{\omega}) \tag{2-36}$$

$$\dot{\hat{\boldsymbol{\omega}}}=\boldsymbol{\beta}\boldsymbol{e}^{\omega}-\boldsymbol{\gamma}\boldsymbol{L}_{\mathrm{c}}\boldsymbol{U}^{\omega} \tag{2-37}$$

$$\boldsymbol{e}^{\omega}=(\boldsymbol{L}_{\mathrm{c}}+\boldsymbol{G}^{\omega})(\boldsymbol{\omega}-\omega^{\mathrm{ref}}\mathbf{1}_{N\times 1}) \tag{2-38}$$

式中，$\boldsymbol{U}^{\omega}=[u_1^{\omega},u_2^{\omega},\cdots,u_N^{\omega}]^{\mathrm{T}}$；$\boldsymbol{\alpha}=\mathrm{diag}(\alpha_1,\alpha_2,\cdots,\alpha_N)$；$\hat{\boldsymbol{\omega}}=[\hat{\omega}_1,\hat{\omega}_2,\cdots,\hat{\omega}_N]^{\mathrm{T}}$；$\boldsymbol{\omega}=[\omega_1,\ \omega_2,\ \cdots,\ \omega_N]^{\mathrm{T}}$；$\boldsymbol{\beta}=\mathrm{diag}(\beta_1,\ \beta_2,\ \cdots,\ \beta_N)$；$\boldsymbol{e}^{\omega}=[e_1^{\omega},\ e_2^{\omega},\ \cdots,\ e_N^{\omega}]^{\mathrm{T}}$；$\boldsymbol{\gamma}=\mathrm{diag}(\gamma_1,\gamma_2,\cdots,\gamma_N)$；$\boldsymbol{G}^{\omega}=\mathrm{diag}(g_1^{\omega},g_2^{\omega},\cdots,g_N^{\omega})$；$\boldsymbol{L}_{\mathrm{c}}$ 为通信图的拉普拉斯矩阵；$\mathbf{1}_{N\times 1}$ 表示元素均等于 1 的 N 维向量。

同样式（2-20）的全局形式如下：

$$\boldsymbol{\tau}_P^{-1}\dot{\boldsymbol{\omega}}=-\boldsymbol{\omega}+\omega^{\mathrm{d}}\mathbf{1}_{N\times 1}-\boldsymbol{K}_P\boldsymbol{P}(\delta)-\boldsymbol{U}^{\omega} \tag{2-39}$$

其中，$\boldsymbol{\tau}_P=\mathrm{diag}\left(\tau_{P_1}^{-1},\ \tau_{P_2}^{-1},\ \cdots,\ \tau_{P_N}^{-1}\right)$；$\boldsymbol{K}_P=\mathrm{diag}(K_{P_1},\ K_{P_2},\ \cdots,\ K_{P_N})$；$\boldsymbol{P}(\delta)=\mathrm{diag}(P_1(\delta),P_2(\delta),\cdots,P_N(\delta))$。

结合式（2-36）～式（2-39），可以得到状态空间方程：

$$\begin{cases}\dot{\hat{\boldsymbol{\omega}}}=(\boldsymbol{\beta}\boldsymbol{W}+\boldsymbol{\gamma}\boldsymbol{L}_{\mathrm{c}}\boldsymbol{\alpha})\boldsymbol{\omega}-\boldsymbol{\gamma}\boldsymbol{L}_{\mathrm{c}}\boldsymbol{\alpha}\hat{\boldsymbol{\omega}}-\boldsymbol{\beta}\boldsymbol{W}\omega^{\mathrm{ref}}\mathbf{1}_{N\times 1}\\ \dot{\boldsymbol{\omega}}=\boldsymbol{\tau}_P(\boldsymbol{\alpha}-\boldsymbol{I}_N)\boldsymbol{\omega}-\boldsymbol{\tau}_P\boldsymbol{\alpha}\hat{\boldsymbol{\omega}}-\boldsymbol{\tau}_P\boldsymbol{K}_P\boldsymbol{P}(\delta)+\boldsymbol{\tau}_P\omega^{\mathrm{d}}\mathbf{1}_{N\times 1}\end{cases} \tag{2-40}$$

式中，$\boldsymbol{W}=\boldsymbol{L}_{\mathrm{c}}+\boldsymbol{G}^{\omega}$。

定理 2-2　考虑式（2-40）所表示的闭环频率控制系统，本节所提出的分布式控制器式（2-33）～式（2-35）保证了以下几点。

① 系统是局部指数稳定的。

② 频率收敛到它的参考值，即 $\lim\limits_{t\to\infty}\omega_i(t)=\omega^{\mathrm{ref}},\forall i\in\mathbb{N}$，而满足式（2-32）中的输入约束。

③ 如果矩阵 $\boldsymbol{A}$ 正好有一个零特征值，且其所有其他特征值都在开放的左半复平面上，可以实现式（2-19）中的功率共享，其中：

$$\boldsymbol{A}=\begin{bmatrix}-\boldsymbol{\gamma}\boldsymbol{L}_{\mathrm{c}}\boldsymbol{\alpha} & \mathbf{0}_{N\times N} & \boldsymbol{\gamma}\boldsymbol{L}_{\mathrm{c}}\boldsymbol{\alpha}+\boldsymbol{\beta}\boldsymbol{W}\\ \mathbf{0}_{N\times N} & \mathbf{0}_{N\times N} & \boldsymbol{I}_N\\ -\boldsymbol{\tau}_P\boldsymbol{\alpha} & -\boldsymbol{\tau}_P\boldsymbol{K}_P\boldsymbol{L}_{\omega} & \boldsymbol{\tau}_P(\boldsymbol{\alpha}-\boldsymbol{I}_N)\end{bmatrix} \tag{2-41}$$

其中 $\boldsymbol{L}_{\omega}$ 为加权拉普拉斯矩阵，即 $\boldsymbol{L}_{\omega}=\boldsymbol{B}\mathrm{diag}(V^{\mathrm{ref}}\,|\,\boldsymbol{B}_{ik}\,|\cos(\delta_i^*-\delta_j^*))\boldsymbol{B}^{\mathrm{T}}$，$\boldsymbol{B}$ 是通信图的入射矩阵，δ_i^* 是平衡点处的第 i 台 DG 的电压相角。

证明：定义频率误差 $\tilde{\boldsymbol{\omega}}=\boldsymbol{\omega}-\omega^{\mathrm{ref}}\mathbf{1}_{N\times 1}$，$\tilde{\boldsymbol{\delta}}(t)=\boldsymbol{\delta}(0)+\int_0^t\tilde{\boldsymbol{\omega}}(t)\mathrm{d}\tau$。注意，动力学方程式（2-40）不取决于角度 δ_i 的值而只取决于它们的差异 $\delta_i-\delta_j$。因此，可以任意选择一个节点，例如节点 N 作为参考节点，并通过状态变换表示 $\tilde{\delta}_i,i=1,2,\cdots,N-1$。对于 $\tilde{\delta}_N$ 而言，存在以下关系。

$$\boldsymbol{\theta}=\boldsymbol{\Pi}\tilde{\boldsymbol{\delta}},\ \boldsymbol{\Pi}=\begin{bmatrix}\boldsymbol{I}_{N-1} & -\mathbf{1}_{(N-1)\times 1}\end{bmatrix} \tag{2-42}$$

式中，$\boldsymbol{\theta}=[\theta_1,\theta_2,\cdots,\theta_{N-1}]^{\mathrm{T}}$ 是一个（N-1）×1 向量。然后，可以用一个新的坐标表示系统：

$$\begin{cases}\dot{\hat{\boldsymbol{\omega}}}=\left(\beta\boldsymbol{W}+\gamma\boldsymbol{L}_{\mathrm{c}}\boldsymbol{\alpha}\right)\tilde{\boldsymbol{\omega}}-\gamma\boldsymbol{L}_{\mathrm{c}}\boldsymbol{\alpha}\tilde{\boldsymbol{\omega}}+\gamma\boldsymbol{L}_{\mathrm{c}}\boldsymbol{\alpha}\omega^{\mathrm{ref}}\boldsymbol{1}_{N\times1}\\ \dot{\boldsymbol{\theta}}=\boldsymbol{\Pi}\tilde{\boldsymbol{\omega}}\\ \dot{\tilde{\boldsymbol{\omega}}}=\boldsymbol{\tau}_P(\boldsymbol{\alpha}-\boldsymbol{I}_N)\tilde{\boldsymbol{\omega}}-\boldsymbol{\tau}_P\boldsymbol{\alpha}\hat{\boldsymbol{\omega}}-\boldsymbol{\tau}_P\boldsymbol{K}_P\boldsymbol{P}(\boldsymbol{\theta})+\boldsymbol{\tau}_P(\omega^{\mathrm{d}}+(\boldsymbol{\alpha}-\boldsymbol{I}_N)\omega^{\mathrm{ref}})\boldsymbol{1}_{N\times1}\end{cases}\tag{2-43}$$

设 $(\hat{\boldsymbol{\omega}}^*,\boldsymbol{\theta}^*,\tilde{\boldsymbol{\omega}}^*)$ 为式（2-43）的平衡点，满足：

$$\begin{cases}\left(\beta\boldsymbol{W}+\gamma\boldsymbol{L}_{\mathrm{c}}\boldsymbol{\alpha}\right)\tilde{\boldsymbol{\omega}}^*-\gamma\boldsymbol{L}_{\mathrm{c}}\boldsymbol{\alpha}\tilde{\boldsymbol{\omega}}^*+\gamma\boldsymbol{L}_{\mathrm{c}}\boldsymbol{\alpha}\omega^{\mathrm{ref}}\boldsymbol{1}_{N\times1}=\boldsymbol{0}_{N\times1}\\ \boldsymbol{\Pi}\tilde{\boldsymbol{\omega}}^*=\boldsymbol{0}_{(N\times1)\times1}\\ \boldsymbol{\tau}_P(\boldsymbol{\alpha}-\boldsymbol{I}_N)\tilde{\boldsymbol{\omega}}^*-\boldsymbol{\tau}_P\boldsymbol{\alpha}\hat{\boldsymbol{\omega}}^*-\boldsymbol{\tau}_P\boldsymbol{K}_P\boldsymbol{P}(\boldsymbol{\theta}^*)+\boldsymbol{\tau}_P(\omega^{\mathrm{d}}+(\boldsymbol{\alpha}-\boldsymbol{I}_N)\omega^{\mathrm{ref}})\boldsymbol{1}_{N\times1}=\boldsymbol{0}_{N\times1}\end{cases}\tag{2-44}$$

式（2-44）中的第二个方程意味着 $\tilde{\boldsymbol{\omega}}^*=c\boldsymbol{1}_{N\times1}$，其中 c 是任意数。因此，式（2-44）中的第一个方程则变为 $c(\beta\boldsymbol{W}+\gamma\boldsymbol{L}_{\mathrm{c}}\boldsymbol{\alpha})\boldsymbol{1}_{N\times1}=\gamma\boldsymbol{L}_{\mathrm{c}}\boldsymbol{\alpha}(\hat{\boldsymbol{\omega}}^*-\omega^{\mathrm{ref}}\boldsymbol{1}_{N\times1})$。由于 $\boldsymbol{1}_{N\times1}$ 不在 $\boldsymbol{L}_{\mathrm{c}}$ 的范围内，因此，$c=0$ 且 $\tilde{\boldsymbol{\omega}}^*=\boldsymbol{0}_{N\times1}$，这意味着 $\boldsymbol{\omega}^*=\omega^{\mathrm{ref}}\boldsymbol{1}_{N\times1}$。同时 $\lim\limits_{t\to\infty}\omega_i(t)=\omega^{\mathrm{ref}},\forall i\in\mathbb{N}$。此外，还可得到 $\gamma\boldsymbol{L}_{\mathrm{c}}\boldsymbol{\alpha}(\hat{\boldsymbol{\omega}}^*-\omega^{\mathrm{ref}}\boldsymbol{1}_{N\times1})=\gamma\boldsymbol{L}_{\mathrm{c}}\boldsymbol{\alpha}(\hat{\boldsymbol{\omega}}^*-\boldsymbol{\omega}^*)=\boldsymbol{0}_{N\times1}$。既然 $\boldsymbol{U}^{\omega^*}=\boldsymbol{\alpha}(\hat{\boldsymbol{\omega}}^*-\boldsymbol{\omega}^*)$；$\gamma\boldsymbol{L}_{\mathrm{c}}\boldsymbol{U}^{\omega^*}=\boldsymbol{0}_{N\times1}$，则 $\lim\limits_{t\to\infty}(u_k^{\omega}-u_i^{\omega})=0,\forall i,k\in\mathbb{N}$。这满足式（2-32）所叙述的输入约束，也满足式（2-19）表示的实际功率精确共享。根据文献［13］，式（2-44）是可解的，并且有一个唯一的解 $(\hat{\boldsymbol{\omega}}^*,\boldsymbol{\theta}^*,\boldsymbol{0})$ 当且仅当 $\max\limits_{i,k}|\theta_i-\theta_k|<(\pi/2),\forall i\in\mathbb{N},k\in\boldsymbol{N}_i$。如文献［13］所指出的，此条件在实际应用中可以满足，从而定理 2-2 中的②与③成立。

下面，将证明式（2-40）是局部指数稳定的。类似于文献［13］，通过在平衡点 $(\hat{\boldsymbol{\omega}}^*,\boldsymbol{\delta}^*,\boldsymbol{\omega}^{\mathrm{ref}})$ 对式（2-40）进行线性化操作，可得：

$$\begin{bmatrix}\Delta\dot{\hat{\boldsymbol{\omega}}}\\ \Delta\dot{\boldsymbol{\delta}}\\ \Delta\dot{\boldsymbol{\omega}}\end{bmatrix}=\boldsymbol{A}\begin{bmatrix}\Delta\hat{\boldsymbol{\omega}}\\ \Delta\boldsymbol{\delta}\\ \Delta\boldsymbol{\omega}\end{bmatrix}\tag{2-45}$$

式中，矩阵 $\boldsymbol{A}$ 由式（2-41）给出，$\Delta\hat{\boldsymbol{\omega}}=\hat{\boldsymbol{\omega}}-\hat{\boldsymbol{\omega}}^*$，$\Delta\boldsymbol{\delta}=\boldsymbol{\delta}-\boldsymbol{\delta}^*$，$\Delta\boldsymbol{\omega}=\boldsymbol{\omega}-\boldsymbol{\omega}^*$。

通过计算，得到 $\boldsymbol{A}\boldsymbol{e}_1=\boldsymbol{0}$，其中 $\boldsymbol{e}_1=[\boldsymbol{0}_{1\times N}\ \ \boldsymbol{1}_{1\times N}\ \ \boldsymbol{0}_{1\times N}]^{\mathrm{T}}$ 是 $\boldsymbol{A}$ 中对应特征值 0 的特征向量，表示 $\boldsymbol{A}$ 至少有一个特征值等于 0。接下来，将证明它仅有一个零特征值。考虑线性状态变换式（2-42），得到：

$$\begin{bmatrix}\Delta\dot{\hat{\boldsymbol{\omega}}}\\ \Delta\dot{\boldsymbol{\theta}}\\ \Delta\dot{\boldsymbol{\omega}}\end{bmatrix}=\boldsymbol{A}'\begin{bmatrix}\Delta\hat{\boldsymbol{\omega}}\\ \Delta\boldsymbol{\theta}\\ \Delta\boldsymbol{\omega}\end{bmatrix}\tag{2-46}$$

其中：

$$\boldsymbol{A}'=\begin{bmatrix}-\gamma\boldsymbol{L}_{\mathrm{c}}\boldsymbol{\alpha} & \boldsymbol{0}_{N\times(N-1)} & \gamma\boldsymbol{L}_{\mathrm{c}}\boldsymbol{\alpha}+\boldsymbol{\beta}\boldsymbol{W}\\ \boldsymbol{0}_{(N-1)\times N} & \boldsymbol{0}_{(N-1)\times(N-1)} & \Pi\\ -\boldsymbol{\tau}_P\boldsymbol{\alpha} & -\boldsymbol{\tau}_P\boldsymbol{K}_P\boldsymbol{L}'_{\omega} & \boldsymbol{\tau}_P(\boldsymbol{\alpha}-\boldsymbol{I}_N)\end{bmatrix}$$

以 $\boldsymbol{L}'_{\omega}\in\mathbb{R}^{N\times(N-1)}$ 为状态变换后的加权拉普拉斯矩阵，且 $\Delta\boldsymbol{\theta}=\boldsymbol{\theta}-\boldsymbol{\theta}^*$。

现在，证明 $\boldsymbol{A}'$ 是一个全秩矩阵。考虑到：

$$\boldsymbol{A}'\begin{bmatrix}\Delta\hat{\boldsymbol{\omega}}\\ \Delta\boldsymbol{\theta}\\ \Delta\boldsymbol{\omega}\end{bmatrix}=\boldsymbol{0}_{(3N-1)\times1} \tag{2-47}$$

可得：

$$\begin{cases}-\gamma\boldsymbol{L}_{\mathrm{c}}\boldsymbol{\alpha}\Delta\tilde{\boldsymbol{\omega}}+(\gamma\boldsymbol{L}_{\mathrm{c}}\boldsymbol{\alpha}+\boldsymbol{\beta}\boldsymbol{W})\Delta\boldsymbol{\omega}=\boldsymbol{0}_{N\times1}\\ \Pi\Delta\boldsymbol{\omega}=\boldsymbol{0}_{(N\times1)\times1}\\ -\boldsymbol{\tau}_P\boldsymbol{\alpha}\Delta\hat{\boldsymbol{\omega}}-\boldsymbol{\tau}_P\boldsymbol{K}_P\boldsymbol{L}'_{\omega}\Delta\boldsymbol{\theta}+\boldsymbol{\tau}_P(\boldsymbol{\alpha}-\boldsymbol{I}_N)\Delta\boldsymbol{\omega}=\boldsymbol{0}_{N\times1}\end{cases} \tag{2-48}$$

式（2-48）中的第二个方程意味着 $\Delta\boldsymbol{\omega}=k\boldsymbol{1}_{N\times1}$，其中 k 是任意数。式（2-48）中的第一个方程变为 $\gamma\boldsymbol{L}_{\mathrm{c}}\boldsymbol{\alpha}\Delta\tilde{\boldsymbol{\omega}}=k(\gamma\boldsymbol{L}_{\mathrm{c}}\boldsymbol{\alpha}+\boldsymbol{\beta}\boldsymbol{W})\boldsymbol{1}_{N\times1}$。$\boldsymbol{1}_{N\times1}$ 不在 $\boldsymbol{L}_{\mathrm{c}}$ 的范围内，因此 $k=0$，然后，$\Delta\hat{\boldsymbol{\omega}}=\Delta\boldsymbol{\omega}=\boldsymbol{0}_{N\times1}$。最后，考虑式（2-48）中的第三个方程，可以得到 $\boldsymbol{\tau}_P\boldsymbol{K}_P\boldsymbol{L}'_{\omega}\Delta\boldsymbol{\theta}=\boldsymbol{0}_{N\times1}$。需要指出的是，秩 $(\boldsymbol{L}'_{\omega})=N-1$，即，$\Delta\boldsymbol{\theta}=\boldsymbol{0}_{(N-1)\times1}$。由于 $[\Delta\tilde{\boldsymbol{\omega}}\ \Delta\boldsymbol{\theta}\ \Delta\boldsymbol{\omega}]^{\mathrm{T}}=\boldsymbol{0}_{(3N-1)\times1}$ 是式（2-46）的唯一解，由此可得 $\boldsymbol{A}'$ 为满秩矩阵。由于线性变换不改变特征值，因此，$\boldsymbol{A}$ 和 $\boldsymbol{A}'$ 有相同的特征值。此外，$\boldsymbol{A}$ 还有一个额外的零特征值。这表明，当且仅当 $\boldsymbol{A}$ 正好有一个零特征值，并且所有其他特征值都在左半开复平面上时，$\boldsymbol{A}$ 为赫尔维茨矩阵。因此，式（2-40）所表示的闭环系统是局部指数稳定的[21]。这就完成了定理 2-2 的证明。

2.2.4 实验验证

为进一步验证本节所提二次控制器的有效性，我们搭建了一个 220V（每相有效值）50Hz 孤岛式 MG 作为测试系统，其通信拓扑结构如图 2-5 所示，并在 MATLAB/Simulink 环境下进行了仿真。该系统由四台 DG 及其各自的本地负载与三条传输线组成。整个测试系统的参数汇总在表 2-1 和表 2-2 中。为了便于说明，在本例中，我们选择了与物理连接图结构相同的通信图。分布式二次控制器的通信图如图 2-5 所示，假设仅 DG_1 能访问参考电压和频率值，即 $g_1^V=g_1^{\omega}=1$，$g_k^V=g_k^{\omega}=0$，$k=2,3,4$。所有参数均满足定理 2-1 和定理 2-2 的条件。

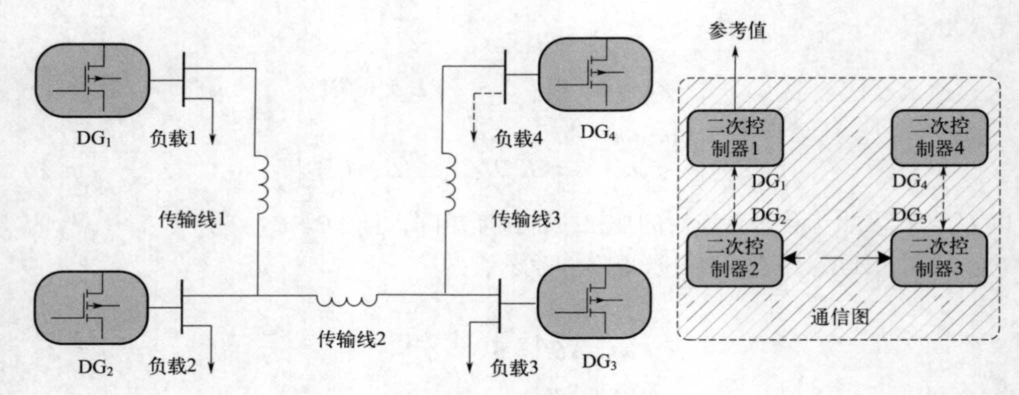

图 2-5　实验通信拓扑图

表 2-1　一次控制器参数及微电网系统参数

项目	DG$_1$		DG$_2$		DG$_3$		DG$_4$	
微电网系统	τ_{P_1}	0.016	τ_{P_2}	0.016	τ_{P_3}	0.016	τ_{P_4}	0.016
	τ_{Q_1}	0.016	τ_{Q_2}	0.016	τ_{Q_3}	0.016	τ_{Q_4}	0.016
	k_{P_1}	6e−5	k_{P_2}	3e−5	k_{P_3}	2e−5	k_{P_4}	1.5e−5
	k_{Q_1}	4.2e−4	k_{Q_2}	4.2e−4	k_{Q_3}	4.2e−4	k_{Q_4}	4.2e−4
	k_{V_1}	1e−2	k_{V_2}	1e−2	k_{V_3}	1e−2	k_{V_4}	1e−2
负载	P_{1_1}	0.01	P_{1_2}	0.01	P_{1_3}	0.01	P_{1_4}	0.01
	P_{2_1}	1	P_{2_2}	2	P_{2_3}	3	P_{2_4}	4
	P_{3_1}	1e4	P_{3_2}	1e4	P_{3_3}	1e4	P_{3_4}	1e4
	Q_{1_1}	0.01	Q_{1_2}	0.01	Q_{1_3}	0.01	Q_{1_4}	0.01
	Q_{2_1}	1	Q_{2_2}	2	Q_{2_3}	3	Q_{2_4}	4
	Q_{3_1}	1e4	Q_{3_2}	1e4	Q_{3_3}	1e4	Q_{3_4}	1e4
线阻	$B_{12}=10\Omega^{-1}$，$B_{23}=10.67\Omega^{-1}$，$B_{34}=9.82\Omega^{-1}$							

表 2-2　二次控制器参数

项目	DG$_1$		DG$_2$		DG$_3$		DG$_4$	
频率控制器	α_1	0.2	α_2	0.2	α_3	0.2	α_4	0.2
	β_1	250	β_2	250	β_3	250	β_4	250
	γ_1	500	γ_2	500	γ_3	500	γ_4	500

续表

项目	DG$_1$		DG$_2$		DG$_3$		DG$_4$	
电压控制器	k_1	100	k_1	100	k_1	100	k_1	100
	k_2	10	k_2	10	k_2	10	k_2	10
	α_1	1/3	α_1	1/3	α_1	1/3	α_1	1/3
	α_2	1/2	α_2	1/2	α_2	1/2	α_2	1/2
基准值	$V^{\text{ref}}=310\text{V}$ ，$\omega^{\text{ref}}=50\text{Hz}$							

二次控制在 t=5s 激活。此实验可分为四个阶段。

第一阶段（0 ～ 5s）：只有一次控制在 t=0s 激活。

第二阶段（5s 到结束）：二次控制在 t=5s 启动。

第三阶段（10 ～ 30s）：恒定负载（负载 4）$L_\text{c}=1\times10^4+\text{j}1\times10^4\text{W}$ 接入系统中。

第四阶段（30 ～ 40s）：负载 4 从系统中移除。

仿真结果如图 2-6 ～图 2-9 所示，在第一阶段，由于底层下垂功能，四台 DG 的电压幅值均产生一定电压偏差，而频率可以同步到一个公共值（49.72Hz）。但是，电压和频率均偏离其参考值。因此，它们需要在二次控制中恢复。当本节所提分布式二次控制在 t=5s 激活时，电压和频率均能快速恢复至参考值（$V^{\text{ref}}=310\text{V}$，$\omega^{\text{ref}}=50\text{Hz}$）。此外，无论恒定负载 L_c 接入或断开，虽有暂态偏差，但四台 DG 的稳态频率保持在 50Hz。结果表明，所设计的分布式二次控制器可以消除由一次控制引起的电压和频率偏差。

图 2-7 所示为 DG 有功功率输出波形。可以看出在二次控制启动之前，即第一阶段时，$P_1:P_2:P_3:P_4=1/k_{P_1}:1/k_{P_2}:1/k_{P_3}:1/k_{P_4}=1:2:3:4$，即有功功率分配能较好地完成。当二次控制被激活（$t$=5s）时，不管负载在第三阶段增加或在第四阶段减少，有功功率均能按既定下垂增益进行共享。此外，二次输入补偿频率波形图如图 2-9 所示，由实验结果可知，该频率输入在稳态下始终保持相等，即 $(u_1^\omega)_\text{s}=(u_2^\omega)_\text{s}=(u_3^\omega)_\text{s}=(u_4^\omega)_\text{s}$。

正如在前文中提到的，用有限的方法来解决电压和频率恢复问题的分布式方法中，只有文献 [22] 和 [23] 考虑了与本文相似的问题。然而，文献 [22] 不考虑频率恢复。因此，我们将本节所提控制器效果与文献 [22] 中提出的电压恢复方法进行比较。本节所提方法的控制增益设置为 K_1=100 和 K_2=40，与文献 [22] 中保持一致。第二阶段 [4.8，7.5] 期间的仿真结果如图 2-10 所示，显然，我们提出的方法的暂态调节时间约为 1.5s，而文献 [22] 中的方法则需要 2.5s 进行调节。这说明保证控制器在有限时间内完成收敛具有较大的实际工程意义。

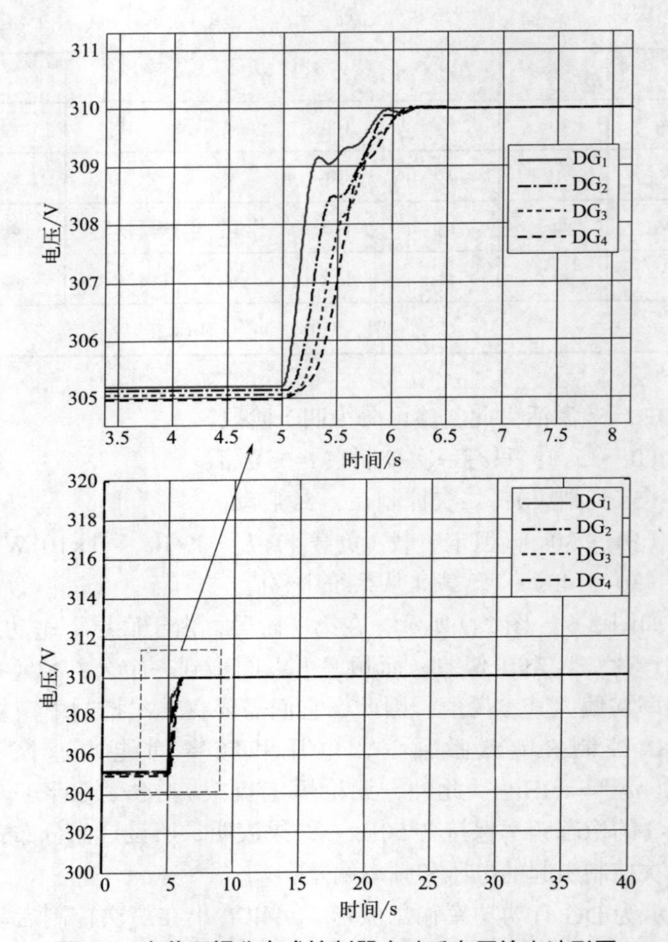

图 2-6　本节所提分布式控制器启动后电压输出波形图

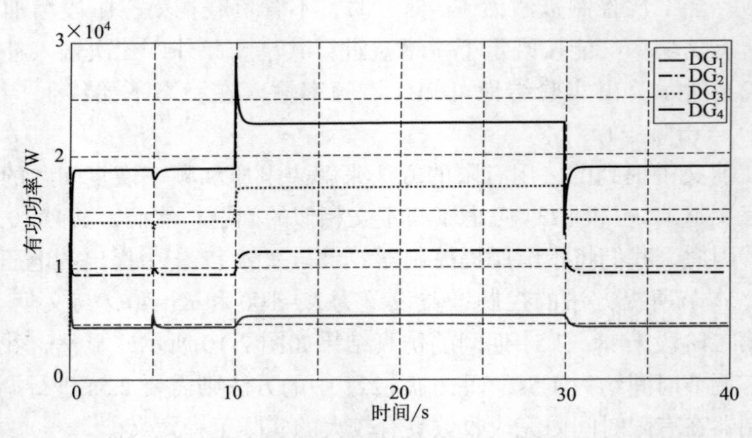

图 2-7　本节所提分布式控制器启动后有功功率输出波形图

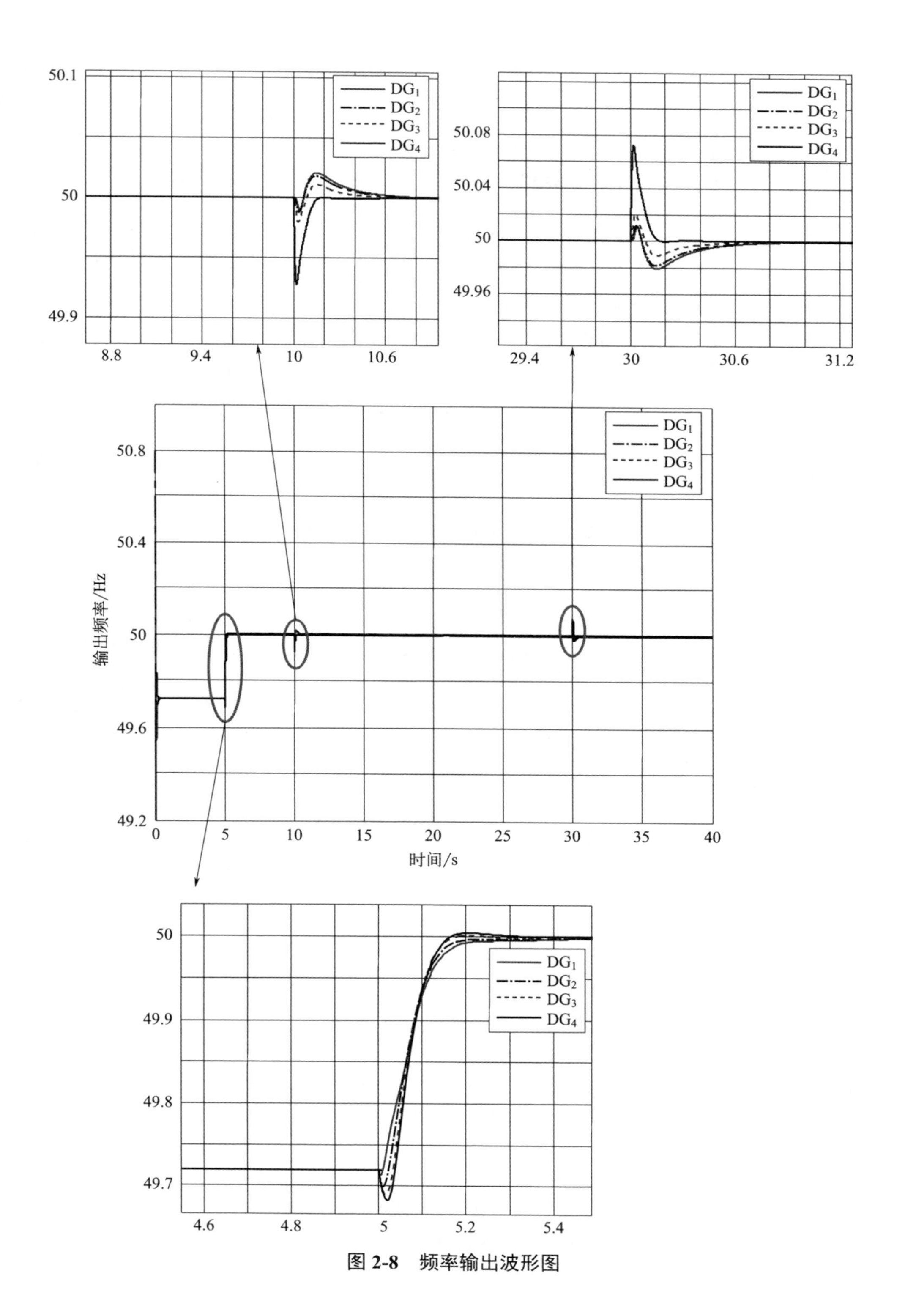

50.1
50
49.9
8.8
9.4
10
10.6
DG1
DG2
DG3
DG4
50.08
50.04
50
49.96
29.4
30
30.6
31.2
50.8
50.4
50
49.6
49.2
输出频率/Hz
0
5
10
15
20
25
30
35
40
时间/s
50
49.9
49.8
49.7
4.6
4.8
5
5.2
5.4

图 2-8　频率输出波形图

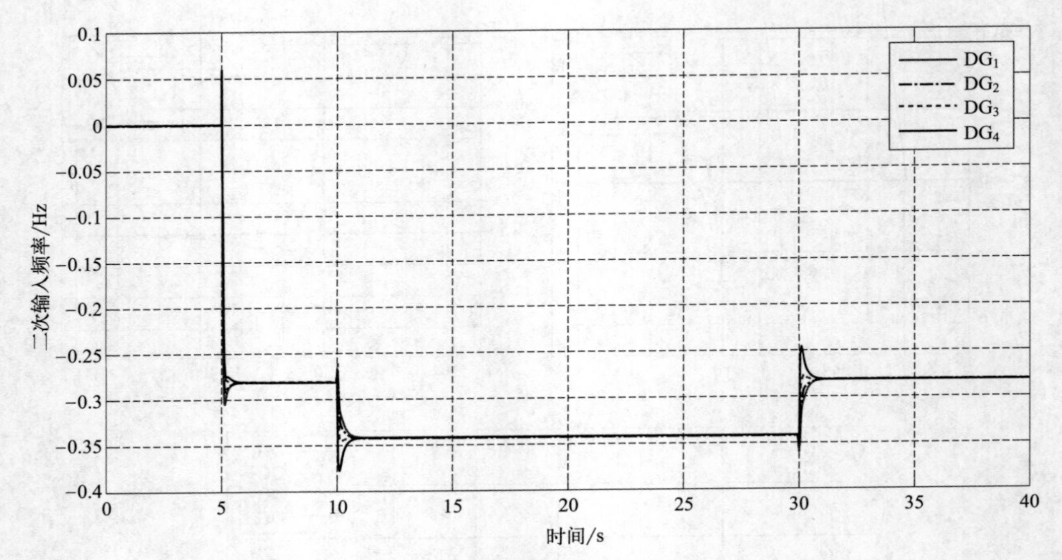

图 2-9　系统频率二次输入波形图

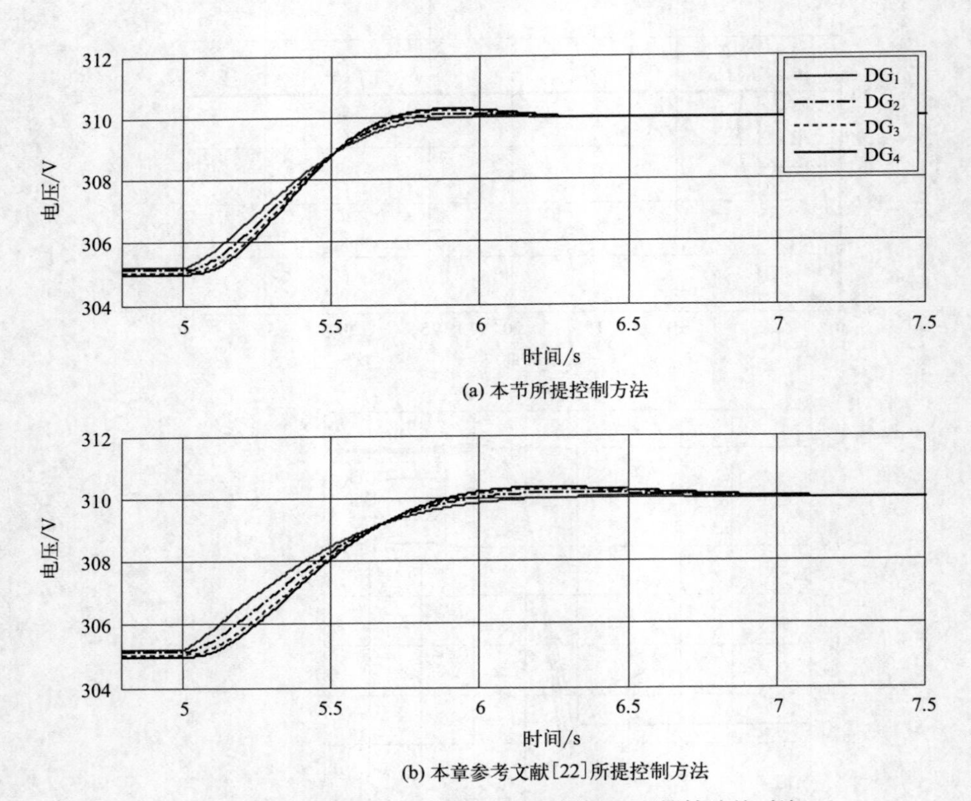

图 2-10　本节所提算法与本章参考文献 [22] 所提算法的对比

2.3 含有网络虚假数据注入攻击的分布式弹性控制器设计

上一节中，我们讨论了孤岛模式下交流微电网分布式二次电压与频率恢复及功率分配问题。随着智能网络化的普及，现代电力系统中的网络控制系统也变得越来越智能化、信息化。毋庸置疑，信息系统的深度融合进一步地提升了微电网运行的精细度与智能化。但信息技术的过度开放，导致微电网受到网络攻击的风险随之增加，因此，保证微电网网络安全是提升面向未来智能电网网络安全的重要环节。基于此，本节中，作者将考虑虚假数据注入（fault data injection, FDI）攻击下的微电网弹性控制。

2.3.1 问题描述

（1）MG 模型

本节所采用的孤岛式交流微电网结构框图如图 2-11 所示，假设在这个孤岛 MG 中有 N 台 DG 及其相应的局部负载分别连接到网络中。值得指出的是，由于下垂功能，该 MG 系统中的所有 DG 都可以采用完全分散的方式共享有功功率和无功功率。

由于我们主要研究最优有功功率分配以及频率恢复的问题，类似于大多数工作，与文献［24］、［25］一样，此处也忽略了电压（幅值）动力学方程。

① DG 模型：由下垂方程可得，第 i 台 DG 的输出频率可表示如下。

$$\omega_i = \omega^{\mathrm{d}} - k_{P_i}(P_i^{\mathrm{m}} - P_i^{\mathrm{d}}) \tag{2-49}$$

式中，ω^{d} 为频率预设值；k_{P_i} 为下垂增益；P_i^{m} 和 P_i^{d} 分别为测量有功功率输出及期望有功功率输出。

式（2-49）中测量的有功功率输出 P_i^{m} 通常通过低通滤波器获得：

$$\tau_{P_i}\dot{P}_i^{\mathrm{m}} = -P_i^{\mathrm{m}} + P_i \tag{2-50}$$

式中，τ_{P_i} 为滤波器的时间常数；P_i 为第 i 个 DG 的输出有功功率。

将式（2-50）和式（2-49）结合在一起产生：

$$\tau_{P_i}\dot{\omega}_i + \omega_i - \omega^{\mathrm{d}} + k_{P_i}(P_i - P_i^{\mathrm{d}}) = 0 \tag{2-51}$$

式（2-51）可视为第 i 台 DG 的简化频率动力学方程。

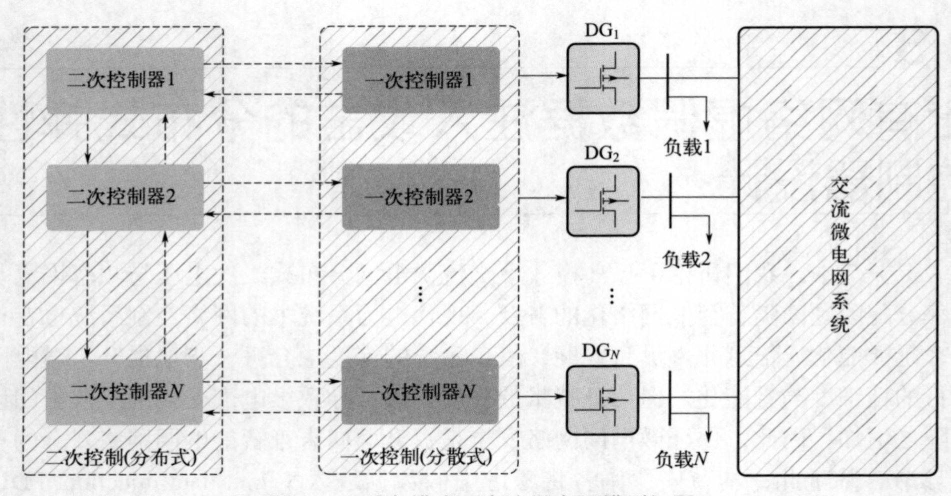

图 2-11　孤岛模式下交流微电网模型框图

② 微电网配电网模型：微电网配电网可以描述为一个连接和复加权图 $\mathcal{G}=(\mathcal{V},\xi)$，节点 $\mathcal{V}$ 是系统总线，边缘 ξ 为总线之间的线路阻抗。为方便后续工作，我们对图 2-1 中的微电网网络进行刻画，该网络包括 N 条总线，且每个总线连接一台 DG 及本地负载。假设这些总线在网络拓扑中与 M 条传输线均是全连接的。设 Y_{ij} 是第 i 和第 j 总线之间的导纳，定义为 $Y_{ij}=G_{ij}+\mathrm{j}B_{ij}\in\mathbb{C}$，其中 $G_{ij}\in\mathbb{R}$ 和 $B_{ij}\in\mathbb{R}$ 分别是电导和电纳。此外，我们还采用 $\boldsymbol{\mathcal{B}}\in\mathbb{R}^{N\times M}$ 来表示描述的系统与总线和传输线的入射矩阵 [26]。

然后根据配电网功率平衡，注入到第 i 条总线的有功功率或者以第 i 条总线吸收到的有功功率表示如下 [25]：

$$P_i=V_i^2G_{ii}-\sum_{j\in N_i}V_iV_j\left|Y_{ij}\right|\cos(\delta_i-\delta_j-\phi_{ij}) \tag{2-52}$$

式中，V_i 和 δ_i 分别为第 i 台 DG 的电压幅值和相角；$G_{ii}=\sum_{j\in N_i}G_{ij}$；$\left|Y_{ij}\right|$ 为导纳的幅值，即 $\left|Y_{ij}\right|=\sqrt{G_{ij}^{\ 2}+B_{ij}^{\ 2}}$；$\phi_{ij}$ 为 Y_{ij} 的导纳角，即 $\phi_{ij}=\phi_{ji}=\arctan(B_{ij}/G_{ij})$；$N_i$ 为第 i 台 DG 的相邻 DG 的集合。

为简化后续分析，我们做出以下假设：

假设 2-2　系统配电网传输电路是无损的。

即 $G_{ij}=0$，$Y_{ij}=\mathrm{j}B_{ij}$，$\phi_{ij}=\phi_{ki}=-\dfrac{\pi}{2}$，$\forall i=1,\cdots,N, j\in N_i$，于是式（2-52）可写为：

$$P_i=\sum_{j\in N_i}V_iV_j\left|B_{ij}\right|\sin(\delta_i-\delta_j) \tag{2-53}$$

当忽略电压动力学时，式（2-53）可进一步改写为：

$$P_i = \sum_{j \in N_i} H_{ij} \sin(\delta_i - \delta_j) \tag{2-54}$$

式中，$H_{ij} = V^2 \left| B_{ij} \right|$，$V_i = V_j = V$ 为恒定电压幅值。

将第 i 个总线中的本地负载表示为 P_{L_i}，则第 i 台 DG 的功率输出变为：

$$P_i = P_i + P_{L_i} \tag{2-55}$$

将式（2-51）、式（2-54）和式（2-55）结合在一起，便可以得到一个 MG 一次频率控制简化模型。显然，这是一个非线性动态系统。

（2）控制目标

需要指出的是，当微电网处于孤岛模式下时，频率控制尤为重要。只有系统频率能同步稳定至基准值时，微电网才能正常运行。因此，第一个控制目标便是将系统频率保持在基准值，即：

$$\lim_{t \to \infty} \omega_i(t) = \omega^{\text{ref}}, \forall i = 1, \cdots, N \tag{2-56}$$

此外，基于式（2-51），可得有功功率共享关系如下：

$$\lim_{t \to \infty} \frac{P_i(t)}{P_j(t)} = \frac{k_{P_j}}{k_{P_i}}, \forall i, j = 1, \cdots, N \tag{2-57}$$

这表明，在频率下垂控制方程作用下，所有 DG 之间的有功功率分配比都是固定的，即与下垂增益成反比。

另外，为了实现第一节中解释的最佳功率共享，倘若设计的二次控制器能够以最优的比率重新分配所有 DG 之间的有功功率，而不是像式（2-57）中那样固定，这样将会获得更好的经济效益。因此，第二个控制目标便是实现系统有功功率的精确分配，即：

$$\lim_{t \to \infty} \frac{P_i(t)}{P_j(t)} = \frac{\chi_i}{\chi_j}, \forall i, j = 1, \cdots, N \tag{2-58}$$

式中，χ_i 和 χ_j 是最优的功率分配比，该分配比通常是从第三层优化算法中得到的。

（3）分布式比例积分控制器设计

与 2.2 节类似，为了消除下垂控制引起的频率偏差，我们将设计一个分布式二次控制器 $u_i^p, i = 1, \cdots, N$，并将其补偿至式（2-51）所示的系统模型中。于是，系统动态方程表达如下：

$$\dot{\delta}_i = \omega_i \tag{2-59}$$

$$\tau_{P_i} \dot{\omega}_i + \omega_i - \omega^{\text{d}} + k_{P_i}(P_i - P_i^{\text{d}}) + u_i^p = 0 \tag{2-60}$$

在文献［26］的工作启发下，作者定义了频率局部邻域跟踪误差为：

$$e_i^{\omega} = \sum_{j \in N_i} \left(\omega_i - \omega_j\right) + g_i^{\omega}\left(\omega_i - \omega^{\text{ref}}\right) \tag{2-61}$$

式中，g_i^{ω} 为频率牵制增益，对于可直接访问参考频率值的 DG，其值为 1，否则为 0。

此外，我们还定义了最优功率共享误差 e_i^P 如下：

$$e_i^P = \sum_{j \in N_i} \left(\frac{P_i^{\text{m}}}{\chi_i} - \frac{P_j^{\text{m}}}{\chi_j} \right) \tag{2-62}$$

于是分布式二次控制器 u_i^p 设计如下：

$$u_i^p = \alpha_i(\nu_i - \omega_i) \tag{2-63}$$

$$\dot{\nu}_i = \beta_i e_i^{\omega} + \gamma_i e_i^P \tag{2-64}$$

式中，ν_i 为辅助变量；$\alpha_i, \beta_i, \gamma_i \in \mathbb{R}^+$ 是比例增益。

假设所有 DG 的滤波时间常数相同，即 $\tau_{P_i} = \tau_{P_j} = \tau_P$。然后将式（2-50）代入式（2-62）：

$$\tau_P \dot{e}_i^P = \sum_{j \in N_i} \left(\frac{P_i}{\chi_i} - \frac{P_j}{\chi_j} \right) - e_i^P \tag{2-65}$$

由式（2-61）～式（2-64）可以看出，所提出的控制主要由两部分组成，即频率恢复和最优功率控制。项 e_i^{ω} 表示频率恢复误差，e_i^P 表示最优功率控制误差。通过所提出的方法，这两个误差被调节到零。

注2-4　与文献[26]中的频率恢复结果相比，式（2-62）中的 e_i^P 项有所不同。通过进一步研究，很明显，如果不考虑最优功率控制，并将最优功率分配比设置为下垂控制函数中的功率分配比（与下垂增益 k_{P_i} 成反比，即 $\chi_i k_{P_i} = \chi_j k_{P_j}$），则式（2-62）变为：

$$e_i^P = \sum_{j \in N_i} (k_{P_i} P_i^{\text{m}} - k_{P_j} P_j^{\text{m}}) \tag{2-66}$$

这样的分布式控制方式能够在频率恢复的同时保持下垂函数带来的功率共享精度。

2.3.2　基于中间观测器的分布式弹性控制器设计

2.2 节中，我们设计了一个分布式二次控制器用以实现频率二次恢复以及功率精确分配。基于该分布式模型，本节将在虚假数据注入攻击的情况下，提出分布式弹性控制方法，改善微电网系统的可靠性，重新实现频率恢复及功率精确恢复的目标。

（1）攻击模型

一般情况下，攻击信号目前可分为两种类型，包括对控制器的攻击和对通信链路[27,28]的攻击，所以攻击者只需要获取本地信息就可以发起隐性攻击。集中方式通过检查接收数据的有效性，可以检测出虚假数据。由于逆变器之间的通信有限，以及微电网在孤岛模式下工作时与主网络之间缺乏信息传输，孤岛式交流微电网的分布式控制更容易受到攻击。为方便后续研究，作者做出如下假设：

假设 2-3　攻击信号被认为是有界时变信号。攻击者不会向执行器发送开/关命令。

图 2-12 为本节考虑的分布式二次控制中的攻击模型图。当传感器进行频率采样时，攻击者将虚假数据恶意注入控制器中。由于缺乏检测单元，系统仍以错误频率进行控制，导致整个系统遭到破坏。本节中所考虑的攻击信号表达如下：

$$\omega_i^{\mathrm{a}} = \omega_i + \vartheta_i \omega_i^{\mathrm{c}} \tag{2-67}$$

式中，ω_i^{c} 为注入第 i 个控制器的虚假数据；ω_i^{a} 为故障频率。$\vartheta_i = 1$ 时表示第 i 个控制器被攻击，即 $\omega_i^{\mathrm{a}} = \omega_i + \omega_i^{\mathrm{c}}$；类似地，$\vartheta_i = 0$ 时，则 $\omega_i^{\mathrm{a}} = \omega_i$，表示控制器不受攻击。

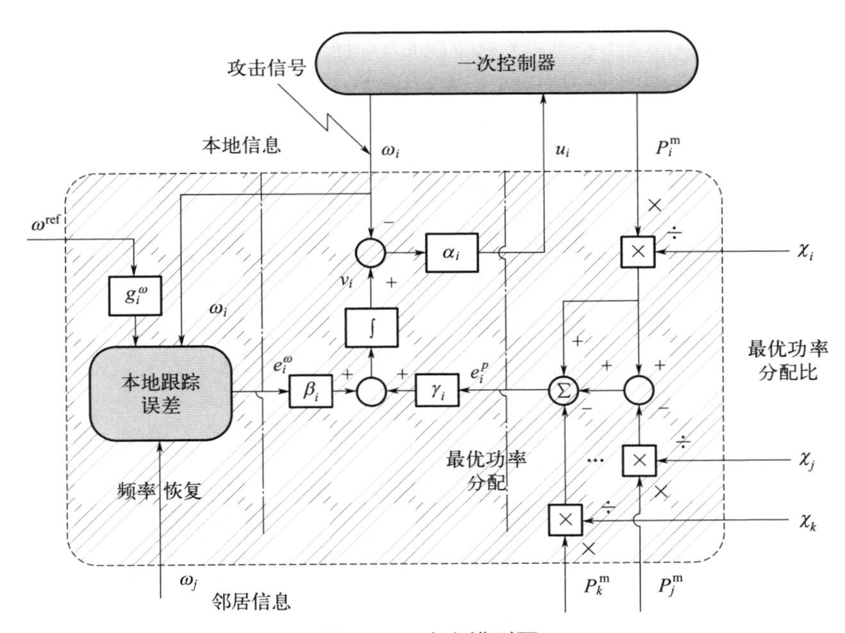

图 2-12　攻击模型图

（2）系统模型分析

将式（2-67）$\omega_i^{\mathrm{a}} = \omega_i + \vartheta_i \omega_i^{\mathrm{c}}$ 代入系统方程，于是式（2-60）～式（2-65）变为：

$$\tau_{P_i}\dot{\omega}_i^{\mathrm{a}} = (\alpha_i - 1)\omega_i + \omega^{\mathrm{d}} - K_{P_i}P_i - \alpha_i \nu_i^{\mathrm{a}} + (\alpha_i - 1)\vartheta_i\omega_i^{\mathrm{c}} \tag{2-68}$$

$$\begin{aligned}\dot{\nu}_i^{\mathrm{a}} &= \beta_i \sum_{j\in N_i}(\omega_i - \omega_j) + \beta_i \sum_{j\in N_i}(\vartheta_i\omega_i^{\mathrm{c}} - \vartheta_j\omega_j^{\mathrm{c}}) + \beta_i g_i^{\omega}\vartheta_i\omega_i^{\mathrm{c}} \\ &\quad + \beta_i g_i^{\omega}(\omega_i - \omega^{\mathrm{ref}}) + \gamma_i e_i^P\end{aligned} \tag{2-69}$$

于是，闭环系统在攻击下的全局方程如下：

$$\begin{cases}\dot{\boldsymbol{\delta}} = \boldsymbol{\omega} \\ \dot{\boldsymbol{\nu}}^{\mathrm{a}} = \boldsymbol{\beta}(\boldsymbol{\mathcal{L}}_{\mathrm{c}} + \boldsymbol{G})(\boldsymbol{\omega} - \omega^{\mathrm{ref}}\mathbf{1}_N) + \boldsymbol{\gamma}\boldsymbol{e}^P + \boldsymbol{\beta}(\boldsymbol{\mathcal{L}}_{\mathrm{c}} + \boldsymbol{G})\boldsymbol{\vartheta}\boldsymbol{\omega}^{\mathrm{c}} \\ \dot{\boldsymbol{e}}^P = -\tau_P^{-1}\boldsymbol{e}^P + \tau_P^{-1}\boldsymbol{\mathcal{L}}_{\mathrm{c}}\chi^{-1}\boldsymbol{P}(\delta) \\ \dot{\boldsymbol{\omega}}^{\mathrm{a}} = \tau_P^{-1}(\boldsymbol{\alpha} - \boldsymbol{I}_N)\boldsymbol{\omega} - \tau_P^{-1}\boldsymbol{K}_P\boldsymbol{P}(\delta) + \tau_P^{-1}\omega^{\mathrm{d}}\mathbf{1}_N \\ \qquad -\tau_P^{-1}(\boldsymbol{\alpha}\boldsymbol{\nu}^{\mathrm{a}} - (\boldsymbol{\alpha} - \boldsymbol{I}_N)\boldsymbol{\vartheta}\boldsymbol{\omega}^{\mathrm{c}})\end{cases} \tag{2-70}$$

式中，$\boldsymbol{\delta} = [\delta_1, \delta_2, \cdots, \delta_N]^{\mathrm{T}}$；$\boldsymbol{\omega} = [\omega_1, \omega_2, \cdots, \omega_N]^{\mathrm{T}}$；$\boldsymbol{\nu}^{\mathrm{a}} = [\nu_1^{\mathrm{a}}, \nu_2^{\mathrm{a}}, \cdots, \nu_N^{\mathrm{a}}]^{\mathrm{T}}$；$\boldsymbol{\vartheta} = \mathrm{diag}(\vartheta_1, \vartheta_2, \cdots, \vartheta_N)$；$\boldsymbol{\beta} = \mathrm{diag}(\beta_1, \beta_2, \cdots, \beta_N)$；$\boldsymbol{G} = \mathrm{diag}(g_1, g_2, \cdots, g_N)$；$\gamma = \mathrm{diag}(\gamma_1, \gamma_2, \cdots, \gamma_N)$；$\boldsymbol{e}^P = [e_1^P, e_2^P, \cdots, e_N^P]^{\mathrm{T}}$；$\boldsymbol{\alpha} = \mathrm{diag}(\alpha_1, \alpha_2, \cdots, \alpha_N)$；$\boldsymbol{K}_P = \mathrm{diag}(K_{P_1}, K_{P_2}, \cdots, K_{P_N})$；$\boldsymbol{\omega}^{\mathrm{c}} = [\omega_1^{\mathrm{c}}, \omega_2^{\mathrm{c}}, \cdots, \omega_N^{\mathrm{c}}]^{\mathrm{T}}$；$\boldsymbol{P}(\delta) = [P_1(\delta), P_2(\delta), \cdots, P_N(\delta)]^{\mathrm{T}}$；$\boldsymbol{\mathcal{L}}_{\mathrm{c}}$ 为通信拉普拉斯矩阵；$\mathbf{1}_N$ 为元素全为 1 的列向量。

为便于后续分析，此处引入了电压相位角 $\boldsymbol{\delta}$ 的坐标转换，即 $\boldsymbol{\theta} = \boldsymbol{\delta} - \dfrac{1}{N}\mathbf{1}_N\mathbf{1}_N^{\mathrm{T}}\boldsymbol{\delta} = \boldsymbol{\Pi}\boldsymbol{\delta}$，其中 $\boldsymbol{\Pi} = \boldsymbol{I} - \dfrac{1}{N}\mathbf{1}_N\mathbf{1}_N^{\mathrm{T}}$。值得一提的是，$\boldsymbol{\mathcal{B}}^{\mathrm{T}}\boldsymbol{\Pi} = \boldsymbol{\mathcal{B}}^{\mathrm{T}}$，则式（2-70）变为：

$$\begin{cases}\dot{\boldsymbol{\theta}} = \boldsymbol{\Pi}\tilde{\boldsymbol{\omega}} \\ \dot{\boldsymbol{\nu}}^{\mathrm{a}} = \boldsymbol{\beta}(\boldsymbol{\mathcal{L}}_{\mathrm{c}} + \boldsymbol{G})\tilde{\boldsymbol{\omega}} + \boldsymbol{\gamma}\boldsymbol{e}^P + \boldsymbol{\beta}(\boldsymbol{\mathcal{L}}_{\mathrm{c}} + \boldsymbol{G})\boldsymbol{\vartheta}\boldsymbol{\omega}^{\mathrm{c}} \\ \dot{\boldsymbol{e}}^P = -\tau_P^{-1}\boldsymbol{e}^P + \tau_P^{-1}\boldsymbol{\mathcal{L}}_{\mathrm{c}}\chi^{-1}\boldsymbol{P}(\theta) \\ \dot{\tilde{\omega}}^{\mathrm{a}} = \tau_P^{-1}((\boldsymbol{\alpha} - \boldsymbol{I}_N)\tilde{\boldsymbol{\omega}} - \boldsymbol{K}_P\boldsymbol{P}(\theta) + (\omega^{\mathrm{d}} + (\boldsymbol{\alpha} - \boldsymbol{I}_N)\omega^{\mathrm{ref}})\mathbf{1}_N \\ \qquad -(\boldsymbol{\alpha}\boldsymbol{\nu}^{\mathrm{a}} - \boldsymbol{\alpha}\boldsymbol{\vartheta}\boldsymbol{\omega}^{\mathrm{c}}))\end{cases} \tag{2-71}$$

式中，$\tilde{\boldsymbol{\omega}} = [\tilde{\omega}_1, \tilde{\omega}_2, \cdots, \tilde{\omega}_N]^{\mathrm{T}}$；$\boldsymbol{\theta} = [\theta_1, \theta_2, \cdots, \theta_N]^{\mathrm{T}}$；$\chi = \mathrm{diag}(\chi_1, \chi_2, \cdots, \chi_N)$；$\tilde{\boldsymbol{\omega}}^{\mathrm{a}} = [\tilde{\omega}_1^{\mathrm{a}}, \tilde{\omega}_2^{\mathrm{a}}, \cdots, \tilde{\omega}_N^{\mathrm{a}}]^{\mathrm{T}}$。

（3）分布式中间观测器设计

接下来，将根据式（2-71）中所述系统进行分布式中间观测器的设计。此处，将式（2-68）中所系统动态方程改写成如下形式：

$$\dot{\tilde{\omega}}_i^{\mathrm{a}} = \tau_{P_i}^{-1}((\alpha_i - 1)\tilde{\omega}_i - k_{P_i}P_i + M_i - \iota_i) - u_i \tag{2-72}$$

式中，$\iota_i = \alpha_i\nu_i^{\mathrm{a}} - (\alpha_i - 1)\vartheta_i\omega_i^{\mathrm{c}}$；$M_i = (\omega^{\mathrm{d}} + (\alpha_i - 1)\omega^{\mathrm{ref}})$ 和 u_i 为第一个弹性控制输入。

为了构造分布式中间观测器，可定义中间变量为：

$$\xi_i = \iota_i - \varsigma\tilde{\omega}_i^{\mathrm{a}} \tag{2-73}$$

式中，ς为系统可调参数。

由式（2-72）和式（2-73）可以得到：

$$\dot{\xi}_i = \dot{\iota}_i - \varsigma\tau_{P_i}^{-1}((\alpha_i - 1)\tilde{\omega}_i - k_{P_i}P_i + M_i - \iota_i) + \varsigma u_i \tag{2-74}$$

最终可得分布式中间观测器全局方程如下：

$$\begin{cases} \dot{\hat{\tilde{\boldsymbol{\omega}}}} = \tau_P^{-1}((\boldsymbol{\alpha} - \boldsymbol{I}_N)\hat{\tilde{\boldsymbol{\omega}}} - \boldsymbol{K}_P\boldsymbol{P}(\boldsymbol{\theta}) - \hat{\boldsymbol{\iota}} + \boldsymbol{M}) - \boldsymbol{u} + \boldsymbol{F}(\boldsymbol{\phi} - \hat{\boldsymbol{\phi}}) \\ \dot{\hat{\boldsymbol{\xi}}} = \boldsymbol{\mathcal{Z}}\hat{\tilde{\boldsymbol{\omega}}} + \varsigma\tau_P^{-1}(\boldsymbol{K}_P\boldsymbol{P}(\boldsymbol{\theta}) - \hat{\boldsymbol{\iota}} + \boldsymbol{M}) + \varsigma\boldsymbol{u} + \alpha\gamma\boldsymbol{e}^P \\ \hat{\boldsymbol{\iota}} = \hat{\boldsymbol{\xi}} + \varsigma\hat{\tilde{\boldsymbol{\omega}}} \end{cases} \tag{2-75}$$

其中：

$$\boldsymbol{\mathcal{Z}} = \alpha\beta(\boldsymbol{\mathcal{L}}_{\mathrm{c}} + \boldsymbol{G}) - \vartheta\tau_P^{-1}(\boldsymbol{\alpha} - \boldsymbol{I}_N)$$

$$\boldsymbol{\phi} = (\boldsymbol{\mathcal{L}}_{\mathrm{c}} + \boldsymbol{G})(\tilde{\boldsymbol{\omega}}^{\mathrm{a}} - \omega^{\mathrm{ref}}\boldsymbol{1}_N)$$

$$\hat{\boldsymbol{\phi}} = (\boldsymbol{\mathcal{L}}_{\mathrm{c}} + \boldsymbol{G})\hat{\tilde{\boldsymbol{\omega}}}$$

$\boldsymbol{F}$为分布式中间观测器的增益；$\hat{\tilde{\boldsymbol{\omega}}}$、$\hat{\boldsymbol{\xi}}$、$\hat{\boldsymbol{\iota}}$、$\hat{\boldsymbol{\phi}}$为$\tilde{\boldsymbol{\omega}}^{\mathrm{a}}$、$\boldsymbol{\xi}$、$\boldsymbol{\iota}$、$\boldsymbol{\phi}$的估计值。

进一步地，分布式二次弹性控制输入$\boldsymbol{u}$设计如下：

$$\boldsymbol{u} = -\tau_P^{-1}(\boldsymbol{K}\hat{\tilde{\boldsymbol{\omega}}} + \hat{\boldsymbol{\iota}} + \boldsymbol{Z}) \tag{2-76}$$

式中，$\boldsymbol{Z} = \boldsymbol{K}_P\boldsymbol{P}(\boldsymbol{\theta}) - \boldsymbol{M}$和$\boldsymbol{K} = \mathrm{diag}(K_1, K_2, \cdots, K_N)$为弹性控制器的增益。

本节所提弹性控制器具体结构框图如图2-13所示。

定义估计误差$e_{\tilde{\omega}_i} = \tilde{\omega}_i^{\mathrm{a}} - \hat{\tilde{\omega}}_i$，$e_{\xi_i} = \xi_i - \hat{\xi}_i$，$e_{\iota_i} = \iota_i - \hat{\iota}_i$，并将式（2-76）代入式（2-72），得到闭环系统的动态方程：

$$\dot{\tilde{\boldsymbol{\omega}}}^{\mathrm{a}} = \tau_P^{-1}((\boldsymbol{\alpha} - \boldsymbol{I}_N + \boldsymbol{K})\tilde{\boldsymbol{\omega}} - \boldsymbol{e}_\iota - \boldsymbol{K}\boldsymbol{e}_{\tilde{\omega}} + \boldsymbol{K}\vartheta\omega^{\mathrm{c}}) \tag{2-77}$$

此外，估计误差系统可以表达如下：

$$\dot{\boldsymbol{e}}_{\tilde{\omega}} = \tau_P^{-1}((\boldsymbol{\alpha} - \boldsymbol{I}_N)\boldsymbol{e}_{\tilde{\omega}} - \boldsymbol{e}_\iota) - \boldsymbol{F}(\boldsymbol{\phi} - \hat{\boldsymbol{\phi}}) - \tau_P^{-1}(\boldsymbol{\alpha} - \boldsymbol{I}_N)\vartheta\omega^{\mathrm{c}} \tag{2-78}$$

$$\begin{aligned} \dot{\boldsymbol{e}}_\xi = {} & (\boldsymbol{\mathcal{Z}} - \varsigma^2\tau_P^{-1})\boldsymbol{e}_{\tilde{\omega}} + \varsigma\tau_P^{-1}\boldsymbol{e}_\xi + (\boldsymbol{\mathcal{Z}} + \alpha\beta(\boldsymbol{\mathcal{L}}_{\mathrm{c}} + \boldsymbol{G}))\vartheta\omega^{\mathrm{c}} \\ & - (\boldsymbol{\alpha} - \boldsymbol{I}_N)\vartheta\dot{\omega}^{\mathrm{c}} \end{aligned} \tag{2-79}$$

由于$\xi_i = \iota_i - \varsigma\tilde{\omega}_i^{\mathrm{a}}$，我们有$e_{\xi_i} = e_{\iota_i} - \varsigma e_{\tilde{\omega}_i}$。由式（2-77）～式（2-79）可知，总体闭环系统表达如下：

$$\begin{aligned} \dot{\tilde{\boldsymbol{\omega}}}^{\mathrm{a}} = {} & \tau_P^{-1}(\boldsymbol{\alpha} - \boldsymbol{I}_N + \boldsymbol{K})\tilde{\boldsymbol{\omega}}^{\mathrm{a}} - \tau_P^{-1}(\varsigma\boldsymbol{I}_N + \boldsymbol{K})\boldsymbol{e}_{\tilde{\omega}} - \tau_P^{-1}\boldsymbol{e}_\xi \\ & - \tau_P^{-1}(\boldsymbol{\alpha} - \boldsymbol{I}_N)\vartheta\omega^{\mathrm{c}} \end{aligned} \tag{2-80}$$

$$\begin{aligned}\dot{\boldsymbol{e}}_{\tilde{\omega}}=&\left(\tau_P^{-1}(\boldsymbol{\alpha}-(\varsigma+1)\boldsymbol{I}_N)-\boldsymbol{F}(\boldsymbol{\mathcal{L}}_{\mathrm{c}}+\boldsymbol{G})\right)\boldsymbol{e}_{\tilde{\omega}}-\tau_P^{-1}\boldsymbol{e}_{\xi}\\&-\tau_P^{-1}(\boldsymbol{\alpha}-\boldsymbol{I}_N)\boldsymbol{\vartheta}\boldsymbol{\omega}^{\mathrm{c}}\end{aligned}\tag{2-81}$$

$$\begin{aligned}\dot{\boldsymbol{e}}_{\xi}=&(\boldsymbol{\mathcal{Z}}-\varsigma^2\tau_P^{-1})\boldsymbol{e}_{\tilde{\omega}}+\varsigma\tau_P^{-1}\boldsymbol{e}_{\xi}+(\boldsymbol{\mathcal{Z}}+\boldsymbol{\alpha}\boldsymbol{\beta}(\boldsymbol{\mathcal{L}}_{\mathrm{c}}+\boldsymbol{G}))\boldsymbol{\vartheta}\boldsymbol{\omega}^{\mathrm{c}}\\&-(\boldsymbol{\alpha}-\boldsymbol{I}_N)\boldsymbol{\vartheta}\dot{\boldsymbol{\omega}}^{\mathrm{c}}\end{aligned}\tag{2-82}$$

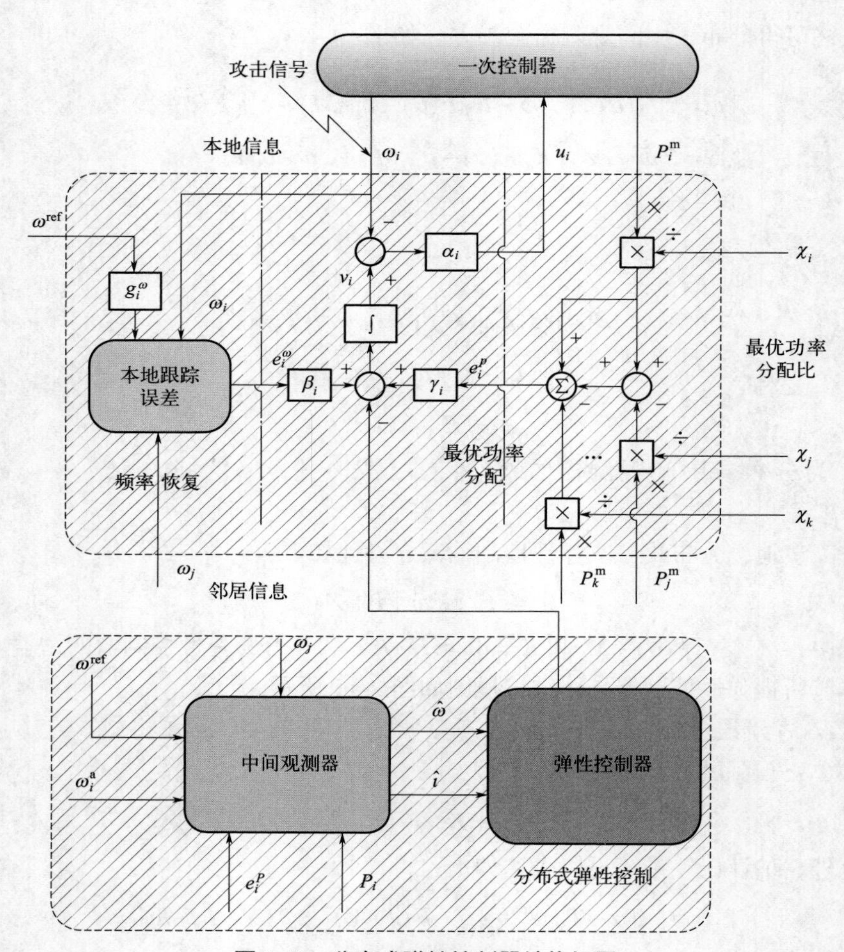

图 2-13　分布式弹性控制器结构框图

最终获得系统全局误差跟踪系统如下所示：

$$\begin{cases}\dot{\tilde{\boldsymbol{\omega}}}^{\mathrm{a}}=\tau_P^{-1}\overline{\boldsymbol{K}}_1\tilde{\boldsymbol{\omega}}^{\mathrm{a}}-\tau_P^{-1}\overline{\boldsymbol{K}}_2\boldsymbol{e}_{\tilde{\omega}}-\tau_P^{-1}\boldsymbol{e}_{\xi}+\tau_P^{-1}(\boldsymbol{\alpha}-\boldsymbol{I}_N)\boldsymbol{\vartheta}\boldsymbol{\omega}^{\mathrm{c}}\\\dot{\boldsymbol{e}}_{\tilde{\omega}}=(\tau_P^{-1}\overline{\boldsymbol{\alpha}}_1-\boldsymbol{F}(\boldsymbol{\mathcal{L}}_{\mathrm{c}}+\boldsymbol{G}))\boldsymbol{e}_{\tilde{\omega}}-\tau_P^{-1}\boldsymbol{e}_{\xi}+\tau_P^{-1}(\boldsymbol{\alpha}-\boldsymbol{I}_N)\boldsymbol{\vartheta}\boldsymbol{\omega}^{\mathrm{c}}\\\dot{\boldsymbol{e}}_{\xi}=(\boldsymbol{\mathcal{Z}}-\varsigma^2\tau_P^{-1})\boldsymbol{e}_{\tilde{\omega}}+\varsigma\tau_P^{-1}\boldsymbol{e}_{\xi}+(\boldsymbol{\mathcal{Z}}+\boldsymbol{\alpha}\boldsymbol{\beta}(\boldsymbol{\mathcal{L}}_{\mathrm{c}}+\boldsymbol{G}))\boldsymbol{\vartheta}\boldsymbol{\omega}^{\mathrm{c}}\\\qquad+(\boldsymbol{I}_N-\boldsymbol{\alpha})\boldsymbol{\vartheta}\dot{\boldsymbol{\omega}}^{\mathrm{c}}\end{cases}\tag{2-83}$$

式中，$\bar{\boldsymbol{K}}_1=\boldsymbol{\alpha}-\boldsymbol{I}_N+\boldsymbol{K}$；$\bar{\boldsymbol{K}}_2=\varsigma\boldsymbol{I}_N+\boldsymbol{K}$；$\bar{\boldsymbol{\alpha}}_1=\boldsymbol{\alpha}-(\varsigma+1)\boldsymbol{I}_N$。

2.3.3 控制器稳定性分析

本节将研究式（2-83）所示系统在加入所设计的弹性控制器后的稳定性以及控制器性能分析。

定理 2-3 若存在标量$\varsigma>0$、$\epsilon>0$、矩阵$\boldsymbol{J}_i>\boldsymbol{0}$和$\boldsymbol{H}$，使得：

$$\boldsymbol{\psi}^i<\boldsymbol{0},\ i=1,2,3,\cdots,N \tag{2-84}$$

式中，$\boldsymbol{\psi}_{11}^i=He(\tau_P^{-1}\boldsymbol{J}_1\bar{\boldsymbol{K}}_1)$；$\boldsymbol{\psi}_{12}^i=\tau_P^{-1}\boldsymbol{J}_1\bar{\boldsymbol{K}}_2$；$\boldsymbol{\psi}_{13}^i=-\tau_P^{-1}\boldsymbol{J}_1$；$\boldsymbol{\psi}_{14}^i=\tau_P^{-1}\boldsymbol{J}_1(\boldsymbol{I}_N-\boldsymbol{\alpha})\boldsymbol{\vartheta}$；$\boldsymbol{\psi}_{22}^i=He(\tau_P^{-1}\boldsymbol{J}_2\bar{\boldsymbol{\alpha}}_1)-He(\boldsymbol{J}_2\boldsymbol{F}(\boldsymbol{\mathcal{L}}+\boldsymbol{G}))$；$\boldsymbol{\psi}_{23}^i=-\boldsymbol{J}_2$；$\boldsymbol{\psi}_{24}^i=\boldsymbol{J}_2(\boldsymbol{I}_N-\boldsymbol{\alpha})$；$\boldsymbol{\psi}_{33}^i=\varsigma\boldsymbol{J}_3$；$\boldsymbol{\psi}_{34}^i=\boldsymbol{\mathcal{Z}}-\varsigma^2\tau_P^{-1}$；$\boldsymbol{\psi}_{35}^i=\boldsymbol{J}_3(\boldsymbol{I}_N-\boldsymbol{\alpha})\boldsymbol{\vartheta}$；$\boldsymbol{\psi}_{44}=\boldsymbol{\psi}_{55}=\boldsymbol{\psi}_{66}=\boldsymbol{\psi}_{77}=\boldsymbol{\psi}_{88}=\boldsymbol{\psi}_{99}=-\epsilon\boldsymbol{I}_N$。

则式（2-83）所示全局闭环系统状态最终一致有界，且分布式中间观测器增益$\boldsymbol{F}=\boldsymbol{J}_2^{-1}\boldsymbol{H}$。

注 2-5 对任意矩阵$\boldsymbol{A}$，定义$He(\boldsymbol{A})=\boldsymbol{A}+\boldsymbol{A}^{\mathrm{T}}$。

证明：选择如下李雅普诺夫函数。

$$V=\tilde{\boldsymbol{\omega}}^{\mathrm{aT}}\boldsymbol{J}_1\tilde{\boldsymbol{\omega}}^{\mathrm{a}}+\boldsymbol{e}_{\tilde{\omega}}^{\mathrm{T}}\boldsymbol{J}_2\boldsymbol{e}_{\tilde{\omega}}+\boldsymbol{e}_{\xi}^{\mathrm{T}}\boldsymbol{J}_3\boldsymbol{e}_{\xi} \tag{2-85}$$

根据式（2-85）可得V的时间导数为：

$$\begin{aligned}\dot{V}=&\tau_P^{-1}\tilde{\boldsymbol{\omega}}^{\mathrm{aT}}(\boldsymbol{J}_1\bar{\boldsymbol{K}}_1+\bar{\boldsymbol{K}}_1^{\mathrm{T}}\boldsymbol{J}_1)\tilde{\boldsymbol{\omega}}^{\mathrm{a}}-2\tau_P^{-1}\tilde{\boldsymbol{\omega}}^{\mathrm{aT}}(\boldsymbol{J}_1\bar{\boldsymbol{K}}_2)\boldsymbol{e}_{\tilde{\omega}}\\&-2\tau_P^{-1}\tilde{\boldsymbol{\omega}}^{\mathrm{aT}}\boldsymbol{J}_1\boldsymbol{e}_{\xi}+2\tau_P^{-1}\tilde{\boldsymbol{\omega}}^{\mathrm{aT}}\boldsymbol{J}_1(\boldsymbol{I}_N-\boldsymbol{\alpha})\boldsymbol{\vartheta}\boldsymbol{\omega}^{\mathrm{c}}\\&-2\tau_P^{-1}\boldsymbol{e}_{\tilde{\omega}}^{\mathrm{T}}\boldsymbol{J}_2\boldsymbol{e}_{\xi}+\tau_P^{-1}\boldsymbol{e}_{\tilde{\omega}}^{\mathrm{T}}(\boldsymbol{J}_2\bar{\boldsymbol{\alpha}}_1+\bar{\boldsymbol{\alpha}}_1\boldsymbol{J}_2)\boldsymbol{e}_{\tilde{\omega}}\\&+\boldsymbol{e}_{\tilde{\omega}}^{\mathrm{T}}(\boldsymbol{J}_2\boldsymbol{F}(\boldsymbol{\mathcal{L}}_{\mathrm{c}}+\boldsymbol{G})+(\boldsymbol{\mathcal{L}}_{\mathrm{c}}+\boldsymbol{G})\boldsymbol{F}^{\mathrm{T}}\boldsymbol{J}_2)\boldsymbol{e}_{\tilde{\omega}}\\&+2\tau_P^{-1}\boldsymbol{e}_{\tilde{\omega}}^{\mathrm{T}}\boldsymbol{J}_2(\boldsymbol{I}_N-\boldsymbol{\alpha})\boldsymbol{\vartheta}\boldsymbol{\omega}^{\mathrm{c}}\\&+2\boldsymbol{e}_{\xi}^{\mathrm{T}}\boldsymbol{J}_3(\boldsymbol{\mathcal{Z}}-\varsigma^2\tau_P^{-1})\boldsymbol{e}_{\tilde{\omega}}+2\varsigma\tau_P^{-1}\boldsymbol{e}_{\xi}^{\mathrm{T}}\boldsymbol{J}_3\boldsymbol{e}_{\xi}\\&+2\boldsymbol{e}_{\xi}^{\mathrm{T}}\boldsymbol{J}_3(\boldsymbol{\mathcal{Z}}+\boldsymbol{\alpha}\boldsymbol{\beta}(\boldsymbol{\mathcal{L}}_{\mathrm{c}}+\boldsymbol{G}))\boldsymbol{\vartheta}\boldsymbol{\omega}^{\mathrm{c}}+2\boldsymbol{e}_{\xi}^{\mathrm{T}}\boldsymbol{J}_3(\boldsymbol{I}_N-\boldsymbol{\alpha})\boldsymbol{\vartheta}\dot{\boldsymbol{\omega}}^{\mathrm{c}}\end{aligned} \tag{2-86}$$

可做如下假设：

假设 2-4 攻击信号及其导数均是范数有界的，即$\|\omega_i^{\mathrm{c}}\|\leqslant\rho_{\omega^{\mathrm{c}}}$，$i=1,2,\cdots,N$，其中$\rho_{\omega^{\mathrm{c}}}\geqslant0$。$\|\dot{\omega}_i^{\mathrm{c}}\|\leqslant\rho_{\omega^{\mathrm{c}'}}$，$i=1,2,\cdots,N$，其中$\rho_{\omega^{\mathrm{c}'}}\geqslant0$。

需指出的是，基于假设 2-3，可得存在未知的标量，$\rho_{\omega^{\mathrm{c}}}$和$\rho_{\omega^{\mathrm{c}'}}$使以下不等式始终成立：

$$\begin{aligned}&2\tau_P^{-1}\tilde{\boldsymbol{\omega}}^{\mathrm{aT}}\boldsymbol{J}_1(\boldsymbol{I}_N-\boldsymbol{\alpha})\boldsymbol{\vartheta}\boldsymbol{\omega}^{\mathrm{c}}\\&\leqslant\tau_P^{-1}\frac{1}{\epsilon}\tilde{\boldsymbol{\omega}}^{\mathrm{aT}}\boldsymbol{J}_1((\boldsymbol{I}_N-\boldsymbol{\alpha})\boldsymbol{\vartheta})^2\boldsymbol{J}_1\tilde{\boldsymbol{\omega}}^{\mathrm{a}}+\tau_P^{-1}\epsilon\rho_{\omega^{\mathrm{c}}}^2\end{aligned} \tag{2-87}$$

$$
\begin{aligned}
&2\tau_P^{-1}\boldsymbol{e}_{\tilde{\omega}}^{\mathrm{T}}\boldsymbol{J}_2(\boldsymbol{I}_N-\alpha)\vartheta\boldsymbol{\omega}^{\mathrm{c}} \\
&\leqslant \tau_P^{-1}\frac{1}{\epsilon}\boldsymbol{e}_{\tilde{\omega}}^{\mathrm{T}}\boldsymbol{J}_2((\boldsymbol{I}_N-\alpha)\vartheta)^2\boldsymbol{J}_2\boldsymbol{e}_{\tilde{\omega}}+\tau_P^{-1}\epsilon\rho_{\omega^{\mathrm{c}}}^2
\end{aligned}
\tag{2-88}
$$

$$
2\boldsymbol{e}_{\xi}^{\mathrm{T}}\boldsymbol{J}_3(\boldsymbol{\mathcal{Z}}+\alpha\beta(\boldsymbol{\mathcal{L}}_{\mathrm{c}}+\boldsymbol{G}))\vartheta\boldsymbol{\omega}^{\mathrm{c}}\leqslant\frac{1}{\epsilon}\boldsymbol{e}_{\xi}^{\mathrm{T}}\boldsymbol{J}_3\overline{\boldsymbol{\mathcal{Z}}}\,\overline{\boldsymbol{\mathcal{Z}}}^{\mathrm{T}}\boldsymbol{J}_3\boldsymbol{e}_{\xi}+\epsilon\rho_{\omega^{\mathrm{c}}}^2 \tag{2-89}
$$

$$
2\boldsymbol{e}_{\xi}^{\mathrm{T}}\boldsymbol{J}_3(\boldsymbol{I}_N-\alpha)\vartheta\dot{\boldsymbol{\omega}}^{\mathrm{c}}\leqslant\frac{1}{\epsilon}\boldsymbol{e}_{\xi}^{\mathrm{T}}\boldsymbol{J}_3((\boldsymbol{I}_N-\alpha)\vartheta)^2\boldsymbol{J}_3\boldsymbol{e}_{\xi}+\epsilon\rho_{\omega^{\mathrm{c}'}}^2 \tag{2-90}
$$

式中，$\overline{\boldsymbol{\mathcal{Z}}}=(\boldsymbol{\mathcal{Z}}+\alpha\beta(\boldsymbol{\mathcal{L}}_{\mathrm{c}}+\boldsymbol{G}))\vartheta$。

然后由式（2-87）～式（2-90）我们可以得到：

$$
\begin{aligned}
\dot{V}\leqslant\ &\tau_P^{-1}\tilde{\boldsymbol{\omega}}^{\mathrm{aT}}(\boldsymbol{J}_1\overline{\boldsymbol{K}}_1+\overline{\boldsymbol{K}}_1^{\mathrm{T}}\boldsymbol{J}_1)\tilde{\boldsymbol{\omega}}^{\mathrm{a}}-2\tau_P^{-1}\tilde{\boldsymbol{\omega}}^{\mathrm{aT}}(\boldsymbol{J}_1\overline{\boldsymbol{K}}_2)\boldsymbol{e}_{\tilde{\omega}} \\
&-2\tau_P^{-1}\tilde{\boldsymbol{\omega}}^{\mathrm{aT}}\boldsymbol{J}_1\boldsymbol{e}_{\xi}+\tau_P^{-1}\frac{1}{\epsilon}\tilde{\boldsymbol{\omega}}^{\mathrm{aT}}\boldsymbol{J}_1((\boldsymbol{I}_N-\alpha)\vartheta)^2\boldsymbol{J}_1\tilde{\boldsymbol{\omega}}^{\mathrm{a}} \\
&-2\tau_P^{-1}\boldsymbol{e}_{\tilde{\omega}}^{\mathrm{T}}\boldsymbol{J}_2\boldsymbol{e}_{\xi}+\tau_P^{-1}\boldsymbol{e}_{\tilde{\omega}}^{\mathrm{T}}(\boldsymbol{J}_2\overline{\alpha}_1+\overline{\alpha}_1\boldsymbol{J}_2)\boldsymbol{e}_{\tilde{\omega}} \\
&+\boldsymbol{e}_{\tilde{\omega}}^{\mathrm{T}}(\boldsymbol{J}_2\boldsymbol{F}(\boldsymbol{\mathcal{L}}_{\mathrm{c}}+\boldsymbol{G})+(\boldsymbol{\mathcal{L}}_{\mathrm{c}}+\boldsymbol{G})\boldsymbol{F}^{\mathrm{T}}\boldsymbol{J}_2)\boldsymbol{e}_{\tilde{\omega}} \\
&+\tau_P^{-1}\frac{1}{\epsilon}\boldsymbol{e}_{\tilde{\omega}}^{\mathrm{T}}\boldsymbol{J}_2((\boldsymbol{I}_N-\alpha)\vartheta)^2\boldsymbol{J}_2\boldsymbol{e}_{\tilde{\omega}} \\
&+2\boldsymbol{e}_{\xi}^{\mathrm{T}}\boldsymbol{J}_3(\boldsymbol{\mathcal{Z}}-\varsigma^2\tau_P^{-1})\boldsymbol{e}_{\tilde{\omega}}+2\varsigma\tau_P^{-1}\boldsymbol{e}_{\xi}^{\mathrm{T}}\boldsymbol{J}_3\boldsymbol{e}_{\xi} \\
&+\frac{1}{\epsilon}\boldsymbol{e}_{\xi}^{\mathrm{T}}\boldsymbol{J}_3((\boldsymbol{I}_N-\alpha)\vartheta)^2\boldsymbol{J}_3\boldsymbol{e}_{\xi} \\
&+\frac{1}{\epsilon}\boldsymbol{e}_{\xi}^{\mathrm{T}}\boldsymbol{J}_3\overline{\boldsymbol{\mathcal{Z}}}\,\overline{\boldsymbol{\mathcal{Z}}}^{\mathrm{T}}\boldsymbol{J}_3\boldsymbol{e}_{\xi}+\epsilon\rho_{\omega^{\mathrm{c}'}}^2+(2\tau_P^{-1}+1)\epsilon\rho_{\omega^{\mathrm{c}}}^2
\end{aligned}
\tag{2-91}
$$

定义增广向量$\zeta=\begin{bmatrix}\tilde{\boldsymbol{\omega}}^{\mathrm{aT}} & \boldsymbol{e}_{\tilde{\omega}}^{\mathrm{T}} & \boldsymbol{e}_{\xi}^{\mathrm{T}}\end{bmatrix}^{\mathrm{T}}$，则式（2-91）等价于：

$$
\dot{V}\leqslant\zeta^{\mathrm{T}}\Lambda\zeta+\epsilon\rho_{\omega^{\mathrm{c}'}}^2+(2\tau_P^{-1}+1)\epsilon\rho_{\omega^{\mathrm{c}}}^2 \tag{2-92}
$$

式中，$\boldsymbol{\Lambda}=\begin{bmatrix}\Lambda_{11} & \Lambda_{12} & \Lambda_{13}\\ * & \Lambda_{22} & \Lambda_{23}\\ * & * & \Lambda_{33}\end{bmatrix}$；$\Lambda_{11}=\tau_P^{-1}(\boldsymbol{J}_1\overline{\boldsymbol{K}_1}+\overline{\boldsymbol{K}_1}^{\mathrm{T}}\boldsymbol{J}_1)+(\tau_P^{-1}/\epsilon)\boldsymbol{J}_1((\boldsymbol{I}_N-\alpha)\vartheta)^2\boldsymbol{J}_1$；$\Lambda_{12}=-\tau_P^{-1}\boldsymbol{J}_1\overline{\boldsymbol{K}}_2$；　$\Lambda_{13}=-\tau_P^{-1}\boldsymbol{J}_1$；　$\Lambda_{22}=\tau_P^{-1}(\boldsymbol{J}_2\overline{\alpha}_1+\overline{\alpha}_1\boldsymbol{J}_2)+\boldsymbol{H}(\boldsymbol{\mathcal{L}}_{\mathrm{c}}+\boldsymbol{G})+(\boldsymbol{\mathcal{L}}_{\mathrm{c}}+\boldsymbol{G})\boldsymbol{H}-(\tau_P^{-1}/\epsilon)\boldsymbol{J}_2((\boldsymbol{I}_N-\alpha)\vartheta)^2$；　$\Lambda_{23}=-\tau_P^{-1}\boldsymbol{J}_2+\boldsymbol{J}_3(\boldsymbol{\mathcal{Z}}-\varsigma^2\tau_P^{-1}\boldsymbol{I}_N)$；　$\Lambda_{33}=2\varsigma\tau_P^{-1}\boldsymbol{J}_3+(1/\epsilon)\boldsymbol{J}_3(\overline{\boldsymbol{\mathcal{Z}}}\,\overline{\boldsymbol{\mathcal{Z}}}^{\mathrm{T}}+((\boldsymbol{I}_N-\alpha)\vartheta)^2)\boldsymbol{J}_3$。

此外，由式（2-85）可得：

$$
\begin{aligned}
V\leqslant\ &\max[\lambda_{\max}(\boldsymbol{J}_1),\lambda_{\max}(\boldsymbol{J}_2),\lambda_{\max}(\boldsymbol{J}_3)] \\
&(\|\tilde{\boldsymbol{\omega}}^{\mathrm{a}}\|^2+\|\boldsymbol{e}_{\tilde{\omega}}\|^2+\|\boldsymbol{e}_{\xi}\|^2)
\end{aligned}
\tag{2-93}
$$

式中，$\lambda_{\max}(\boldsymbol{J}_i)$是矩阵$\boldsymbol{J}_i$的最大特征值，$i=1,2,3$。

假定 $\boldsymbol{\Lambda}_{\mathrm{s}}=-\boldsymbol{\Lambda}$，如果 $\boldsymbol{\Lambda}<\mathbf{0}$,⋯, $\boldsymbol{\Lambda}_{\mathrm{s}}>\mathbf{0}$，那么我们可以得到：

$$\dot{V}\leqslant-\kappa V+o \tag{2-94}$$

其中：

$$\kappa=\frac{\min(\boldsymbol{\Lambda}_{\mathrm{s}})}{\max(\lambda_{\max}(\boldsymbol{J}_1),\lambda_{\max}(\boldsymbol{J}_2),\lambda_{\max}(\boldsymbol{J}_3))}$$

$$o=\epsilon\rho_{\omega^{c'}}^2+(2\tau_P^{-1}+1)\epsilon\rho_{\omega^{c}}^2$$

接着定义数集 $\boldsymbol{\Omega}$ 如下：

$$\boldsymbol{\Omega}=\{(\tilde{\boldsymbol{\omega}}^{\mathrm{a}},\boldsymbol{e}_{\tilde{\omega}},\boldsymbol{e}_{\xi})\mid\lambda_{\min}(\boldsymbol{J}_1)\|\tilde{\boldsymbol{\omega}}^{\mathrm{a}}\|^2+\lambda_{\min}(\boldsymbol{J}_2)\|\boldsymbol{e}_{\tilde{\omega}}\|^2+\lambda_{\min}(\boldsymbol{J}_3)\|\boldsymbol{e}_{\xi}\|^2\leqslant\frac{o}{\kappa}\} \tag{2-95}$$

那么，令 Ω_{s} 为 Ω 的补集，则：

$$V\geqslant\lambda_{\min}(\boldsymbol{J}_1)\|\tilde{\boldsymbol{\omega}}^{\mathrm{a}}\|^2+\lambda_{\min}(\boldsymbol{J}_2)\|\boldsymbol{e}_{\tilde{\omega}}\|^2+\lambda_{\min}(\boldsymbol{J}_3)\|\boldsymbol{e}_{\xi}\|^2\geqslant\frac{o}{\kappa} \tag{2-96}$$

如果 $(\tilde{\boldsymbol{\omega}}^{\mathrm{a}},\boldsymbol{e}_{\tilde{\omega}},\boldsymbol{e}_{\xi})\in\boldsymbol{\Omega}_{\mathrm{s}}$，那么：

$$\dot{V}\leqslant 0 \tag{2-97}$$

则 $(\tilde{\boldsymbol{\omega}}^{\mathrm{a}},\boldsymbol{e}_{\tilde{\omega}},\boldsymbol{e}_{\xi})$ 指数收敛到 $\boldsymbol{\Omega}$。

进一步地，令 $\boldsymbol{D}=\boldsymbol{\mathcal{L}}_{\mathrm{c}}+\boldsymbol{G}$，$\boldsymbol{D}$ 为实对称矩阵，则：

$$\boldsymbol{D}=\boldsymbol{Q}\boldsymbol{\Psi}\boldsymbol{Q}^{\mathrm{T}} \tag{2-98}$$

式中，$\boldsymbol{Q}$ 为 $\boldsymbol{D}$ 的特征向量矩阵；$\boldsymbol{\Psi}=\mathrm{diag}(\lambda_{\Psi_1},\cdots,\lambda_{\Psi_n})$ 和 λ_{Ψ_i}，$i=1,2,\cdots,N$ 为 $\boldsymbol{D}$ 的特征值，接着定义一个变换矩阵：

$$\boldsymbol{T}_{\mathrm{tr}}=\begin{bmatrix}\boldsymbol{Q}^{\mathrm{T}}&0&0\\0&\boldsymbol{Q}^{\mathrm{T}}&0\\0&0&\boldsymbol{Q}^{\mathrm{T}}\end{bmatrix} \tag{2-99}$$

将矩阵 $\boldsymbol{D}$ 分别左乘以及右乘矩阵 $\boldsymbol{T}_{\mathrm{tr}}$，于是可得：

$$\boldsymbol{\Lambda}^0=\begin{bmatrix}\boldsymbol{\Lambda}_{11}&\boldsymbol{\Lambda}_{12}&\boldsymbol{\Lambda}_{13}\\ *&\boldsymbol{\Lambda}_{22}^0&\boldsymbol{\Lambda}_{23}\\ *&*&\boldsymbol{\Lambda}_{33}\end{bmatrix} \tag{2-100}$$

式中，$\boldsymbol{\Lambda}_{22}^0=\tau_P^{-1}(\boldsymbol{J}_2\overline{\boldsymbol{\alpha}_2}+\overline{\boldsymbol{\alpha}_2}\boldsymbol{J}_2)+\boldsymbol{H}\boldsymbol{\Psi}+\boldsymbol{\Psi}\boldsymbol{H}-(1/\epsilon)\boldsymbol{J}_2((\boldsymbol{\alpha}-\boldsymbol{I}_N)\boldsymbol{\vartheta})^2$。通过应用舒尔补引理[29]，可得 $\boldsymbol{\Lambda}^0<\mathbf{0}$，即式（2-87）成立。

证明完成。

2.3.4 实验验证

本节中将对上述所设计的弹性控制器性能进行实验分析研究，表 2-3 给出了微电网系统参数以及分布式弹性控制器参数。

表 2-3 微电网系统参数以及分布式弹性控制器参数

项目	DG_1/DG_2		DG_3/DG_4	
一次控制	τ_{P_1}/τ_{P_2}	0.016	τ_{P_3}/τ_{P_4}	0.016
	k_{P_1}/k_{P_2}	6e−5/3e−5	k_{P_3}/k_{P_4}	2e−5/1e−5
负载	50Ω	50Ω	50Ω	50Ω
线阻抗	$R_1=R_2=R_3=R_4=0.6\Omega$			
	$L_1=L_2=L_3=L_4=0.03393\text{H}$			
弹性控制器	α_1/α_2	0.905	α_3/α_4	0.905
	β_1/β_2	9e−7	β_3/β_4	9e−7
	γ_1/γ_2	12e−7	γ_3/γ_4	12e−7
	K_1/K_2	−3	K_3/K_4	−3
参考值	$\omega^{\text{ref}}=50\text{Hz}$			
攻击信号	$\omega_1^{\text{c}}=\omega_2^{\text{c}}=\omega_3^{\text{c}}=\omega_4^{\text{c}}=0.1414\sin(0.3t)$			

图 2-14 所示为系统未受攻击时，分布式二次控制器控制效果。由图可知，当采用底层下垂控制时，系统频率仅能达到 49.3Hz，产生了较大频率稳态误差。分

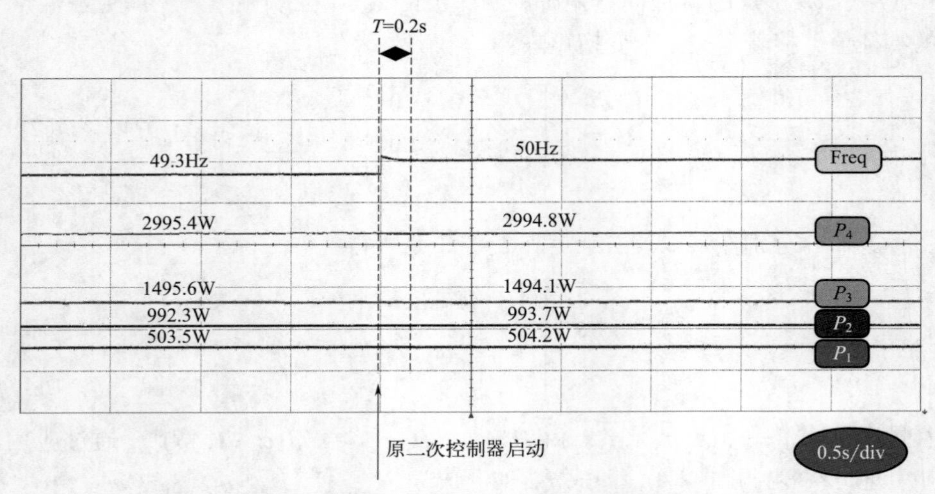

图 2-14 未加攻击信号条件下，原分布式控制频率及功率输出图

布式二层启动后，在极短的调节时间内，系统频率恢复至基准值 50Hz，同时功率始终按既定比例进行分配。

在考虑虚假数据注入攻击场景时，实验结果如图 2-15 与图 2-16 所示。仍使用原分布式控制器时，系统频率仅能恢复至 49.7Hz，当本节所提弹性控制器启动时，系统频率则能在 0.21s 的时间内恢复至基准值 50Hz，且功率始终能按需进行分配。

为进一步验证该弹性控制器的性能，我们进行了负载切换实验，实验结果如图 2-17 与图 2-18 所示。当负载切换时，系统频率能在较短的转换时间内同步至频率基准值 50Hz，且功率也能始终按比例进行分配，说明该控制器能极大地增强系统的可靠性及稳定性。

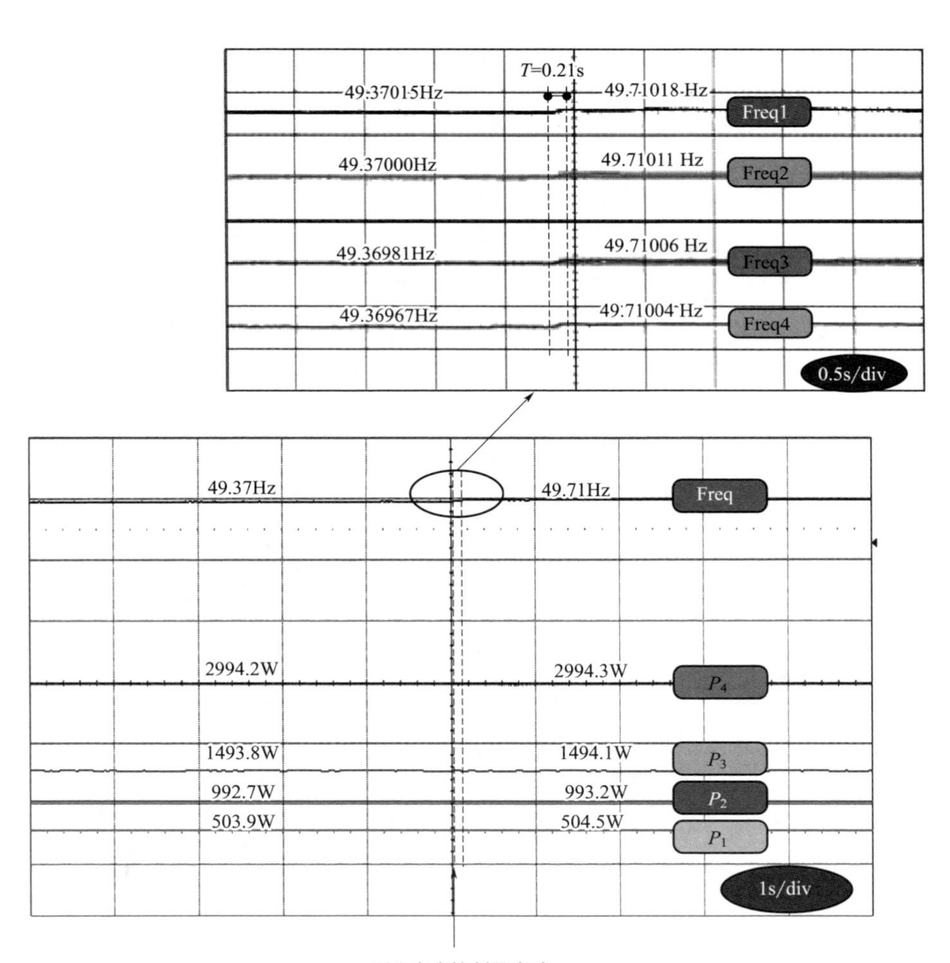

图 2-15 攻击场景下，原分布式控制频率及功率输出图

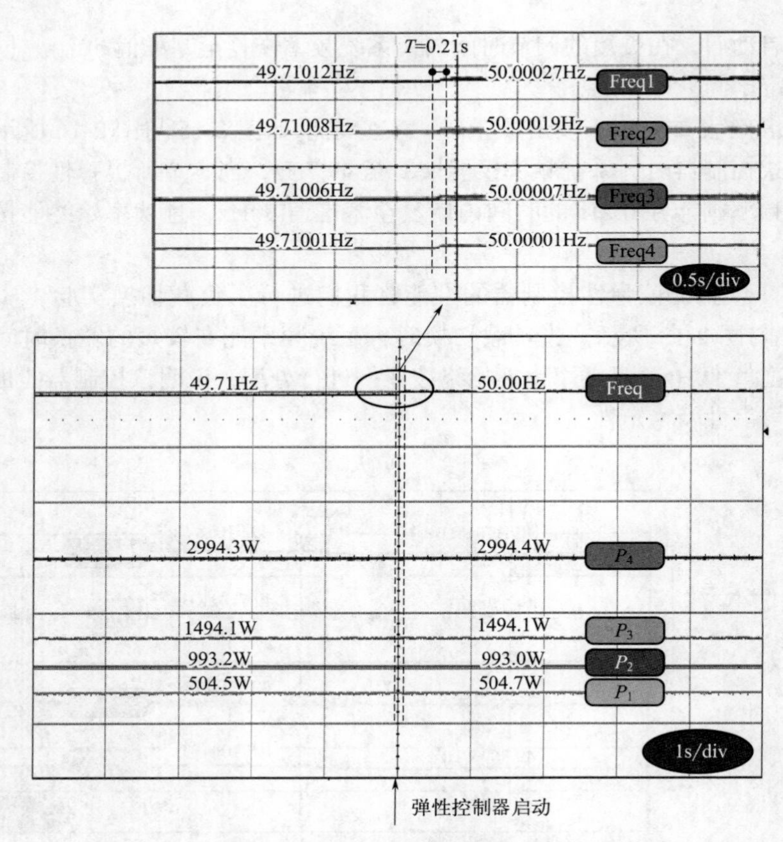

图 **2-16**　攻击场景下，弹性控制频率以及功率输出图

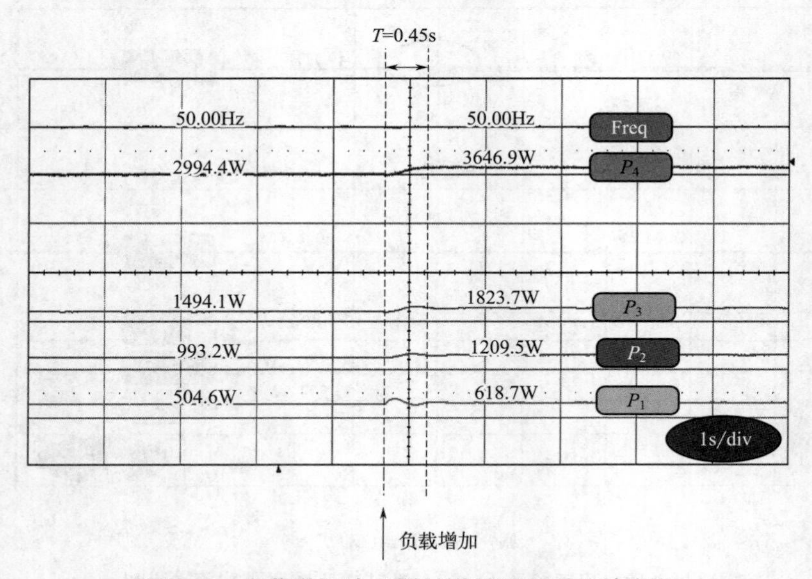

图 **2-17**　负载增加时，弹性控制频率及功率输出图

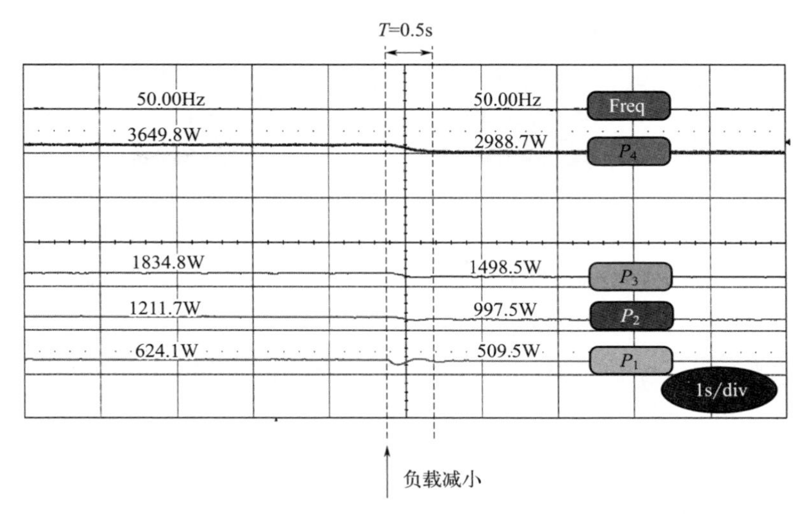

图 2-18　采用所提弹性控制器，当负载减小后，频率以及功率输出图

参考文献

[1] LOPES J A P，MORERIA C L，MADURREIRA A G. Defifining control strategies for microgrids islanded operation [J]. IEEE Transactions on Power Systems，2006，21 (2)：916-924.

[2] GUERRERO J M，VASQUEZ J C，MATAS J，et al. Hierarchical control of droop-controlled ac and dc microgrids：a general approach toward standardization [J]. IEEE Transactions on Industry Electronics，2011，58 (1)：158-172.

[3] POGAKU N，PRODANOVIC M，GREEN T C. Modeling，analysis and testing of autonomous operation of an inverter-based microgrid [J]. IEEE Transactions on Power Electronics，2003，22 (2)：613-625.

[4] YU X，CECATI C，DILLON T，et al. The new frontier of smart grids：an industrial electronics perspective [J]. IEEE Industrial Electronics Magazine，2011，5 (3)：49-63.

[5] GODSIL C，ROYLE G. Algebraic Graph Theory [M]. New York，USA：Springer-Verlag，2001.

[6] HATIPOGLU K，FIDAN I，RADMAN G. Investigating effect of voltage changes on static ZIP load model in a microgrid environment [C]// 2012 North American Power Symposium. Piscataway，NJ：IEEE，2012：1-5.

[7] BERGEN A R，VITTAL V. Power system analysis [M]. Englewood Cliffs，NJ，USA：Prentice Hall，1986.

[8] SCHIFFER J，ROMEO O，ASTOLFIFI A，et al. Conditions for stability of droop-controlled inverter-based microgrids [J]. Automatica，2014，50 (10)：2457-2469.

[9] WANG Y, CHENG D, HONG Y, et al. Finite-time stabilizing excitation control of a synchronous generator [J]. International Journal of Systems Science, 2002, 33 (1): 13-22.

[10] HONG Y, HUANG J, XU Y. On an output feedback fifinite-time stabilization problem [J]. IEEE Transactions on Automatic Control, 2001, 46 (2): 305-309.

[11] ROSIER M. Homogeneous Lyapunov function for homogeneous continuous vector fifiled [J]. Systems & Control Letters, 1992, 19 (6): 467-473.

[12] BHAT S, BERNSTEIN D. Continuous fifinite-time stabilization of the translational and rotational double integrators [J]. IEEE Transactions on Automatic Control, 1998, 43 (5): 678-682.

[13] SIMPSON-PORCO J W, DORFLFLER F, BULLO F. Sychronization and power sharing for droop-controlled inverters in islanded microgrids [J]. Automatica, 2013, 49 (9): 2603-2611.

[14] WANG Z, XIA M, LEMMON M. Voltage stability of weak power distribution networks with inverter connected sources [C]// 2013 American Control Conference. Washington, DC, USA: IEEE, 2013: 6577-6582.

[15] BOUATTOUR H, Distributed Secondary Control in Microgrids [D]. University of California, Santa Barbara Center for Control, Dynamical Systems and Computation, 2013.

[16] CHENG D, TARN T J, ISIDORI A. Global external linearization of nonlinear systems via feedback [J]. IEEE Transactions on Automatic. Control, 1985, 30 (8): 808-811.

[17] SLOTINE J, LI W. Applied nonlinear control [M]. Upper Saddle River, NJ, USA: Prentice Hall, 2009.

[18] HU J, HONG Y. Leader-following coordination of multi-agent systems with coupling time delays [J]. Physica A-Statistical Mechanics and Its Applications, 2007, 374 (2): 853-863.

[19] ANDREASSON M, DIMAROGONAS D V, SANDBERG H, et al. Distributed control of networked dynamical systems: static feedback, integral action and consensus [J]. IEEE Transactions on Automatic. Control, 2014, 59 (7): 1750-1765.

[20] CHEN Y, LU J, LIN Z. Consensus of discrete-time multi-agent systems with transmission nonlinearity [J]. Automatica, 2013, 49 (6): 1768-1775.

[21] CHEN C T. Linear System Theory and Design [M]. 3rd ed. London, U K: Oxford University Press, 1999.

[22] BIDRAM A, DAVOUDI A, LEWIS F K, et al. Distributed cooperative secondary control of microgrids using feedback linearization [J]. IEEE Transactions on Power Systems, 2013, 28 (3): 3462-3470.

[23] BIDRAM A, DAVOUDI A, LEWIS F K,

et al. Secondary control of microgrids based on distributed cooperative control of multi-agent systems [J]. IET Generation Transmission & Distribution, 2013, 7 (8): 822-831.

[24] CHEN F, CHEN M, LI Q, et al. Cost-based droop schemes for economic dispatch in islanded microgrids [J]. IEEE Transations on Smart Grid, 2017, 8 (1): 63-74.

[25] SIMPSON-PORCO J W, DORFLER F, BULLO F. Synchronization and power sharing for droop-controlled inverters in islanded microgrids [J]. Automatica, 2013, 49: 2601-2603.

[26] GUO F, WEN C, MAO J, et al. Distributed secondary voltage and frequency restoration control of droop-controlled inverter-based microgrids [J]. IEEE Transactions on Industrial Electronics, 2015, 62 (7): 4355-4364.

[27] QIN J, WAN Y, YU X, et al. Consensus-based distributed coordination between economic dispatch and demand response [J]. IEEE Transations on Smart Grid, 2019, 10 (4): 3709-3719.

[28] LIU X, LI Z. Local load redistribution attacks in power systems with incomplete network information [J]. IEEE Transations on Smart Grid, 2014, 5 (4): 1665-1676.

[29] ZHU J, YANG G, ZHANG W, et al. Cooperative fault tolerant tracking control for multiagent systems: an intermediate estimator-based approach [J]. IEEE Transactions on Cybernetics, 2018, 48 (10): 2972-2980.doi: 10.1109/TCYB.2017.2753383.

The Road of
Industrial
Intelligent
Innovation

第3章

交流微电网分布式二次不平衡电压补偿控制

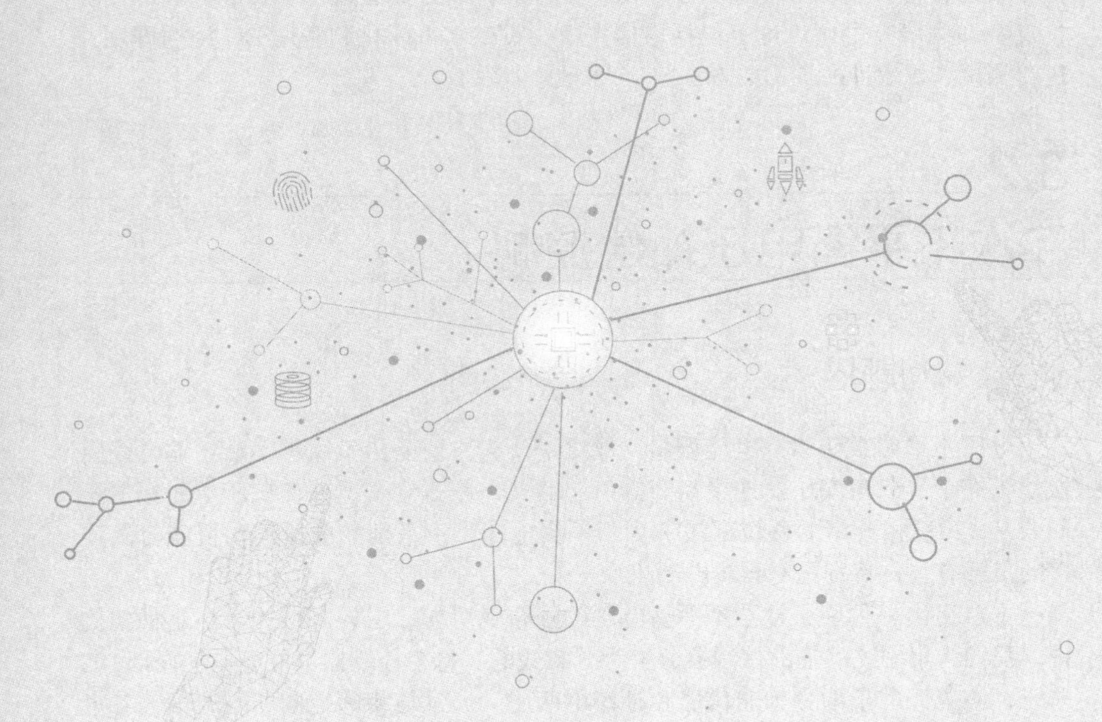

3.1 概述

在上一章中，我们介绍了分布式电压频率恢复控制。在本章中，继续介绍在二次控制中的分布式控制策略，但要研究另外一个课题，即电压不平衡补偿。

传统研究中，此类问题通常用集中式的控制方法来解决。在本章中，我们尝试以分布式的方式解决该问题。该方式通过使各 DG 协同分担补偿任务，实现对敏感负载母线中不平衡电压的补偿。为表示各本地 DG 的补偿能力，我们首先提出了本地 DG 补偿能力的概念。对于每台本地 DG，设计一种由通信层和补偿层组成的两层式二层补偿控制体系。基于有限时间平均一致性和新开发的网图发现算法，提出了一种涉及信息共享和交换的完全分布式策略。该策略不需要预先确定系统的整体结构，它能够自动检测出系统的结构。该方案不仅实现了与集中式电压不平衡补偿方案相似的电压不平衡补偿性能，而且具有通信容错和即插即用等优点。案例研究中还讨论了包括通信失败、贡献水平变化和备用 DG 即插即用并进行测试，以验证所提出的方法。

3.2 二次不平衡电压补偿控制

3.2.1 问题描述

电压不平衡被认为是电能质量问题之一，它主要是由负载不平衡、输电线路换位不完全、三角变压器连接断开等引起的[1]。根据定义，任何三相电压幅值不同或从 120° 相分离的移位都被称为不平衡电压。不平衡的电压输出可能对其连接的负载有害，特别是对异步电动机。

本章提出一种用于补偿不平衡电压的分布式协同二层控制结构。在这种架构中，我们将集中式的辅助控制器分解为分布式的。每个控制器都位于一个局部 DG 单元，该单元的架构分为通信层和补偿层两层。通过与相邻控制器的通信，各个局部控制器可以共同分担补偿工作，对敏感负载母线（SLB）中的不平衡电压进行补偿。我们考虑了每台 DG 的补偿能力，根据每台 DG 的运行情况分配其贡献水平。这样，就不需要使所有的 DG 都参与补偿工作。

本方法中，我们首先提出一种完全分布的有限时间平均一致性算法，该算法不需要预先知道整个系统的结构，并且能够由每个智能体自动检测结构。然后采用电压不平衡补偿算法，在有限步骤内发现并共享全局信息。此外，我们还考虑到本地控制器可能出现的通信故障以及部分 DG 的即插即用，最后提出了一种分布式协同二次控制方案。通过几个案例研究验证了我们提出的方法。进一步说明，只要一致性时间在一定范围内，系统的稳定性和可接受性能就能得到保证，这也说明了分布式不平衡电压补偿需要有限时间达成。

3.2.2 不平衡电压补偿控制策略

（1）预备知识

① 图论知识　图被定义为 $G=(\nu,\xi)$，其中 $\nu=\{1,\cdots,N\}$ 表示顶点集，$\xi\subseteq\nu\times\nu$ 是两个不同顶点之间的边集。如果，对于所有 $(i,j)\subseteq\xi,(j,i)\subseteq\xi$，那么我们称为 G 无向。否则称为有向图。本章中的物理图和通信图均为无向连通图。第一个顶点的邻居集合表示为 $N_i\triangleq\{j\subseteq\nu:(i,j)\subseteq\xi\}$。图 G 是连通的，这意味着在任意两个不同的顶点之间至少存在一条路径。邻接矩阵 $\boldsymbol{A}$ 的元素定义为 $a_{ij}=a_{ji}=1$，且 $j\subseteq \mathrm{N}_i$；否则，$a_{ij}=a_{ji}=0$。将 G 的拉普拉斯矩阵定义为 $\boldsymbol{\mathcal{L}}=\boldsymbol{\Delta}-\boldsymbol{A}$，其中 Δ 称为度矩阵，定义为 $\Delta=\mathrm{diag}(\Delta_i)\subseteq\mathbb{R}^{N\times N}$（$\Delta_i=\sum_{j\subseteq N_i}a_{ij}$）。众所周知，无向图的拉普拉斯矩阵 $\boldsymbol{\mathcal{L}}$ 有一个明显的零特征值，其他特征值都是正的[2]。

② 有限时间平均一致性算法（FACA）　在分布式多智能体系统中，平均一致性定理得到了广泛的研究[3-5]。它确保每个智能体都以分布式的方式使共享信息达成一致性。为了使迭代步数在有限时间内具有收敛性，一种 FACA 在文献［6］中提出。与传统的平均一致性算法相比，该算法具有以下优点：a. 可以在有限时间内达成一致性；b. 可以保证所有智能体同时达成一致性。

一般的平均一致性可以表示为：

$$x_i^{l+1}=w_{ii}(l)x_i^l+\sum_{j\in N_i}w_{ij}(l)x_j^l \tag{3-1}$$

式中，x_i^l 为第 i 个智能体在第 l 次迭代时共享的信息；w_{ii}、w_{ij} 分别为其本身状态和邻居状态的实时增益；N_i 为第 i 个智能体的邻居智能体集合。

引理 3-1[6]　令 $\lambda_2\neq\lambda_3\neq\cdots\neq\lambda_{K+1}\neq0$ 为图拉普拉斯矩阵 $\boldsymbol{\mathcal{L}}$ 的 K 个不同的非零特征值。在有限 K 步内，（3-1）中的 x_i^l，$i=1,\cdots,n$ 可以达成一致性，若第 i 个智能体的实时增益选为：

$$w_{ij}(m)=\begin{cases}1-\dfrac{n_i}{\lambda_{m+1}},\ j=i\\ \dfrac{1}{\lambda_{m+1}},\ j\in N_i\ ,\ m=1,\cdots,K\\ 0,\ 其他\end{cases} \tag{3-2}$$

式中，$n_i=|N_i|$为第i个智能体的邻居智能体数量。

③ 分布式FACA　FACA可以在有限的步骤内达成一致性，这对于下面提出的方法是必要的。然而，由式（3-2）可知，FACA的主要局限性在于每个智能体需要假设整个通信图（即整个图拓扑）的拉普拉斯矩阵$\mathcal{L}$的非零特征值是已知的。这是非常有限制的，因为在实际情况下，每个智能体不能得到整个图拓扑的全局信息，比如智能体的总数N，以及一开始对应的拉普拉斯矩阵$\mathcal{L}$。此外，由于添加和移除某些智能体，全局信息可能会发生变化。显然，这一要求导致了FACA需要通过非分布式的方式来实现。

为了放宽这一要求，基于文献［7］中著名的“网络洪泛法”，提出了一种新的图发现算法。应用该算法，每个智能体可以自动确定N和$\mathcal{L}$。与文献［8］类似，我们只假设每个智能体i都被分配了一个唯一的标识符$ID(i)$，例如，其IP地址。

算法3-1（图拓扑搜索）　令$N_i(k)$表示智能体$i,i\in\nu$在时间步长k时得到的邻居表集，该邻居表集由以下步骤确定。

a. 当$k=0$时，每个智能体$i\in\nu$将表初始化为：

$$N_i(0)=\{ID(i)[ID(j),j\in N_i]\}$$

b. 每一步$k\geqslant 1$，智能体i将其表集$N_i(k)$更新为：

$$N_i(k+1)=\bigcup_{j\in N_i\cup\{i\}}N_j(k)$$

c. 若$N_i(k)=N_i(k-1)$，则智能体i停止与邻居的信息交换。否则转至步骤b。

d. 设k_f为$N_i(k)=N_i(k-1)$的第一个时刻，即：

$$k_f=\min\{k\mid N_i(k)=N_i(k-1)\}$$

则总智能体数$N=|N_i(k_f)|$，其中$|\cdot|$为表集的元素数量。

e. 最后根据定义，从$N_i(k_f)$中提取$N\times N$拉普拉斯矩阵$\mathcal{L}$，例如，$\mathcal{L}$的第i行可以从$N_i(k_f)$中的$N_i(0)$获取（参数格式参照原文）。

（2）集中式不平衡电压补偿方法

首先，我们引入一个关键指标——电压不平衡系数（VUF），它通常用来描述不平衡电压，定义为$VUF=V_2/V_1$，其中V_1和V_2分别为正序和负序的电压幅值[9]。VUF越高，输出电压不平衡程度越强。

在本章中，我们关注 SLB 上的 VUC。这个问题的一个典型解决方案可以在文献［9］和［10］中找到。其主要思想可以概括为：采样 SLB 电压 V_{abc}，通过 abc/dq 变换将其转换为 dq 轴。通过对称分解，利用两个二阶低通滤波器，提取出正、负序列分量，并将其用于计算 VUF。然后将计算得到的 VUF 与参考 VUF 之间的误差反馈给 PI 控制器。然后，PI 控制器输出与负序列分量相乘，生成不平衡补偿参考（UCR）UCR_{dq}。最后，UCR 由 MG 中的 DGs 平均共享，即：

$$UCR_{dq_i} = \frac{1}{N} UCR_{dq} \quad i = 1, \cdots, N \tag{3-3}$$

式中，UCR_{dq_i} 为第 i 个 DG 的补偿参考值；N 为 MG 中 DG 的总数。

需要注意的是，上述补偿工作由所有 DG 平均分担，它是在一个集中控制器中实现的。随着 DG 数量的增加，特别是 DG 物理分布较稀疏，集中式控制器的通信负担和成本会大大增加。如果该集中控制器不能工作，可能无法实现补偿。此外，当 MG 结构改变时，则集中控制器可能需要重新设计。

3.2.3 分布式二次不平衡电压补偿控制

在本节中，我们提出了一种基于 FACA 的分布式次级控制方案，用于孤岛式交流微电网系统中的 VUC。所提控制结构框图如图 3-1 所示。首先，我们将本地的二次控制器作为一个“智能体”，并为每个智能体分配一个唯一的 ID。SLB 中的电压由一个特定的智能体监控并提取（例如图 3-1 中的智能体 $N+1$）。然后我们

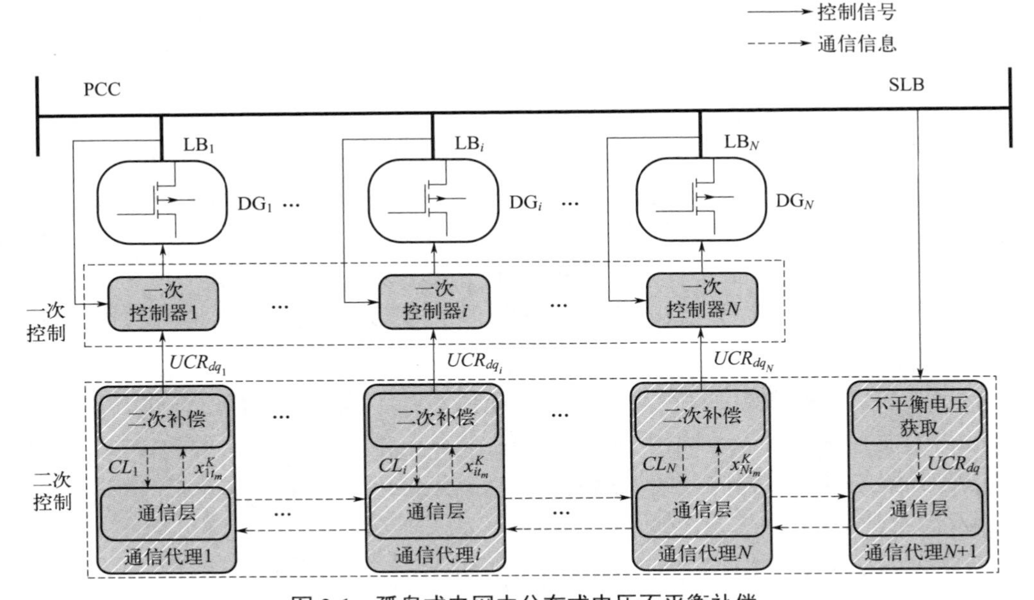

图 3-1　孤岛式电网中分布式电压不平衡补偿

将智能体分为两层，即通信层和补偿层。补偿层发送次级补偿参考信号 UCR_{dq_i}（图中实线）到主控制并接收 CL_i 贡献水平信号（下面将介绍）到通信层，而通信层主要负责与邻域交换信息，并且互相协作获得全局信息，然后将它发送到补偿层。

（1）初始化设置

与在文献 [10] 中提出的集中式方法的平均 UCR 共享策略相比，我们允许每台 DG 根据其运行状况有不同程度的贡献水平来补偿不平衡电压。为此，我们首先为每台 DG 指定一个贡献水平（CL），为以下级别之一：零贡献、小贡献、中贡献和高贡献，分别用数字 0,1,2,3 表示。例如，在某一时间段内，如果第 i 台 DG 缺电或运行异常，则不能参与二次补偿，则其 CL 可分配为 $CL_i=0$；如果第 i 个 DG 连接到本地母线的负载对不平衡电压不是关键的，这意味着第 i 个 DG 可以分担更多的不平衡补偿工作，那么它的 CL 可以赋值为 $CL_i=3$，否则 $CL_i=1$ 或 $CL_i=2$。请注意，各 DG 的 CL 是可以因为自身的运行状态而改变的。在这种分配下，每台 DG 协同补偿负载均衡器中的不平衡电压。

此外，本章还考虑了某些 DG 的通信故障（CF）。为了便于说明，我们考虑的通信故障发生在通信节点，即控制器故障或执行器故障，而不是通信线路上[11]。如果相邻的智能体没有收到来自智能体 i 的通信响应，则在智能体 i 中出现 CF，并设置 $CF_i=1$，否则 $CF_i=0$。

我们还允许在任何时候添加新智能体，删除现有智能体。例如，一些 DG 是在 MG 系统中新安装的，一些旧的 DG 被暂时或永久地从 MG 中卸载。这就要求该方案能够适应动态 MG 结构。

（2）分布式 VUC

二层通信层智能体 $N+1$ 之间的通信信息包括 SLB 的不平衡补偿参考（UCR_{dq}）和贡献水平（$CL_i, i=1,\cdots,N$）。与集中式的“一对一”通信结构不同，分布式方案中的通信是在智能体之间进行的[12,13]。每个智能体只能访问本地信息，而不能访问全局信息，即初始 UCR_{dq} 和 CL_i 分别只被智能体 $N+1$ 和智能体 i（$i=1,\cdots,N$）所知道。此外，每个智能体只能与其直接相邻的智能体进行通信，即通过实物连接线进行通信。

二次补偿时域如图 3-2 所示。每个智能体对其本地信息采样，并将其设置为通信初始值 $t_m, m=1,2,\cdots$（稍后将详细介绍）。基于式（3-2）框架的 FACA，可以保证在有限的时间步骤内完成信息交换。在给定的通信图中，每个通信周期为常数 Δt。一旦达成平均一致，每个智能体就开始下一轮通信。

令 $\boldsymbol{x}_{it_m}^l$ 为智能体 i 在通信期 $[t_m, t_m+\Delta t]$ 迭代 l 次的通信信息状态，其初始值 $\boldsymbol{x}_{it_m}^0$ 被设置为：

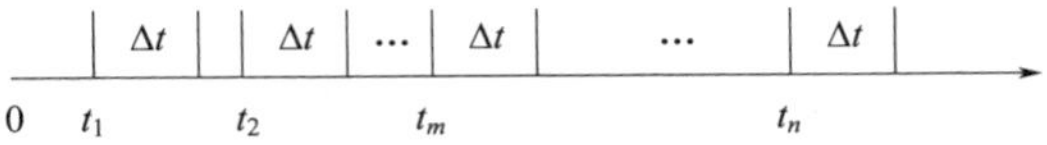

$$0 \quad t_1 \quad \Delta t \quad t_2 \quad \Delta t \quad \cdots \quad t_m \quad \Delta t \quad \cdots \quad t_n \quad \Delta t$$

图 3-2　二次补偿时域图解

$$\boldsymbol{x}_{it_m}^{0} = \left[a_i UCR_{dq}(t_m) \quad CL_i(t_m) \right]^{\mathrm{T}} \tag{3-4}$$

式中，$UCR_{dq}(t_m)$、$CL_i(t_m)$ 分别为智能体 $N+1$ 和智能体 i 在 t_m 时刻采样的本地信息；a_i 表示该智能体是否监控来自 SLB 的不平衡电压信息，若是，则 $a_i=1$，否则 $a_i=0$。在图 3-1 中，智能体 $N+1$ 实行监控，故 $a_{N+1}=1$，而 $a_i=0, i=1,\cdots,N$。同样地，我们定义 $CL_{N+1}=0$。

经过有限次 K 步骤，对于每个智能体 $\forall i,j=1,\cdots,N$，通信信息将达到一致，为：

$$\boldsymbol{x}_{it_m}^{K} = \boldsymbol{x}_{jt_m}^{K} = \left[\frac{a_{N+1} UCR_{dq}(t_m)}{N+1} \quad \frac{\sum_{k=1}^{N+1} CL_k(t_m)}{N+1} \right]^{\mathrm{T}} \tag{3-5}$$

然后通信层将一致性信息发送给次级补偿层。受式（3-3）的启发，用于电压补偿的分布式二次补偿器设计如下：

$$UCR_{dq_i} = \frac{CL_i}{\hat{S}_i} UCR_{dq_i} \tag{3-6}$$

式中，$\hat{S}_i = \{x_{it_m}^K\}_2$、$UCR_{dq_i} = \{x_{it_m}^K\}_1$ 表示智能体 i 获得的一致性信息。这里 $\{y\}_k$ 表示元素 y 的 k^{th} 向量。

注意，一旦达成平均共识，每个智能体根据方程组式（3-6）更新 UCR_{dq_i}，开始下一轮交流。在 $[t_m, t_m+\Delta t]$ 期间，UCR_{dq_i} 被保持为先前更新的值，然后将得到的不平衡补偿参考 UCR_{dq_i} 发送到主控制层，实现电压不平衡补偿。关于主控制层的详细信息可以在本章参考文献［9］和［10］中找到。

（3）分布式协同二次控制方案（DCSCS）设计

分布式协同二次控制方案流程图如图 3-3 所示，对应的各步骤描述如下：

步骤 0：初始化与网图发现。作为起点，所有智能体的通信图预先设计为连接的（这是很容易实现的，因为每个智能体在初始步骤时可以选择相同的通信图作为它们的物理连接图）。使用算法 3-1，每个智能体可以在小于 N 步内得到整个通信图的信息，包括智能体数量 $N+1$ 和拉普拉斯矩阵 $\boldsymbol{\mathcal{L}}$。在此基础上，利用已有的一些数值方法，可以计算出 $\boldsymbol{\mathcal{L}}$ 的非零特征值。

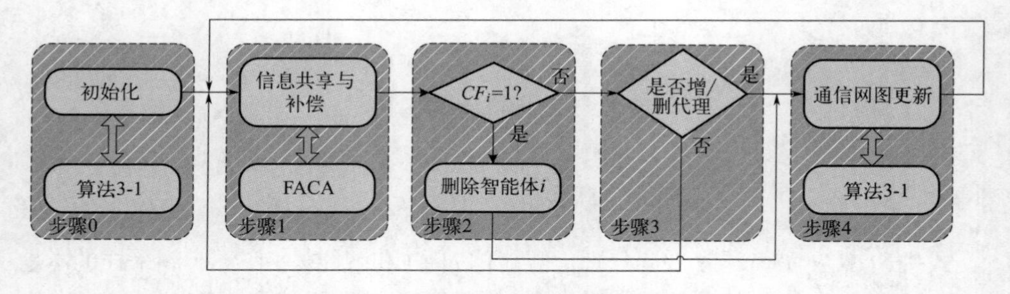

图 3-3 分布式协同二次控制方案流程图

步骤 1：信息共享与补偿。在这一步，每个智能体首先利用得到的特征值根据式（3-2）计算更新增益，再应用 FACA 协议［式（3-1）］进行信息共享和发现。然后每个智能体根据式（3-6）计算补偿参考，并将其发送到其主控制层。

步骤 2：CF 监控。在这一步，智能体 $j, j=1,\cdots,N+1$ 需要检查自己和通信层的邻居 i 之间是否存在 CF。如果存在，则智能体 j 需要从它的邻居表中删除智能体 i，然后执行步骤 4；否则执行步骤 3。

步骤 3：插拔重配置。在此步骤中，每个智能体都需要检查是否向网格中添加了智能体或从网格中删除了智能体。如果是，执行下面描述的网图重配置规则，然后转到步骤 4 更新通信图；否则执行步骤 1。

步骤 4：网图更新。在此步骤中，所有智能体都需要使用算法 3-1 更新通信图，然后转到步骤 1。

网图重配置规则：如果新添加了一个智能体（智能体 n），它会尝试找到最近的邻居，获得它们的许可，然后将它们添加到邻居列表中。如果一个智能体（比如智能体 i）被移除，邻居智能体 $j, j\in N_i$ 将从邻居列表 N_j 中删除智能体 i。它们也会试图与智能体 i 的其他邻居智能体（比如智能体 k，$k\in N_i\setminus j$）建立通信。如果 $k\in\varnothing$，即智能体 i 的其他邻居不存在，那么只需要删除智能体 i 即可。

注3.1 利用相邻DG之间有限的通信，我们仍然可以达到与文献［14］～［16］相似的补偿性能。与已有的结果 [14-19] 相比，该方案具有以下优点：①所提出的 DCSCS 是完全分布的，对系统没有初步的了解，不同于在文献［19］中假定已知智能体数量；②通信故障可由各个智能体单独检测，提高了整个系统的可靠性；③它还带来了一些其他的优点，如即插即用特性，既可以添加新的智能体，也可以删除现有的智能体。

（4）分布式 VUC 的稳定性分析

在我们设计的分布式通信协议中，采用了分布式 FACA。与文献［19］～［23］中的其他分布式协议相比，我们的方案可以在有限时间 Δt 内达到平均一致性，比文献［19］中传统的平均一致性算法要短得多。在实践中，分布式通信可以应用于无线网络，如 ZigBee、Wi-Fi 和蜂窝通信网络[19]。对于蜂窝通信等远程低时延网络，如文献［22］指出，每次迭代的通信时延 ΔT 通常可以忽略。但是需要注意的是，收敛时间 Δt 可以简单估计为 $\Delta t = K\Delta T$ ，其中 K 由通信图决定。当 DG 数量增加，或者每个智能体之间存在较大的通信延迟时，收敛时间 Δt 不可忽略。在 $\left[t_m, t_m+\Delta t\right]$ 期间，UCR_{dq_i} 被保持为先前根据方程组式（3-6）更新的值。这样的 Δt 会对次级控制的 VUC 的稳定性和性能产生影响。根据文献［10］和［24］，我们将在下一节的案例研究中通过考虑不同的共识时间 Δt 来研究整个系统的稳定性和性能。

结果表明，只要共识时间 Δt 在一定范围内，系统的稳定性和可接受的性能都得到了保证。这些研究也表明，有限时间共识对于分布式 VUC 是必要的。

3.2.4 实验验证

为了验证所提出的分布式控制方案，我们在 MATLAB/Simulink 环境中建立了仿真测试模型。以负载不平衡的孤岛式 MG 系统为试验系统，如图 3-4 所示。MG 系统包括三个常规 DG（DG_1、DG_2 和 DG_3）和一个备份 DG（DG_4），并预先分配了不同的贡献水平（$CL_1=1, CL_2=2, CL_3=3, CL_4=1$）和不同的功率配比（$S_1:S_2:S_3:S_4=\frac{1}{m_{P_1}}:\frac{1}{m_{P_2}}:\frac{1}{m_{P_3}}:\frac{1}{m_{P_4}}=1:2:3:4$），其中 $m_{P_i}, i=1,\cdots,4$ 为频率下垂增益，通常选为额定功率的比例。SLB 上连接了一个平衡负载（负载 1 Z_{B}）和一个不平衡负载（负载 2 Z_{UB}）。

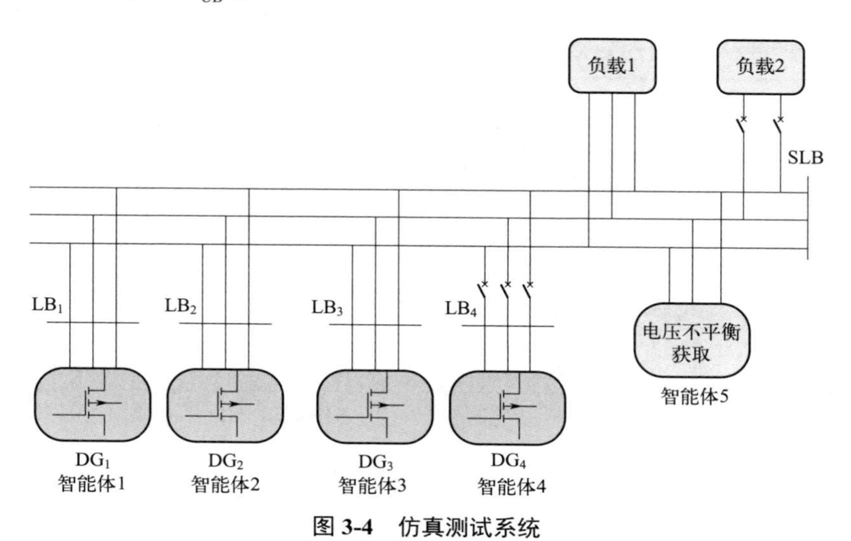

图 3-4 仿真测试系统

一次控制器设计参考文献［10］，其设计参数见表 3-1。表 3-2 为二次控制器与 MG 系统的参数。需要注意的是，考虑到 ANSI 标准 C84.1-1995[25] 和实际工业环境中存在的测量误差，此处将参考 VUF 设为 $VUF^{\text{ref}}=0.5\%$。

表 3-1　DG 及其一次控制器参数

项目	DG_1/DG_2		DG_3/DG_4	
DG	V_{DC}	700V	V_{DC}	700V
	f_{s}	10kHz	f_{s}	10kHz
一次控制器	K_{pv}	2	K_{pv}	2
	K_{rv}	0.5	K_{rv}	0.5
	ω_{cv}	10	ω_{cv}	10
	K_{pi}	10	K_{pi}	10
	K_{ri}	10	K_{ri}	10
	m_P	6e−4/3e−4	m_P	2e−4/1.5e−4
	n_Q	1.3e−3	n_Q	1.3e−3
	R_v	2/1	R_v	$\frac{2}{3}/\frac{1}{2}$
	L_v	8e−3/4e−3	L_v	$\frac{3}{8}$ e−3/2e−3

表 3-2　MG 系统与二次控制器参数

项目		DG_1/DG_2	DG_3/DG_4
控制器		$K_p=1, K_i=20, VUF^{\text{ref}}=0.5\%$	
LCL 过滤器	$\boldsymbol{L_f}$	1.5e−3H	1.5e−3H
	$\boldsymbol{C_f}$	50μF	50μF
	$\boldsymbol{R_f}$	0.05Ω	0.05Ω
传输线	$\boldsymbol{R_{\text{L}}}$	0.23Ω/0.35Ω	0.2Ω/0.2Ω
	$\boldsymbol{X_{\text{L}}}$	3.18e−4H/1.87e−3H	2.31e−3H/2.31e−3H
负载 **1**		$Z_{\text{B}}=50+\text{j}12.57\Omega$（单相）	
负载 **2**		$Z_{\text{UB}}=30\Omega$	

① 在不同案例下测试整个分布式控制系统：整个系统由DG、负载、输电线路以及一次控制器和我们所提出的二次控制器组成。为了考虑各种情况，整个模拟分为以下9个阶段。

阶段1（0～2s）：系统运行在平衡稳定状态，在此期间负载1连接到SLB上；

阶段2（2～5s）：负载2连接到SLB上；

阶段3（5～7s）：DG_2 通信故障；

阶段4（7～9s）：通信故障在 DG_2 中清除；

阶段5（9～11s）：DG_3 的贡献水平变化；

阶段6（11～13s）：DG_1 的贡献水平变化；

阶段7（13～15s）：DG_4 插入；

阶段8（15～17s）：DG_4 被移除；

阶段9（17～18s）：负载2从SLB断开。

我们所提出的方案应用于经历了上述所有阶段的系统。在经历了如图3-3所示的步骤0（初始化）之后，每个智能体得到的拉普拉斯矩阵网图信息为：

$$\boldsymbol{\mathcal{L}} = \begin{bmatrix} 1 & -1 & 0 & 0 \\ -1 & 2 & -1 & 0 \\ 0 & -1 & 2 & -1 \\ 0 & 0 & -1 & 1 \end{bmatrix}$$

而后，每个智能体计算 $\boldsymbol{\mathcal{L}}$ 的非零特征值为 $\lambda_2 = 0.5858$ ，$\lambda_3 = 2$ ，$\lambda_4 = 3.4142$ ，这也表明每个智能体只需3步就可以达成共识。根据式（3-2），可以立即确定智能体 i 对应的FACA更新收益。以状态 x_{it_m} 的第一个元素为例，实际上是指SLB上的不平衡补偿参考 UCR_{dq} ，该参考在本测试系统中由智能体5监控并提取。

为了更清楚地说明这一过程，该状态的迭代结果如图3-5所示。从图中可以看出，这4个智能体的状态初始值分别为0、0、0、1 。经过3步通信，4个智能体的状态值达到一致值1/ 4，验证了所应用的有限时间平均一致算法的有效性。

每次一致后，智能体 i 根据式（3-6）计算第 i 个补偿量，然后发送给一次控制层。

值得指出的是，正如文献［19］中所说的那样，在一个远程低延迟网络（如蜂窝通信网络）中，通信时延通常可以忽略不计。因此，$\Delta T \approx 0$ ，这也导致 $\Delta t \approx 0$ 。由于仿真实例的计算速度快，理想的通信情况可以处理并记为 $\Delta t = 0$ 。在本节中，除了研究系统稳定性和性能的案例外，所有的案例研究都考虑了这种理想情况。

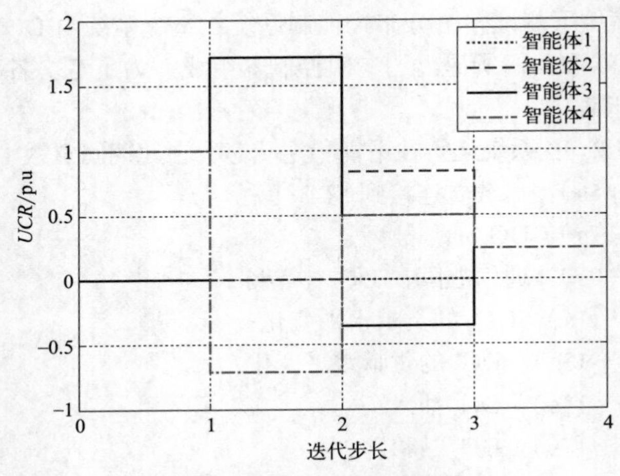

图 3-5 UCR 平均一致过程

9 个阶段的仿真结果如图 3-6 ～图 3-9 所示。从图 3-6 中的第 2 ～ 9 阶段可以看出，在 DG_1、DG_2、DG_3 各自输出不平衡电压的情况下，补偿后可以保证 SLB 中的电压平衡，且 *VUF* 小于 1%。

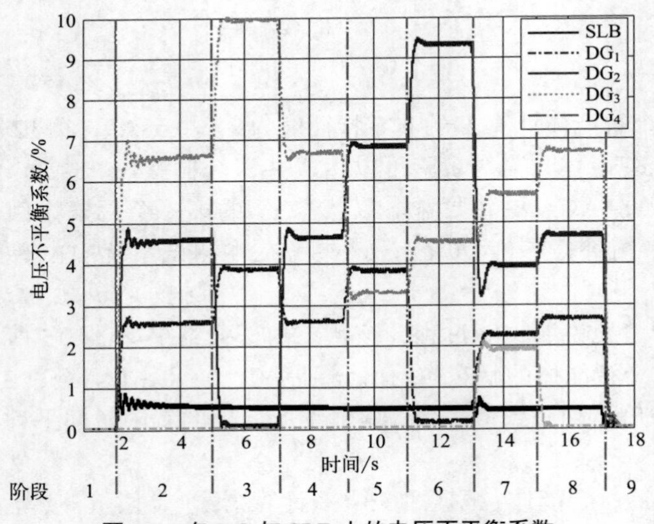

图 3-6 各 DG 与 SLB 上的电压不平衡系数

MG 系统的有功输出和无功输出如图 3-7 所示。MG 系统的频率输出如图 3-8 所示。处于阶段 1 时，连接负载 1，DG_1 ～ DG_3 的频率输出同步为 49.9Hz。当负载 2 连接时，由于下垂方程特性，频率下降到 49.7Hz。从图 3-8 中也可以看出，系统接入 DG_4 时，频率略有增加，但始终偏离标称的 50Hz。为使频率维持在 50Hz，一种解决方案是应用频率恢复的方法，如第 2 章中提出的方法。另一种则是二次控制器产生的不平衡补偿参考值UCR_{d_i}和UCR_{q_i}，实验结果如图 3-9所示。

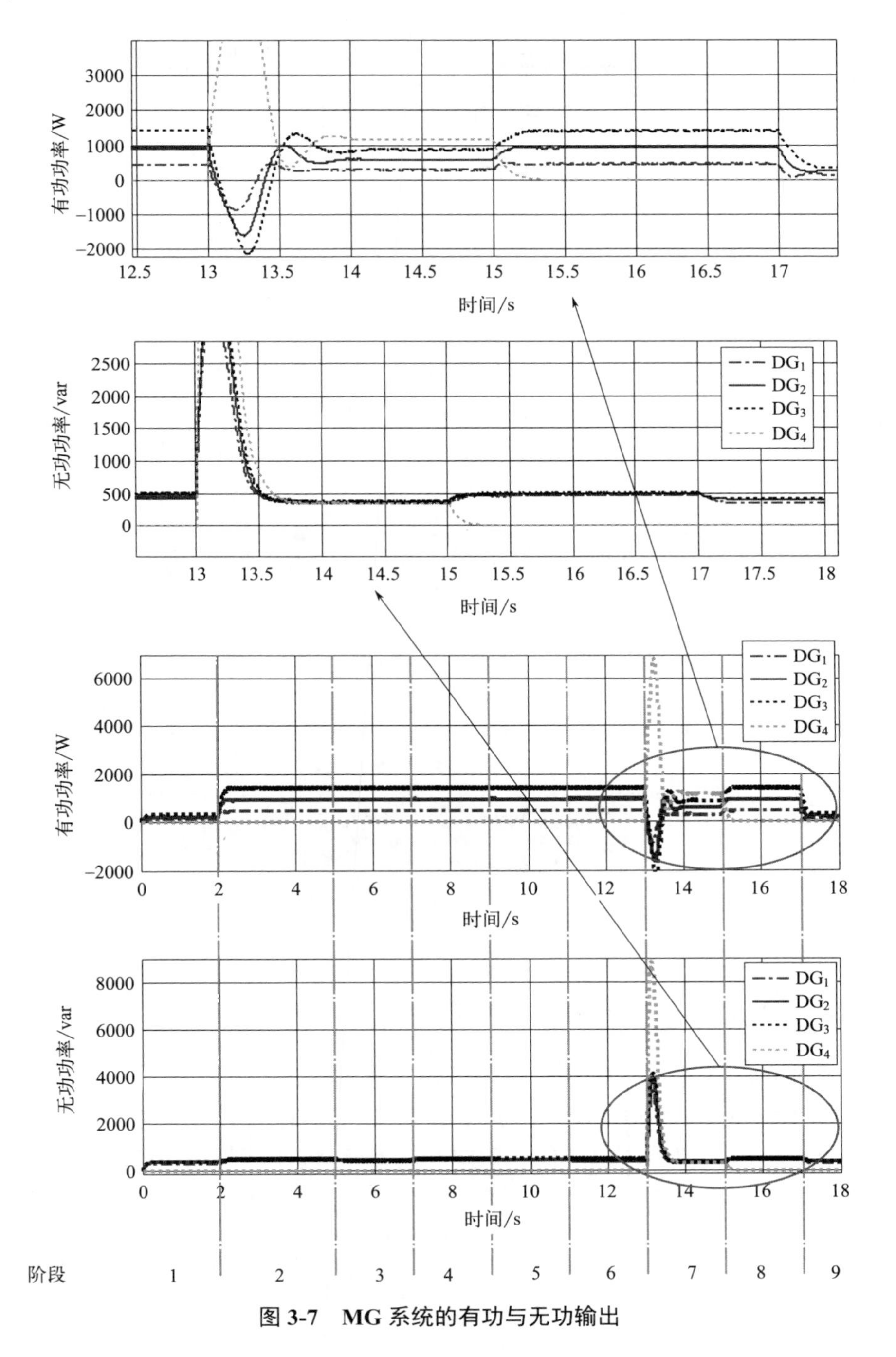

图 3-7　MG 系统的有功与无功输出

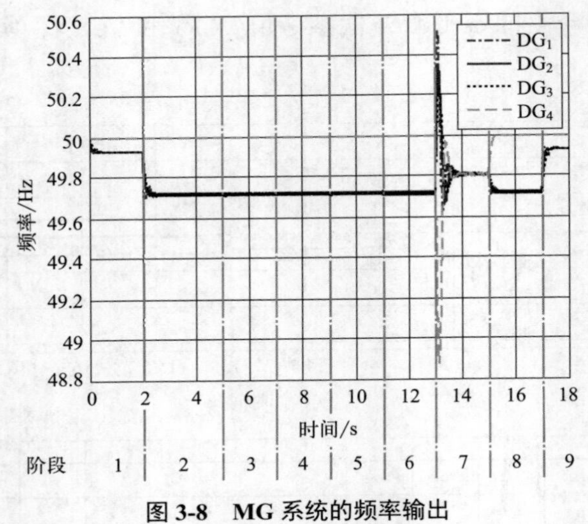

图 3-8　MG 系统的频率输出

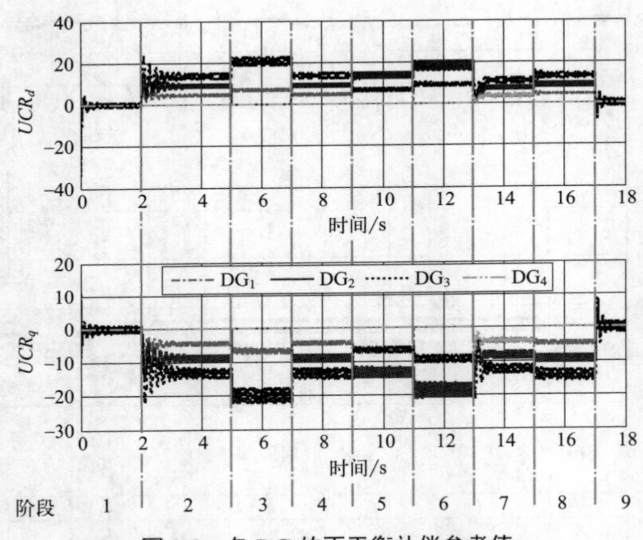

图 3-9　各 DG 的不平衡补偿参考值

各母线负序电流幅值如图 3-10 所示。观察到，在第 2 ～ 8 阶段，每台 DG 根据预先设计的补偿能力以不同比例共享 SLB 中的负序电流。这种现象可以这样解释：SLB 处的电压幅值可以看作是恒定的，因此恒定的不平衡负载会产生恒定的负序电流。如果该电流流过 SLB，将导致不平衡电压输出。在我们的补偿原理下，这个负序电流可以流向系统中 DG 的本地母线。根据基尔霍夫电流定律，各本地母线的负序电流之和等于 SLB 中的负序电流之和。

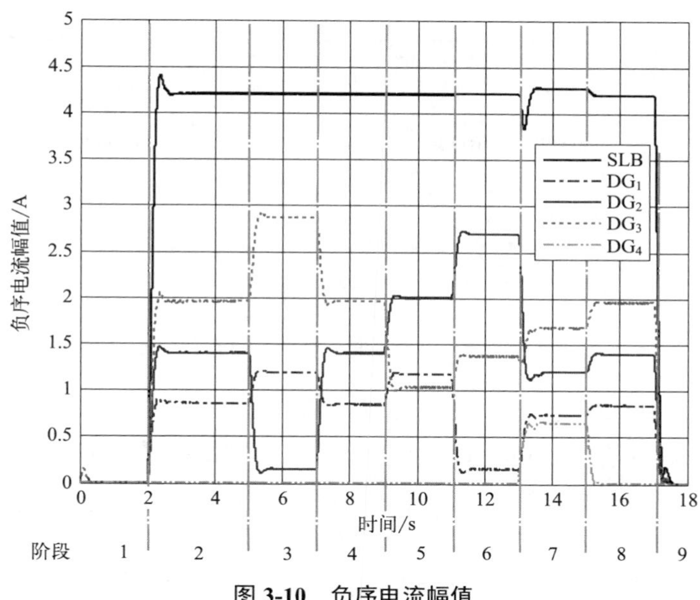

图 3-10　负序电流幅值

下面将讨论 3 个不同的案例。

案例 1：通信失败。

在第 3 阶段，DG_2 在 $t=5\text{s}$ 处出现通信故障。通过应用设计的 DCSCS，每个智能体可以自主地重新配置通信图，如表 3-3 所示。如表 3-3 中的通信图所示，DG_2 被排除在外。由图 3-9 可以看出，当 $UCR_2=0$，即只有 DG_1 和 DG_3 参与补偿时，根据新的图表更新 FACA 的更新收益。请注意，在交换信息时，每个智能体只需要 2 个步骤就可以达成共识。从图 3-6 中第 3 阶段的仿真结果可以看出，虽然 DG_2 中出现了 CF，但我们提出的 DCSCS 仍然实现了 SLB 中的 VUC。此外，由于 DG_2 的缺失，DG_1 和 DG_3 的 VUFs 分别增加到近 4% 和 10%。

阶段 4，通信故障从 DG_2 恢复。从图 3-6 ～图 3-9 来看，整个系统运行正常，与阶段 2 相同。

表 3-3　案例 1 中通信图的重构

项目	通信图	拉普拉斯矩阵
故障前	4 1 ↔ 2 ↔ 3 ↔ 5	$\mathcal{L}=\begin{bmatrix}1 & -1 & 0 & 0\\ -1 & 2 & -1 & 0\\ 0 & -1 & 2 & -1\\ 0 & 0 & -1 & 1\end{bmatrix}$

续表

项目	通信图	拉普拉斯矩阵
故障后	4 1 2 3 5	$\mathcal{L}=\begin{bmatrix}1 & -1 & 0\\-1 & 2 & -1\\0 & -1 & 1\end{bmatrix}$

案例 2：贡献水平变化。

在第 5 和第 6 阶段，某些 DG 的贡献水平在不同时期有所不同。从 $t=9\text{s}$ 到 $t=11\text{s}$，DG_3 的贡献水平变为 $CL_3=1$，这意味着它的本地总线可能有敏感负载连接，不能在 SLB 补偿中分担更多的出力。在此期间，DG_3 的 VUF 由 6% 下降到 3%，DG_1 和 DG_2 的 VUF 分别上升到 4 % 和 7 %。从 $t=11\text{s}$ 开始，DG_1 不参与补偿，并设置其 CL 为 $CL_1=0$。因此在这一时期，只有 DG_2 和 DG_3 协同贡献补偿出力。此时，DG_1 在母线上几乎是以平衡电压输出，DG_2 和 DG_3 的不平衡电压输出较多，VUFs 分别为 9% 和 4.5%。图 3-6 中第 5 和第 6 阶段的仿真结果表明，每台 DG 可以通过不同的贡献水平动态分担补偿出力。

案例 3：备用 DG 即插即用。

在第 7 和第 8 阶段，测试了所提方法的即插即用特性。假设备份 DG（DG_4）从 $t=13\text{s}$ 到 $t=15\text{s}$ 连接到公共耦合点，贡献水平 $CL_4=1$。每个智能体可以根据网图重配置规则自动重新配置通信拓扑，如表 3-4 所示。与案例 1 类似，FACA 的更新增益根据新的图进行更新，在 FACA 算法中，每个智能体需要 4 步才能达成共识（因为新的拉普拉斯矩阵 $\mathcal{L}$ 有 4 个不同的非零特征值）。在 [13s,15s] 期间，DG_1、DG_2、DG_3 的 VUFs 分别下降到 2%、4%、5.5%，当然代价是 DG_4 无法维持原先的三相平衡输出。DG_4 与孤岛 MG 系统从 $t=15\text{s}$ 断开连接。由图 3-6 可以看出，DG_1、DG_2、DG_3 的 VUFs 恢复至阶段 4 的值。注意，第 8 阶段相当于 DG_4 不可用的情况，本节所提控制方案能解决该问题。

从图 3-8 中也可以看出，DG_4 的接入使频率增加了一点。然而，当 DG_4 连接时，在频率上也存在瞬态响应（由图 3-7 中有功和无功输出可以看出），其原因可以解释如下：由于 DG_4 在突然连接时的频率和电压角与孤岛 MG 系统不同，在达到同步之前会有一个暂态过程。在 DG_4 连接之前，通过众所周知的电网同步锁相环（PLL）方法可以减小这些暂态功率波动[26]。虽然这超出了本章的范围，但我们认为，这是一个值得作为未来工作加以考虑的有趣主题。

表 3-4　案例 3 中通信图的重构

项目	通信图	拉普拉斯矩阵
故障前	4 1 2 3 5	$\mathcal{L}=\begin{bmatrix}1 & -1 & 0 & 0\\-1 & 2 & -1 & 0\\0 & -1 & 2 & -1\\0 & 0 & -1 & 1\end{bmatrix}$
故障后	4 1 2 3 5	$\mathcal{L}=\begin{bmatrix}1 & -1 & 0 & 0 & 0\\-1 & 2 & -1 & 0 & 0\\0 & -1 & 3 & -1 & -1\\0 & 0 & -1 & 1 & 0\\0 & 0 & -1 & 0 & 1\end{bmatrix}$

② 系统稳定性与性能：本节将通过考虑不同的共识时间，例如 0ms、1ms、5ms、7ms，来研究仿真过程中整个非线性系统的稳定性和性能。采用零阶保持（ZOH）模块用于实现 UCR_{dq_i} 在 $[t_m, t_m+\Delta t]$ 期间的保持，一致时间 Δt 作为 ZOH 模块的采样周期。各 DGs 和 SLB 在不同 Δt 下的 VUF 输出如图 3-11 所示。显然，通信一致性时间对电压不平衡补偿有一定的影响。从仿真结果可以看出，系统在 $\Delta t \leqslant 5\text{ms}$ 内保持稳定。然而，当 $\Delta t \geqslant 7\text{ms}$ 时，它变得不稳定。如在文献［19］中指出的，蜂窝通信网络的通信时延通常可以忽略不计。因此，与 7ms 的稳定裕度相比，收敛时间非常小。因此，该系统是稳定运行的。

从这些结果可以得出结论，当该方案应用于特定的系统时，只要共识时间在一定范围内，本节所提出的方案均能保证系统的稳定性。这些结果也表明，对于分布式 VUC，为了使 Δt 满足条件，有限时间共识是必要的。

共识时间越长，VUC 的性能越差。$\Delta t=0$ 的情况是一种理想的情况，它被用作比较的基础。通过比较，$\Delta t=1\text{ms}$ 和这种理想情况下的性能差异不大。因此我们可以得出结论，对于这个应用实例，在共识时间 Δt 小于 1ms 的情况下，可以获得可接受的补偿性能。这些研究和观察结果为我们在设计分布式 VUC 时选择 Δt 提供了设计指导。

③ 与集中式二级控制的比较：为了便于比较，我们的仿真测试系统也采用了文献［10］中提出的集中式二级控制 UCR 共享策略［式（3-1）］。仿真结果如

图 3-12 所示。现在我们将图 3-12 与图 3-6 在 2 ～ 5s 时间段内进行比较。显然，在 SLB 中 VUFs 的两种响应具有几乎相同的瞬态和稳态性能。此外，从图 3-7 中也可以得出结论，我们提出的分布式二次 VUC 即使在案例 3 情况下进行 DG 即插即用测试，也几乎不会对功率共享产生影响，从而达到与文献［10］类似的性能。结果表明，我们所提出的分布式二次补偿策略与集中式控制器的补偿效果相当。另外，它可以动态分担各 DG 之间的补偿工作，具有传统集中控制器无法实现的即插即用特性。

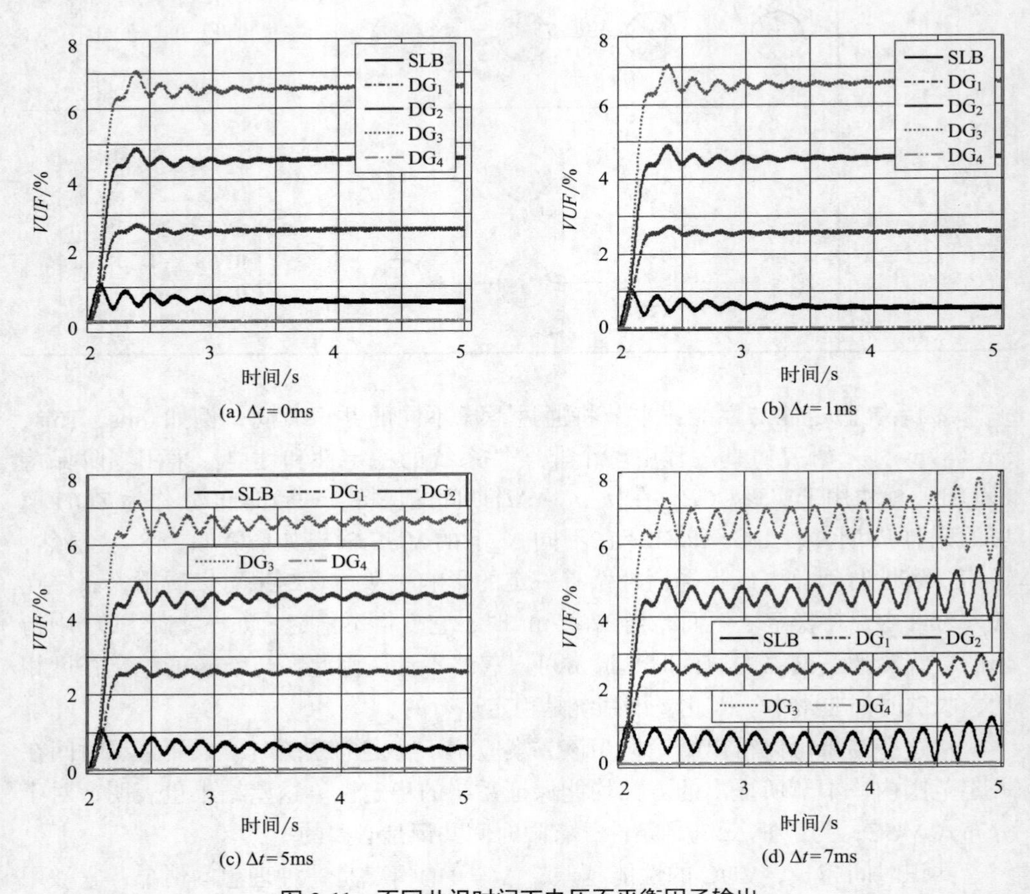

图 3-11　不同共识时间下电压不平衡因子输出

现在考虑二级通信层的故障情况。在本案例研究中，如前所述，通信故障应该发生在通信节点，即控制器故障。如案例 1 所示，我们提出的分布式控制策略保证了在某些次级通信层无法工作时 SLB 的电压输出。但是，当集中补偿共享控制器发生通信故障时，从图 3-12 中可以看出，它无法补偿 5 ～ 9s 内的不平衡电压。

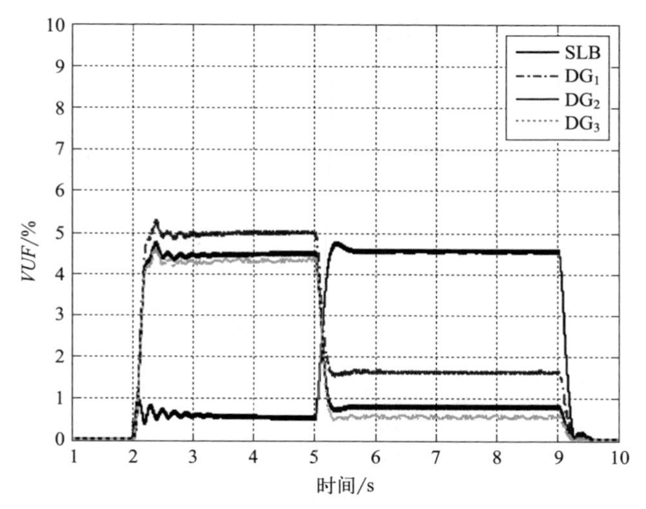

图 3-12　本章参考文献 [10] 中各 DG 与 SLB 上的电压不平衡因子

3.3 基于负序电流反馈的分布式二次不平衡电压补偿控制

在式（3-6）中，补偿是通过开环方式实现的。本节利用负序电流反馈实现闭环方式的不平衡补偿参考值共享。在每台本地 DG 中设计了一个分布式比例积分（PI）负序电流控制器，使各 DG 能根据各自的额定功率和补偿能力共享负序电流。

3.3.1　基于负序电流反馈的不平衡电压补偿控制

本节所提出的补偿方法主要包括 SLB 电压不平衡补偿和负序电流反馈两部分，如图 3-13 所示。通过采用类似的对称分解方法可以提取每个本地总线的负序电流分量 I_{id}^- 和 I_{iq}^-。接着，受第 2 章分布式 PI 控制器设计思想的启发，在各本地次级补偿层设计了分布式 PI 负序电流共享控制器，具体如下：

$$UCR_i^I = K_{Pi} e_i^{\mathrm{Neg}} + K_{Ii} \int e_i^{\mathrm{Neg}} \tag{3-7}$$

$$e_i^{\mathrm{Neg}} = \sum_{j \in N_i} (w_i I_i^{\mathrm{Neg}} - w_j I_j^{\mathrm{Neg}}) \tag{3-8}$$

式中，K_{Pi}、K_{Ii} 分别为比例增益和积分增益；w_i 为负序电流共享增益，可根据 DG 额定功率反比进行选择，即 $\frac{w_i}{w_j}=\frac{P_j^{\text{rating}}}{P_i^{\text{rating}}}$；$I_i^{\text{Neg}}$ 为第 i 个负序电流的幅值，满足 $I_i^{\text{Neg}}=\sqrt{I_{id}^{-2}+I_{iq}^{-2}}$；$N_i$ 为第 i 台 DG 的邻域集。

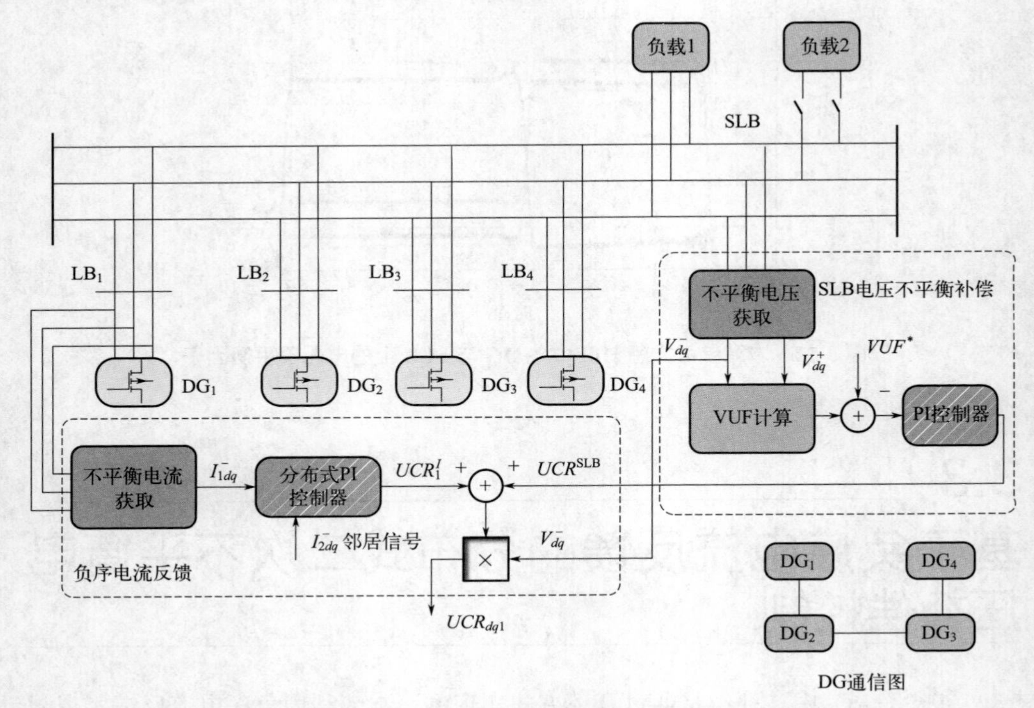

图 3-13　基于负序电流反馈的分布式微电网电压不平衡补偿

最后，将产生的两个补偿信号 UCR^{SLB} 与 UCR_i^I 相加，再与 SLB 上的负序电压信号 V_d^-、V_q^- 相乘，分别产生不平衡补偿参考信号 UCR_{id}、UCR_{iq}。得到的参考信号送到一次控制层生成 VUC。

3.3.2　实验验证

整个模拟过程可分为 5 个阶段：

阶段 1（0 ～ 1s）：黑匣启动阶段，负载 1 连接到 SLB；

阶段 2（1 ～ 2s）：系统在平衡稳定状态下运行；

阶段 3（2 ～ 8s）：负载 2 连接到 SLB；

阶段 4（8 ～ 15s）：采用负序电流共享的分布式二次补偿；

阶段 5（15 ～ 16s）：负载 2 从 SLB 断开。

分布式控制器的参数选择如下：$K_{P1}=K_{P2}=K_{P3}=K_{P4}=1$，$K_{I1}=K_{I4}=10$，$K_{I2}=K_{I3}=5, w_1:w_2:w_3:w_4=12:6:4:3$。5 个阶段的仿真结果如图 3-14 和图 3-15 所示。如图 3-14 中第 3 ～ 5 阶段所示，我们的策略保证了 SLB 内电压平衡，VUF 小于 1%，代价是本地 DG 输出不平衡电压。

各母线负序电流幅值如图 3-15 所示。我们观察到，在第 3 阶段，当只激活 SLB 补偿时，SLB 中的负序电流几乎相等地被所有 DG 共享。而在第 4 阶段，当负序电流共享被激活时，每台 DG 按设计的均流比分担负序电流。这个结果验证了我们提出的方法。

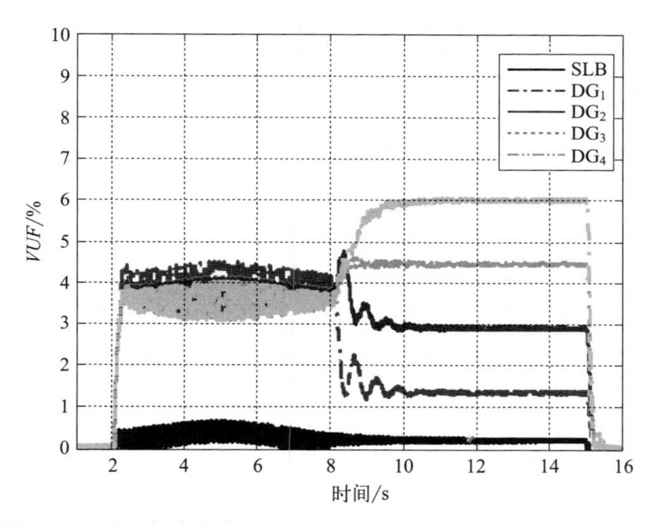

图 3-14　采用负序电流反馈后各 DG 与 SLB 上电压不平衡因子

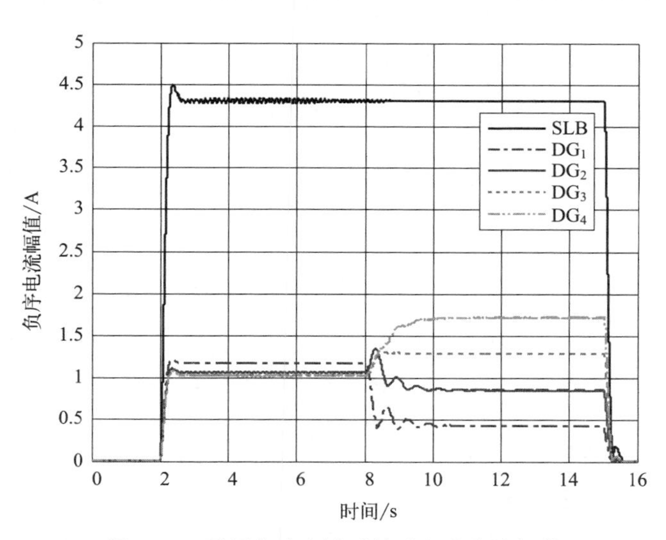

图 3-15　采用负序电流反馈后负序电流幅值

参考文献

[1] SIDDIQUE A, YADAVA G S, SINGH B. Effects of voltage unbalance on induction motors [C]// 2004 IEEE International Symposum on Electrical Insulation . Piscataway, NJ: IEEE, 2004: 26-29.

[2] GODSIL C, ROYLE G. Algebraic graph theory [M]. Berlin: Springer, 2001.

[3] OLFATI-SABER R, FAX J A, MURRARY R M. Consensus and cooperation in networked multi-agent systems [J]. Proceeding of the IEEE, 2007, 95 (1): 215-233.

[4] ZHU M, MARTINEZ S. Discrete-time dynamic average consensus [J]. Automatica, 2010, 46 (2): 322-329.

[5] SEYBOTH G S, DIMAROGONAS D V, JOHNSSON K H. Event-based broad casting for multi-agent average consensus [J]. Automatica, 2015, 49 (1): 245-252.

[6] KIBANGOU A Y. Graph Laplacian based matrix design for fifinite-time distributed average consensus [C]// Proceedings of American Control Conference. Piscataway, NJ : IEEE, 2012: 1901-1906.

[7] VISHKIN U. An efficient distributed orientation algorithm (Corresp.) [J]. IEEE Transactions on Information Theory, 1983, 29 (4): 624-629.

[8] ARAGUES R, SHI G, DIMAROGONAS D V, et al. Distributed algebraic connectivity estimation for adaptive event-triggered consensus [C]// Proceedings of American Control Conference. Piscataway, NJ: IEEE, 2012: 32-37.

[9] SAVAGHEBI M, JALILIAN A, VASQUEZ J C, et al. Secondary control for voltage quality enhancement in microgrids [J]. IEEE Transactions on Smart Grid, 2012, 3 (4): 1893-1902.

[10] SAVAGHEBI M, JALILIAN A, VASQUEZ J C, et al. Secondary control scheme for voltage unbalance compensation in an islanded droop controlled microgrids [J]. IEEE Transactions on Smart Grid, 2012, 3 (2): 1-11.

[11] PARK M, YIM M. Distributed control and communication fault tolerance for the CKBot [C]// ASME/IFTOMM international conference on reconfigurable mechanisms and robots (REMAR 2009) . Piscataway, NJ: IEEE, 2009: 682-688.

[12] TENTI P, COSTABEBER A, MATTAVELLI P, et al. Distribution loss minimization by token ring control of power electronic interfaces in residential micro-grids [J]. IEEE Transactions on Industrial Electronics, 2012, 59 (10): 3817-3826.

[13] CHAKRABORTY S, WEISS M D, SIMOES M G. Distributed intelligent energy management system for a single-phase high-frequency AC microgrid [J]. IEEE Transactions on Industrial Electronics, 2007, 54 (1): 97-109.

[14] CHENG P T, CHEN C, LEE T L, et al. A

cooperative imbalance compensation method for distributed-generation interface converters [J]. IEEE Transactions on Industrial Application, 2009, 45 (8): 2811-2820.

[15] HOJO M, IWASE Y, FUNABASHI T, et al. A method of three phase balancing in microgrid by potovoltaic generation systems [C]// Proceedings of Power Electronics and Motion Control Conference. Piscataway, NJ: IEEE, 2008: 2487-2491.

[16] SAVAGHEBI M, JALILIAN A, VASQUEZ J C, et al. Autonomous voltage unbalance compensation in an islanded droop-controlled microgrid [J]. IEEE Transactions on Industrial Electronics, 2013, 60 (4): 1390-1402.

[17] SAVAGHEBI M, JALILIAN A, VASQUEZ J C, et al. Secondary control for voltage quality enhancement in microgrids [J]. IEEE Transactions on Smart Grid, 2012, 3 (4): 1893-1902.

[18] SAVAGHEBI M, JALILIAN A, VASQUEZ J C, et al. Secondary control scheme for voltage unbalance compensation in an islanded droop controlled microgrids [J]. IEEE Transactions on Smart Grid, 2012, 3 (2): 1-11.

[19] LIANG H, CHOI B J, ZHUANG W, et al. Stability enhamcement of decentralized inverter control through wireless communications in micorgrids [J]. IEEE Transactions on Smart Grid, 2013, 4 (1): 321-331.

[20] XU Y, LIU W. Novel multiagent based load restoration algorithm for micorgrids [J]. IEEE Transactions on Smart Grid, 2011, 2 (1): 152-161.

[21] GU W, LIU W, ZHU J, et al. Adaptive decentralized under-frequency load shedding for islanded smart distribution networks [J]. IEEE Transactions on Sustainable Energy, 2014, 5 (3): 886-895.

[22] LIU W, GU W, SHENG W, et al. Decentralized multi-agent system-based cooperative frequency control for autonomous microgrids with communication constraints [J]. IEEE Transactions on Sustainable Energy, 2014, 5 (2): 446-456.

[23] XU Y, LIU W, GONG J. Stable multi-agent-based load shedding algorithm for power systems [J]. IEEE Transactions on Power Systems, 2011, 26 (4): 2006-2014.

[24] SAVAGHEBI M, JALILIAN A, VASQUEZ J C, et al. Autonomous voltage unbalance compensation in an islanded droop-controlled microgrid [J]. IEEE Transactions on Industrial Electronics, 2013, 60 (4): 1390-1402.

[25] ANSI Stand. Electric power systems and equipment-voltage ratings (60Hertz) [S]. Publ. no. ANSI C84.1—1995.

[26] LEE K J, LEE J P, SHIN D, et al. A novel grid synchronization PLL method based on adaptive low-pass notch filter for grid-connected PCS [J]. IEEE Transactions on Industrial Electronics, 2014, 61 (1): 292-301.

The Road of
Industrial
Intelligent
Innovation

第 4 章

直流微电网分布式二次电压恢复和电流分配控制

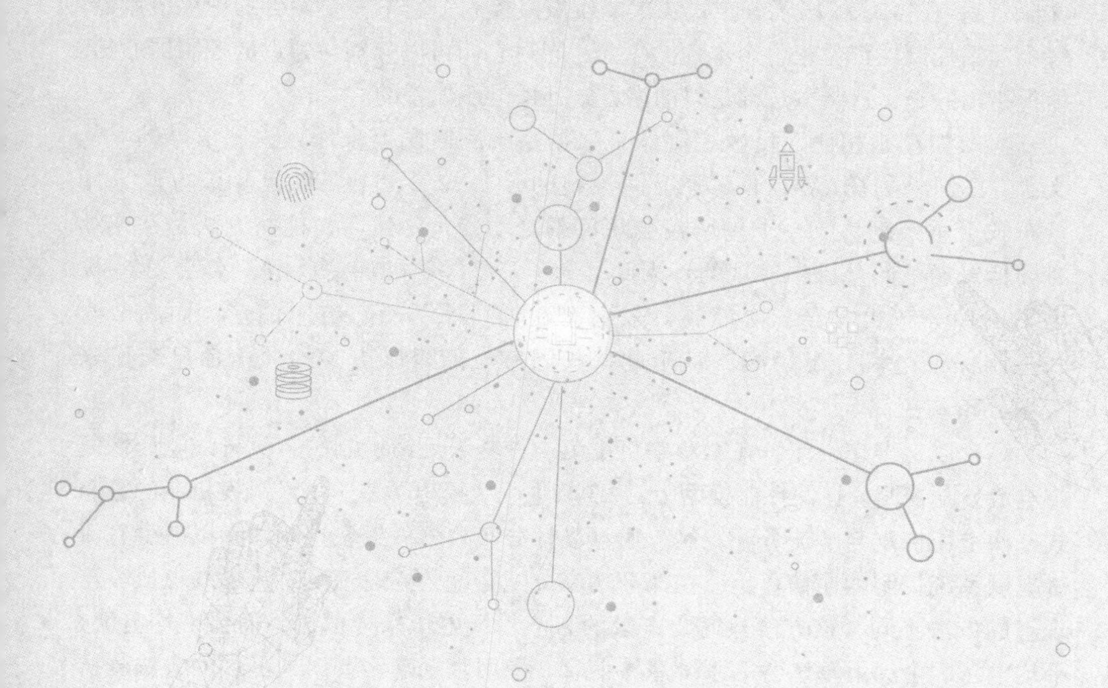

4.1 概述

前面几个章节中，主要讨论了交流微电网的相关控制问题。当前，直流微电网因其高效、可靠和扩展性强等特点而受到越来越多的关注[1-3]。因此，本章主要讨论直流微电网相关问题。

前面几个章节提到，下垂控制通常运用在本地DG控制器中，以实现功率分配[3,4]。如果下垂增益远大于线路电阻，那么每台DG电流输出将与设定比率成比例。下垂控制方法的一个优点是它以完全分散的方式运行，并且DG之间不需要通信。然而，在应用下垂控制方法时，需要在功率分配和电压调节之间做出权衡[5-6]。高下垂增益使功率分配精度高，但电压调节能力差，即直流母线电压偏差较大，而且直流母线电压在不同的负载条件下会发生变化，很难保持在所需的参考值[17-21]。人们提出了各种办法以解决直流微电网电压偏差问题[7]。如文献［8］～［12］提出了分布式二次电压恢复控制，它不需要额外的中央控制器，每个辅助控制器都位于每个本地DG上，同时它们可以分别与邻近的控制器通信。值得指出的是，这些方法都是以前馈方式补偿电压偏差的。

与前馈控制相比，反馈控制器是根据系统反馈误差来计算控制信号的[26]。文献［13］～［16］提出了基于反馈控制的分布式二次电压恢复。该方法采用分布式下垂控制系统，下垂增益会随负载自动变化。然而，这些方法是在连续时间信息通信的基础上实现的。因此，为了消除一定的通信负担，文献［17］提出了一种分布式混合二次控制，采用连续时间控制消除电压偏差，而离散时间控制保证电流分配精度。基于此，我们考虑能否以更少的通信信息交换来实现分布式控制？

综合以上考虑，作者在本章中将提出一种基于反馈机制的直流母线电压恢复与电流分配控制。在此控制模型上，4.3节进一步提出了基于事件触发机制的分布式二次电压恢复与电流分配控制。通过设计分布式事件触发控制器，以减少直流微电网系统控制的通信负担，在保证功率分配精度的同时恢复直流母线电压。与现有的方法不同，该方法只需要离散的直流母线电压采样值，不需要平均电流、平均电压、全局下垂增益等系统总体信息。采用基于李雅普诺夫函数的方法分析了所设计控制器的稳定性，并制定了事件触发条件。此外，从理论上排除了奇诺行为，分析了事件触发通信的可行性。

4.2 直流微电网分布式二次控制

4.2.1 直流微电网模型

本章研究的直流微电网系统的总体结构如图 4-1 所示，DG 并联到一个公共连接点。电阻负载也连接到这个公共连接点的直流母线。设 N 台 DG 和 M 个负载连接到直流母线上。

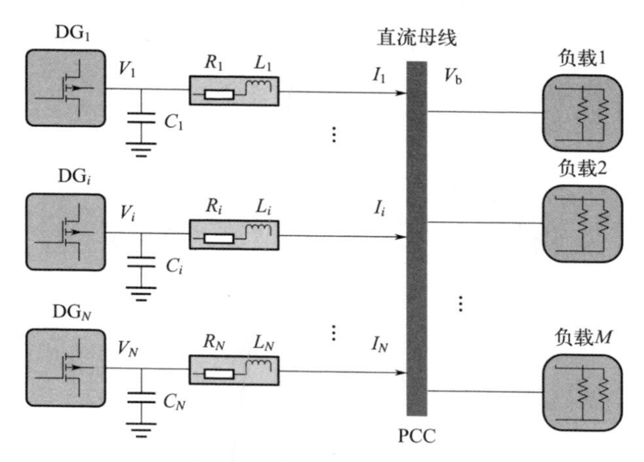

图 4-1 直流微电网结构图

在最近的研究工作中，层次控制体系结构被广泛应用于交流和直流微电网系统中[18]。与分层控制结构相反，本章提出了一个两层多智能体框架用于分布式控制器的设计，如图 4-2 所示。

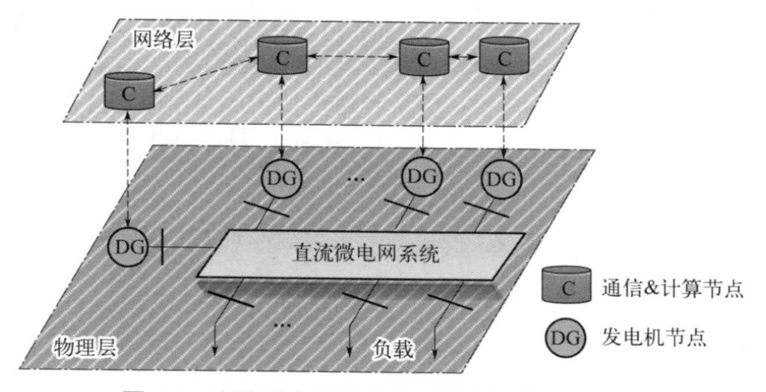

图 4-2 直流微电网系统的两层多智能体框架图

在物理层，DG 和负载通过微电网物理网络并行连接。本地 DG 主控制器也位于物理层。

在网络层中，一个节点将被分配作为与其他节点的接口，该节点对各节点都具有通信和计算能力。这些节点都被视为独立的智能体，能够执行一定级别的计算任务，并与其直接相邻的智能体进行通信。

4.2.2 分布式二次电压恢复和电流分配控制

在直流微电网中，通常采用下垂控制，以完全分散的方式实现所有 DG 之间的功率分配。在本节中，我们首先对这种分散的功率分配方法进行了简要的回顾和分析，然后指出了这种方法所存在的直流母线电压偏差等问题。

本地 DG 的分散式功率分配方法如图 4-3 所示，该框图实际上是直流微电网的一次控制。

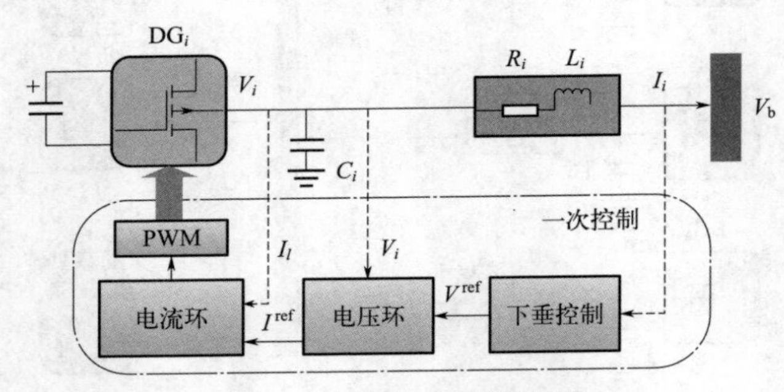

图 4-3 分散式一次控制框图

如果电压和电流控制回路设计良好，变流器输出直流电压 V_i 追踪参考电压 V_i^{ref} 的速度足够快，即：

$$V_i = V_i^{ref} \tag{4-1}$$

参考电压 V_i^{ref} 由下垂控制方程产生：

$$V_i^{ref} = V^* - k_i I_i \tag{4-2}$$

式中，V^* 为标称直流电压；k_i 为下垂增益；I_i 为第 i 台 DG 的输出电流。

对于一个由多台 DG 并联的孤岛式直流微电网，其直流母线电压 V_b 为：

$$V_b = V_i - R_i I_i \tag{4-3}$$

将式（4-1）～式（4-3）结合，得到：

$$V_b = V^* - (R_i + k_i) I_i \tag{4-4}$$

这意味着：

$$(R_i + k_i)I_i = (R_j + k_j)I_j, \forall i, j \tag{4-5}$$

从式（4-5）中可以看出，功率分配比与线路电阻 R_i 和设计下垂增益 k_i 的和成反比，即：

$$\frac{I_i}{I_j} = \frac{R_j + k_j}{R_i + k_i}, \forall i, j \tag{4-6}$$

如果选取的下垂增益 k_i 远远大于线路电阻 R_i，即：

$$k_i \gg R_i \tag{4-7}$$

于是有：

$$\frac{I_i}{I_j} = \frac{R_j + k_j}{R_i + k_i} \approx \frac{k_j}{k_i}, \forall i, j \tag{4-8}$$

这意味着在条件式（4-7）下，功率分配比式（4-8）是由设计的下垂系数 k_i 控制的，它就像一个“虚拟阻抗”，如图 4-4 所示。也就是说，如果根据各 DG 的额定功率比合理选择下垂增益 k_i，则可以实现各 DG 之间的功率比例分配。

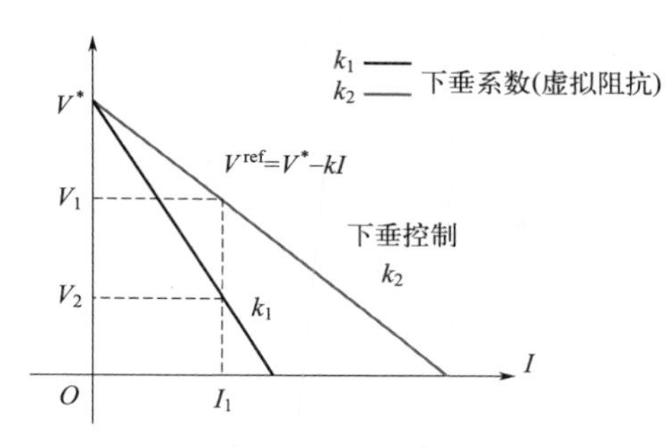

图 4-4　下垂控制框图

（1）控制器设计

通过前面的分析，我们可以得出结论：在满足控制输入约束时，所提二次控制器实现恢复直流母线电压 V_b 到标称值 V^* 及电流分配目标，即 $\lim\limits_{t\to\infty} e^V(t) = 0$，同时，$\lim\limits_{t\to\infty} e^{u_i}(t) = 0, \forall i$。其中 e^V 和 e^{u_i} 分别为电压恢复误差和控制输入一致性误差，分别定义为：

$$e^V = V^* - V_\text{b} \tag{4-9}$$

$$e^{u_i} = \sum_{j \in N_i} (u_j - u_i) \tag{4-10}$$

式中，N_i 为第 i 个二次控制器的邻居集合。

于是一个分布式二次控制器可以设计为：

$$u_i = K_{P_i} e_i + K_{I_i} \int e_i \mathrm{d}t \tag{4-11}$$

式中，K_{P_i} 和 K_{I_i} 分别为第 i 台 DG 的比例和积分系数；e_i 为组合误差，定义为：

$$e_i = \alpha_i e^V + \beta_i e^{u_i} \tag{4-12}$$

式中，$\alpha_i, \beta_i \in \mathbb{R}$ 分别为电压误差系数与输入误差系数。

二次控制方案的具体框图如图 4-5 所示。值得注意的是，与现有的前馈方法 [8-12] 不同，本节所提二次电压恢复是在反馈机制下实现的，也不需要系统的全局信息。

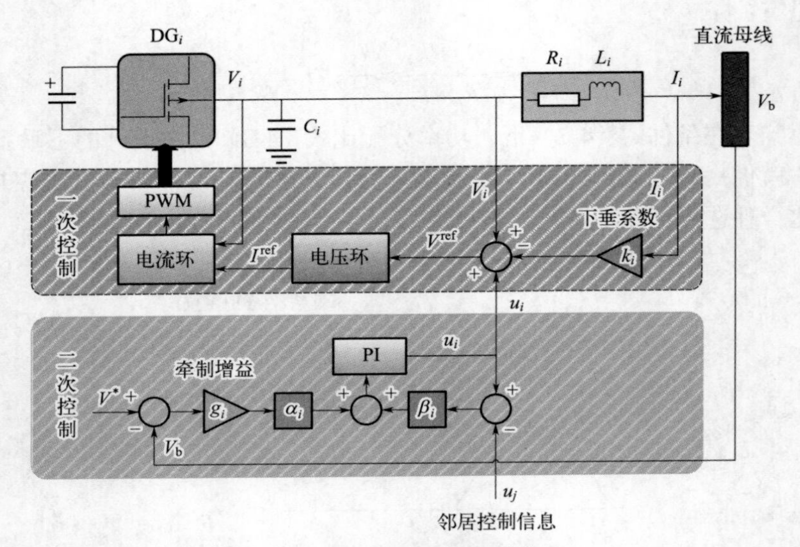

图 4-5　分布式二次控制结构图

此外，该分布式控制方法也可以应用于交流和交流 / 直流微电网中，但需要根据特定的控制目标对算法进行一些修改。但这些分布式控制方法均有共同思想，如分布式比例积分控制和牵制控制。在交流微电网中，文献［19］采用这种分布式控制方法解决了频率和电压的恢复问题。

进一步研究式（4-4），只要 $I_i \neq 0$，直流母线电压 V_b 就会偏离标称电压 V^*。而且下垂增益 k_i 越大，电压偏差 $V^* - V_b$ 越大。因此，本章的目的就是将直流母线电压 V_b 恢复到标称值 V^*，同时保持功率分配精度［式（4-8）］。在接下来的小节中，作者提出了一种全分布式二次控制方法来解决电压恢复问题。

在本节中，针对多台直流 DG 并联的孤岛式直流微电网系统，作者提出了一种新的分布式二次电压恢复方法。每台 DG 由基于下垂函数的主控制器直接控制，其详图如图 4-3 所示。将设计的二次控制信号 u_i 添加到主控制的下垂函数式（4-2）中，即：

$$V_{\mathrm{b}}=V^{*}-(R_i+k_i)I_i+u_i \tag{4-13}$$

可将式（4-4）修正为：

$$V_i^{\mathrm{ref}}=V^{*}-k_iI_i+u_i \tag{4-14}$$

由式（4-14）可以很容易地得出，如果需要保持下垂控制带来的功率分配精度，即保持式（4-8）不变，则要约束设计的二次控制输入u_i，即在稳态下，所有的二次控制输入均应相等，即：

$$(u_i)^{\mathrm{s}}=(u_j)^{\mathrm{s}},\forall i,j \tag{4-15}$$

式中，$(u_i)^{\mathrm{s}}$为稳态时u_i的值。

（2）稳定性分析

本节分析了所提出的分布式二次控制器，并建立了系统稳定的充分条件。由式（4-9）～式（4-12）与式（4-14）组成的闭环系统可得：

$$\boldsymbol{e}^{V}\mathbf{1}_{n\times1}=(\boldsymbol{R}+\boldsymbol{k})\boldsymbol{I}-\boldsymbol{u} \tag{4-16}$$

$$\dot{\boldsymbol{u}}=\boldsymbol{K}_{\boldsymbol{P}}\dot{\boldsymbol{e}}+\boldsymbol{K}_{\boldsymbol{I}}\boldsymbol{e} \tag{4-17}$$

$$\boldsymbol{e}=\boldsymbol{\alpha}\boldsymbol{e}^{V}\mathbf{1}_{n\times1}-\boldsymbol{\beta}\boldsymbol{\mathcal{L}}\boldsymbol{u} \tag{4-18}$$

式中，$\boldsymbol{R}=\mathrm{diag}(R_1,R_2,\cdots,R_n)$；$\boldsymbol{k}=\mathrm{diag}(k_1,k_2,\cdots,k_n)$；$\boldsymbol{I}=\mathrm{diag}(I_1,I_2,\cdots,I_n)$；$\boldsymbol{u}=\begin{bmatrix}u_1 & u_2 & \cdots & u_n\end{bmatrix}^{\mathrm{T}}$；$\boldsymbol{K}_{\boldsymbol{P}}=\mathrm{diag}(K_{P_1},K_{P_2},\cdots,K_{P_n})$；$\boldsymbol{K}_{\boldsymbol{I}}=\mathrm{diag}(K_{I_1},K_{I_2},\cdots,K_{I_n})$；$\boldsymbol{e}=\begin{bmatrix}e_1 & e_2 & \cdots & e_n\end{bmatrix}^{\mathrm{T}}$；$\boldsymbol{\alpha}=\mathrm{diag}(\alpha_1,\alpha_2,\cdots,\alpha_n)$；$\boldsymbol{\beta}=\mathrm{diag}(\beta_1,\beta_2,\cdots,\beta_n)$；$\boldsymbol{\mathcal{L}}$为通信图的拉普拉斯矩阵；$\mathbf{1}_{n\times1}$为所有元素均为1的$n$维向量。

若所有的阻性负载连接到直流微电网上，则有：

$$\mathbf{1}_{n\times1}^{\mathrm{T}}\boldsymbol{I}=\frac{V_{\mathrm{b}}}{R_{\mathrm{L}}} \tag{4-19}$$

式中，R_{L}为负载电阻。

在给出主要结论之前，给出两个重要引理。

引理4-1　$\boldsymbol{A}=\boldsymbol{D}+c\mathbf{1}_{n\times1}^{\mathrm{T}}\mathbf{1}_{n\times1}\in\mathbb{R}^{n\times n}$是可逆的，它的逆矩阵$\boldsymbol{A}^{-1}$是一个严格的对角主导矩阵，对角元素为正。其中，$\boldsymbol{D}=\mathrm{diag}(d_1,d_2,\cdots,d_n)\in\mathbb{R}^{n\times n}$为对角矩阵；$c$为大于0的常数。

证明：假设

$$\boldsymbol{A}=\begin{bmatrix}d_1+c & c & \cdots & c\\ c & d_2+c & \cdots & c\\ \vdots & \vdots & \vdots & \vdots\\ c & c & c & d_n+c\end{bmatrix} \tag{4-20}$$

对$\boldsymbol{A}$做初等行运算，使每行减去第一行，于是得到：

$$
\boldsymbol{A}=\begin{bmatrix} d_1+c & c & \cdots & c \\ -d_1 & d_2 & \cdots & 0 \\ \vdots & \vdots & \vdots & \vdots \\ -d_1 & 0 & 0 & d_n \end{bmatrix}=\begin{bmatrix} \boldsymbol{A}_1' & \boldsymbol{A}_2' \\ \boldsymbol{A}_3' & \boldsymbol{A}_4' \end{bmatrix} \tag{4-21}
$$

式中，$\boldsymbol{A}_1'=d_1+c$；$\boldsymbol{A}_2'=\begin{bmatrix} c & \cdots & c \end{bmatrix}\in\mathbb{R}_{1\times(n-1)}$；$\boldsymbol{A}_3'=\begin{bmatrix} -d_1 & \cdots & -d_1 \end{bmatrix}^{\mathrm{T}}\in\mathbb{R}_{(n-1)\times1}$；$\boldsymbol{A}_4'=\mathrm{diag}(d_2,d_3,\cdots,d_n)\in\mathbb{R}_{(n-1)\times(n-1)}$。

因为：

$$
\det(\boldsymbol{A})=\det(\boldsymbol{A}')=\det(\boldsymbol{A}_1')\det(\boldsymbol{A}^1) \tag{4-22}
$$

其中：

$$
\boldsymbol{A}^1=\boldsymbol{A}_4'-\boldsymbol{A}_3'\boldsymbol{A}_1'^{-1}\boldsymbol{A}_2'=\mathrm{diag}(d_2,d_3,\cdots,d_n)+\frac{d_1c}{d_1+c}\mathbf{1}_{(n-1)\times1}^{\mathrm{T}}\mathbf{1}_{(n-1)\times1} \tag{4-23}
$$

重复前面的步骤，得到：

$$
\det(\boldsymbol{A})=(d_1+c)(d_2+c_1)\cdots(d_n+c_{n-1}) \tag{4-24}
$$

式中，$c_i=\dfrac{d_ic_{i-1}}{d_i+c_{i-1}},i=1,\cdots,n-1$，$c_0=c$。

整理式（4-24），得：

$$
\det(\boldsymbol{A})=d_1d_2\cdots d_n+cd_2d_3\cdots d_n+cd_1d_3\cdots d_n+\cdots+cd_1d_2\cdots d_{n-1} \tag{4-25}
$$

很明显 $\det(\boldsymbol{A})\neq0$，因此是可逆的，逆矩阵记为 $\boldsymbol{A}^{-1}$，于是可证明 $\boldsymbol{A}^{-1}$ 是严格的对角主导矩阵。令 $\mathrm{adj}(\boldsymbol{A})$ 为 $\boldsymbol{A}$ 的伴随矩阵，记作：

$$
\mathrm{adj}(\boldsymbol{A})=\begin{bmatrix} \boldsymbol{A}_{11} & \boldsymbol{A}_{12} & \cdots & \boldsymbol{A}_{1n} \\ \boldsymbol{A}_{21} & \boldsymbol{A}_{22} & \cdots & \boldsymbol{A}_{2n} \\ \vdots & \vdots & \ddots & \vdots \\ \boldsymbol{A}_{n1} & \boldsymbol{A}_{n2} & \cdots & \boldsymbol{A}_{nn} \end{bmatrix} \tag{4-26}
$$

其中：

$$
\boldsymbol{A}_{11}=\begin{bmatrix} d_2+c & c & \cdots & c \\ c & d_3+c & \cdots & c \\ \vdots & \vdots & \ddots & \vdots \\ c & c & \cdots & d_n+c \end{bmatrix} \tag{4-27}
$$

$$
\boldsymbol{A}_{12}=\begin{bmatrix} c & c & \cdots & c \\ c & d_3+c & \cdots & c \\ \vdots & \vdots & \ddots & \vdots \\ c & c & \cdots & d_n+c \end{bmatrix} \tag{4-28}
$$

$$A_{13}=\begin{bmatrix} c & d_2+c & \cdots & c \\ c & c & \cdots & c \\ \vdots & \vdots & \ddots & \vdots \\ c & c & \cdots & d_n+c \end{bmatrix}=-\begin{bmatrix} c & c & \cdots & c \\ c & d_2+c & \cdots & c \\ \vdots & \vdots & \ddots & \vdots \\ c & c & \cdots & d_n+c \end{bmatrix} \tag{4-29}$$

$$A_{1n}=\begin{bmatrix} c & d_2+c & \cdots & c \\ c & c & \cdots & c \\ \vdots & \vdots & \cdots & \vdots \\ c & c & \cdots & d_{n-1}+c \\ c & c & \cdots & c \end{bmatrix}=(-1)^{n-1}\begin{bmatrix} c & c & \cdots & c \\ c & d_2+c & \cdots & c \\ \vdots & \vdots & \ddots & \vdots \\ c & c & \cdots & d_{n-1}+c \end{bmatrix} \tag{4-30}$$

于是容易得到：$|A_{11}|=d_2d_3\cdots d_n+cd_3d_4\cdots d_n+\cdots+cd_2d_3\cdots d_{n-1}$；$|A_{12}|=cd_3d_4\cdots d_n,\cdots$；$|A_{1j}|=cd_2d_3\cdots d_{j-1}d_{j+1}\cdots d_n, j=3,\cdots,n-1$；$|A_{1n}|=cd_2d_3\cdots d_{n-1}$。因此，有 $|A_{11}|-\sum_{j=2}^{n}|A_{1j}|=d_2d_3\cdots d_n>0$。同样地，还可以得到 $|A_{ii}|-\sum_{j=2}^{n}|A_{ij}|>0,\forall i=1,\cdots,n$。这意味着伴随矩阵 $\mathrm{adj}(A)$ 是严格的对角主导矩阵。由于其逆矩阵 $A^{-1}=\frac{1}{\det(A)}\mathrm{adj}(A)$，于是可以得出结论：$A^{-1}$ 也是一个严格的对角主导矩阵，对角元素全为正［因为 $\det(A)>\mathbf{0}$］。引理 4-1 得证。

引理 4-2　如果控制器参数 α_i 和 β_i 满足 $\frac{\alpha_i}{\beta_i}=s_i>0,\forall i=1,\cdots,n$，其中 s_i 是矩阵 A^{-1} 中第 i 行的和，那么矩阵 $Z=-\alpha R_{\mathrm{L}}\mathbf{1}_{n\times1}\mathbf{1}_{n\times1}^{\mathrm{T}}A^{-1}-\beta\mathcal{L}$ 是赫尔维茨（Hurwitz）矩阵。

证明：根据引理 4-1 得到 A^{-1} 中每行或每列的和（因为 A^{-1} 也是对称矩阵）都是正的。于是将 Z 矩阵改写为

$$Z=-R_{\mathrm{L}}\alpha\mathbf{1}_{n\times1}S^{\mathrm{T}}-\beta\mathcal{L} \tag{4-31}$$

式中，$S=[s_1\quad s_2\quad\cdots\quad s_n]^{\mathrm{T}},s_i>0$。

接下来，将选择合适的控制器参数 α_i 和 β_i，来证明 Z 是赫尔维茨矩阵。

考虑一个具有以下动态特性的系统：

$$\dot{x}=Zx \tag{4-32}$$

式中，$x\in\mathbb{R}^n$ 为系统状态。

令李雅普诺夫候选函数（Lyapunov candidate function）为：

$$V=\frac{1}{2}x^{\mathrm{T}}\beta^{-1}x \tag{4-33}$$

式中，$\beta=\mathrm{diag}(\beta_1,\beta_2,\cdots,\beta_n)>0$。

于是有：

$$\dot{V}=\boldsymbol{x}^{\mathrm{T}}\beta^{-1}\boldsymbol{Z}\boldsymbol{x}=-\boldsymbol{x}^{\mathrm{T}}\beta^{-1}(R_{\mathrm{L}}\boldsymbol{\alpha}\mathbf{1}_{n\times1}\boldsymbol{S}^{\mathrm{T}}+\boldsymbol{\beta}\boldsymbol{\mathcal{L}})\boldsymbol{x}=-\boldsymbol{x}^{\mathrm{T}}(R_{\mathrm{L}}\boldsymbol{\beta}^{-1}\boldsymbol{\alpha}\mathbf{1}_{n\times1}\boldsymbol{S}^{\mathrm{T}}+\boldsymbol{\mathcal{L}})\boldsymbol{x} \tag{4-34}$$

设计控制器参数 α_i 和 β_i，使其满足 $\boldsymbol{\beta}^{-1}\boldsymbol{\alpha}\mathbf{1}_{n\times1}=\boldsymbol{S}$，即：

$$\frac{\alpha_i}{\beta_i}=s_i,\forall i=1,\cdots,n \tag{4-35}$$

于是有：

$$\dot{V}=-\boldsymbol{x}^{\mathrm{T}}(R_{\mathrm{L}}\boldsymbol{S}\boldsymbol{S}^{\mathrm{T}}+\boldsymbol{\mathcal{L}})\boldsymbol{x}=-R_{\mathrm{L}}\left\|\boldsymbol{S}^{\mathrm{T}}\boldsymbol{x}\right\|^2-\boldsymbol{x}^{\mathrm{T}}\boldsymbol{\mathcal{L}}\boldsymbol{x}\leqslant0 \tag{4-36}$$

当且仅当：

$$\begin{cases}\boldsymbol{S}^{\mathrm{T}}\boldsymbol{x}=\mathbf{0}\\ \boldsymbol{x}^{\mathrm{T}}\boldsymbol{\mathcal{L}}\boldsymbol{x}=\mathbf{0}\end{cases} \tag{4-37}$$

式（4-36）成立。

式（4-37）的第二个等式说明 $\boldsymbol{x}=m\mathbf{1}_{n\times1}$，其中 m 是任意值。将其代入式（4-37）的第一个等式，得到 $m\boldsymbol{S}^{\mathrm{T}}\mathbf{1}_{n\times1}=0$，即 $m\sum_{i=1}^{n}s_i=0$，算得 $m=0$。这表明当 $\boldsymbol{x}=\mathbf{0}$ 时，$\dot{V}<0$。

由上述推导可得出系统式（4-32）是全局指数稳定的，这也意味着如果满足条件式（4-35），矩阵 $\boldsymbol{Z}=-R_{\mathrm{L}}\boldsymbol{\alpha}\mathbf{1}_{n\times1}\boldsymbol{S}^{\mathrm{T}}-\boldsymbol{\beta}\boldsymbol{\mathcal{L}}$ 是赫尔维茨矩阵。

定理 4-1　根据式（4-14）中的主控制系统，所提出的二次控制器［式（4-9）～式（4-12）］保证了以下结果：①直流母线电压恢复至标称值，即 $\lim\limits_{t\to\infty}e^V(t)=0$；②当控制器参数 α_i 和 β_i 的选择满足矩阵 $\boldsymbol{Z}=-R_{\mathrm{L}}\boldsymbol{\alpha}\mathbf{1}_{n\times1}\boldsymbol{S}^{\mathrm{T}}-\boldsymbol{\beta}\boldsymbol{\mathcal{L}}$ 是赫尔维茨矩阵，同时 PI 系数满足 $K_{P_i}\geqslant0,K_{I_i}>0$，其中 $\boldsymbol{A}=\boldsymbol{R}+\boldsymbol{K}+R_{\mathrm{L}}\mathbf{1}_{n\times1}\mathbf{1}_{n\times1}^{\mathrm{T}}$ 时，可以保证式（4-8）中的功率分配精度。

证明：将式（4-19）代入式（4-9），有

$$e^V=V^*-V_{\mathrm{b}}=V^*-R_{\mathrm{L}}\mathbf{1}_{n\times1}^{\mathrm{T}}\boldsymbol{I} \tag{4-38}$$

将式（4-38）代入式（4-16），有：

$$e^V\mathbf{1}_{n\times1}=(V^*-R_{\mathrm{L}}\mathbf{1}_{n\times1}^{\mathrm{T}}\boldsymbol{I})\mathbf{1}_{n\times1}=(\boldsymbol{R}+\boldsymbol{k})\boldsymbol{I}-\boldsymbol{u} \tag{4-39}$$

由此可得：

$$(\boldsymbol{R}+\boldsymbol{k}+R_{\mathrm{L}}\mathbf{1}_{n\times1}\mathbf{1}_{n\times1}^{\mathrm{T}})\boldsymbol{I}=V^*\mathbf{1}_{n\times1}+\boldsymbol{u} \tag{4-40}$$

根据引理 4-1，可以得出矩阵 $\boldsymbol{A}=\boldsymbol{R}+\boldsymbol{K}+R_{\mathrm{L}}\mathbf{1}_{n\times1}\mathbf{1}_{n\times1}^{\mathrm{T}}$ 是可逆的，于是有：

$$\boldsymbol{I}=\boldsymbol{A}^{-1}V^*\mathbf{1}_{n\times1}+\boldsymbol{A}^{-1}\boldsymbol{u} \tag{4-41}$$

将式（4-41）代入式（4-16），有：

$$\begin{aligned} e^V \mathbf{1}_{n\times 1} &= (\boldsymbol{R}+\boldsymbol{k})\boldsymbol{I}-\boldsymbol{u} \\ &= (\boldsymbol{R}+\boldsymbol{k})\boldsymbol{A}^{-1}V^*\mathbf{1}_{n\times 1}+[(\boldsymbol{R}+\boldsymbol{k})\boldsymbol{A}^{-1}-\boldsymbol{E}]\boldsymbol{u} \\ &= (\boldsymbol{R}+\boldsymbol{k})\boldsymbol{A}^{-1}V^*\mathbf{1}_{n\times 1}-R_{\mathrm{L}}\mathbf{1}_{n\times 1}\mathbf{1}_{n\times 1}^{\mathrm{T}}\boldsymbol{A}^{-1}\boldsymbol{u} \end{aligned} \tag{4-42}$$

再将式（4-42）代入式（4-18），有：

$$\begin{aligned} \boldsymbol{e} &= \alpha e^V \mathbf{1}_{n\times 1}-\beta\mathcal{L}\boldsymbol{u} \\ &= \alpha(\boldsymbol{R}+\boldsymbol{k})\boldsymbol{A}^{-1}V^*\mathbf{1}_{n\times 1}-(\alpha R_{\mathrm{L}}\mathbf{1}_{n\times 1}\mathbf{1}_{n\times 1}^{\mathrm{T}}\boldsymbol{A}^{-1}+\beta\mathcal{L})\boldsymbol{u} \end{aligned} \tag{4-43}$$

式（4-43）等号两边分别对时间求导，有：

$$\dot{\boldsymbol{e}} = -(\alpha R_{\mathrm{L}}\mathbf{1}_{n\times 1}\mathbf{1}_{n\times 1}^{\mathrm{T}}\boldsymbol{A}^{-1}+\beta\mathcal{L})\dot{\boldsymbol{u}} \tag{4-44}$$

将式（4-17）代入式（4-44），有：

$$\dot{\boldsymbol{e}} = \boldsymbol{Z}(\boldsymbol{K}_P\dot{\boldsymbol{e}}+\boldsymbol{K}_I\boldsymbol{e}) \tag{4-45}$$

式中，$\boldsymbol{Z}=-(\alpha R_{\mathrm{L}}\mathbf{1}_{n\times 1}\mathbf{1}_{n\times 1}^{\mathrm{T}}\boldsymbol{A}^{-1}+\beta\mathcal{L})$。

根据引理 4-2，如果控制器参数 α_i 和 β_i 选择得当，则矩阵 $\boldsymbol{Z}$ 是赫尔维茨矩阵。

式（4-45）可写为：

$$(\boldsymbol{E}-\boldsymbol{Z}\boldsymbol{K}_P)\dot{\boldsymbol{e}} = \boldsymbol{Z}\boldsymbol{K}_I\boldsymbol{e} \tag{4-46}$$

式中，$\boldsymbol{E}$ 为单位矩阵。

由式（4-46）可以得出，如果 PI 参数 $K_{P_i}\geqslant 0, K_{I_i}>0$，可以达到以下目标。

$$\lim_{t\to\infty}\boldsymbol{e}(t) = \mathbf{0} \tag{4-47}$$

此外，如果 $K_{P_i}=0$，则式（4-45）变为：

$$\dot{\boldsymbol{e}} = \boldsymbol{Z}\boldsymbol{K}_I\boldsymbol{e} \tag{4-48}$$

如果 $K_{I_i}>0$，式（4-47）也成立。

结合式（4-18）、式（4-47），得：

$$\lim_{t\to\infty}\alpha e^V(t)\mathbf{1}_{n\times 1} = \lim_{t\to\infty}\beta\mathcal{L}\boldsymbol{u}(t) \tag{4-49}$$

在式（4-49）左右两边同乘 $\mathbf{1}_{n\times 1}^{\mathrm{T}}$，有：

$$\lim_{t\to\infty}e^V(t)\sum_{i=1}^{n}\alpha_i = \lim_{t\to\infty}\mathbf{1}_{n\times 1}^{\mathrm{T}}\beta\mathcal{L}\boldsymbol{u}(t) \tag{4-50}$$

如果令 $\beta_i=\beta_j,\forall i,j$，则式（4-50）的右侧等于 0，因为 $\sum_{i=1}^{n}\alpha_i\neq 0$，因此：

$$\lim_{t\to\infty}e^V(t) = 0 \tag{4-51}$$

$$\lim_{t\to\infty}\mathcal{L}\boldsymbol{u}(t) = \mathbf{0} \tag{4-52}$$

式（4-51）表明，我们提出的二次控制器可以将直流母线电压恢复到标称值。此外，式（4-52）表明，$\lim_{t\to\infty}\left(u_i(t)-u_j(t)\right)=0,\forall i,j$，既满足了对控制输入的约束，也进一步保证了式（4-8）中的功率分配精度。定理 4-1 得证。

4.2.3 分布式最优功率分配控制

在4.2.2节中，电压恢复误差［式（4-9）］包含在所有DG的控制器［式（4-11）］中。事实上，作为分布式控制的一个优点，不需要所有 DG 都得到直流母线电压[19]。受牵制控制思想的启发，对式（4-12）进行修改，将每个控制器的牵制增益相乘，即：

$$e_i = \alpha_i g_i e^V + \beta_i e^{u_i} \tag{4-53}$$

式中，当 $g_i = 1$ 时，表示直流母线电压 V_b 可反馈到第 i 台 DG；反之，$g_i = 0$ 时，直流母线电压无法反馈至第 i 台 DG。

定理 4-2　根据式（4-14）中的主控制系统，提出的二次控制器［式（4-9）～式（4-11），式（4-53）］保证了以下结果。

① 直流母线电压恢复到其参考值 V^*，即 $\lim\limits_{t\to\infty} e^V(t) = 0$；

② 当控制器参数 g_i、α_i 和 β_i 的选择满足矩阵 $\boldsymbol{Z}' = -(\alpha \mathbf{G} R_\mathrm{L} \mathbf{1}_{n\times1} \mathbf{1}_{n\times1}^\mathrm{T} \boldsymbol{A}^{-1} + \boldsymbol{\beta \mathcal{L}})$，是赫尔维茨矩阵，其中 $\boldsymbol{G} = \mathrm{diag}(\mathrm{g}_1, \mathrm{g}_2, \cdots, \mathrm{g}_n)$，同时 PI 系数满足 $K_{P_i} \geqslant 0$、$K_{I_i} > 0$，其中 $\boldsymbol{A} = \boldsymbol{R} + \boldsymbol{K} + R_\mathrm{L} \mathbf{1}_{n\times1} \mathbf{1}_{n\times1}^\mathrm{T}$ 时，可以保证式（4-8）中的功率分配精度。

证明：牵制增益的稳定性分析与定理 4-1 类似，用 $\boldsymbol{\alpha G}$ 代替 $\boldsymbol{\alpha}$。只要矩阵 $\boldsymbol{Z}' = -(\boldsymbol{\alpha G} R_\mathrm{L} \mathbf{1}_{n\times1} \mathbf{1}_{n\times1}^\mathrm{T} \boldsymbol{A}^{-1} + \boldsymbol{\beta \mathcal{L}})$ 是赫尔维茨矩阵且 PI 系数满足 $K_{P_i} \geqslant 0$、$K_{I_i} > 0$，那么结论式（4-51）、式（4-52）仍然成立。

注 4-1　通过应用牵制控制的思想，进一步简化所提出的分布式二次控制方法，只需要将直流母线电压 V_b 反馈到某些 DG（在极端情况下，只需要一台 DG）。这种简化可以大大减少直流母线和本地 DG 之间的通信链路数量。然而，越多的 DG 访问直流母线电压会使电压恢复速度更快，这将在下一小节中说明。

注 4-2　在本章中，类似于文献［9］～［12］的工作，考虑一个所有 DG 都并联的直流微电网，其主要目标是恢复公共母线电压 V_b 到参考值。然而，如果 DG 连接到不同的母线，其控制目标是保持所有母线电压的平均值到某一参考值，参见文献［20］。由于目的不同，后一种情况超出了本章的范围，需要单独考虑。

根据定理 4-1 和 4-2 的结果，可以遵循以下一般准则来设计控制器参数：

第一步：选择合适的控制器参数 g_i、α_i 和 β_i，以确保矩阵 Z 或 Z' 是赫尔维茨矩阵。

第二步：选择合适的 PI 参数，即 $K_{P_i} \geqslant 0$、$K_{I_i} > 0$，以保证系统的稳定性。针对这两个参数对系统的暂态性能的影响，通过仿真研究和实验测试发现，较大的 K_{P_i}、K_{I_i} 会大幅缩短调节时间，但超调量较大。

注 4-3　值得注意的是，引理 4-2 中的条件式（4-35）只是使矩阵 $\boldsymbol{Z}$ 是赫尔维茨矩阵成立的一个充分条件。在实际应用中，控制器参数 g_i、α_i 和 β_i 的选择有很多，只要使矩阵 Z 或 Z' 是赫尔维茨矩阵，就可以完成控制目标。

4.2.4　实验验证

(1) 仿真验证结果

为了验证所提出的分布式控制方案，在 MATLAB/Simulink 环境中建立了仿真测试模型。首先验证了在有 / 无牵制增益下的二次控制性能，并对该方法的即插即用性能进行了测试。

孤岛式直流微电网系统由 3 台常规的 DG 组成（DG_1、DG_2 和 DG_3）以及 1 台备用 DG（DG_4）。在仿真研究中，根据特定的给定比例选择不同的额定功率，例如在我们的仿真示例中，$s_1:s_2:s_3:s_4=1:2:3:3$，如图 4-6 所示。DC/DC 降压变换器用于每台 DG，其详细的一次控制回路如图 4-3 所示，其中两个标准的 PI 控制器分别用于电压控制回路和电流控制回路。表 4-1 总结了主控制层和微电网系统的参数。所设计的二次控制器参数如表 4-2 所示。测量直流母线电压 V_b，然后根据牵制增益的定义将其送给特定的 DG。在本案例研究中，我们最初设置的牵制增益为 $g_1=1$、$g_2=g_3=g_4=0$，这意味着我们只需要将直流母线电压 V_b 送到 DG_1。假设选择 4 台 DG 的下垂增益为其额定功率的反比，即 $k_1:k_2:k_3:k_4=6:3:2:2$。

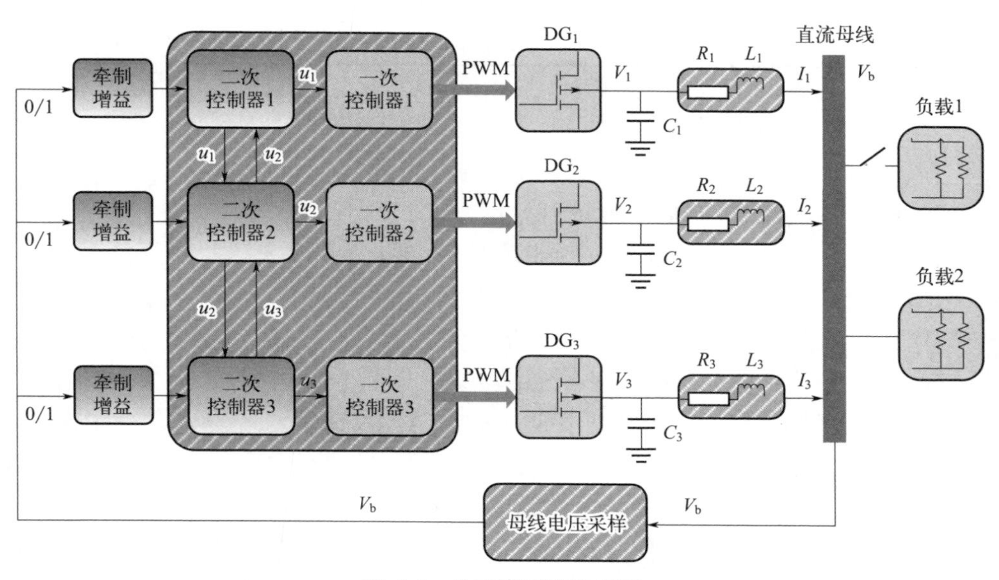

图 4-6　仿真模型结构框图

表 4-1　微电网系统和主控制器的参数

项目	DG$_1$/DG$_2$		DG$_3$/DG$_4$	
DG	V_{DC}	100V	V_{DC}	100V
	f_s	1.25kHz	f_s	1.25kHz
LC 滤波	L_f	1e-2H	L_f	1e-2H
	C_f	2200μF	C_f	2200μF
线电阻	R_1/R_2	0.01Ω	R_3/R_4	0.01Ω
电压环	K_{VP}	4	K_{VP}	4
	K_{VI}	800	K_{VI}	800
电流环	K_{IP}	5	K_{IP}	5
	K_{II}	110	K_{II}	110
下垂增益	k_1/k_2	6/3	k_3/k_4	2/2

表 4-2　二次控制器的参数

	DG$_1$		DG$_2$		DG$_3$		DG$_4$	
二次控制器	α_1	1	α_2	1	α_3	1	α_4	1
	β_1	1	β_2	1	β_3	1	β_4	1
	K_{P1}	1	K_{P2}	1	K_{P3}	1	K_{P4}	1
	K_{I1}	40	K_{I2}	40	K_{I3}	40	K_{I4}	40
	g_1	1	g_2	0	g_3	0	g_4	0
标称值	V^*=48V							
负载	R_{L1}=5Ω，R_{L2}=5Ω							

整个模拟过程可以分成 6 个阶段：

阶段 1（0 ～ 2s）：在 0s 时，只有主控制被激活。

阶段 2（2s）：二次控制在 2s 时开始运行。

阶段 3（5 ～ 12s）：负载 2 连接到微电网系统。

阶段 4（8 ～ 13s）：DG$_4$ 插入并连接到微电网系统。

阶段 5（12s）：负载 2 与直流母线断开连接。

阶段 6（13s）：DG$_4$ 从微电网系统中移除。

通信图如图 4-6 所示。仿真结果如图 4-7 ～图 4-9 所示。从图 4-7 中可以看出，在第 1 阶段仅激活主控制时，由于受下垂控制的影响，母线电压降至 39.94V。然而，当我们提出的二次控制在 t=2s 激活时，母线电压迅速恢复到标称值 V^*=48V，无论负载 2 连接或断开，即使有暂态偏差，稳态直流母线电压都保持在 48V。结果表明，该方法能够消除下垂控制引起的母线电压偏差。此外，通过进一步研究

图 4-8 所示的电流输出，我们提出的方法还能够保持主控制器带来的功率分配比，即 $I_1:I_2:I_3=1:2:3$。无论第 3 阶段增加负荷还是第 5 阶段减少负荷，二次控制的输入如图 4-9 所示。显然，这些仿真结果验证了稳态下二次控制输入是相等的，如式（4-15）所示。

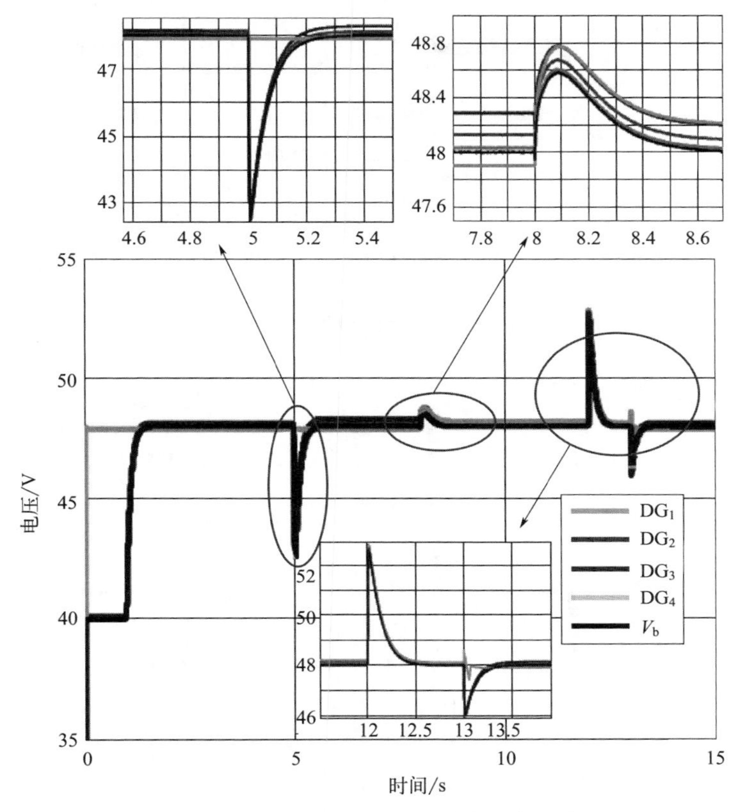

图 4-7　$g_1=1$、$g_2=g_3=g_4=0$ 时的输出电压波形

下面将讨论两个不同的案例研究：

案例 1：即插即用功能测试　此案例将测试所提方法的即插即用特性。假设备用 DG（DG_4）从 t=8s 到 t=13s 连接到直流母线，且与 DG_3 的功率分配比相同，并在 t=13s 时断开。仿真结果如图 4-7 ～图 4-9 所示。在连接母线之前，DG_4 处于待机状态，电压输出为 $V_4=47.9\text{V}$，二次控制输入为 0。当 DG_4 在 t=8s 连通时，直流母线电压 V_b 上升到 48.6V，但是马上恢复到 48V。可以清楚地看到，DG_4 的二次控制输入与其他 3 个常规 DG 的二次控制输入都达到了相同值。当 DG_4 在 t= 13s 断开时，输出电压和电流均与阶段 2 相同。这些结果验证了我们所提出方法的即插即用特性。

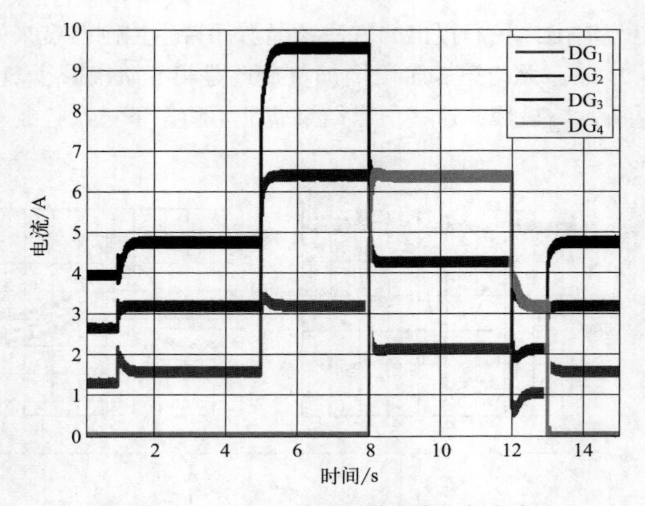

图 4-8 g_1=1、g_2=g_3=g_4=0 时的输出电流波形

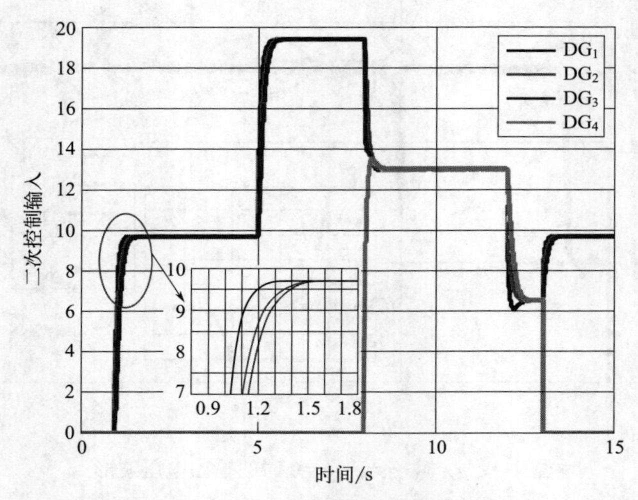

图 4-9 g_1=1、g_2=g_3=g_4=0 时的二次控制输入波形

案例 2：不同的牵制增益 此案例比较了所提出的方法在不同牵制增益条件下的性能。图 4-7～图 4-9 展示了牵制增益为 $g_1=1$、$g_2=g_3=g_4=0$ 时的实验结果。在本案例的研究中，将牵制增益设置为 $g_1=g_2=g_3=g_4=1$，即所有的 DG 都可以得到直流母线电压 V_b。此外，与前一种情况相比，为了减轻电流超调，选择了较小的 K_{P_i}，令其为 0.1。仿真结果如图 4-10～图 4-12 所示，与图 4-7～图 4-9 的结果相比，案例中的暂态电压偏差要小得多，稳定时间也更短。然而，实现这些优点的代价是信号传输的成本更高，即需要将母线电压传输到所有 DG 上。因此，在控制性能和系统成本之间需要权衡。

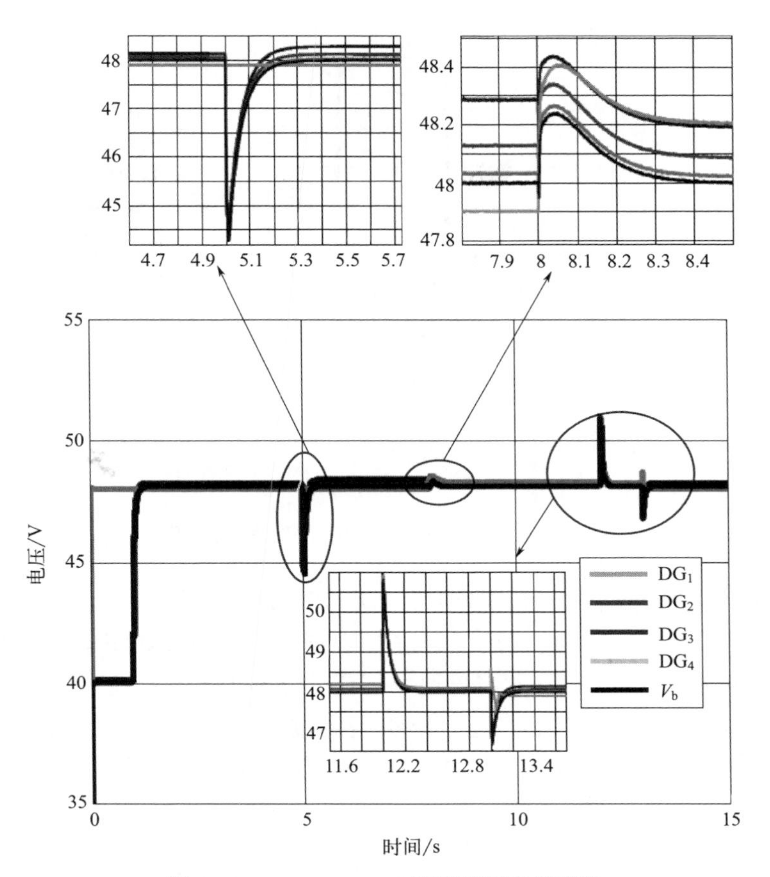

图 4-10　$g_1=g_2=g_3=g_4=1$ 时的输出电压波形

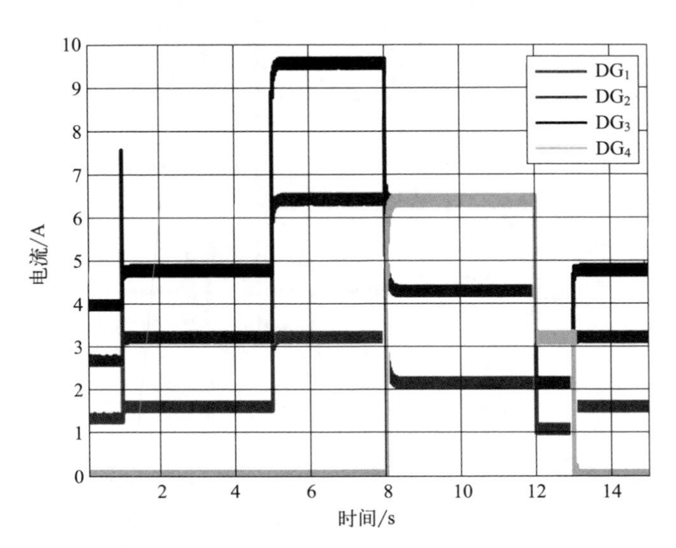

图 4-11　$g_1=g_2=g_3=g_4=1$ 时的输出电流波形

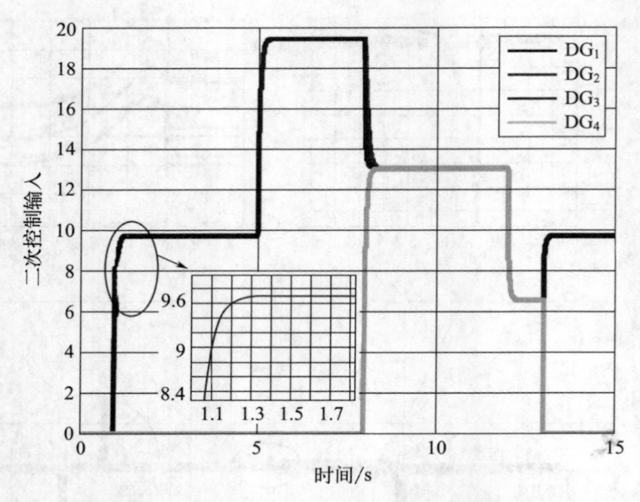

图 4-12　$g_1=g_2=g_3=g_4=1$ 时的二次控制输入波形

瞬时故障的鲁棒测试：本节为了展示所提出方法的容错能力，t=5 ～ 6s 间在公共母线上施加一个瞬时接地故障并进行研究。仿真结果如图 4-13 ～图 4-15 所示。在故障周期［5s,6s］内，所有母线电压几乎降至为零，母线电流输出高达 300 A。然而，一旦故障被清除，经过 1.5s 的暂态过程，整个系统变得稳定，并恢复到相同的故障前状态。结果表明，该方法具有瞬时容错能力。

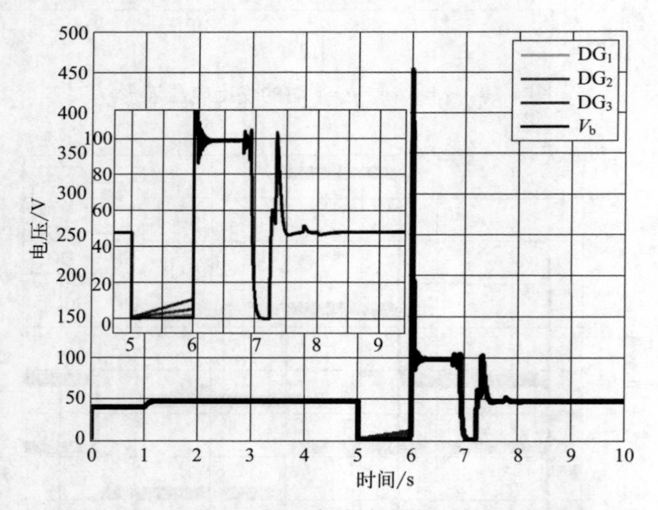

图 4-13　t=5 ～ 6s 间发生接地故障的输出电压波形

与现有方法的比较：表 4-3 总结了所提出方法和现有分布式控制方法之间的比较。值得注意的是，与现有方法相比，本章提出的方法可以实现更精确的电压调节，具有更少的通信负担，并且不需要系统的全局信息。

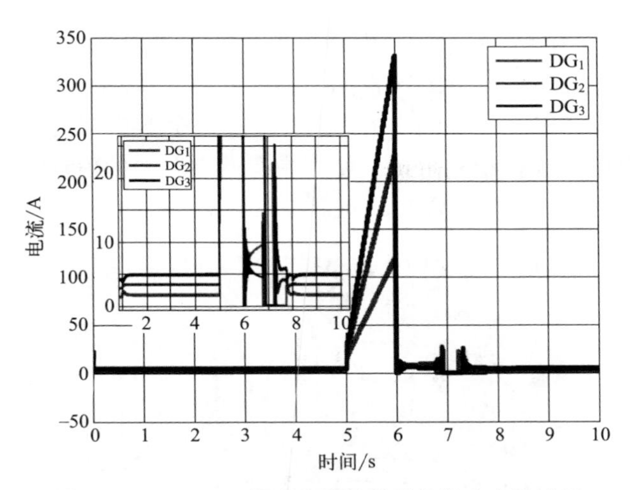

图 4-14　t=5 ～ 6s 间发生接地故障的输出电流波形

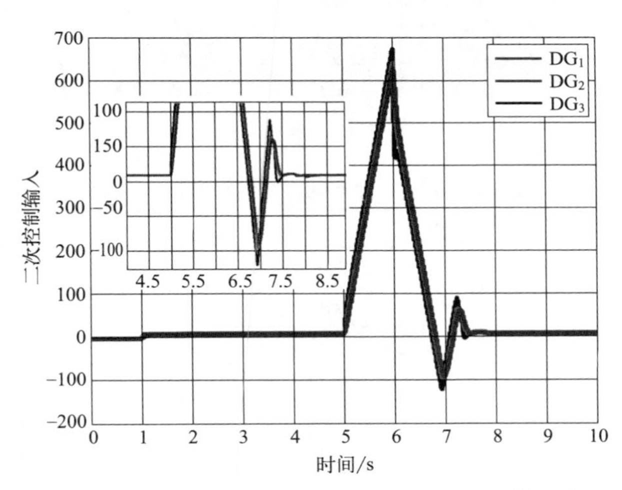

图 4-15　t=5 ～ 6s 间发生接地故障的二次控制输入波形

表 4-3　不同电压恢复的比较

控制方式	使用技术	电压调节	系统全局信息	通信
Thomas 等人[9]	平均电流补偿	好	平均电压	所有
Anand 等人[10]	平均电压和电流补偿	好	平均电压和电流	所有
Lu 等人[11]	前馈	好	全系统的下垂增益	所有
本方法	反馈和牵制控制	精准	无	相邻通信

（2）实验验证

在实验室中搭建了一个带有两台 DG 的小型直流微电网系统，以验证所提出的方法，如图 4-16 所示。每台 DG 由一个理想电压源和一个直流 / 直流升压变换器表示。控制算法在 dSPACE1006 控制平台上执行，为两个变换器生成 PWM 信号，其采样频率与 PWM 频率同步为 20kHz。在每个变换器的输出端和公共母线之间连接两个电阻来模拟线路阻抗。使用带有两个开关的阻性负载来产生不同的负载曲线。实验装置的详细配置参数列于表 4-4。

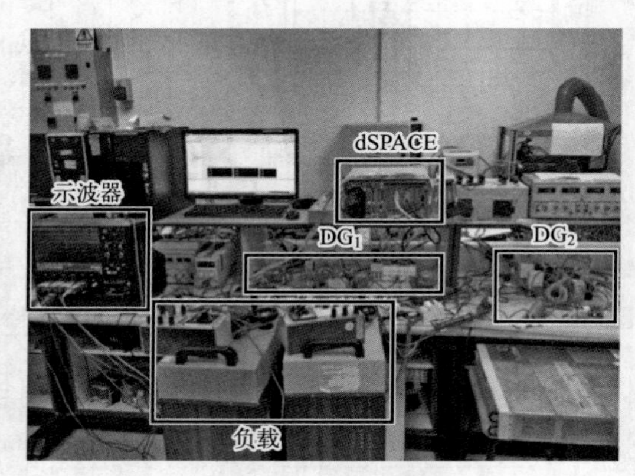

图 4-16　实验平台

表 4-4　实验中微电网系统和控制器的参数

项目	DG1		DG2	
DG	V_{DC}	50V	V_{DC}	50V
	f_s	20kHz	f_s	20kHz
LC 滤波	L_f	1.5e-3H	L_f	1.5e-3H
	C_f	470μF	C_f	470μF
线电阻	R_1	1Ω	R_2	1Ω
电压环	K_{VP}	0.1	K_{VP}	0.1
	K_{VI}	1	K_{VI}	1
电流环	K_{IP}	0.01	K_{IP}	0.01
	K_{II}	1	K_{II}	1
下垂增益	k_1	10	k_2	10
二次控制器	α_1	1	α_2	1
	β_1	1	β_2	1
	K_{P1}	0	K_{P2}	0
	K_{I1}	10	K_{I2}	10
标称值	V^{ref}=100V			
负载	R_{L1}=50Ω，R_{L2}=100Ω			

① 阻性负载下的实验结果　首先，我们将牵制增益设置为 g_1=g_2=1，这意味着这两台 DG 都能获得母线电压。先将负载 1 连接到母线，实验结果如图 4-17 所

示。最初，二次控制没有启用，可以看到，最终电压 V_1、V_2 分别降至 90.38V、90.36V，母线电压 V_b 为 89.59V，这与参考电压 V^{ref}=100V 有较大偏差。当启用二次控制时，可明显看到母线电压恢复至 100.74V。同时，功率分配比保持 $I_1 : I_2=k_1 : k_2=1 : 1$ 不变。为了验证本章所提方法在不同负载条件下的有效性，将负载 2 分别连接和断开母线进行实验，实验结果如图 4-18 所示，无论负载 2 是否接通或断开，母线电压始终保持在 100.74V。另外，可以观察到在连接负载 2 时，DG_1 和 DG_2 的输出电流增加了近 50%，与负载增加的比例相同。当负载 2 断开时，所有 DG 的电压和电流输出都与先前相同。

接下来考虑只有一台 DG（DG_1）可以访问母线电压的情况，即设牵制增益为 g_1=1、g_2=0。实验结果如图 4-19、图 4-20 所示。可以观察到，除了较慢的暂态响应外，所有信号的稳态与图 4-17 和图 4-18 相同，这与仿真时观察到的情况相同。

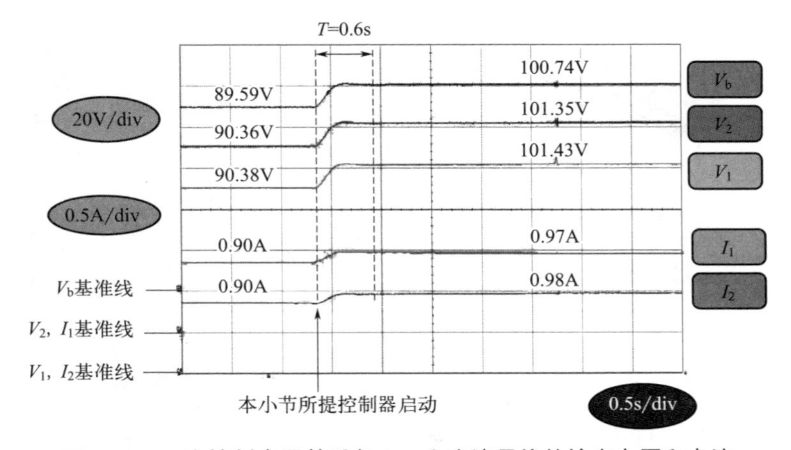

图 4-17　二次控制启用前后各 DG 和直流母线的输出电压和电流

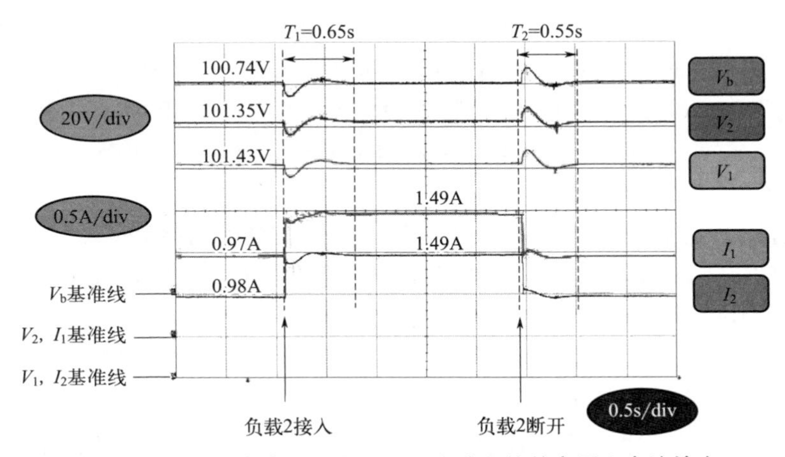

图 4-18　不同负载条件下各 DG 和直流母线的电压和电流输出

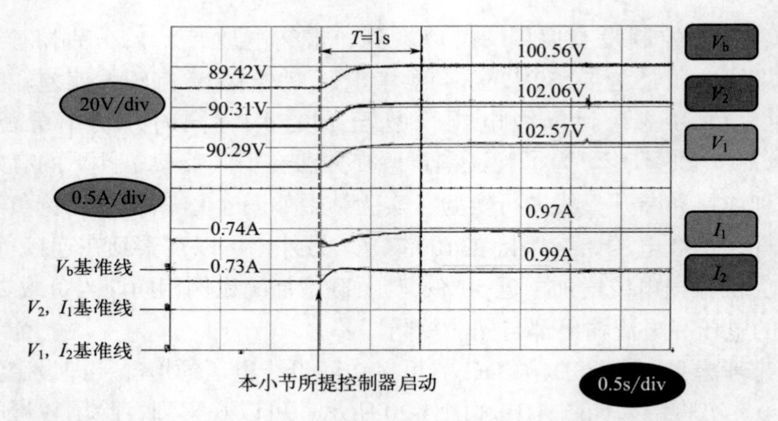

图 4-19 g_1=1、g_2=0 时二次控制输入启用前后电压和电流输出波形

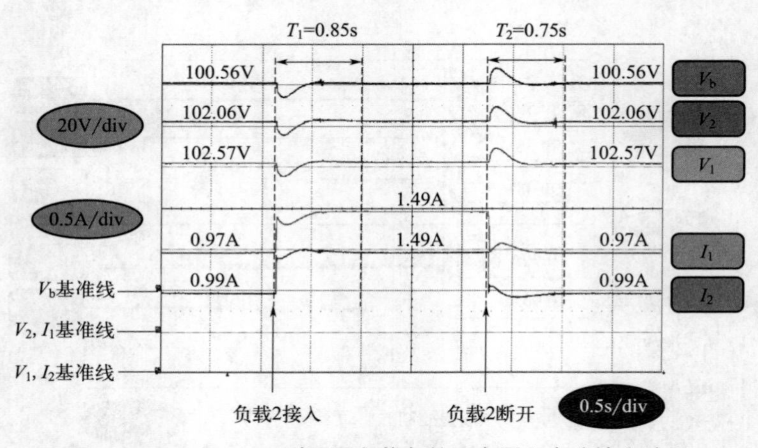

图 4-20 g_1=1、g_2=0 时不同负载条件下电压和电流输出波形

② 恒定功率负载下的实验结果　为了验证所提出的带有非线性负载的方案，将负载 2 改为恒定功率负载（CPL）P_L=100W，实验结果如图 4-21 所示，可以观察到无论这个 CPL 是否连接到 PCC，母线电压 V_b 保持 100.59V 不变。此外，根据设计的下垂增益（k_1 : k_2=1 : 1），两台 DG 几乎平分电流输出。这些结果验证了该方法在 CPL 条件下的有效性。

③ 通信时延下的实验结果　通过考虑各个二次控制器之间不同的通信时延 Δt，即 0.001s、0.01s 和 0.1s，来研究整个系统的性能。dSPACE1006 中的一个时间延迟模块用于实现 u_i 的延时。先将负载 1 连接到母线并启用二次控制，再将一个 100W 的 CPL 分别连接母线和断开母线，实验结果如图 4-22 ～图 4-24 所示。从实验结果可以看出，当延迟时间变大时，所提方法的性能变差。但通过比较 Δt=0.001s 和图 4-18 中 Δt=0s 的情况，实验结果相差不大，因此我们可以得出结论：在本例中，在时延 Δt 小于 0.001s 的情况下，本方法的电压恢复性能可被接受。

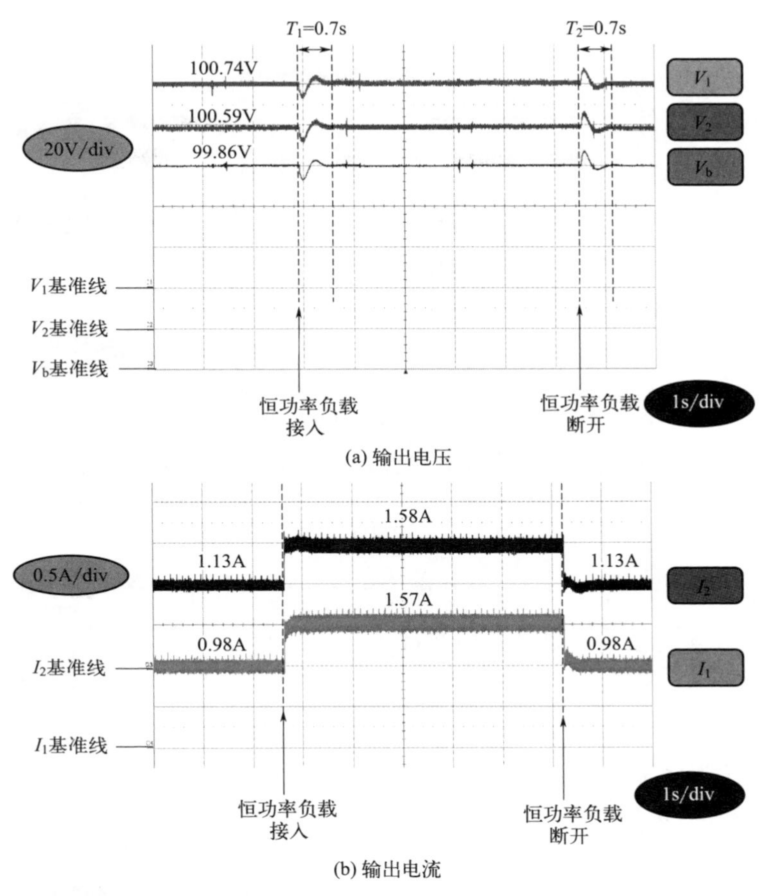

(a) 输出电压

(b) 输出电流

图 4-21　恒定功率负载下各 DG 和 PCC 的电压和电流输出

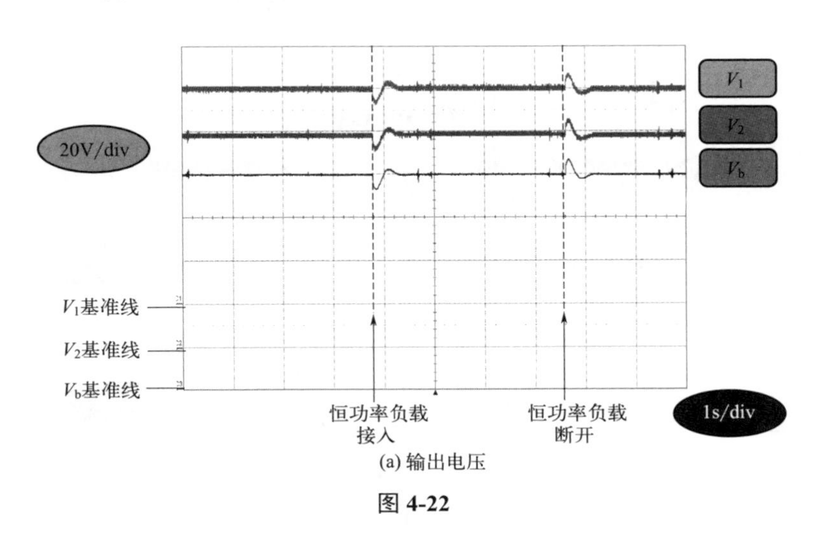

(a) 输出电压

图 4-22

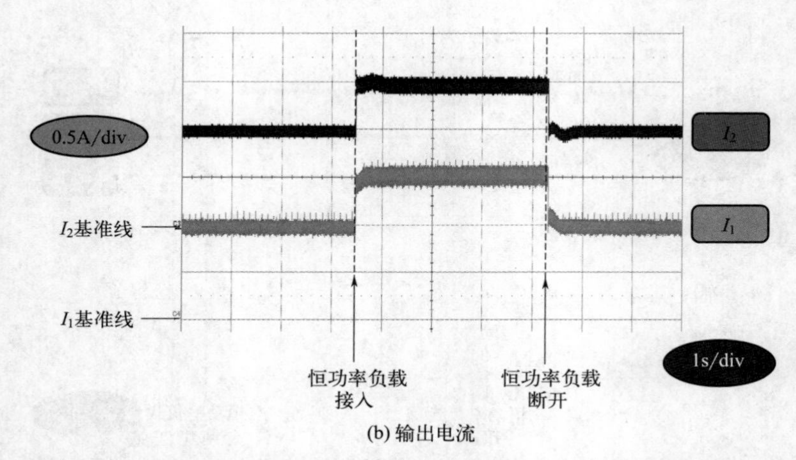

(b) 输出电流

图 4-22　在时延 Δt=0.001s 下各 DG 和 PCC 的电压和电流输出

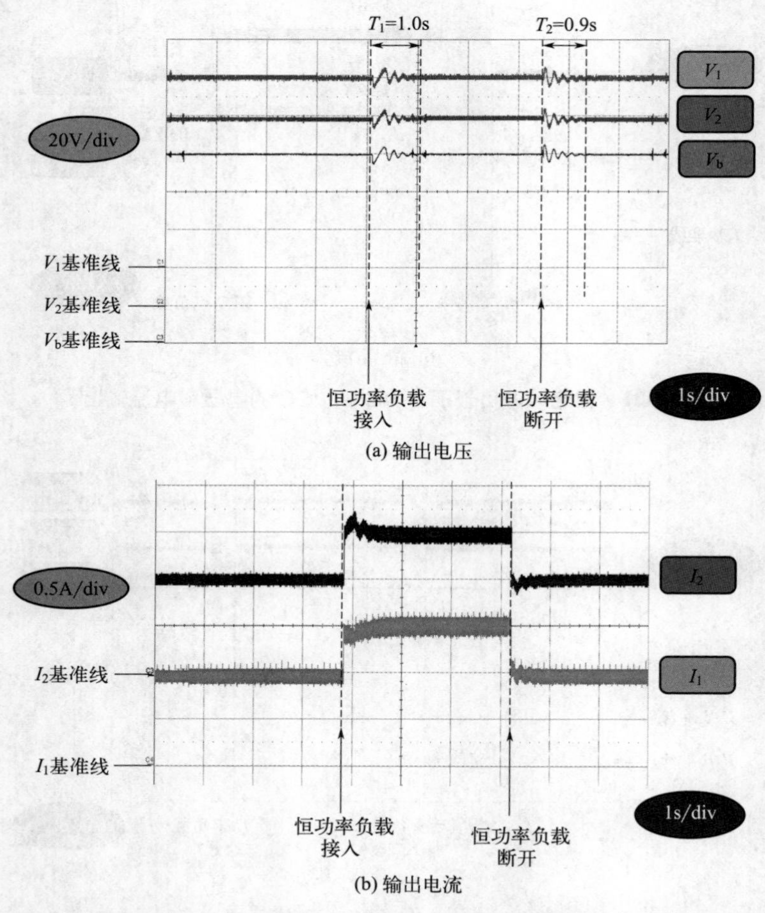

(a) 输出电压

(b) 输出电流

图 4-23　在时延 Δt=0.01s 下各 DG 和 PCC 的电压和电流输出

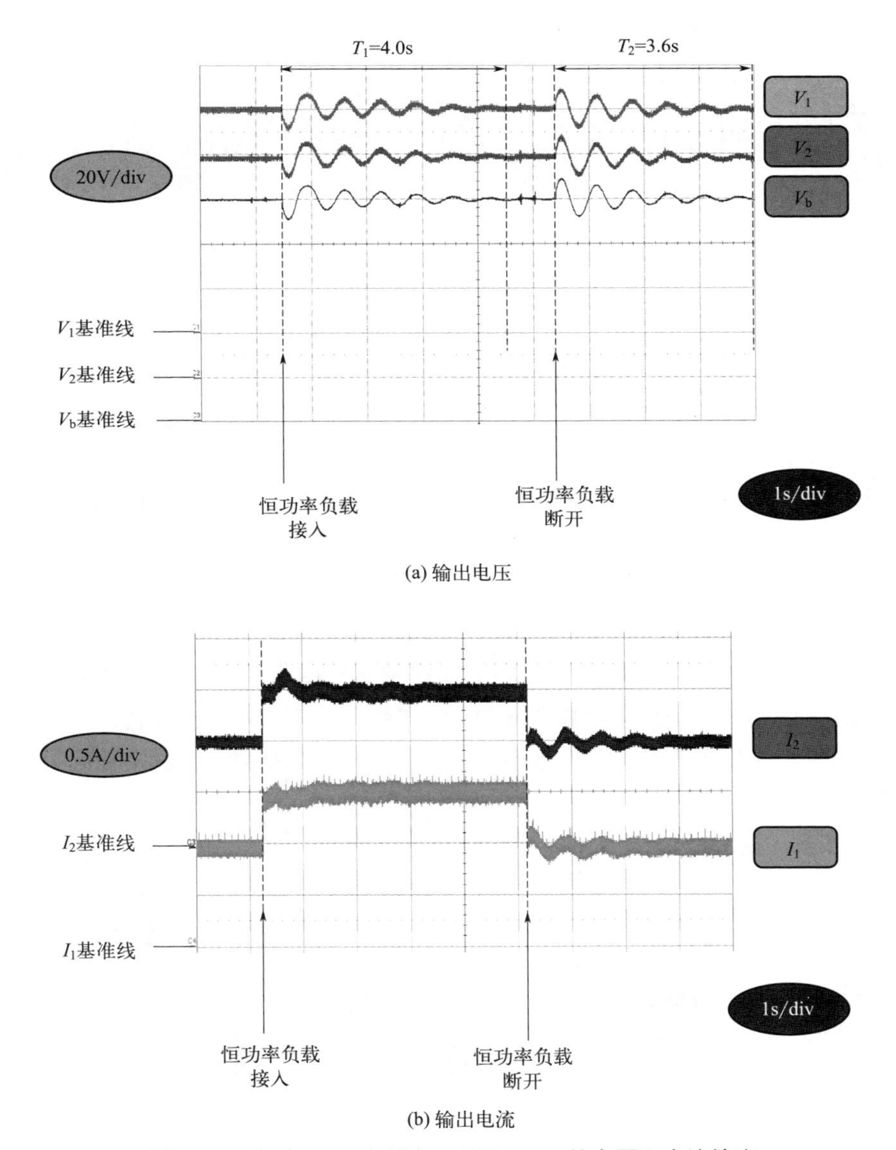

(a) 输出电压

(b) 输出电流

图 4-24　在时 Δt=0.1s 下各 DG 和 PCC 的电压和电流输出

在实际应用中，分布式通信可以应用于无线网络，如 ZigBee、Wi-Fi、蜂窝通信网络[21]等。而对于远程低延迟网络，如蜂窝通信网络，正如文献［21］中指出的那样，通信时延通常可以忽略不计。此外，该方案是在二次控制层中实现的，其动态性能比主控制层慢得多。另外，所涉及的通信信息仅指控制输入 u_i 和母线电压 V_b。因此，具有正常无线通信速度和带宽的网络对于实现所提出的分布式方案来说是足够的。

4.3 基于事件触发通信机制的分布式控制器设计

4.3.1 事件触发控制器设计

需要注意的是，与现有大多数电压恢复控制方法类似，式（4-11）和式（4-53）中的分布式控制器是基于周期性信号的测量和传输，即各本地分布式控制器采用固定的采样频率，同时将其信息发送给相邻的控制器。然而，在实际中，在这种固定采样方案下微电网系统的许多信号的测量和传输通常是冗余的，特别是在系统稳态时[22]。为了进一步减少这种通信冗余，最近提出了一些非周期采样和控制技术，如事件触发控制[23-25,26,27]。与常规的固定频率采样和通信控制不同，事件触发控制只在一些离散的时刻进行信号采样和传输，例如：

$$t_{0_i(t)}^i = 0 \leqslant t_{1_i(t)}^i \leqslant \cdots \leqslant t_{k_i(t)}^i, k \in \mathbb{N} \tag{4-54}$$

这些时刻通常由某些触发条件决定。当满足时间相关的触发条件时，发生一个事件，因此时刻 $t_{k_i(t)}^i$ 也称为事件时刻[24]。为了确定这些离散时刻，本节设计了具有触发条件的分布式控制器。直流微电网系统分布式事件触发控制部分框图如图 4-25 所示。

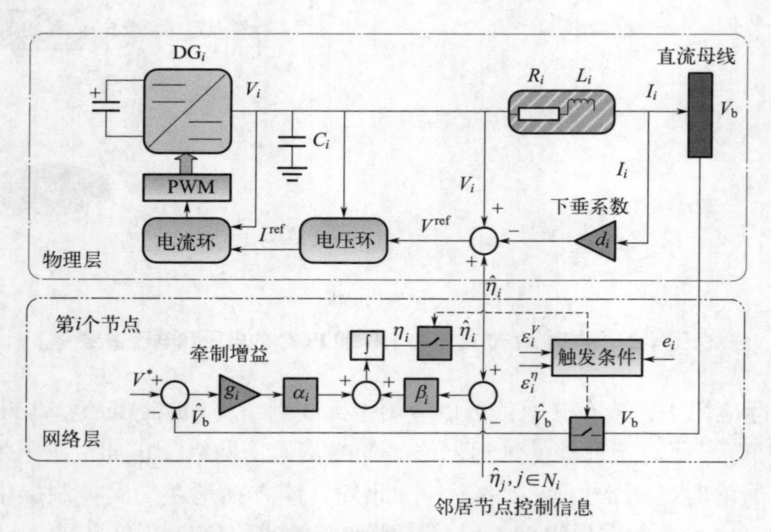

图 4-25 直流微电网事件触发控制结构框图

用修改后的控制输入 $\hat{\eta}_i(t)$ 替换式（4-14）中的 u_i，用 d_i 替换 k_i，我们得到：

$$V_{\mathrm{b}}(t) = V^* - (R_i + d_i)I_i(t) + \hat{\eta}_i(t) \tag{4-55}$$

其中，$\hat{\eta}_i(t)$ 只在时刻 $t^i_{k_i(t)}$ 更新，并且在 $[t^i_{k_i(t)}, t^i_{\{k+1\}_i(t)}]$ 这段时间内保持不变，即：

$$\hat{\eta}_i(t) = \eta_i(t^i_{k_i(t)}), t \in [t^i_{k_i(t)}, t^i_{\{t+1\}_i(t)}] \tag{4-56}$$

按照式（4-11）的控制器设计，$\hat{\eta}_i(t)$ 可以得到如下：

$$\eta_i(t) = k_{I_i}\int \hat{e}_i(t)\mathrm{d}t \tag{4-57}$$

其中，$\hat{e}_i(t)$ 定义为：

$$\hat{e}_i(t) = \alpha_i g_i \hat{e}^V(t) + \beta_i \sum_{j\in N_i}(\eta_j(t) - \hat{\eta}_i(t)) \tag{4-58}$$

同理，将式（4-58）中的 $\hat{e}^V(t)$ 定义为：

$$\hat{e}^V(t) = V^* - V_{\mathrm{b}}(t^i_{k_i(t)}), t \in [t^i_{k_i(t)}, t^i_{\{k+1\}_i(t)}] \tag{4-59}$$

那么，具有事件触发控制输入的整个系统动态可以概括为：

$$(V^* - V_{\mathrm{b}}(t))\mathbf{1}_{N\times 1} = (\boldsymbol{R} + \boldsymbol{d})\boldsymbol{I}(t) - \hat{\boldsymbol{\eta}}(t) \tag{4-60}$$

$$\dot{\boldsymbol{\eta}}(t) = \boldsymbol{K}_I \hat{\boldsymbol{e}}(t) \tag{4-61}$$

$$\hat{\boldsymbol{e}}(t) = \boldsymbol{\alpha g}\hat{e}^V(t)\mathbf{1}_{N\times 1} - \boldsymbol{\beta \mathcal{L}}\hat{\boldsymbol{\eta}}(t) \tag{4-62}$$

式中，$\boldsymbol{R} = \mathrm{diag}(R_1, R_2, \cdots, R_N)$；$\boldsymbol{d} = \mathrm{diag}(d_1, d_2, \cdots, d_N)$；$\boldsymbol{I}(t) = \begin{bmatrix} I_1 & I_2 & \cdots & I_N \end{bmatrix}^{\mathrm{T}}$；$\hat{\boldsymbol{\eta}}(t) = [\hat{\eta}_1(t), \cdots, \hat{\eta}_N(t)]^{\mathrm{T}}$；$\hat{\boldsymbol{e}}(t) = \begin{bmatrix} \hat{e}_1 & \hat{e}_2 & \cdots & \hat{e}_N \end{bmatrix}^{\mathrm{T}}$；$\boldsymbol{K}_I = \mathrm{diag}(k_{I_1}, k_{I_2}, \cdots, k_{I_N})$；$\boldsymbol{\alpha} = \mathrm{diag}(\alpha_1, \alpha_2, \cdots, \alpha_N)$；$\boldsymbol{\beta} = \mathrm{diag}(\beta_1, \beta_2, \cdots, \beta_N)$；$\boldsymbol{\mathcal{L}}$ 为通信图的拉普拉斯矩阵，$\mathbf{1}_{N\times 1}$ 为所有元素等于 1 的 N 维向量。

在不丧失通用性的前提下，假设所有 M 个负载以及负载与直流母线之间的所有线路电阻之和为 R_{L}，则：

$$\mathbf{1}^{\mathrm{T}}_{N\times 1} I(t) = \frac{V_{\mathrm{b}}(t)}{R_{\mathrm{L}}} \tag{4-63}$$

式中，R_{L} 为总负载电阻。

从式（4-61）和式（4-62）可以得到：

$$\dot{\boldsymbol{\eta}}(t) = \boldsymbol{K}_I(\boldsymbol{\alpha g}e^V(t)\mathbf{1}_{N\times 1} - \boldsymbol{\beta \mathcal{L}}\boldsymbol{\eta}(t)) - \boldsymbol{K}_I(\boldsymbol{\alpha g}\varepsilon^V(t)\mathbf{1}_{N\times 1} + \boldsymbol{\beta \mathcal{L}}\boldsymbol{\varepsilon}^\eta(t)) \tag{4-64}$$

式中，$e^V(t) = V^* - V_{\mathrm{b}}$ 为电压跟踪误差，而 $\varepsilon^V(t)$ 和 $\boldsymbol{\varepsilon}^\eta(t)$ 为事件触发采样引起的误差，即：

$$\varepsilon^V(t) = V_{\mathrm{b}}(t^i_{k_i(t)}) - V_{\mathrm{b}}(t) \tag{4-65}$$

$$\boldsymbol{\varepsilon}^\eta(t) = \hat{\boldsymbol{\eta}}(t) - \boldsymbol{\eta}(t) \tag{4-66}$$

另外，为了便于以后的分析，这里将控制误差 $\boldsymbol{e}(t)$ 定义为：

$$\boldsymbol{e}(t)=\boldsymbol{\alpha g}e^{V}(t)\mathbf{1}_{N\times1}-\boldsymbol{\beta\mathcal{L}}\hat{\boldsymbol{\eta}}(t) \tag{4-67}$$

事件触发条件通常是通过监测触发误差 $\varepsilon^{V}(t)$ 、$\boldsymbol{\varepsilon}^{\eta}(t)$ 和控制误差 $\hat{e}_i(t)$ 来设计的。然后智能体 i 的事件时刻，即 $t^{i}_{k_i(t)}$ 由以下事件触发条件决定：

$$g_i c_1[\varepsilon^{V}(t)]^2+c_2[\varepsilon^{\eta_i}(t)]^2=c_3\hat{e}_i^{\,2}(t) \tag{4-68}$$

其中：

$$c_1=\frac{\lambda_1}{a_1},c_2=\frac{\lambda_2}{a_2},c_3=1/2-a_1-a_2 \tag{4-69}$$

而 $a_1>0$ 、 $a_2>0$ 是满足这个条件的正常数 $\frac{1}{2}-a_1-a_2>0$ ， λ_1 、 λ_2 分别是式（4-81）中矩阵 $(\boldsymbol{C}^{\mathrm{T}}\boldsymbol{P\alpha})^{\mathrm{T}}\boldsymbol{C}^{\mathrm{T}}\boldsymbol{P\alpha}$ 、$(\boldsymbol{C}^{\mathrm{T}}\boldsymbol{PZ})^{\mathrm{T}}\boldsymbol{C}^{\mathrm{T}}\boldsymbol{PZ}$ 的最大特征值。换句话说，智能体 i 的事件时刻 $t^{i}_{k_i(t)}$ 可以描述为：

$$\inf\{t\in\mathbb{R}\mid g_i c_1[\varepsilon^{V}(t)]^2+c_2[\varepsilon^{\eta_i}(t)]^2=c_3\hat{e}_i^{\,2}(t),t>t^{i}_{\{k-1\}_i(t)}\},k\in\mathbb{N},i=1,\cdots,N \tag{4-70}$$

式中， $t^{i}_{0_i(t)}=0$ 。

如何推导式（4-68）将在定理 4-3 的证明中说明。

注 4-4　与基于连续通信的分布式控制器［式（4-11）、式（4-53）］相比，事件触发控制器［式（4-57）～式（4-60）］只在某特定时刻［该时刻由式（4-70）计算决定］进行直流总线电压信号 V_{b}（t）采样和控制输入 $\hat{\eta}_i(t)$ 的信息交互。这将大大降低通信成本，使整个系统的实现成本大大降低，但这也给整个闭环系统的稳定性分析和控制器的可行性带来了一些具有挑战性的问题，下面将对这些问题进行讨论。

定理 4-3　考虑式（4-56）中的主控制系统，该带有事件触发条件［式（4-68）］的事件触发控制器［式（4-57）～式（4-60）］确保实现以下结果。

① 直流母线电压恢复到其额定值 V^{*} ，即 $\lim\limits_{t\to\infty}e^{V}(t)=0$ ；

② 保证了式（4-8）中的功率分配精度。

证明：将式（4-63）代入式（4-60）可得式（4-17）。

$$(\boldsymbol{R}+\boldsymbol{d}+R_{\mathrm{L}}\mathbf{1}_{N\times1}\mathbf{1}^{\mathrm{T}}_{N\times1})\boldsymbol{I}(t)=V^{*}\mathbf{1}_{N\times1}+\hat{\boldsymbol{\eta}}(t) \tag{4-71}$$

上一节中已有结论 $\boldsymbol{A}=\boldsymbol{R}+\boldsymbol{d}+R_{\mathrm{L}}\mathbf{1}_{N\times1}\mathbf{1}^{\mathrm{T}}_{N\times1}$ 是可逆的，因此：

$$\boldsymbol{I}(t)=\boldsymbol{A}^{-1}V^{*}\mathbf{1}_{N\times1}+\boldsymbol{A}^{-1}\hat{\boldsymbol{\eta}}(t) \tag{4-72}$$

将式（4-72）代入式（4-60），我们得到：

$$e^V(t)\mathbf{1}_{N\times1}=(\boldsymbol{R}+\boldsymbol{d})\boldsymbol{I}(t)-\hat{\boldsymbol{\eta}}(t)\ =(\boldsymbol{R}+\boldsymbol{d})\boldsymbol{A}^{-1}V^*\mathbf{1}_{N\times1}-R_{\mathrm{L}}\mathbf{1}_{N\times1}\mathbf{1}_{N\times1}^{\mathrm{T}}\boldsymbol{A}^{-1}\hat{\boldsymbol{\eta}}(t) \tag{4-73}$$

定义：

$$\overline{e}^V(t)\mathbf{1}_{N\times1}\ =(\boldsymbol{R}+\boldsymbol{d})\boldsymbol{A}^{-1}V^*\mathbf{1}_{N\times1}-R_{\mathrm{L}}\mathbf{1}_{N\times1}\mathbf{1}_{N\times1}^{\mathrm{T}}\boldsymbol{A}^{-1}\hat{\boldsymbol{\eta}}(t) \tag{4-74}$$

$$\zeta(t)\ =\boldsymbol{\alpha g}\overline{e}^V(t)\mathbf{1}_{N\times1}-\boldsymbol{\beta\mathcal{L}\eta}(t) \tag{4-75}$$

则式（4-75）的时间导数变为：

$$\dot{\zeta}(t)\ =\boldsymbol{\alpha g}\dot{\overline{e}}^V(t)\mathbf{1}_{N\times1}-\boldsymbol{\beta\mathcal{L}}\dot{\boldsymbol{\eta}}(t)\ =-(\boldsymbol{\alpha g}R_{\mathrm{L}}\mathbf{1}_{N\times1}\mathbf{1}_{N\times1}^{\mathrm{T}}\boldsymbol{A}^{-1}+\boldsymbol{\beta\mathcal{L}})\dot{\boldsymbol{\eta}}(t)=\boldsymbol{Z}\dot{\boldsymbol{\eta}}(t) \tag{4-76}$$

式中，$\boldsymbol{Z}=-(\boldsymbol{\alpha g}R_{\mathrm{L}}\mathbf{1}_{N\times1}\mathbf{1}_{N\times1}^{\mathrm{T}}\boldsymbol{A}^{-1}+\boldsymbol{\beta\mathcal{L}})$，可以很容易证明它是赫尔维兹矩阵。

由式（4-67）和式（4-75），我们得到：

$$\boldsymbol{e}(t)\ =\zeta(t)+\boldsymbol{\alpha g}(e^V(t)-\overline{e}^V(t))\mathbf{1}_{N\times1}-\boldsymbol{\beta\mathcal{L}}(\hat{\boldsymbol{\eta}}(t)-\boldsymbol{\eta}(t))=\zeta(t)+\boldsymbol{Z\varepsilon}^{\eta}(t) \tag{4-77}$$

如果选择适当的积分系数 $k_{I_i}>0$ 使矩阵 $\boldsymbol{C}=\boldsymbol{ZK}_I$ 也是赫尔维兹的，那么可以选择一个正定矩阵 $\boldsymbol{P}$，使 $\boldsymbol{C}^{\mathrm{T}}\boldsymbol{P}+\boldsymbol{PC}\leqslant-\boldsymbol{E}$，其中 $\boldsymbol{E}$ 是 $N\times N$ 单位矩阵。事实上，总是可以选择 $k_{I_i}=k_{I_j}=k_0,\forall i,j$ 得到 $\boldsymbol{C}=k_0\boldsymbol{Z}$，其对所有 $k_0>0$ 都是赫尔维兹的。现在考虑以下李雅普诺夫函数：

$$W=\frac{1}{2}\zeta(t)^{\mathrm{T}}\boldsymbol{P}\zeta(t) \tag{4-78}$$

$$\dot{W}=\zeta(t)^{\mathrm{T}}\boldsymbol{P}\dot{\zeta}(t)=(\boldsymbol{e}(t)-\boldsymbol{Z\varepsilon}^{\eta}(t))^{\mathrm{T}}\boldsymbol{PZ}\dot{\boldsymbol{\eta}}(t) \tag{4-79}$$

注意：

$$\boldsymbol{e}(t)=\hat{\boldsymbol{e}}(t)+\boldsymbol{\alpha g}\varepsilon^V(t)\mathbf{1}_{N\times1} \tag{4-80}$$

将式（4-64）代入式（4-79）给出：

$$\begin{aligned}\dot{W}&=(\hat{\boldsymbol{e}}(t)+\boldsymbol{\alpha g}\varepsilon^V(t)\mathbf{1}_{N\times1}-\boldsymbol{Z\varepsilon}^{\eta}(t))^{\mathrm{T}}\boldsymbol{PC}\hat{\boldsymbol{e}}(t)\\&=\frac{1}{2}\hat{\boldsymbol{e}}(t)^{\mathrm{T}}(\boldsymbol{PC}+\boldsymbol{C}^{\mathrm{T}}\boldsymbol{P})\hat{\boldsymbol{e}}(t)+\hat{\boldsymbol{e}}(t)^{\mathrm{T}}\boldsymbol{C}^{\mathrm{T}}\boldsymbol{P\alpha g}\varepsilon^V(t)\mathbf{1}_{N\times1}\\&\quad-\hat{\boldsymbol{e}}(t)^{\mathrm{T}}\boldsymbol{C}^{\mathrm{T}}\boldsymbol{PZ\varepsilon}^{\eta}(t)\\&\leqslant-\frac{1}{2}\|\hat{\boldsymbol{e}}(t)\|^2+a_1\|\hat{\boldsymbol{e}}(t)\|^2+\frac{1}{a_1}\|\boldsymbol{C}^{\mathrm{T}}\boldsymbol{P\alpha g}\varepsilon^V(t)\mathbf{1}_{N\times1}\|^2\\&\quad+a_2\|\hat{\boldsymbol{e}}(t)\|^2+\frac{1}{a_2}\|\boldsymbol{C}^{\mathrm{T}}\boldsymbol{PZ\varepsilon}^{\eta}(t)\|^2\\&\leqslant(a_1+a_2-\frac{1}{2})\|\hat{\boldsymbol{e}}(t)\|^2+\frac{\lambda_1}{a_1}\|\boldsymbol{g}\varepsilon^V(t)\mathbf{1}_{N\times1}\|^2+\frac{\lambda_2}{a_2}\|\boldsymbol{\varepsilon}^{\eta}(t)\|^2\end{aligned} \tag{4-81}$$

式中，$a_1>0$，$a_2>0$ 为可调参数；λ_1 和 λ_2 分别为矩阵 $(\boldsymbol{C}^{\mathrm{T}}\boldsymbol{P\alpha})^{\mathrm{T}}\boldsymbol{C}^{\mathrm{T}}\boldsymbol{P\alpha}$ 和 $(\boldsymbol{C}^{\mathrm{T}}\boldsymbol{PZ})^{\mathrm{T}}\boldsymbol{C}^{\mathrm{T}}\boldsymbol{PZ}$ 的最大特征值。

如果选择$a_1 + a_2 - \frac{1}{2} < 0$，我们得到：

$$\dot{W} \leqslant \sum_{i=1}^{N}\left(c_1 g_i \varepsilon^{V}(t)^2 + c_2 \varepsilon^{\eta_i}(t)^2 - c_3 \hat{e}_i(t)^2\right) \tag{4-82}$$

式中，$c_1 = \frac{\lambda_1}{a_1}$、$c_2 = \frac{\lambda_2}{a_2}$和$c_3 = \frac{1}{2} - a_1 - a_2$，如式（4-69）所示。

注意当满足条件式（4-68）时，智能体i触发其自身的事件，即$t = t_{k_i(t)}^{i}$，$c_1 g_i [\varepsilon^{V}(t)]^2 + c_2 [\varepsilon^{\eta_i}(t)]^2 - c_3 \hat{e}_i^{\,2}(t) = 0$，而对于所有$t \in [t_{k_i(t)}^{i}, t_{\{k+1\}_i(t)}^{i}]$，$c_1 g_i [\varepsilon^{V}(t)]^2 + c_2 [\varepsilon^{\eta_i}(t)]^2 - c_3 \hat{e}_i^{\,2}(t) < 0$，因此$t \in [0, +\infty)$，有：

$$c_1 g_i [\varepsilon^{V}(t)]^2 + c_2 [\varepsilon^{\eta_i}(t)]^2 - c_3 \hat{e}_i^{\,2}(t) \leqslant 0 \tag{4-83}$$

这意味着：

$$\dot{W} \leqslant 0 \tag{4-84}$$

根据式（4-78）中李雅普诺夫函数的定义，我们得到：

$$\lim_{t \to \infty} \zeta(t) = \zeta_{\infty} \tag{4-85}$$

式中，ζ_{∞}为一个常数。

考虑到式（4-85）和式（4-76），我们得到：

$$\lim_{t \to \infty} \boldsymbol{Z} \dot{\boldsymbol{\eta}}(t) = 0 \tag{4-86}$$

合并式（4-61）、式（4-62）与式（4-86）得到：

$$\lim_{t \to \infty} \boldsymbol{C}\left(\boldsymbol{\alpha g} \hat{e}^{V}(t) \mathbf{1}_{N \times 1} - \boldsymbol{\beta \mathcal{L}} \hat{\boldsymbol{\eta}}(t)\right) = 0 \tag{4-87}$$

因为$\boldsymbol{C}$是赫尔维兹矩阵，因此：

$$\lim_{t \to \infty} \boldsymbol{\alpha g} \hat{e}^{V}(t) \mathbf{1}_{N \times 1} = \lim_{t \to \infty} \boldsymbol{\beta \mathcal{L}} \hat{\boldsymbol{\eta}}(t) \tag{4-88}$$

在式（4-88）的两侧乘$\mathbf{1}_{N \times 1}^{\mathrm{T}}$，我们得到：

$$\lim_{t \to \infty} \hat{e}^{V}(t) \sum_{i=1}^{N} \alpha_i g_i = \lim_{t \to \infty} \mathbf{1}_{N \times 1}^{\mathrm{T}} \boldsymbol{\beta \mathcal{L}} \hat{\boldsymbol{\eta}}(t) \tag{4-89}$$

如果选择β_i使$\beta_i = \beta_j, \forall i, j$，则式（4-89）的右侧等于0。由于$\sum_{i=1}^{N} \alpha_i g_i \neq 0$，因此：

$$\lim_{t \to \infty} \hat{e}^{V}(t) = \lim_{t \to \infty}\left(V^{*} - V_{\mathrm{b}}(t_{k_i(t)}^{i})\right) = 0 \tag{4-90}$$

$$\lim_{t \to \infty} \boldsymbol{\mathcal{L}} \hat{\boldsymbol{\eta}}(t) = 0 \tag{4-91}$$

式（4-90）表明可以实现电压恢复控制，而式（4-91）意味着$\lim_{t \to \infty} \hat{\eta}_i(t) = \lim_{t \to \infty} \hat{\eta}_j(t), \forall i, j$，这保证了满足约束$(\hat{\eta}_i)^{s} = (\hat{\eta}_j)^{s}$，进一步意味着在事件触发条件［式（4-68）］下，所提出的事件触发控制器可以实现式（4-8）中的功率分配精度。

接下来，我们在定理4-4中总结了通过排除奇诺行为[26,27]来分析事件触发控制的可行性。其主要思想是表明任何智能体的介入时间的下限是一个严格正常数[26,27]。

定理 4-4　对于式（4-56）中的主控制系统，该具有事件触发条件［式（4-68）］的事件触发控制器［式（4-57）～式（4-60）］可以排除奇诺行为。

证明：定义

$$\varepsilon_i(t)=\sqrt{g_i c_1[\varepsilon^V(t)]^2+c_2[\varepsilon^{\eta_i}(t)]^2} \tag{4-92}$$

则式（4-83）变为：

$$\varepsilon_i^2(t)\leqslant c_3\hat{e}_i^2(t) \tag{4-93}$$

现在我们分别考虑$\|\varepsilon^{\eta_i}(t)\|$和$\|\varepsilon^V(t)\|$在时间间隔$[t^i_{k_i(t)},t^i_{\{k+1\}_i(t)}]$上的时间导数。

$$\frac{\mathrm{d}}{\mathrm{d}t}\|\varepsilon^V(t)\|=\frac{\varepsilon^V(t)\dot{\varepsilon}^V(t)}{\|\varepsilon^V(t)\|}\leqslant\|\dot{V}_\mathrm{b}(t)\|=0,\ t\in[t^i_{k_i(t)},\min\{t^i_{\{k+1\}_i(t)},\min_{j=1,\cdots,N,j\neq i}t^j_{k'(t)}\}] \tag{4-94}$$

式中，$k'(t)\triangleq\arg\min_{l\in\mathbb{N}:t^i_{k_i(t)}<t^j_l}\{t^j_l-t^i_{k_i(t)}\}$为智能体 j 在 $t^i_{k_i(t)}$ 之后的事件触发时刻。因此，$\min_{j=1,\cdots,N,j\neq i}t^j_{k'(t)}$ 表示在 $t=t^i_{k_i(t)}$ 之后除了智能体 i 外其他所有智能体中最近的事件触发时间。注意，根据式（4-60），$V_\mathrm{b}(t)$ 只会在 $\hat{\boldsymbol{\eta}}(t)$ 更新时发生变化。智能体 i 的下一次触发时刻是 $t^i_{\{k+1\}_i(t)}$，因此 $\min\{t^i_{\{k+1\}_i(t)},\min_{j=1,\cdots,N,j\neq i}t^j_{k'(t)}\}$ 是下一次更新控制输入 $\hat{\boldsymbol{\eta}}(t)$ 导致 $V_\mathrm{b}(t)$ 变化的时间。

$$\begin{gathered}\frac{\mathrm{d}}{\mathrm{d}t}\|\varepsilon^{\eta_i}(t)\|=\frac{\varepsilon^{\eta_i}(t)^\mathrm{T}\dot{\varepsilon}^{\eta_i}(t)}{\|\varepsilon^{\eta_i}(t)\|}\leqslant\|\dot{\varepsilon}^{\eta_i}(t)\|=\|-\dot{\eta}_i(t)\|=k_{I_i}\|e_i(t^i_{k_i(t)})\|,\\ \forall t\in[t^i_{k_i(t)},\min\{t^i_{\{k+1\}_i(t)},\min_{j\in N_i}t^j_{k'(t)}\}]\end{gathered} \tag{4-95}$$

结合式（4-93）～式（4-95），可以得到$\varepsilon_i^2(t)$的增长率如下：

$$\begin{aligned}\frac{\mathrm{d}}{\mathrm{d}t}\varepsilon_i^2(t)&=2g_i c_1\left\|\varepsilon^V(t)\right\|\frac{\mathrm{d}}{\mathrm{d}t}\left\|\varepsilon^V(t)\right\|+2c_2\left\|\varepsilon^{\eta_i}(t)\right\|\frac{\mathrm{d}}{\mathrm{d}t}\left\|\varepsilon^{\eta_i}(t)\right\|\\&\leqslant 2c_2k_{I_i}\left\|e_i(t^i_{k_i(t)})\right\|\left\|\varepsilon^{\eta_i}(t)\right\|\\&\leqslant c_2k_{I_i}\left\|e_i(t^i_{k_i(t)})\right\|^2+c_2k_{I_i}\left\|\varepsilon^{\eta_i}(t)\right\|^2\\&\leqslant c_2k_{I_i}\left\|e_i(t^i_{k_i(t)})\right\|^2+k_{I_i}\varepsilon_i^2(t)\\&\leqslant k_{I_i}(c_2+c_3)\left\|e_i(t^i_{k_i(t)})\right\|^2,\\ \forall t\in[t^i_{k_i(t)},&\min\{t^i_{\{k+1\}_i(t)},\min_{j=1,\cdots,N,j\neq i}t^j_{k'(t)}\}]\end{aligned} \tag{4-96}$$

最后，在触发条件式（4-93）下，智能体 i 的两个事件触发时刻之间的时间间隔具有以下关系：

$$t^i_{\{k+1\}_i(t)} - t^i_{k_i(t)} \geqslant \frac{c_3 e_i^2(t^i_{k_i(t)})}{k_{I_i}(c_2+c_3)\| e_i(t^i_{k_i(t)})\|^2} = \frac{c_3}{k_{I_i}(c_2+c_3)} \tag{4-97}$$

式中，$\dfrac{c_3}{k_{I_i}(c_2+c_3)}$为一个严格正常数。这表明，我们提出的具有事件触发条件式（4-68）的事件触发控制器式（4-57）～式（4-60）可以排除奇诺行为。

为了保证定理4-3和定理4-4所建立的结果，控制器的参数选择参考总结如下。

步骤1：选择控制器参数$\beta_i=\beta_j,\forall i,j$，$g_i$和$\alpha_i$使得矩阵$\boldsymbol{Z}$是赫尔维兹的。

步骤2：选取适当的积分系数$K_{I_i}>0$，使矩阵$\boldsymbol{C}=\boldsymbol{Z}\boldsymbol{K}_I$也为赫尔维兹的。

步骤3：选择事件触发条件参数$a_1>0$，$a_2>0$满足$\dfrac{1}{2}-a_1-a_2>0$。

步骤4：求一个正定矩阵$\boldsymbol{P}$来满足$\boldsymbol{C}^{\mathrm{T}}\boldsymbol{P}+\boldsymbol{P}\boldsymbol{C}\leqslant -\boldsymbol{E}$，最后根据式（4-69）得到事件触发式（4-68）时的参数c_1、c_2和c_3。

4.3.2 实验验证

在本节中，为了验证该控制策略，我们在实验室中搭建了一个带有3台DG的孤岛直流微电网，如图4-26所示。在物理层中，各DG是一个升压DC/DC变换器，它分别与一个模拟线路电阻的普通直流母线相连。3个主电源分别为3台

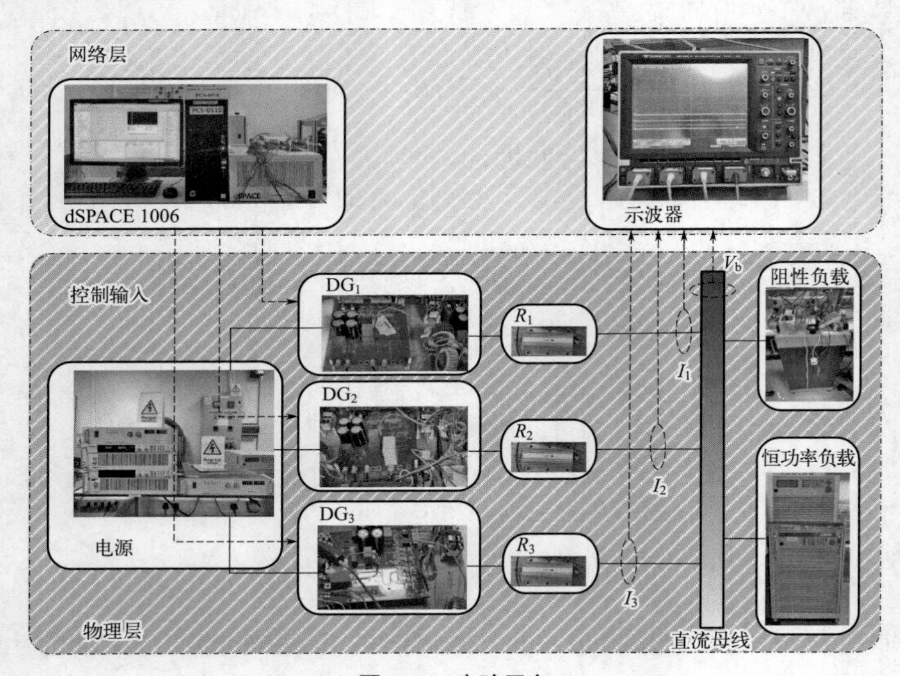

图4-26 实验平台

DG 提供 50V 直流输入电压。电阻负载和恒功率负载（CPL）也连接到这个直流母线。网络层采用 dSPACE1006 控制平台，实现了 3 个分布式事件触发控制器。这 3 个控制器之间的通信图选择如图 4-27 所示。直流母线电压反馈只发送给 DG_1 的控制器。采用 4 通道数字示波器测量了 3 台 DG 的输出电流和直流母线电压。本实验装置的详细参数配置见表 4-5。

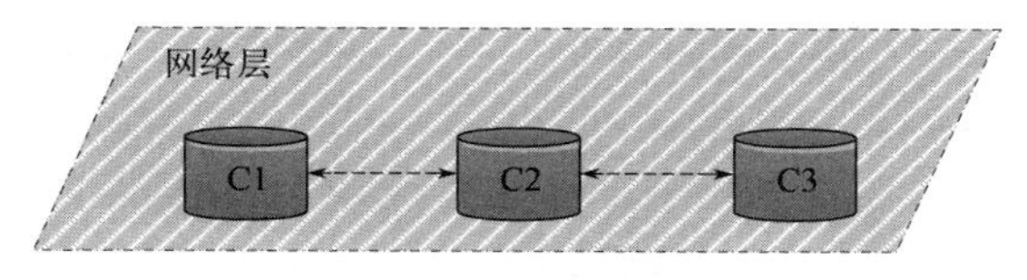

图 4-27　控制器通信拓扑图

表 4-5　实验的微电网系统及控制器参数

项目	DG_1		DG_2		DG_3	
DG	V_{DC}	50V	V_{DC}	50V	V_{DC}	50V
	f_s	20kHz	f_s	20kHz	f_s	20kHz
线电阻	R_1	1Ω	R_2	1Ω	R_3	1Ω
下垂增益	d_1	10	d_2	10	d_3	10
标称值	V^*=100V					
负载	R_{L1}=94Ω，CPL 负载 P=50W					

（1）阻性负载下的实验结果

最初只有一个电阻负载（负载 $R_{L1}=94\Omega$）连接直流母线，该控制是不激活的。实验结果如图 4-28 所示。由图可知，受下垂控制功能的影响，直流母线电压下降到 94.21V，无法达到基准电压 100V。激活该事件触发控制器，经极短的调节时间 $T=$ 0.6s 后，直流母线电压恢复到基准值。这 3 台 DG 的输出电流也在图 4-28 中给出，可以看出功率分配比不变，$I_1:I_2:I_3\approx\frac{1}{d_1}:\frac{1}{d_2}:\frac{1}{d_3}=1:1:1$。

（2）CPL 负载下的实验结果

在 CPL 实验装置上对该方法进行了验证。初始负载 1 和 P=50W 的 CPL 负载与直流母线相连。结果如图 4-29 所示。结果表明，当 CPL 负载从 P=50W 增加到 P=100W 时，在 T=0.5s 的暂态期内，直流母线电压几乎保持在 100.26V 左右。当 CPL 负载增大时，3 台 DG 的输出电流按预先设计的 $I_1:I_2:I_3=1:1:1$ 的比例增大。结果表明，该事件触发控制算法具有调节直流母线电压的能力，即使在 CPL 负载下也能保证功率分配的精度。

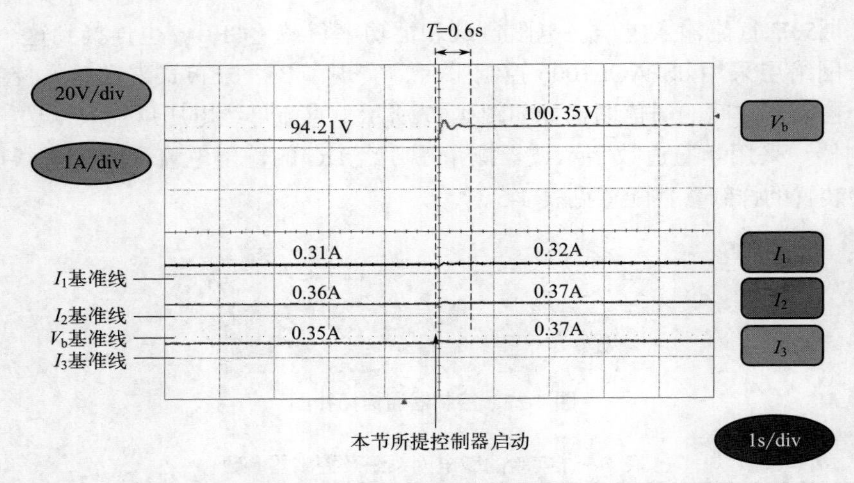

图 4-28 在激活该控制输入前后的各 DG 的直流母线电压和电流输出

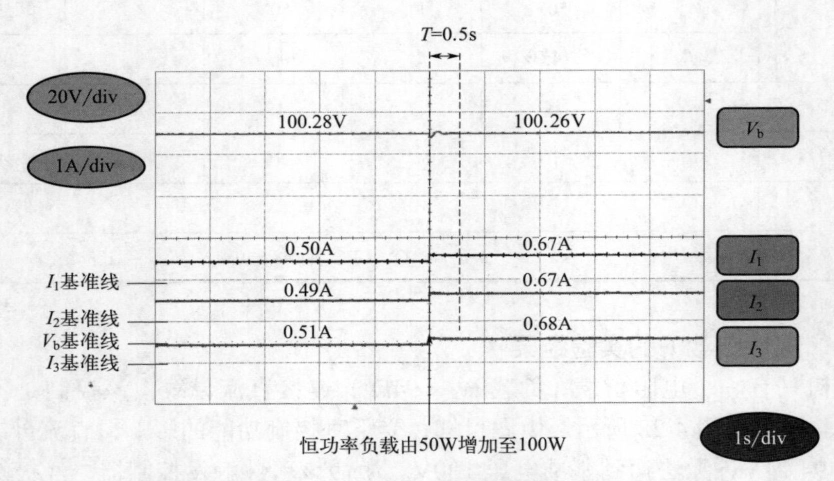

图 4-29 各 DG 与 CPL 负载的直流母线电压和电流输出

(3) 通信时延下的实验结果

本节还考虑了通信时延的影响。在文献 [28] 中可以找到与我们工作相关的通信时延的分析研究。在这里，主要通过考虑各个控制器之间不同的通信时延 Δt，即 0.01s、0.1s 和 1s 来考察整个系统的性能。时延块用来在 dSPACE1006 控制平台上实现 $\hat{\eta}(t)$ 和 $V_b(t)$ 的延迟。首先，负载 1 和 P = 50W 的 CPL 负载连接到直流母线上。实验结果如图 4-30 ～图 4-32 所示。我们研究了两个不同的暂态阶段，即：①在该事件触发控制激活前后；② CPL 负载变化。

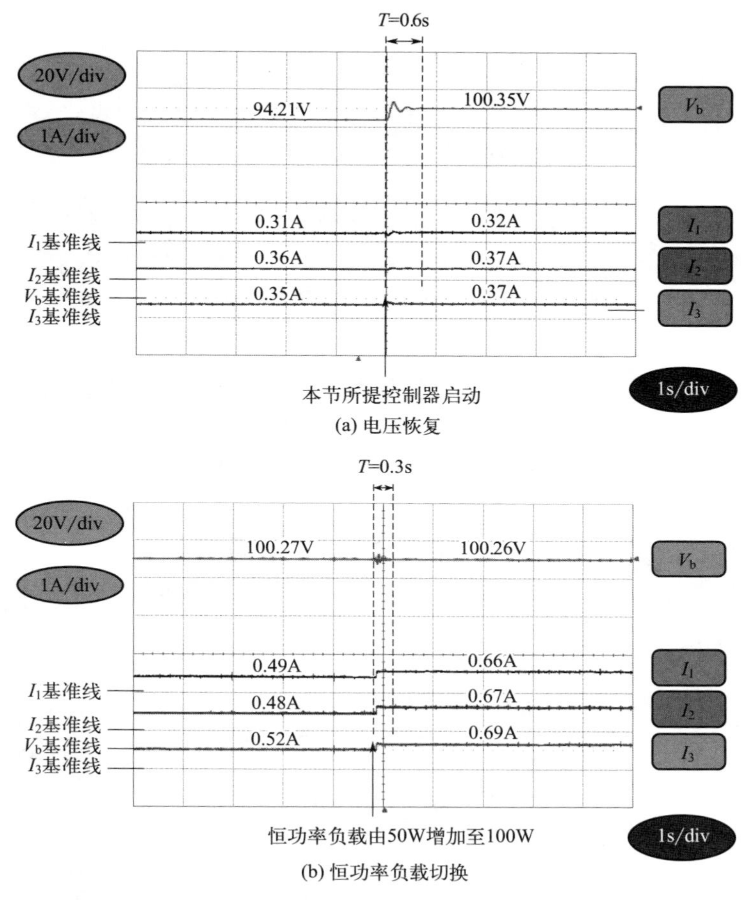

(a) 电压恢复

(b) 恒功率负载切换

图 4-30　延时 Δt=0.01s 下的各 DG 的直流母线电压和电流输出

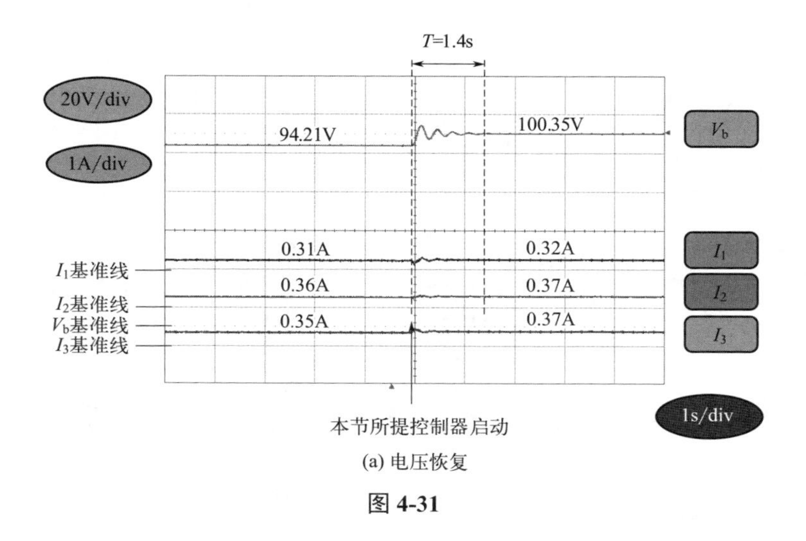

(a) 电压恢复

图 4-31

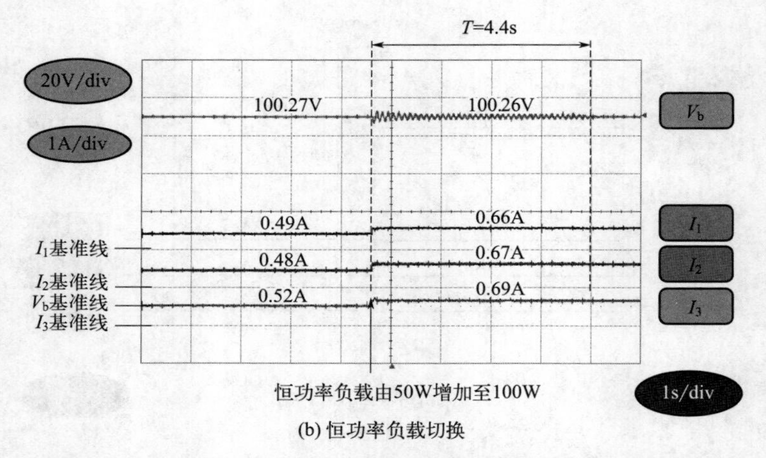

(b) 恒功率负载切换

图 4-31　时延 Δt=0.1s 下的各 DG 的直流母线电压和电流输出

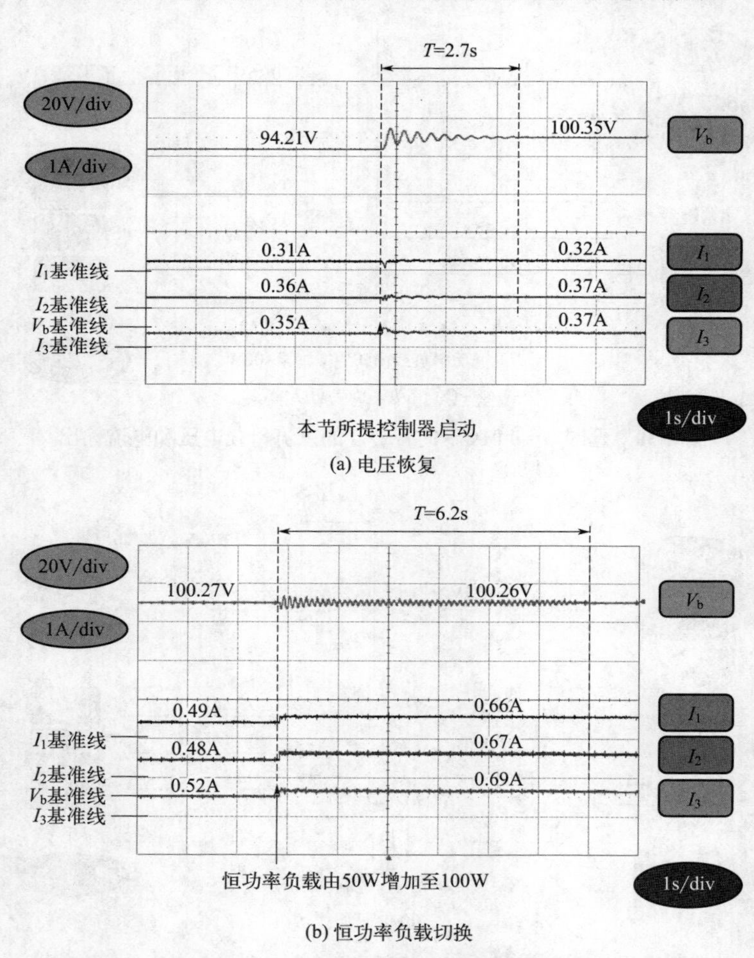

(b) 恒功率负载切换

图 4-32　时延 Δt=1s 下的各 DG 的直流母线电压和电流输出

从这些结果中可以看出，当延迟时间从 Δt=0.01s 增加到 Δt=1s 时，随着更多的暂态振荡发生，该控制器的性能会恶化。当 CPL 负载发生阶跃变化时，需要更多的暂态稳定时间。另外，对比图 4-29（无延时）和图 4-30（Δt=0.01s）中的结果，二者性能差异不大。因此可以得出结论，该实验测试案例在时延 Δt 小于 0.01s 的情况下，可以实现可接受的电压恢复和功率分配性能。

（4）基于连续通信的控制比较

在本节中，该事件触发控制也与基于连续通信的控制器［式（4-11）、式（4-53）］进行了比较，其固定信号采样通信频率设置为 f_c=1kHz。实验结果如图 4-33 所示。与我们在图 4-29 中提出的事件触发控制的结果相比，它们几乎实现了相同的控制性能。然而如表 4-6 所述，这些性能是在不同的通信成本下实现的。从控制器被激活的那一刻起，这两种方法的通信触发次数以 4s 的时间计算。基于连续通信的控制中，信号采样和通信频率固定在 1kHz，因此在此期间通信触发次数为 4000。我们提出的偶触发控制方案，其在此期间的触发状态如图 4-34 所示，其中“1”表示触发，“0”表示不触发。结果表明，这 3 个控制器都以异步和非周期的方式触发各自的通信。另外，由于牵制增益最初定义为 $g_1=1$、$g_2=g_3=0$，这表明只有 DG_1 能够直接获取直流母线电压反馈。因此，DG_1 比其他两个需要更多的时间来触发 DG。我们还观察到系统达到稳定状态大约需要 1s，之后几乎没有触发涉及 DG_2 和 DG_3 的通信。因此，与基于连续通信的控制相比，我们提出的事件触发控制具有更少的通信触发时间，这将大大降低实际的通信成本。

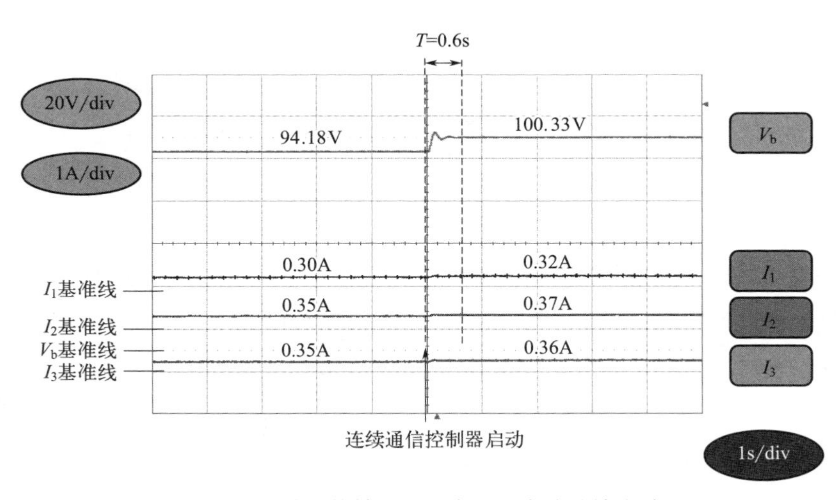

图 4-33　连续通信情况下，电压和电流的输出波形

表 4-6 各 DG 控制器在电压恢复控制中的触发次数

控制方法	触发模式	触发次数		
		DG_1	DG_2	DG_3
基于控制的连续通信	周期的	4000	4000	4000
事件触发控制	非周期的	1102	171	163

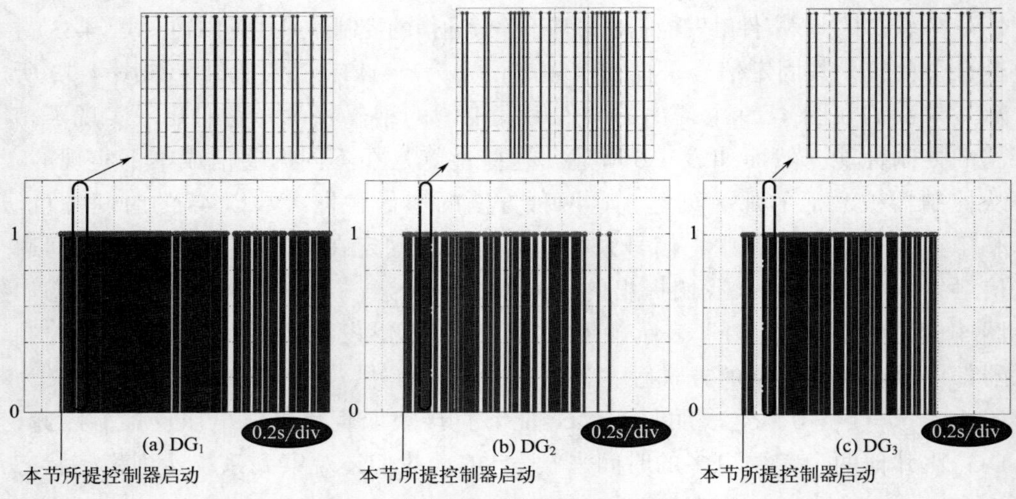

图 4-34 直流微电网系统中各 DG 的触发状态

参考文献

[1] OLIVARES, et al.Trends in microgrid control [J]. IEEE Transactions on Smart Grid，2014，5 (4)：1905-1919.

[2] NEJABATKHAH F，LI Y W.Overview of power management strategies of hybrid AC-DC microgrid [J]. IEEE Transactions on. Power Electronics，2015，30 (12)：7072-7089.

[3] HAMAD A A，AZZOUZ M A，EL-SAADANY E F. Multiagent supervisory control for power management in DC microgrids [J]. IEEE Transactions on. Smart Grid，2016，7 (2)：1057-1068.

[4] LU X，SUN K，GUERRERO J M，et al. State-of-charge balance using adaptive droop control for distributed energy storage systems in DC microgrid applications [J]. IEEE Transactions on Industrial Electronics，2014，61 (6)：2804-2815.

[5] AUGUSTINE S，LAKSHMINARASAMMA N，MISHRA M K. Control of photovoltaic-based low-voltage dc microgrid system for power sharing with modified droop

algorithm [J]. IET Power Electronics, 2016, 9 (6): 1132-1143.

[6] AUGUSTINE S, MISHRA M K, LAKSHMINARASAMMA N. Adaptive droop control strategy for load sharing and circulating current minimization in low-voltage standalone DC microgrid [J]. IEEE Transactions on Sustainable. Energy, 2015, 6 (1): 132-141.

[7] J M GUERRERO, J C V ASQUEZ, J MATAS, et al. Hierarchical control of droop-controlled AC and DC microgrids: a general approach toward standardization, " IEEE Transactions on Industrial Electronics, 2011, 58 (1): 158-172.

[8] MORSTYN T, HREDZAK B, DEMETRIADES G D, et al. Unified distributed control for DC microgrid operating modes [J]. IEEE Transactions on Power Systems, 2016, 31 (1): 802-812.

[9] THOMAS S, ISLAM S, SAHOO S R, et al. Distribution secondary control with reduced communication in low-voltage DC microgrid [C]// 2016 10th International Conference on Compatibility, Power Electronics and Power Engineering. Piscataway, NJ: IEEE, 2016: 126-131.

[10] ANAND S, FERNANDES B G, GUERRERO J M. Distributed control to ensure proportional load sharing and improve voltage regulation in low voltage DC microgrids [J]. IEEE Transactions on Power Electronics, 2013, 28 (4): 1900-1913.

[11] LU X, GUERRERO J M, SUN K, et al. An improved droop control method for DC microgrids based on low bandwidth communication with DC bus voltage restoration and enhanced current sharing accuracy [J]. IEEE Transactions on Power Electronics, 2014, 29 (4): 1800-1812.

[12] GAO F, BOZHKO S, ASHER G, et al. An improved voltage compensation approach in a droop-controlled DC power system for the more electric aircraft [J]. IEEE Transactions on Power Electronics, 2016, 31 (10): 7369-7383.

[13] KHORSANDI A, ASHOURLOO M, MOKHTARI H, et al. Automatic droop control for a low voltage DC microgrid [J]. IET Generation Transmission & Distribution, 2016, 10 (1): 41-47.

[14] YANG Q, JIANG L, ZHAO H, et al. Autonomous voltage regulation and current sharing in islanded multi-inverter DC microgrid [J]. IEEE Transactions on Smart Grid, 2018, 9 (6): 6429-6437.

[15] SAHOO S, MISHRA S. A distributed finite-time secondary average voltage regulation and current sharing controller for DC microgrids [J]. IEEE Transactions

on Smart Grid, 2019, 10 (1): 282-292.

[16] SETIAWAN M A, ABU-SIADA A, SHAHNIA F. A new technique for simultaneous load current sharing and voltage regulation in dc microgrids [J]. IEEE Transactiocs on Industrial Informatics, 2018, 14 (4): 1403-1414.

[17] LIU X K, HE H, WANG Y W, et al. Distributed hybrid secondary control for a DC microgrid via discrete-time interaction [J]. IEEE Transactions on Energy Conversion, 2018, 33 (4): 1865-1875.

[18] SHAFIEE Q, DRAGICEVIC T, VASQUEZ J C, et al. Hierarchical control for multiple DC-microgrids clusters [J]. IEEE Transactions on Energy Conversion, 2014, 29 (4): 922-933.

[19] GUO F, WEN C, MAO J, et al. Distributed secondary voltage and frequency restoration control of droop-controlled inverter-based microgrids [J]. IEEE Transactions on Industrial Electronics, 2015, 62 (7): 4355-4364.

[20] NASIRIAN V, MOAYEDI S, DAVOUDI A, et al. Distributed cooperative control of DC microgrids [J]. IEEE Transactions on Power Electronics, 2015, 30 (4): 2288-2303.

[21] LIANG H, CHOI B J, ZHUANG W, et al. Stability enhancement of decentralized inverter control through wireless communications in micorgrids [J]. IEEE Transactions on Smart Grid, 2013, 4 (1): 321-331.

[22] HAN R, MENG L, GUERRERO J M, et al. Distributed nonlinear control with event-triggered communication to achieve current-sharing and voltage regulation in DC microgrids [J]. IEEE Transactions on Power Electronics, 2018, 33 (7): 6416-6433.

[23] FAN Y, HU G, EGERSTEDT M. Distributed reactive power sharing control for microgrids with event-triggered communication [J]. IEEE Transactions on Control Systems Technology, 2017, 25 (1): 118-128.

[24] PULLAGURAM D, MISHRA S. An adaptive event-triggered communication based distributed secondary control for DC microgrids [J]. IEEE Transactions on Smart Grid, 2018, 9 (6): 6674-6683.

[25] SAHOO S, MISHRA S, SENROY N. Event-triggered communication based distributed control scheme for DC microgrid [J]. IEEE Transactions on Power Systems, 2018, 33 (5): 5583-5593.

[26] HU W, LIU L. Cooperative output regulation of heterogeneous linear multi-agent systems by event-triggered control [J]. IEEE Transactions on Cybernetics, 2017, 47 (1): 105-116.

[27] XING L, WEN L, GUO F, et al. Event-based consensus for linear multiagent systems without continuous communication [J]. IEEE Transactions on Cybernetics, 2017, 47 (8): 2132-2142.

[28] DONG C, GUO F, JIA H, et al. DC microgrid stability analysis considering time delay in distributed control [C]// Proceedings of the 9th International Conference on Applied Energy. Amsterdam, Netherlands: Elsevier, 2017: 2126-2131.

The Road of
Industrial
Intelligent
Innovation

第 5 章

基于梯度下降的分布式经济调度优化方法

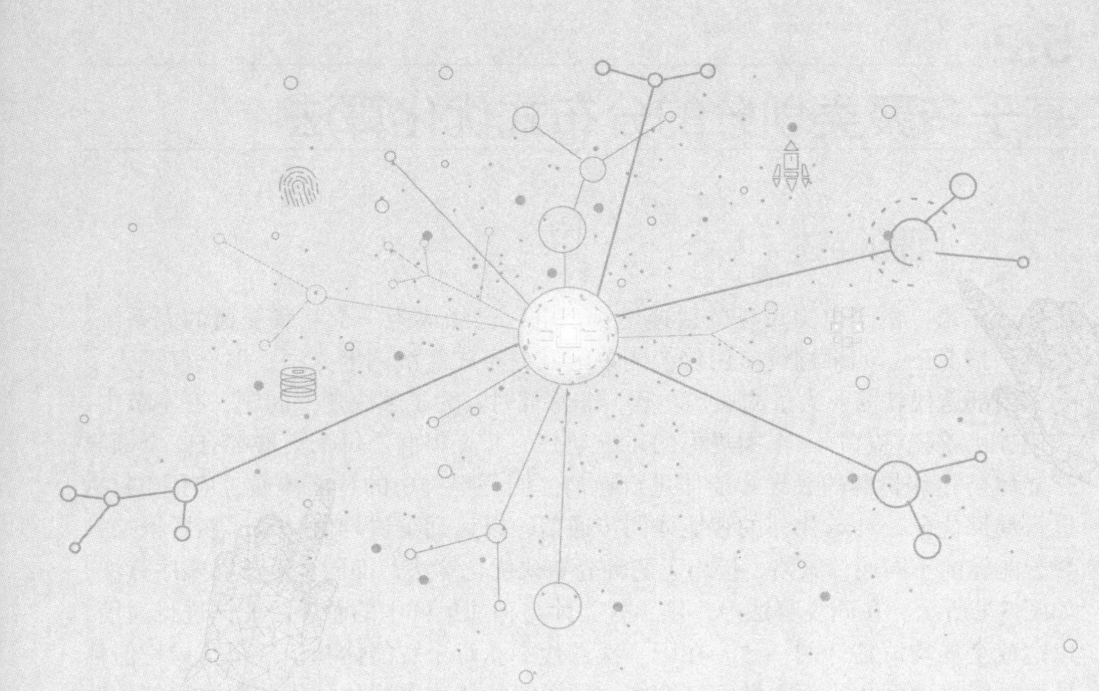

5.1 分布式优化技术概述

前面的章节研究了分层控制结构下微电网第二层分布式控制问题，本章将讨论分层控制结构下微电网第三层经济调度优化问题。电力系统的经济调度研究大多以单区域为主，随着电力系统规模的逐步扩大，多区域电力系统经济调度成为电力系统研究的关键问题之一。通常，这类问题是以集中式的方式来解决的。当前一些分布式优化方法大多数都集中在单区域系统上，因此该区域发电机之间的同步通信是可能的。然而，对于不同区域相距较远的互联多区域电力系统，同步通信可能并不合适。5.2 节和 5.3 节分别提出了基于多聚类划分的分布式优化算法和基于分层结构的分布式优化算法用于解决多区域系统的经济调度问题。首先介绍所提的分布式优化算法，其次通过理论证明算法的收敛性，最后通过对多区域电力系统进行仿真验证了所提分布式算法的可行性和有效性。

5.2 基于多聚类划分的分布式优化算法

5.2.1 问题描述

近年来，由于电力市场的快速增长，电网已经成为一个互联互通的大系统。在这种情况下，如果继续应用传统的单区域分布式经济调度方法，那么仅仅为了一个内部迭代就需要大量的通信步骤，非常耗时。为了解决这一问题，在本节中，我们提出首先将这样一个大规模的系统划分为几个集群，每个集群都有一个领导智能体与相邻集群的领导智能体进行通信。同一集群中的智能体通过应用 FACA 进行局部优化，并与相邻的智能体同步通信，以达到集群均值一致。然后根据领导智能体的不同通信策略，提出了两种分布式优化算法，即同步算法和顺序算法，如图 5-1 所示。在同步算法中，领导智能体与相邻集群中的领导智能体进行通信，以达成全局均值估计的一致。在下一次迭代中，每个智能体基于这个全局均值估计再进行局部优化。而在顺序算法中，领导智能体将集群估计值传递给相邻集群中的领导智能体。在一次迭代中，确保每个集群有一次机会更新其估算值。

值得指出的是，在这两种算法中，每个领导智能体都要进行额外的操作。这种额外的操作可以看作是虚拟智能体[1]，这便提出了一种新的思想来实现收敛性。借助虚拟智能体，我们从理论上建立了这两种算法的收敛性。

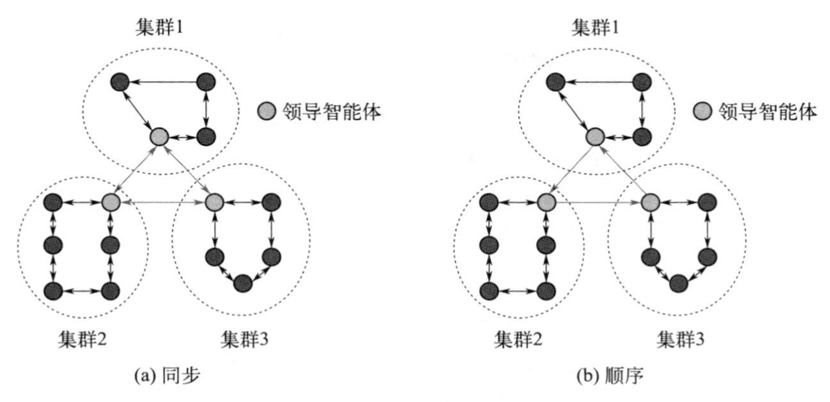

图 5-1　两种不同的通信策略

比较这些算法，每种算法都有自己的优点。同步算法允许领导智能体同时交换它们的估计值，并且所有集群同时进行优化，这使得一次迭代耗时更短。然而，当系统中的智能体是稀疏分布时，基于同步通信的分布式优化可能不太合适。比如，对于一个传感器网络系统，传感器的位置是稀疏的，当使用同步通信策略时，它们的通信时延是不同的，在这种情况下，顺序算法比较合适。

5.2.2　优化算法设计

（1）优化目标

根据电力系统[1,2]、无线网络系统[3]等实际系统的优化问题，考虑一个具有 $m=|\mathcal{M}|$ 个集群的大规模多智能体系统，$\mathcal{M}$ 是集群的集合。每个集群有 $n_i=|\mathcal{A}_i|$ 个智能体，其中 $\mathcal{A}_i,\forall i=1,\cdots,m$ 表示第 i 个集群的智能体的集合。集群 i 中的每个智能体 j 都有其特有的且不能与其他智能体共享的局部目标函数 $f_i^j(x)$ 和局部约束集 X_i^j，同时有一个所有智能体都可知的全局约束集 X_g。智能体的目标是协同求解约束优化问题：

$$\begin{cases}\min\limits_{x}\sum_{i=1}^{m}\sum_{j=1}^{n_i}f_i^j(x)\\ \text{s.t.}\ \ x\in\bigcap_{i=1}^{m}\bigcap_{j=1}^{n_i}X_i^j\cap X_g\end{cases}\tag{5-1}$$

[1] 虚拟智能体的概念参照 6.3 节式（6-91）解释中关于虚拟智能体的定义。

式中，$f_i^j(x):\mathbb{R}^n\to\mathbb{R}$ 和 $X_i^j, i=1,\cdots,m, j=1,\cdots,n_i$ 分别为凸函数和紧凸集。

为了得到一个更紧凑的表达式，我们将全局约束集 X_g 与局部约束集 X_i^j 合并，得到一个新的约束集 $\bar{X}_i^j = X_i^j \cap X_g, \forall i\in\mathcal{M}, j\in\mathcal{A}_i$，于是可以将式（5-1）改写为：

$$\begin{cases}\min\limits_x \sum\limits_{i=1}^{m}\sum\limits_{j=1}^{n_i} f_i^j(x) \\ \text{s.t. } x\in X\end{cases} \tag{5-2}$$

式中，X 为所有局部约束集的交集，即 $X=\bigcap\limits_{i=1}^{m}\bigcap\limits_{j=1}^{n_i}\bar{X}_i^j$。

将式（5-2）的最优解表示为 $x^*\in X$，根据极值定理容易得出 x^* 存在。但是每个智能体都无法得知它，我们的想法是使每个智能体通过迭代使用其邻近智能体和自身的可用信息来估计最优解。将 l 次迭代时集群 i 中的智能体 j 的估计值表示为 $\hat{x}_i^j(l),\ i=1,\cdots,m,\ j=1,\cdots,n_i$。于是，我们的目标是提出一种算法，以确保随着迭代次数的增加，所有这些估计都达到最优解的一致，即 $\lim\limits_{l\to\infty}\hat{x}_i^j(l)=x^*$，$i=1,\cdots,m,\ j=1,\cdots,n_i$。

为了实现这一点，我们做了以下假设。

假设 5-1　函数 f_i^j 是凸函数且可微。

令 ∇f_i^j 是 f_i^j 的梯度函数，那么根据文献［4］和［5］，假设 5-1 确保了它在集合 X 上有界，即存在一个标量 $L>0$，有：

$$\left\|\nabla f_i^j(x)\right\| \leqslant L,\quad \forall x\in X \tag{5-3}$$

如果 X 是紧集 [3]。

注 5-1　在本节，我们假设 f_i^j 是凸函数且可微，因此它的梯度 ∇f_i^j 对任意的 $x\in\mathbb{R}^n$ 都存在。然而，这个假设条件可以放宽到 f_i^j 为凸函数，并且在某些点上不可微。在这种情况下，存在一个次梯度，并可当作梯度使用 [6]。

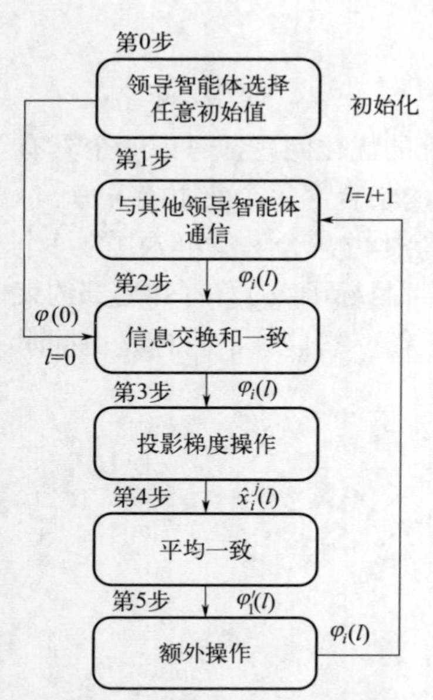

图 5-2　分布式同步优化流程图

（2）分布式优化算法

本节提出两种分布式同步优化算法来解决式（5-2）中所述的问题。首先，在每个集群中分配一个智能体作为领导智能体。在不失一般性的情况下，在每个集群中，领导智能体记作智能体 1。

为了解决所提出的优化问题，我们对通信图做如下假设。

假设 5-2　同一集群 i 中智能体的通信图

$\mathcal{G}_i=(V_i,\xi_i)$ 是无向且连通的。

假设 5-3　领导智能体间的通信图 $\mathcal{G}_{\text{leader}}=(\mathcal{V}_{\text{leader}},\xi_{\text{leader}})$ 是连通的。

① 分布式同步优化算法：提出的分布式优化方法流程图如图 5-2 所示，各步骤描述如下。

第 0 步：初始化。作为起点，当 $l=0$ 时，每个集群的领导智能体通过任选一个初值 $\varphi(0)\in\mathbb{R}^n$ 开始估计最优解，然后进入第 2 步。

第 1 步：领导智能体均值一致。假设在第 l 步迭代，$l\geqslant 1$，集群 $i,i\in\mathcal{M}$ 中的领导智能体与相邻集群 $k,k\in N_i$ 的领导智能体进行通信，其中 N_i 表示区域 m 的邻域集。最初，每个领导智能体将初始值设置为 $z_i^0=\varphi_i(l-1)$，其中 $\varphi_i(l-1)$ 叫作修正聚类估计，将在第 5 步得到。通过应用 FACA 算法，在经过 K' 步之后，每个领导智能体都达到了均值一致，有：

$$\varphi(l)=z_i^{K'}=\frac{\sum_{i=1}^{m}z_i^0}{m}=\frac{\sum_{i=1}^{m}\varphi_i(l-1)}{m} \tag{5-4}$$

式中，$\varphi(l)$ 为均值估计；K' 为领导智能体之间通信图的拉普拉斯矩阵的不同非零特征值的个数。

第 2 步：信息交换和一致。在集群 i 中，通过使每个智能体与它的相邻智能体交换信息，使所有智能体达到均值估计 $\varphi(l)$ 的均值一致。这个过程总结如下：当 $l\geqslant 1$，初始值可以设置为 $y_1^0=\varphi(l),y_2^0=\cdots=y_{n_i+q_i}^0=0$。然后使用 FACA，经过 K_i 步后，所有的智能体都可以达到一致，为 $y_1^{K_i}=\cdots=y_{n_i+q_i}^{K_i}=\varphi(l)/(n_i+q_i)$，其中 K_i 为集群 i 中图拉普拉斯矩阵 $\boldsymbol{\mathcal{L}}_i$ 的不同非零特征值的个数。最后每个智能体通过将 n_i+q_i 与 $y_j^{K_i},\forall j=1,\cdots,n_i+q_i$ 相乘得到 $\varphi(l)$。当 $l=0$ 时，除了用 $\varphi(0)$ 替代 $\varphi(l)$，其他步骤都相同。

第 3 步：投影梯度操作。集群 i 中的每台发电机智能体都采用投影梯度这步来最小化自己的代价函数 f_i^j，即：

$$\hat{x}_i^j(l)=P_{\bar{X}_i^j}\left[\varphi(l)-\zeta_l\nabla f_i^j(\varphi(l))\right] \tag{5-5}$$

式中，$P_{\bar{X}_i^j}[\cdot]$ 为局部约束集 $\bar{X}_i^j$ 上的投影算子；ζ_l 为 l 次迭代的步长；∇f_i^j 为代价函数 f_i^j 的梯度。

第 4 步：通过平均一致进行聚类估计。通过对聚类 i 中所有智能体的估计值求平均值，应用分布式 FACA 算法得到第 l 次迭代时的聚类估计 $\varphi_i'(l)$，即 $\varphi_i'(l)=\frac{\sum_{j=1}^{n_i}\hat{x}_i^j(l)}{n_i}$。

第 5 步：额外操作修正聚类估计。当每个智能体对聚类估计 $\varphi_i'(l)$ 达到均值一致后，集群的领导智能体进行如下简单操作，便可得到修正后的聚类估计 $\varphi_i(l)$。

$$\varphi_i(l)=\frac{n_i}{\tilde{n}}\varphi_i'(l)+\frac{(\tilde{n}-n_i)\varphi(l)}{\tilde{n}},\ i\in\mathcal{M} \tag{5-6}$$

式中，$\tilde{n}=\max\{n_1,\cdots,n_m\}$。

注 5-2　式（5-6）是由领导智能体进行的额外操作，旨在借助虚拟智能体的新思想来实现算法的收敛性，后面将进行分析。实际上，这步操作是必要的，因为根据我们的一些数值模拟实验表明，如果不这样做，当每个集群有不同数量的智能体时，估值解将不会收敛到最优点。

注 5-3　值得注意的是，全局信息 $\tilde{n}$ 在式（5-6）中被使用，但是它可以从局部信息中获得。事实上，根据图拓扑搜索算法中的“网络泛洪”通信策略，不难发现，每个集群的领导智能体可以很容易地获得其他集群中的智能体数量 $n_i,i=1,\cdots,m$。

② 分布式顺序优化算法：一般来说，领导智能体将估值发送给相邻集群领导智能体的顺序通信策略主要有两种，即确定性［4］和随机性序列［5］。在本节中，我们主要关注确定性通信，特别是循环通信策略。在此策略下，每一个聚类在一个迭代周期中按顺序更新一次估值。因此，一个循环迭代包含 m 个估计更新集群。在不失一般性的前提下，假设从集群 1 到集群 m 的顺序是递增的。

本节所提分布式顺序优化算法的示意图如图 5-3 所示，其中只显示了集群 1 的详细步骤。集群 i 的每个对应步骤描述如下。

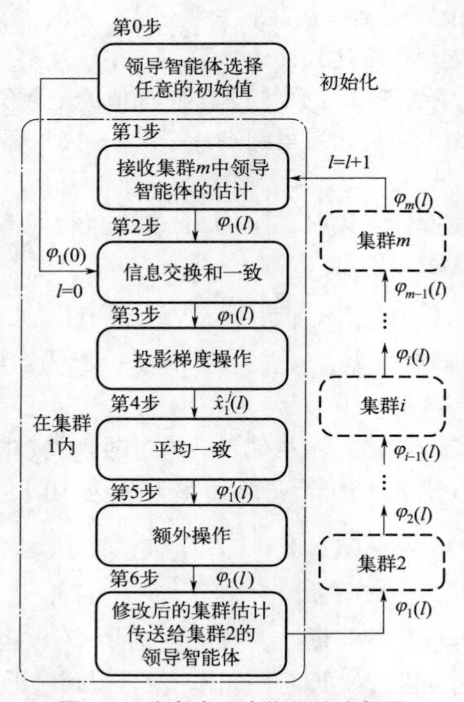

图 5-3　分布式顺序优化的流程图

第 0 步：初始化。作为起点，当 $l=0$ 时，集群 1 中的领导智能体通过任意选择一个初值 $\varphi(0)\in\mathbb{R}^n$ 开始估计最优解，然后进入第 2 步。

第 1 步：从另一个集群的领导智能体接收估计的解决方案。假设在第 l 次迭代，当 $l\geqslant 1$ 时，集群 $i,\ i\in\mathcal{M}$ 中的领导智能体收到来自集群 $i-1$ 中领导智能体的 $\varphi_{i-1}(l)$，其中 $\varphi_{i-1}(l)$ 被称为修正集群估计，如第 5 步所示。

第 2 步：信息交换和一致。在集群 i 中，通过使每个智能体与它的相邻智能体交换信息，所有智能体就综合收到的均值达到均值一致。这个过程总结如下：当 $l\geqslant 1$ 时，初始值可以设置为 $y_1^0=\varphi_{i-1}(l), y_2^0=\cdots=y_{n_i}^0=0$。然后使用 FACA 算法，经过 K_i 步之后，所有智能体都可以达到一致，为 $y_1^{K_i}=\cdots=y_{n_i}^{K_i}=\varphi_{i-1}(l)/n_i$，其中 K_i 为集群 i 中图拉普拉斯矩阵 $\boldsymbol{\mathcal{L}}_i$ 的不同非零特征值的个数。最后每个智能体通过将 n_i 与 $y_j^{K_i},\forall j=1,\cdots,n_i$ 相乘得到 $\varphi_{i-1}(l)$。当 $l=0$ 时，除了用 $\varphi(0)$ 替代 $\varphi_{i-1}(l)$，其他步骤都相同。

第 3 步：投影梯度操作。集群 i 中的每个智能体都采用投影梯度这步来最小化自己的代价函数 f_i^j，即：

$$\hat{x}_i^j(l)=P_{\bar{X}_i^j}\left[\varphi_{i-1}(l)-\zeta_l\nabla f_i^j(\varphi_{i-1}(l))\right] \tag{5-7}$$

式中，$P_{\bar{X}_i^j}[\cdot]$ 为集合 $\bar{X}_i^j$ 上的投影算子；ζ_l 为 l 次迭代的步长；∇f_i^j 为代价函数 f_i^j 的梯度。

第 4 步：通过均值一致进行聚类估计。通过对聚类 i 中所有智能体的估计值求平均值，应用分布式 FACA 算法得到第 l 次迭代时的聚类估计，如下式所示：

$$\begin{cases} z_1^{i,j}(l)=w_{jj}(1)\hat{x}_i^j(l)+\sum\limits_{k\in\mathcal{N}_j}w_{jk}(1)\hat{x}_i^k(l) \\ z_2^{i,j}(l)=w_{jj}(2)z_1^{i,j}(l)+\sum\limits_{k\in\mathcal{N}_j}w_{jk}(2)z_1^{i,k}(l) \\ \vdots \\ z_{K_i}^{i,j}(l)=w_{jj}(K_i)z_{K_i-1}^{i,j}(l)+\sum\limits_{k\in\mathcal{N}_j}w_{jk}(K_i)z_{K_i-1}^{i,k}(l) \\ \varphi_i'(l)=z_{K_i}^{i,j}(l) \end{cases} \tag{5-8}$$

式中，$w_{jj}(s),w_{jk}(s),\ s=1,\cdots,K_i$ 为更新增益。值得注意的是，集群估计 $\varphi_i'(l)$ 实际上是集群 i 中局部智能体平均值估计，即 $\varphi_i'(l)=(\sum\limits_{j=1}^{n_i}\hat{x}_i^j(l))/n_i$。

第 5 步：额外操作修正聚类估计。当每个智能体对聚类估计 $\varphi_i'(l)$ 达到均值一致后，集群的领导智能体进行如下简单操作，便可得到修正后的聚类估计 $\varphi_i(l)$。

$$\varphi_i(l)=\frac{n_i}{\tilde{n}}\varphi_i'(l)+\frac{(\tilde{n}-n_i)\varphi_{i-1}(l)}{\tilde{n}},\quad i\in\mathcal{M} \tag{5-9}$$

式中，$\tilde{n}=\max\{n_1,\cdots,n_m\}$。

第 6 步：将修正后的集群估计发送到另一个集群的领导智能体。领导智能体将修正后的集群估计 $\varphi_i(l)$ 发送给集群 $i+1$ 的领导智能体。

令 x_l 为 l 个周期后的估计值，则下一个周期后的估计值为：

$$x_{l+1}=\varphi_m(l) \tag{5-10}$$

式中，$\varphi_m(l)$ 是根据式（5-9）从 $\varphi_0(l)$ 开始对 m 个集群进行顺序更新后得到的，已知：

$$\varphi_0(l)=x_l \tag{5-11}$$

注 5-4　在假设 5-2 中，假设每个集群中都有一个通用的无向连通图。但是，如果存在一个集群，例如集群 i 中有一个智能体可以直接与其他所有智能体通信，那么可以选择这个智能体作为集群 i 的领导智能体，在这个集群中可以避免在第 2 步和第 4 步中使用 FACA。在这种情况下，领导智能体可以直接将其接收到的修正后的聚类估计 $\varphi_{i-1}(l)$ 传送给第 2 步中的所有其他智能体；而在第 4 步中，集群 i 中的智能体 j 将它的更新估值 $\hat{x}_i^j(l), j=2,\cdots,n_i$ 传送给领导智能体。然后领导智能体通过对所有局部估计求平均值得到聚类估计 $\varphi_i'(l)$，即 $\varphi_i'(l)=(\sum_{j=1}^{n_i}\hat{x}_i^j(l))/n_i$。

注 5-5　式（5-9）与式（5-6）相似，这是为了实现算法的收敛性而提出的额外操作。

注 5-6　在本节中，我们只考虑确定性顺序通信策略。然而，我们的方法可以通过考虑在文献［5］中提出的基于随机马尔可夫链的通信策略来进一步发展。

③虚拟智能体：如前面注 5-2 和注 5-5 所述，式（5-6）和式（5-9）所表示的额外操作分别由两种算法的领导智能体进行。进一步研究式（5-6）与式（5-9），它实际上是两部分的线性组合；一部分是集群 i 中 n_i 个智能体的均值一致值；另一个是先前估值的 $\tilde{n}-n_i$ 个副本，它可以解释为是受某些虚拟智能体的影响。提出的集群虚拟智能体是指具有恒定代价函数的虚拟智能体，即没有优化变量。提出虚拟智能体的主要目的是使每个集群中的智能体数量相等，这是建立两种算法收敛性的关键思想。

假设集群 i 中的领导智能体增加了 $\tilde{n}-n_i$ 个虚拟智能体，并建立了它们之间的通信链路，如图 5-4 所示。通过将虚拟智能体的代价函数和约束集分别设置为 $f_i^j(x)=C, \bar{X}_i^j=\mathbb{R}^n, \forall i=1,\cdots,m, j=n_i+1,\cdots,\tilde{n}$，其中 C 是常数，则式（5-2）可以等价表述为

$$\begin{cases}\min\limits_x \sum\limits_{i=1}^{m}\sum\limits_{j=1}^{\tilde{n}} f_i^j(x)\\ \text{s.t.}\ \ x\in X\end{cases} \tag{5-12}$$

根据式（5-5）和式（5-7），第 3 步中虚拟智能体分别更新为：

$$\begin{aligned}\hat{x}_i^j(l) &= P_{\bar{X}_i^j}\left[\varphi(l) - \zeta_l \nabla f_i^j(\varphi(l))\right] \\ &= P_{\bar{X}_i^j}\left[\varphi(l)\right] = \varphi(l),\ j = n_i + 1, \cdots, \tilde{n}\end{aligned} \tag{5-13}$$

$$\begin{aligned}\hat{x}_i^j(l) &= P_{\bar{X}_i^j}\left[\varphi_{i-1}(l) - \zeta_l \nabla f_i^j(\varphi_{i-1}(l))\right] \\ &= P_{\bar{X}_i^j}\left[\varphi_{i-1}(l)\right] = \varphi_{i-1}(l),\ j = n_i + 1, \cdots, \tilde{n}\end{aligned} \tag{5-14}$$

这表明虚拟智能体除了保留先前迭代的修正估计之外并不产生其他影响。

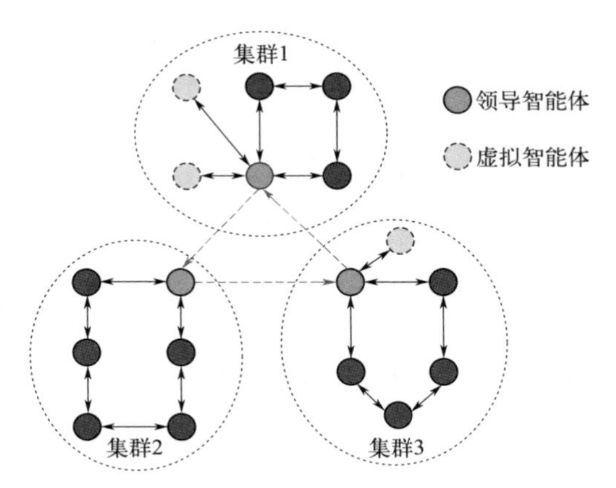

图 5-4 虚拟智能体的图示

5.2.3 算法收敛性分析

在本节中，我们分析并证明这两种分布式算法的收敛性。

(1) 分布式同步算法

有了虚拟智能体的概念，就可以将式（5-4）中的 j 扩充到 $\tilde{n}$，然后有：

$$\begin{aligned}\varphi(l) &= \frac{\sum_{i=1}^{m}\varphi_i(l-1)}{m} = \frac{\sum_{i=1}^{m}\left(\frac{n_i}{\tilde{n}}\frac{\sum_{j=1}^{n_1}\hat{x}_i^j(l-1)}{n_i} + \frac{\tilde{n}-n_i}{\tilde{n}}\varphi(l-1)\right)}{m} \\ &= \frac{\sum_{i=1}^{m}\sum_{j=1}^{\tilde{n}}\hat{x}_i^j(l-1)}{\tilde{n}m}\end{aligned} \tag{5-15}$$

式（5-15）表明它确实是整个大规模系统的平均值，其中每个集群将其发电机智能体增加到相同的数量 $\tilde{n}$。

定理 5-1 令 $\{\hat{x}_i^j(l)\}$ 为式（5-4）～式（5-6）中算法生成的估计，那么序列

$\{\hat{x}_i^j(l)\}$ 收敛到最优解 x^*，其中 $x^* \in \bigcap_{i=1}^{m}\bigcap_{j=1}^{n_i}\bar{X}_i^j$，即：

$$\lim_{l\to\infty}\hat{x}_i^j(l)=\lim_{l\to\infty}x_l=x^*,\ \forall i\in\mathcal{M}, j\in\mathcal{A}_i$$

如果步长 ζ_l 满足 $\zeta_l>0$，$\sum_l \zeta_l=\infty$ 且 $\sum_l {\zeta_l}^2<\infty$。

证明：借助虚拟智能体，说明式（5-12）等价于式（5-2），然后根据式（5-15），得出式（5-4）～式（5-6）中的算法就等价于下面 ED 问题中的结论。

下式中所提 ED 问题中存在最优解 x^*：

$$\begin{cases}\min\limits_{x}\sum_{k=1}^{N}c_k(x)\\ \text{s.t.}x\in\bigcap_{k=1}^{N}X_k\end{cases}$$

证明：假设约束集 X_k 为紧凑形式（具体表达如下），则 $X=\bigcap_{k=1}^{N}X_k$ 也为紧凑型。此外，函数 $c_k(x)$ 在区间 $\mathbb{R}^{N\times 1}$ 上为连续凸函数，即函数 $\sum_{k=1}^{N}c_k(x)$ 在此区间内亦为连续凸函数。由极值定理可得该 ED 问题存在最优解，且最优解 $x^*\in\bigcap_{k=1}^{N}X_k$。

证明完毕。

$$X_k=\begin{cases}\left.\begin{matrix}P_k^{\min}\leqslant x_k\leqslant P_k^{\max}\\ \sum_{i=1}^{N}x_i=P_{\mathrm{d}}\end{matrix}\right., k\in S_G, k=1,\cdots,n_{G+1}\\ \\ \left.\begin{matrix}0\leqslant x_k\leqslant W_{r,k}\\ \sum_{i=1}^{N}x_i=P_{\mathrm{d}}\end{matrix}\right., k\in S_W, k=n_{G+1},\cdots,N\end{cases}$$

（2）分布式顺序算法

在这一节中，我们将证明所提算法在只有全局约束的情况下的收敛性，即 $X=\bar{X}_i^j=X_g$。

首先，我们对 $\hat{x}_i^j(l)$ 与可行点 $z\in X$ 之间的距离建立一个性质，即 $\|\hat{x}_i^j(l)-z\|^2$，如下面引理 5-1 所述。紧接着，为了便于收敛性分析，通过引入虚拟智能体的概念，将引理 5-1 中的式（5-16）转换为式（5-22），这是收敛性分析的关键思想。然后，在虚拟智能体的帮助下，引理 5-2 中建立了关于 $\|\hat{x}_i^j(l+1)-z\|^2$ 和 $\|\hat{x}_i^j(l)-z\|^2$ 的性质。最后，在定理 5-2 中给出了该算法的收敛性，并进行了证明。

引理 5-1　令 $\{\hat{x}_i^j(l)\}$ 为由式（5-7）生成的序列，则对于任何 $z\in X$ 和所有 $l\geqslant 0$，有：

$$\left\|\hat{x}_i^j(l)-z\right\|^2 \leqslant \left\|\varphi_{i-1}(l)-z\right\|^2+\zeta_l^2\left\|\nabla f_i^j\right\|^2 -2\zeta_l \nabla f_i^j(\varphi_{i-1}(l))^{\mathrm{T}}\left(\varphi_{i-1}(l)-z\right)-\left\|\phi_i^j(l)\right\|^2 \tag{5-16}$$

式中，$\xi_i^j(l)$ 为投影误差，定义为：

$$\xi_i^j(l)=P_X\left[\varphi_{i-1}(l)-\zeta_l\nabla f_i^j(\varphi_{i-1}(l))\right] -\left(\varphi_{i-1}(l)-\zeta_l\nabla f_i^j(\varphi_{i-1}(l))\right) \tag{5-17}$$

证明：对于任何 $z\in X$ 、所有 i,j 以及 $l\geqslant 0$ ，我们有

$$\left\|\hat{x}_i^j(l)-z\right\|^2=\left\|P_X\left[\varphi_{i-1}(l)-\zeta_l\nabla f_i^j(\varphi_{i-1}(l))\right]-z\right\|^2 \tag{5-18}$$

当 $z\in X$ ，式（5-18）变为：

$$\left\|\hat{x}_i^j(l)-z\right\|^2 \leqslant \left\|\varphi_{i-1}(l)-\zeta_l\nabla f_i^j(\varphi_{i-1}(l))-z\right\|^2-\left\|\xi_i^j(l)\right\|^2 \tag{5-19}$$

为了简化符号，我们将下面的 $\nabla f_i^j(\varphi_{i-1}(l))$ 简化为 ∇f_i^j ，有：

$$\left\|\varphi_{i-1}(l)-\zeta_l\nabla f_i^j(\varphi_{i-1}(l))-z\right\|^2 =\left\|\varphi_{i-1}(l)-z\right\|^2+\zeta_l^2\left\|\nabla f_i^j\right\|^2-2\zeta_l\nabla f_i^{j\mathrm{T}}\left(\varphi_{i-1}(l)-z\right) \tag{5-20}$$

将式（5-20）代入式（5-19），引理得证。

有了虚拟智能体的概念，我们就可以将式（5-7）中的 j 扩充到 $\tilde{n}$ ，于是式（5-9）变为：

$$\varphi_i(l)=\varphi_i'(l),\ \ i\in\mathcal{M} \tag{5-21}$$

则引理 5-1 中的式（5-16）可扩充为：

$$\left\|\hat{x}_i^j(l)-z\right\|^2 \leqslant \left\|\varphi_{i-1}(l)-z\right\|^2+\zeta_l^2\left\|\nabla f_i^j\right\|^2-2\zeta_l\nabla f_i^{j\mathrm{T}}\left(\varphi_{i-1}(l)-z\right) -\left\|\phi_i^j(l)\right\|^2,\ \ i=1,\cdots,m,j=1,\cdots,\tilde{n} \tag{5-22}$$

其中对于所有 $i\in\mathcal{M}$ ， j 已被扩充为 $\tilde{n}$ 。

引理 5-2　令 $\{x_l\}$ 为式（5-7）～式（5-11）中算法生成的序列。那么对于任何 $z\in X$ 和所有 $l\geqslant 0$ ，有：

$$\tilde{n}\left\|x_{l+1}-z\right\|^2\leqslant\tilde{n}\left\|x_l-z\right\|^2+\zeta_l^2\sum_{i=1}^{m}\sum_{j=1}^{\tilde{n}}\left\|\nabla f_i^j\right\|^2 -2\zeta_l\sum_{i=1}^{m}\sum_{j=1}^{\tilde{n}}\nabla f_i^j(\varphi_{i-1}(l))^{\mathrm{T}}\left(\varphi_{i-1}(l)-z\right)-\sum_{i=1}^{m}\sum_{j=1}^{\tilde{n}}\left\|\xi_i^j(l)\right\|^2 \tag{5-23}$$

证明：将式（5-22）中 $i=1,\cdots,m$，$j=1,\cdots,\tilde{n}$ 求和，得到

$$\begin{aligned}&\sum_{i=1}^{m}\sum_{j=1}^{\tilde{n}}\left\|\hat{x}_i^j(l)-z\right\|^2\\&\leqslant \tilde{n}\sum_{i=1}^{m}\left\|\varphi_{i-1}(l)-z\right\|^2+\zeta_l^2\sum_{i=1}^{m}\sum_{j=1}^{\tilde{n}}\left\|\nabla f_i^j\right\|^2\\&-2\zeta_l\sum_{i=1}^{m}\sum_{j=1}^{\tilde{n}}\nabla f_i^{j\mathrm{T}}\left(\varphi_{i-1}(l)-z\right)-\sum_{i=1}^{m}\sum_{j=1}^{\tilde{n}}\left\|\xi_i^j(l)\right\|^2\end{aligned}\tag{5-24}$$

记 $\left\|\varphi_0(l)-z\right\|^2=\left\|x_l-z\right\|^2$，于是有：

$$\begin{aligned}&\sum_{i=1}^{m}\sum_{j=1}^{\tilde{n}}\left\|\hat{x}_i^j(l)-z\right\|^2\\&\leqslant \tilde{n}\left\|x_l-z\right\|^2+\tilde{n}\sum_{i=2}^{m}\left\|\varphi_{i-1}(l)-z\right\|^2+\zeta_l^2\sum_{i=1}^{m}\sum_{j=1}^{\tilde{n}}\left\|\nabla f_i^j\right\|^2\\&-2\zeta_l\sum_{i=1}^{m}\sum_{j=1}^{\tilde{n}}\nabla f_i^{j\mathrm{T}}\left(\varphi_{i-1}(l)-z\right)-\sum_{i=1}^{m}\sum_{j=1}^{\tilde{n}}\left\|\xi_i^j(l)\right\|^2\end{aligned}\tag{5-25}$$

根据式（5-8）和式（5-21），有：

$$\begin{aligned}&\tilde{n}\sum_{i=2}^{m}\left\|\varphi_{i-1}(l)-z\right\|^2=\tilde{n}\sum_{i=2}^{m}\left\|\varphi'_{i-1}(l)-z\right\|^2\\&=\tilde{n}\sum_{i=2}^{m}\left\|\frac{\sum_{j=1}^{\tilde{n}}(\hat{x}_{i-1}^j(l)-z)}{\tilde{n}}\right\|^2\leqslant\sum_{i=2}^{m}\sum_{j=1}^{\tilde{n}}\left\|\hat{x}_{i-1}^j(l)-z\right\|^2\end{aligned}\tag{5-26}$$

需要指出的是，在上面的不等式中，运用了关系式：

$$\left\|\frac{a_1+\cdots+a_n}{n}\right\|^2\leqslant\frac{\left\|a_1\right\|^2+\cdots+\left\|a_n\right\|^2}{n}\tag{5-27}$$

将式（5-26）代入式（5-25），得到：

$$\begin{aligned}&\sum_{i=1}^{m}\sum_{j=1}^{\tilde{n}}\left\|\hat{x}_i^j(l)-z\right\|^2\\&\leqslant \tilde{n}\left\|x_l-z\right\|^2+\sum_{i=2}^{m}\sum_{j=1}^{\tilde{n}}\left\|\hat{x}_{i-1}^j(l)-z\right\|^2+\zeta_l^2\sum_{i=1}^{m}\sum_{j=1}^{\tilde{n}}\left\|\nabla f_i^j\right\|^2\\&-2\zeta_l\sum_{i=1}^{m}\sum_{j=1}^{\tilde{n}}\nabla f_i^{j\mathrm{T}}\left(\varphi'_{i-1}(l)-z\right)-\sum_{i=1}^{m}\sum_{j=1}^{\tilde{n}}\left\|\xi_i^j(l)\right\|^2\end{aligned}\tag{5-28}$$

通过将关系式（5-27）应用于式（5-28）等号左侧的第一项，得到：

$$\sum_{j=1}^{\tilde{n}}\left\|\hat{x}_m^j(l)-z\right\|^2 \geqslant \tilde{n}\left\|\varphi_m'(l)-z\right\|^2=\tilde{n}\left\|x_{l+1}-z\right\|^2 \tag{5-29}$$

结合式（5-28）和式（5-29），引理得证。

注 5-7　值得指出的是，如果式（5-9）不是由领导智能体产生的，那么式（5-28）小于等于号右边的项 $\sum_{i=2}^{m}\sum_{j=1}^{\tilde{n}}\left\|\hat{x}_{i-1}^j(l)-z\right\|^2$ 不能被左边的项抵消，也就是说，不在每个集群中引入虚拟智能体，使智能体的数量等于 $\tilde{n}$。换句话说，额外的操作式（5-9）使两项相等，从而相互抵消，进而成功地建立引理 5-2。这是建立下面所提算法收敛性的关键思想之一。

定理 5-2　设 $\{x_l\}$ 是由式（5-7）～式（5-11）中算法生成的估计。那么序列 $\{x_l\}$ 和 $\{\hat{x}_i^j(l)\}$ 收敛到最优解 x^* 且 $x^*\in X$，即：

$$\lim_{l\to\infty}\hat{x}_i^j(l)=\lim_{l\to\infty}x_l=x^*,\ \ \forall i\in\mathcal{M}, j\in\mathcal{A}_i$$

如果步长 ζ_l 满足 $\zeta_l>0$，$\sum_l\zeta_l=\infty$ 且 $\sum_l\zeta_l^2<\infty$。

证明：在这个证明中，我们首先证明当 $l\to\infty$ 时，$f(x_l)$ 收敛于 $f(x^*)$，其中 $f(x_l)=\sum_{i=1}^{m}\sum_{j=1}^{\tilde{n}}f_i^j(x_l)$。然后证明序列 $\{x_l\}$ 和 $\{\hat{x}_i^j(l)\}$ 收敛于同一个最优点 x^*。

根据梯度不等式[6]，有：

$$-\nabla f_i^j(\varphi_{i-1}(l))^{\mathrm{T}}\left(\varphi_{i-1}(l)-z\right)\leqslant f_i^j(z)-f_i^j\left(\varphi_{i-1}(l)\right) \tag{5-30}$$

将引理 5-2 中的式（5-30）代入式（5-23），有：

$$\begin{aligned}\tilde{n}\left\|x_{l+1}-z\right\|^2 &\leqslant \tilde{n}\left\|x_l-z\right\|^2+\zeta_l^2\sum_{i=1}^{m}\sum_{j=1}^{\tilde{n}}\left\|\nabla f_i^j\right\|^2\\ &+2\zeta_l\sum_{i=1}^{m}\sum_{j=1}^{\tilde{n}}\left(f_i^j(z)-f_i^j\left(\varphi_{i-1}(l)\right)\right)-\sum_{i=1}^{m}\sum_{j=1}^{\tilde{n}}\left\|\xi_i^j(l)\right\|^2\end{aligned} \tag{5-31}$$

在式（5-31）右侧的第三项中加上和减去 $f_i^j\left(\varphi_0(l)\right)$ 得到：

$$\begin{aligned}&\sum_{i=1}^{m}\sum_{j=1}^{\tilde{n}}\left(f_i^j(z)-f_i^j\left(\varphi_{i-1}(l)\right)\right)\\ &=\sum_{i=1}^{m}\sum_{j=1}^{\tilde{n}}\left(f_i^j(z)-f_i^j\left(\varphi_0(l)\right)+f_i^j\left(\varphi_0(l)\right)-f_i^j\left(\varphi_{i-1}(l)\right)\right)\\ &=f(z)-f(x_l)+\sum_{i=2}^{m}\sum_{j=1}^{\tilde{n}}\left(f_i^j\left(\varphi_0(l)\right)-f_i^j\left(\varphi_{i-1}(l)\right)\right)\\ &\leqslant f(z)-f(x_l)+\sum_{i=2}^{m}\sum_{j=1}^{\tilde{n}}\left\|\nabla f_i^j(\varphi_0(l))\right\|\left\|\varphi_0(l)-\varphi_{i-1}(l)\right\|\end{aligned} \tag{5-32}$$

对于 $\left\|\varphi_0-\varphi_{i-1}\right\|$，为了简化符号，省略 l，可以得到：

$$
\begin{aligned}
\left\|\varphi_{i-1}-\varphi_0\right\| &= \left\|\varphi'_{i-1}-\varphi_0\right\| = \left\|\frac{\sum_{j=1}^{\tilde{n}}\left(\hat{x}_{i-1}^j-\varphi_0\right)}{\tilde{n}}\right\| \\
&\leqslant \frac{1}{\tilde{n}}\sum_{j=1}^{\tilde{n}}\left\|\hat{x}_{i-1}^j-\varphi_0\right\| \\
&= \frac{1}{\tilde{n}}\sum_{j=1}^{\tilde{n}}\left\|\xi_{i-1}^j+\varphi_{i-2}-\zeta_l\nabla f_{i-1}^j-\varphi_0\right\| \\
&\leqslant \frac{1}{\tilde{n}}\sum_{j=1}^{\tilde{n}}\left(\left\|\xi_{i-1}^j\right\|+\zeta_l\left\|\nabla f_{i-1}^j\right\|+\left\|\varphi_{i-2}-\varphi_0\right\|\right) \\
&\leqslant \cdots \\
&\leqslant \frac{1}{\tilde{n}}\sum_{r=1}^{i-1}\sum_{j=1}^{\tilde{n}}\left(\left\|\xi_r^j\right\|+\zeta_l\left\|\nabla f_r^j\right\|\right)
\end{aligned} \tag{5-33}
$$

将式（5-33）代入式（5-32），并根据假设 5-1，得到：

$$
\begin{aligned}
&\sum_{i=1}^{m}\sum_{j=1}^{\tilde{n}}\left(f_i^j(z)-f_i^j\left(\varphi_{i-1}(l)\right)\right) \\
&\leqslant \sum_{i=2}^{m}\sum_{j=1}^{\tilde{n}}\left\|\nabla f_i^j(\varphi_0(l))\right\|\left(\frac{1}{\tilde{n}}\sum_{r=1}^{i-1}\sum_{j=1}^{\tilde{n}}\left(\left\|\xi_r^j\right\|+\zeta_l\left\|\nabla f_r^j\right\|\right)\right) \\
&\quad +f(z)-f(x_l) \\
&\leqslant \sum_{i=2}^{m}\sum_{j=1}^{\tilde{n}}L\left(\frac{1}{\tilde{n}}\sum_{r=1}^{i-1}\sum_{j=1}^{\tilde{n}}\left(\left\|\xi_r^j\right\|+\zeta_l L\right)\right)+f(z)-f(x_l) \\
&\leqslant \sum_{i=1}^{m}\sum_{j=1}^{\tilde{n}}(m-i)L\left\|\xi_i^j\right\|+\frac{\tilde{n}m(m-1)L^2}{2}\zeta_l+f(z)-f(x_l)
\end{aligned} \tag{5-34}
$$

将式（5-34）代入式（5-31），得到：

$$
\begin{aligned}
\left\|x_{l+1}-z\right\|^2 &\leqslant \left\|x_l-z\right\|^2+\zeta_l^2 C+\frac{2}{\tilde{n}}\zeta_l\left[f(z)-f(x_l)\right] \\
&\quad +\frac{1}{\tilde{n}}\sum_{i=1}^{m}\sum_{j=1}^{\tilde{n}}\left(2(m-i)L\zeta_l\left\|\xi_i^j\right\|-\left\|\xi_i^j\right\|^2\right)
\end{aligned} \tag{5-35}
$$

式中，$C=m^2L^2$。

又有：

$$
\begin{aligned}
&2(m-i)L\zeta_l\left\|\xi_i^j\right\|-\left\|\xi_i^j\right\|^2 \\
&=-\left(\left\|\xi_i^j\right\|-(m-i)L\zeta_l\right)^2+(m-i)^2L^2\zeta_l^2 \\
&\leqslant (m-i)^2L^2\zeta_l^2,\ \ i=1,\cdots,m-1
\end{aligned} \tag{5-36}
$$

结合式（5-35）和式（5-36），有：

$$\begin{aligned}&\left\|x_{l+1}-z\right\|^2\leqslant\left\|x_l-z\right\|^2+\zeta_l^2C+\frac{2}{\tilde{n}}\zeta_l\left[f(z)-f(x_l)\right]\\&+\sum_{i=1}^{m-1}(m-i)^2L^2\zeta_l^2-\sum_{j=1}^{\tilde{n}}\left\|\xi_m^j\right\|^2\\&\leqslant\left\|x_l-z\right\|^2+\zeta_l^2D+\frac{2}{\tilde{n}}\zeta_l\left[f(z)-f(x_l)\right]-\sum_{j=1}^{\tilde{n}}\left\|\xi_m^j\right\|^2\end{aligned}\tag{5-37}$$

式中，$D=C+\sum_{i=1}^{m-1}(m-i)^2L^2$ 。

对于任意的 G 和 H，$G<H$，将式（5-37）中的 l 从 G 到 H 求和，并令 $z=x^*$，有：

$$\begin{aligned}&\left\|x_{H+1}-x^*\right\|^2+\sum_{l=G}^{H}\sum_{j=1}^{\tilde{n}}\left\|\xi_m^j(l)\right\|^2\\&+\frac{2}{\tilde{n}}\sum_{l=G}^{H}\zeta_l\left[f(x_l)-f(x^*)\right]\leqslant\left\|x_G-x^*\right\|^2+D\sum_{l=G}^{H}\zeta_l^2\end{aligned}\tag{5-38}$$

通过令 $G=0$，并且 $H\to\infty$，则式（5-38）变为：

$$\begin{aligned}&\left\|x_\infty-x^*\right\|^2+\frac{2}{\tilde{n}}\sum_{l=0}^{\infty}\zeta_l\left[f(x_l)-f(x^*)\right]+\sum_{l=0}^{\infty}\sum_{j=1}^{\tilde{n}}\left\|\xi_m^j(l)\right\|^2\\&\leqslant\left\|x_0-x^*\right\|^2+D\sum_{l=0}^{\infty}\zeta_l^2\end{aligned}\tag{5-39}$$

如果 $\sum_l\zeta_l^2<\infty$，那么式（5-39）的右边是有界的，因此：

$$\frac{2}{\tilde{n}}\sum_{l=0}^{\infty}\zeta_l\left[f(x_l)-f(x^*)\right]+\sum_{l=0}^{\infty}\sum_{j=1}^{\tilde{n}}\left\|\xi_m^j(l)\right\|^2\leqslant\infty$$

这意味着：

$$\frac{2}{\tilde{n}}\sum_{l=0}^{\infty}\zeta_l\left[f(x_l)-f(x^*)\right]\leqslant\infty\tag{5-40}$$

$$\sum_{l=0}^{\infty}\sum_{j=1}^{\tilde{n}}\left\|\xi_m^j(l)\right\|^2\leqslant\infty\tag{5-41}$$

根据式（5-7）～式（5-10）表明 x_l 对所有 $l\geqslant0$ 时，$\hat{x}_i^j(l)$ 和 $\hat{x}_i^j(l)\in X$ 的线性组合，且 X 是凸集，因此得出结论：$x_l\in X, l\geqslant0$，这意味着对于所有 $l\geqslant0$，$f(x_l)-f(x^*)\geqslant0$，记 $\sum_l\zeta_l=\infty$ 。于是根据式（5-40）可得：

$$\lim_{l\to\infty}f(x_l)-f(x^*)=0$$

由此可得：

$$\liminf_{l\to\infty} f(x_l) = f(x^*) \tag{5-42}$$

接下来我们证明序列 $\{x_l\} = \{\varphi_0(l)\}$ 收敛到同一个最优点 x^*。

受文献［7］中收敛性分析的启发，将式（5-38）的下限设为 $H \to \infty$，上限设为 $G \to \infty$，对于任意 $z^* \in X^*$，可以得到：

$$\limsup_{H\to\infty} \left\| x_{H+1} - z^* \right\|^2 \leqslant \liminf_{G\to\infty} \left\| x_G - z^* \right\|^2$$

这意味着标量序列 $\{\|x_l - z^*\|\}$ 对每个 $z^* \in X^*$ 都收敛。当 $\liminf_{l\to\infty} f(x_l) = f(x^*)$ 时，意味着 $\{x_l\}$ 的极限点必须属于 X^*，表示为 x^*。由于 $\{\|x_l - z^*\|\}$ 对 $z^* = x^*$ 收敛，因此有 $\lim_{l\to\infty} x_l = x^*$。这意味着序列 $\{x_l\} = \{\varphi_0(l)\}$ 收敛于最优解 x^*。

最后我们证明了序列 $\{\hat{x}_i^j(l)\}, \forall i \in \mathcal{M}, j \in \mathcal{A}_i$ 也收敛于最优解 x^*。

记 $\liminf_{l\to\infty} \zeta_l = 0$，根据式（5-7），有：

$$\lim_{l\to\infty} \hat{x}_i^j(l) = \lim_{l\to\infty} P_X[\varphi_{i-1}(l)] \tag{5-43}$$

因为 $\lim_{l\to\infty} \varphi_0(l) = \lim_{l\to\infty} x_l = x^* \in X$，于是 $\lim_{l\to\infty} \varphi_i \in X,\ i = 1, \cdots, m-1$。因此式（5-43）变为：

$$\lim_{l\to\infty} \hat{x}_i^j(l) = \lim_{l\to\infty} \varphi_{i-1}(l) \tag{5-44}$$

根据式（5-7），有：

$$\lim_{l\to\infty} \varphi_i(l) = \lim_{l\to\infty} \varphi_{i-1}(l) \tag{5-45}$$

上式表明 $\lim_{l\to\infty} \hat{x}_i^j(l) = \lim_{l\to\infty} \varphi_i(l) = \lim_{l\to\infty} x_l = x^*, \forall i \in \mathcal{M}, j \in \mathcal{A}_i$，这也意味着序列 $\{\hat{x}_i^j(l)\}, \forall i \in \mathcal{M}, j \in \mathcal{A}_i$ 同样收敛于最优解 x^*。定理得证。

5.2.4 仿真实例

本节选择 IEEE-30 母线系统作为测试系统。发电机和负载母线参数采用文献［8］中的参数。首先，根据 6 台发电机的实际连接距离将它们分为 3 个集群，即发电机 1、2 和 13 在集群 1 中，发电机 5 和 8 在集群 2 中，发电机 11 在集群 3 中，如图 5-5 所示。在不失一般性的情况下，发电机 2、5 和 11 被选为各自集群的领导智能体。各领导智能体之间的通信图如图 5-5（b）所示。总负载需求 $P_{\mathrm{d}} = \sum_{i=1}^{30} P_i^{\mathrm{d}} = 283.4\mathrm{MW}$。本节的前两个案例采用了循环式通信策略，分别研究了无发电机约束和有发电机约束的情况。最后，将基于 MC 的随机通信策略应用到我们的算法中，并与之前的顺序算法进行性能比较。

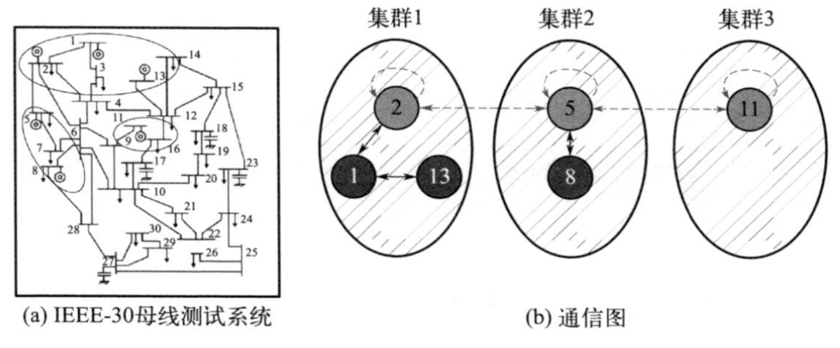

(a) IEEE-30母线测试系统

(b) 通信图

图 5-5 IEEE-30 母线测试系统

(1) 案例 1：分布式同步算法

在本案例中，应用分布式同步算法来解决式（5-2）中所述的多区域经济调度问题。设初始值 $\boldsymbol{x}^0$ 为 $\boldsymbol{x}^0=\begin{bmatrix}0 & \cdots & 0\end{bmatrix}^{\mathrm{T}}\in\mathbb{R}^6$。为了满足步长条件，递减的步长设为 $\zeta_l=\dfrac{\zeta_0}{l},l\geqslant 1$，其中 ζ_0 是初始步长，在本例中设为 $\zeta_0=700$。仿真结果如图 5-6 所示。从图 5-6（a）中可以看出，所有智能体的估计都是一致的，并且都收敛到最优解 $x^*=\begin{bmatrix}185.10 & 46.95 & 19.14 & 10.06 & 10.06 & 12.06\end{bmatrix}^{\mathrm{T}}$。这表明每台发电机的最佳功率分配：在区域 1，$P_{\mathrm{TG}_1}=185.10\mathrm{MW}$，$P_{\mathrm{TG}_2}=46.95\mathrm{MW}$，$P_{\mathrm{TG}_{13}}=12.06\mathrm{MW}$；在区域 2，$P_{\mathrm{TG}_5}=19.14\mathrm{MW}$，$P_{\mathrm{TG}_8}=10.06\mathrm{MW}$；在区域 3，$P_{\mathrm{TG}_{11}}=10.06\mathrm{MW}$，总成本 $C=767.6021\$$。为了清楚地证明这一结果，图 5-6（b）详细说明了 TG_1 的估计。

(2) 案例 2：分布式顺序算法

在本案例中，应用分布式顺序算法来解决式（5-2）中提出的多区域经济调度问题。初始值和初始步长的选择与案例 1 相同。仿真结果如图 5-7 所示。估计的迭代过程如图 5-7 所示，在 $k=3\times10^4$ 次迭代后收敛到与案例 1 相同的最优值。

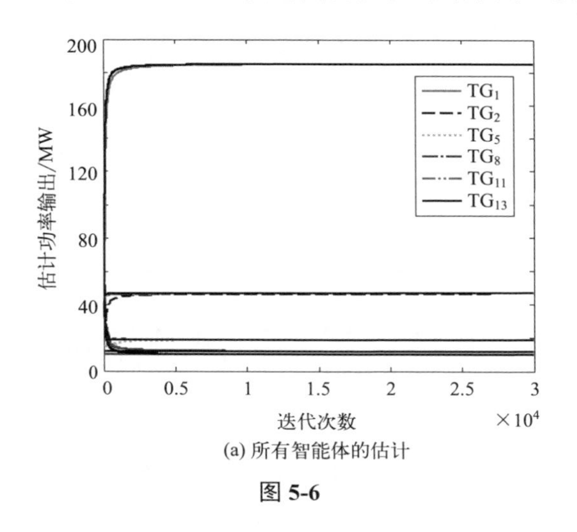

(a) 所有智能体的估计

图 5-6

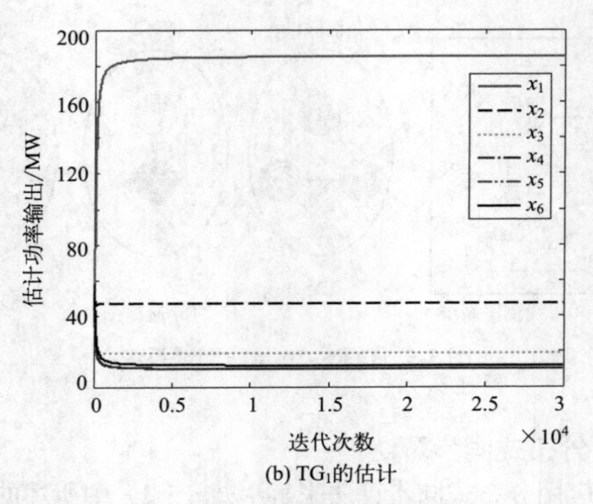

(b) TG_1的估计

图 5-6　分布式同步算法的仿真结果

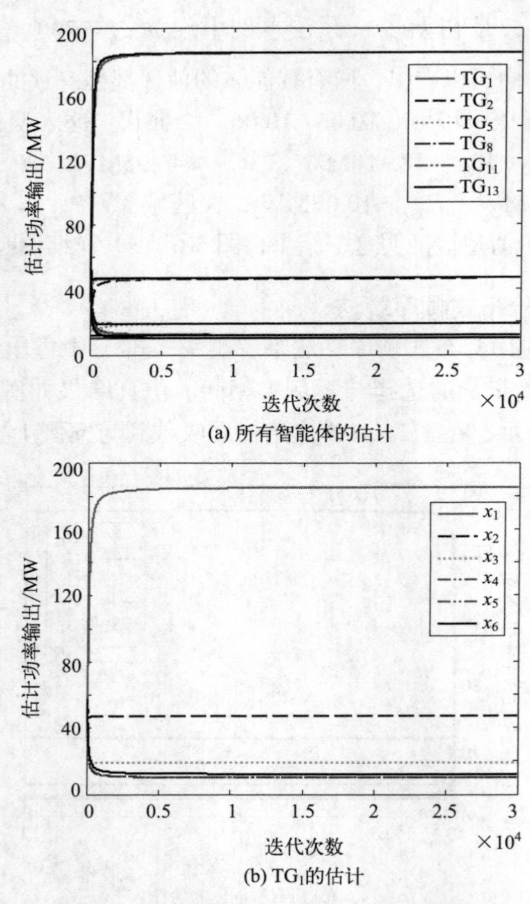

(a) 所有智能体的估计

(b) TG_1的估计

图 5-7　分布式顺序算法的仿真结果

这两个案例表明，我们提出的两种分布式算法都可以处理多区域的进化问题。

（3）案例 3：具有随机通信策略的分布式顺序算法

在本案例研究中，我们评估了采用随机通信策略的分布式顺序算法的性能。该典型的随机通信策略基于马尔可夫链（MC）跳线规则[5]。假设当前集群 i 正在进行优化，集群 i 中的领导智能体根据传输概率将估计发送给它的一个相邻集群（包括它自身）。参考文献 [9]，MC 的传输概率矩阵的元素 $\boldsymbol{P}_{ik},\forall i,k\in\mathcal{M}$ 被设置为：

$$\boldsymbol{P}_{ik}=\begin{cases}\min\left\{\dfrac{1}{a_i},\dfrac{1}{a_k}\right\}, & k\in N_i\\ 1-\sum\limits_{k\in N_i}\min\left\{\dfrac{1}{a_i},\dfrac{1}{a_k}\right\}, & k=i\\ 0, & \text{其他}\end{cases} \tag{5-46}$$

式中，a_i 为集群 i 中领导智能体的相邻领导智能体的数量。容易证明传输概率矩阵 $\boldsymbol{P}$ 是一个双随机矩阵，这意味着从概率的角度来看，所有组通常都是均等地被“访问”。

根据式（5-46）和图 5-5（b）中的通信图，可以很容易地得到 MC 传输概率矩阵 $\boldsymbol{P}$ 为：

$$\boldsymbol{P}=\begin{bmatrix}1/2 & 1/2 & 0\\ 1/2 & 0 & 1/2\\ 0 & 1/2 & 1/2\end{bmatrix}$$

仅以区域 1（发电机 2）中的领导智能体为例，得到的矩阵 $\boldsymbol{P}$ 表明它具有相等的概率（$P_{11}=P_{12}=1/2$）来将群估计发送到区域 2 中的发电机 5 或者在下一迭代步骤中保持。在仿真中，定义一个由计算机生成的范围为 [0 1] 的随机变量，在一次特定的迭代中，如果它大于 1/2，那么将估计发送到区域 2 中的发电机 5，否则保持不变。

基于 MC 的随机通信策略的仿真结果如图 5-8 所示。比较这两种策略，都能以几乎相同的收敛速度保证收敛到最优解。然而，随机通信的估计轨迹并不像顺序式通信那样“平滑”。

（4）案例 4：最速梯度

值得注意的是，在分布式顺序算法的第 3 步中，只使用了当前的迭代信息。

受文献［10］、［11］中加速梯度法的启发，我们通过在式（5-7）中增加动量项 $\rho_i^j(l)=\hat{x}_i^j(l)-\hat{x}_i^j(l-1)$ 来加速收敛，即：

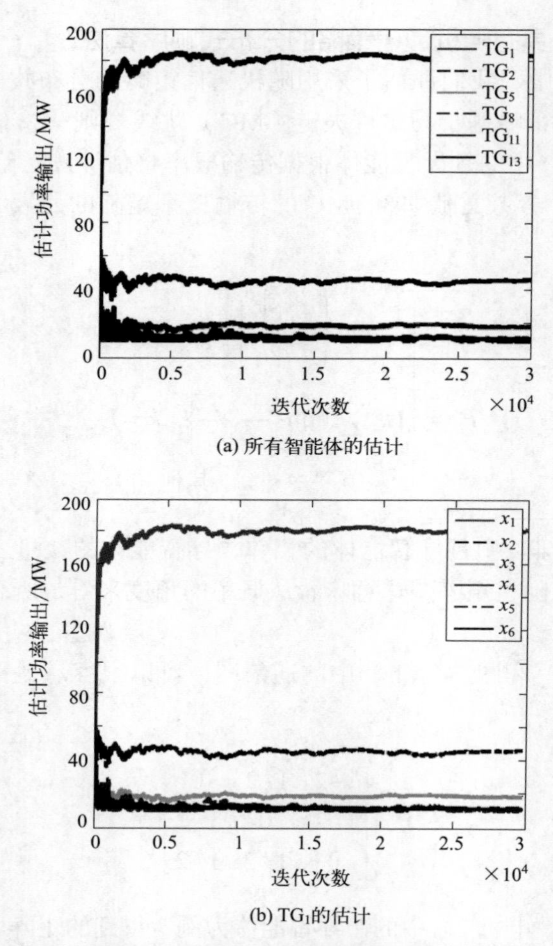

(a) 所有智能体的估计

(b) TG_1的估计

图 5-8　随机通信策略下的分布式顺序算法仿真结果

$$\hat{x}_i^j(l)=P_{\bar{X}_i^j}\left[\varphi_{i-1}(l)-\zeta_l\nabla f_i^j(\varphi_{i-1}(l))+\eta\rho_i^j(l)\right] \tag{5-47}$$

式中，η 为加速度增益，通常取 $0<\eta<1$。用式（5-47）代替式（5-7）的算法，在本案例取 $\eta=0.4$ 进行了仿真测试。此外，为了更好地进行比较，除了将初始步长设为较小的 $\zeta_0=100$ 外，其他的初始条件相同。集群 1 中智能体 1 的估计值的仿真结果如图 5-9 所示，虚线表示经过式（5-47）修正后的结果。与原算法（实线）相比，x_1 收敛到最优解 185.1MW 的速度要快得多，因此我们将改进算法命名为最速下降法。然而，建立该算法的收敛性是非常具有挑战性的，仍有一些问题亟待解决，值得进一步研究。

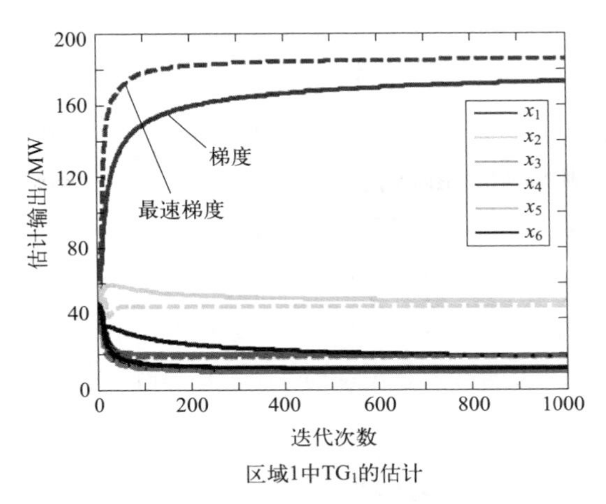

图 5-9　基于最速梯度法的分布式顺序算法的仿真结果

5.3 基于分层结构的分布式优化算法

本节提出一种分层的新型分散优化结构来解决大规模电力系统的经济调度问题。一般来说，经济调度常以集中式的算法来解决，就计算而言，这种方式不够灵活并且成本高。与集中式算法相比，本节将集中式的问题分解为一个个局部的子问题，每一个子发电机仅需根据自身的成本函数和发电限制来迭代完成自身的经济调度问题，然后通过一个额外的智能体来协调所有子发电机智能体的信息。基于新提出的虚拟智能体的概念，这个额外的智能体同时还负责解决全局供需约束问题。与现有的分布式算法不同，全局供需约束和局部发电约束可以借助上述虚拟智能体的概念来分开处理，因此大大降低了计算复杂性。另外，整个算法的通信过程只有局部个体的信息在局部智能体和全局智能体之间进行交换，不仅减少了通信负担，也保护了信息隐私安全。理论证明，在所提出分层次的分散式优化框架下，每个局部的发电机智能体能够以分布式的方式求得最优解。基于IEEE-30 总线和 IEEE-118 总线两种标准测试系统的案例实施经过讨论和测试验证所提方法的有效性。

5.3.1　优化算法设计

这里考虑由热发电机（TGs）和负载组成的大规模电力系统，ED 的主要目标是最小化发电成本。假设将 TGs 分为几个集群，那么 ED 问题可以表示为：

$$C=\sum_{i\in M_j}\sum_{j\in S_{G_i}} f_i^j(P_i^j) \tag{5-48}$$

式中，M_j 为集群的集合；S_{G_i} 为第 i 个集群中 TG 的集合；f_i^j 和 P_i^j 分别为集群 i 中第 j 个 TG 的成本函数和计划的功率输出。

TG 的成本函数通常近似为二次函数[12]：

$$f_i^j(P_i^j)=\alpha_i^j P_i^{j^2}+\beta_i^j P_i^j+\gamma_i^j \tag{5-49}$$

式中，α_i^j、β_i^j 和 γ_i^j 为集群 i 中第 j 个 TG 的成本系数。

这里不考虑传输损耗和约束，考虑发电机约束和供需约束，可以将多集群 ED 问题表示为：

$$\begin{cases}\min\limits_{P_i^j}\sum\limits_{i\in M}\sum\limits_{j\in S_{G_i}} f_i^j(P_i^j)\\ \text{s.t.}\ \sum\limits_{i\in M}\sum\limits_{j\in S_{G_i}} P_i^j=P_{\mathrm{d}}\\ P_i^{j^{\min}}\leqslant P_i^j\leqslant P_i^{j^{\max}},j\in S_{G_i},i\in M\end{cases} \tag{5-50}$$

其中 $P_i^{j^{\min}}$ 和 $P_i^{j^{\max}}$ 分别为第 i 个集群中第 j 个 TG 的下限和上限，P_{d} 是满足 $\sum\limits_{i\in M}\sum\limits_{j\in S_{G_i}} P_i^{j^{\min}}\leqslant P_{\mathrm{d}}\leqslant\sum\limits_{i\in M}\sum\limits_{j\in S_{G_i}} P_i^{j^{\max}}$ 的总负荷需求。

假设电力系统有 $m=|M|$ 个集群，每个集群 i 由 $n_i=\left|S_{G_i}\right|$ 个 TG 组成。将每台发电机都视为“智能体”，并且为每个智能体分配唯一的 ID。集群 i 中的发电机出力可用全局向量表示为 $\boldsymbol{P}_i=[P_i^1,\cdots,P_i^j,\cdots,P_i^{n_i}]^{\mathrm{T}}$。对于整个系统而言，$m$ 个集群的全局期望发电机出力记为 $\boldsymbol{P}=\left[P_1^{\mathrm{T}},P_2^{\mathrm{T}},\cdots,P_m^{\mathrm{T}}\right]^{\mathrm{T}}\in\mathbb{R}^n$，其中 $n=\sum\limits_{i=1}^{m} n_i$ 是发电机总数目。供需约束是一个全局约束集，即：

$$X_g=\left\{\boldsymbol{P}\mid\mathbf{1}_N^{\mathrm{T}}\boldsymbol{P}=\boldsymbol{P}_{\mathrm{d}}\right\} \tag{5-51}$$

式中，$\mathbf{1}_N\in\mathbb{R}^n$ 为所有元素均为 1 的列向量。假设只有协调智能体（在所有局部智能体之上使用的额外智能体）能获知该全局约束集。局部约束集定义为发电机自身约束，即：

$$X_i^j=\left\{P_i^j\mid P_i^{j^{\min}}\leqslant P_i^j\leqslant P_i^{j^{\max}}\right\} \tag{5-52}$$

将式（5-50）的最优解表示为 $\boldsymbol{P}^*\in\mathbb{R}^n$，这对于每个智能体都是未知的。此外，每个智能体只能访问其自身的成本函数 f_i^j 和约束集 X_i^j，这些信息实际上是局部 TG 不能与其他智能体共享的信息。本节中作者的想法是每个智能体仅根据自身的信息以及协调智能体的适当协调来估算其自身的出力，将第 l 次迭代后集群 i 中的智能体 j 的出力估计表示为 $\hat{P}_i^j(l)$，最终目标是提出一种方案，以实现 $\lim\limits_{l\to\infty}[\hat{P}_1^1(l),\cdots,\hat{P}_i^j(l),\cdots,\hat{P}_m^{n_m}(l)]^{\mathrm{T}}=\boldsymbol{P}^*$。

（1）文献 [13] 中的分布式算法

为了解决式（5-50）中的 ED 问题，首先回顾下文献［13］中提出的分布式算法，其主要思想为每台发电机都根据自身的局部约束（发电机约束）来估计全局功率输出和全局约束（供需约束）。对应的分布式算法总结如下：

$$x^k(l+1)=P_{X_k}[z^k(l)-\varsigma_l\nabla c_k(z^k(l))] \tag{5-53}$$

$$z^k(l)=\frac{\sum_{k=1}^{n}x^k(l)}{n} \tag{5-54}$$

式中，$P_{X_k}[\cdot]$ 为给定向量投影到约束集 $P_{X_k}[z^k(l)-\varsigma_l\nabla c_k(z^k(l))]$ 上的投影算子；n 为发电机总数；$x^k(l)\in\mathbb{R}^n$ 为 l 次迭代时智能体 k 的出力估计；X_k 为局部约束和全局约束的交集约束。式（5-7）中每次迭代所有出力估值 $z^k(l)$ 的平均值是通过 FACA 算法求解获得的。

此算法要求每个智能体都保存全局估计，该估计的维数等于所有发电机智能体的数目。当系统越来越大时，每个智能体的计算和通信负担都会增加。此外，每次迭代中设置的投影约束是发电机约束与全局约束的交集，因此会导致投影操作变得非常复杂。

（2）分层分散式优化

为了克服上述缺点，本节基于式（5-53）与式（5-54）提出了一种如图 5-10 所示三层的分层分散式算法。首先，每个集群分配一个智能体作为“主导”智能体。一般地，每个集群将”主导智能体“标记为智能体 1。此外，除了这些发电机智能体之外，还采用了一个额外的协调智能体与每个“主导智能体”进行通信。

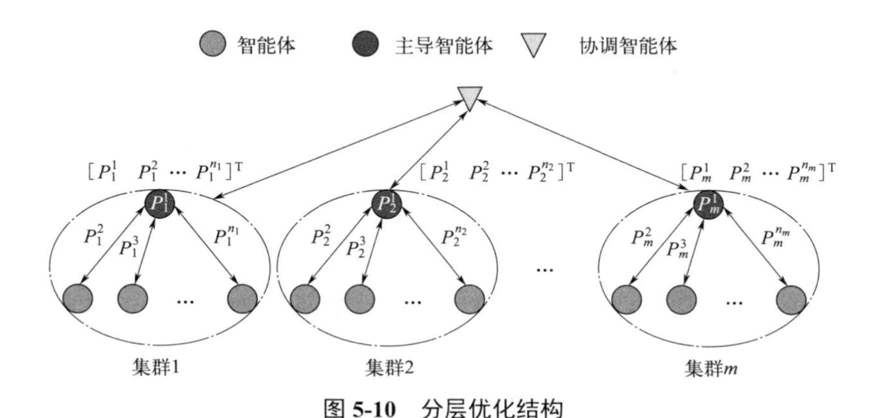

图 5-10　分层优化结构

所有发电机智能体（主导智能体除外）都在第一层（深色圆圈）中，而各个集群的主导智能体在第二层（浅色圆圈）中。

① 假定主导智能体可以与同一集群中的所有其他智能体进行通信。顶部的协调智能体（三角形）主要有两个方面的作用，即协调所有主导智能体并处理全局约束。

② 假定只有协调智能体可以获知总负载需求 P_{d}。

每次迭代，局部发电机智能体仅更新其自身的估计功率输出并将其发送给主导智能体。因此，每个智能体的估计和通信信息的维数从 n 降为 1，这与整个系统的大小无关。而且，每台发电机智能体仅需要局部发电机约束的投影，这使得算法整体要简单得多。而全局约束由协调智能体单独处理。

所提算法在图 5-11 中进行了详细说明，详细步骤总结如下。

步骤 0：初始化。此时迭代次数 $l=0$ 时，每个局部智能体通过选择任意的初始值 $\hat{P}_i^j(0)\in\mathbb{R}$，开始估计自身的功率输出 $\hat{P}_i^j$。

步骤 1：局部优化。当迭代次数 $l\geqslant 1$ 时，每个智能体通过采取梯度法来最小化自身成本函数 f_i^j 并进行局部约束投影，进而更新局部估计 $\hat{P}_i^j(l)$，细节如下：

$$\hat{P}'^j_i(l)=\hat{P}_i^j(l-1)-\varsigma_l\nabla f_i^j(\hat{P}_i^j(l-1)) \tag{5-55}$$

$$\hat{P}_i^j(l)=P_{X_i^j}[\hat{P}'^j_i(l)]=\begin{cases}P_i^{j^{\max}}, & \hat{P}'^j_i(l)>P_i^{j^{\max}}\\ P_i^{j^{\min}}, & \hat{P}'^j_i(l)<P_i^{j^{\min}}\\ \hat{P}'^j_i(l), & \text{其他}\end{cases} \tag{5-56}$$

式中，ς_l 为第 l 次迭代的步长，∇f_i^j 为成本函数 f_i^j 的梯度。

步骤 2：集群估计。每个智能体将其局部估计 $\hat{P}_i^j(l)$ 发送给主导智能体。主导智能体通过搜集这些局部估计形成一个集群估计向量 $\hat{\boldsymbol{P}}_i(l)$，即 $\hat{\boldsymbol{P}}_i(l)=\left[\hat{\boldsymbol{P}}_i^1(l)\cdots\hat{\boldsymbol{P}}_i^j(l)\cdots\hat{\boldsymbol{P}}_i^{n_i}(l)\right]^{\mathrm{T}}\in\mathbb{R}^n$。

步骤 3：全局约束投影。主导智能体将集群估计 $\hat{P}_i(l)$ 发送给协调智能体。协调智能体通过将所有集群估计值形成为向量来获得并保存全局估算值，即 $\hat{\boldsymbol{P}}(l)=\left[\hat{\boldsymbol{P}}_1(l)^{\mathrm{T}}\cdots\hat{\boldsymbol{P}}_i(l)^{\mathrm{T}}\cdots\hat{\boldsymbol{P}}_m(l)^{\mathrm{T}}\right]^{\mathrm{T}}\in\mathbb{R}^n$。然后，协调智能体对先前 $l-1$ 次迭代获得的全局估计进行全局约束投影，如下所示：

$$P_{X_g}[\hat{\boldsymbol{P}}(l-1)]=\hat{\boldsymbol{P}}(l-1)-\frac{\boldsymbol{N}^{\mathrm{T}}\hat{\boldsymbol{P}}(l-1)-P_{\mathrm{d}}}{n}\boldsymbol{N} \tag{5-57}$$

式中，$\boldsymbol{N}=[1\cdots1]^{\mathrm{T}}\in\mathbb{R}^{n\times1}$ 为全局约束集 X_g 曲面的法线向量。

步骤 4：协调操作。协调操作由协调智能体按以下方式进行：

$$\hat{\boldsymbol{P}}(l+1)=\frac{\hat{\boldsymbol{P}}(l)+(n-1)\hat{\boldsymbol{P}}(l-1)+P_{X_g}[\hat{\boldsymbol{P}}(l-1)]}{n+1} \tag{5-58}$$

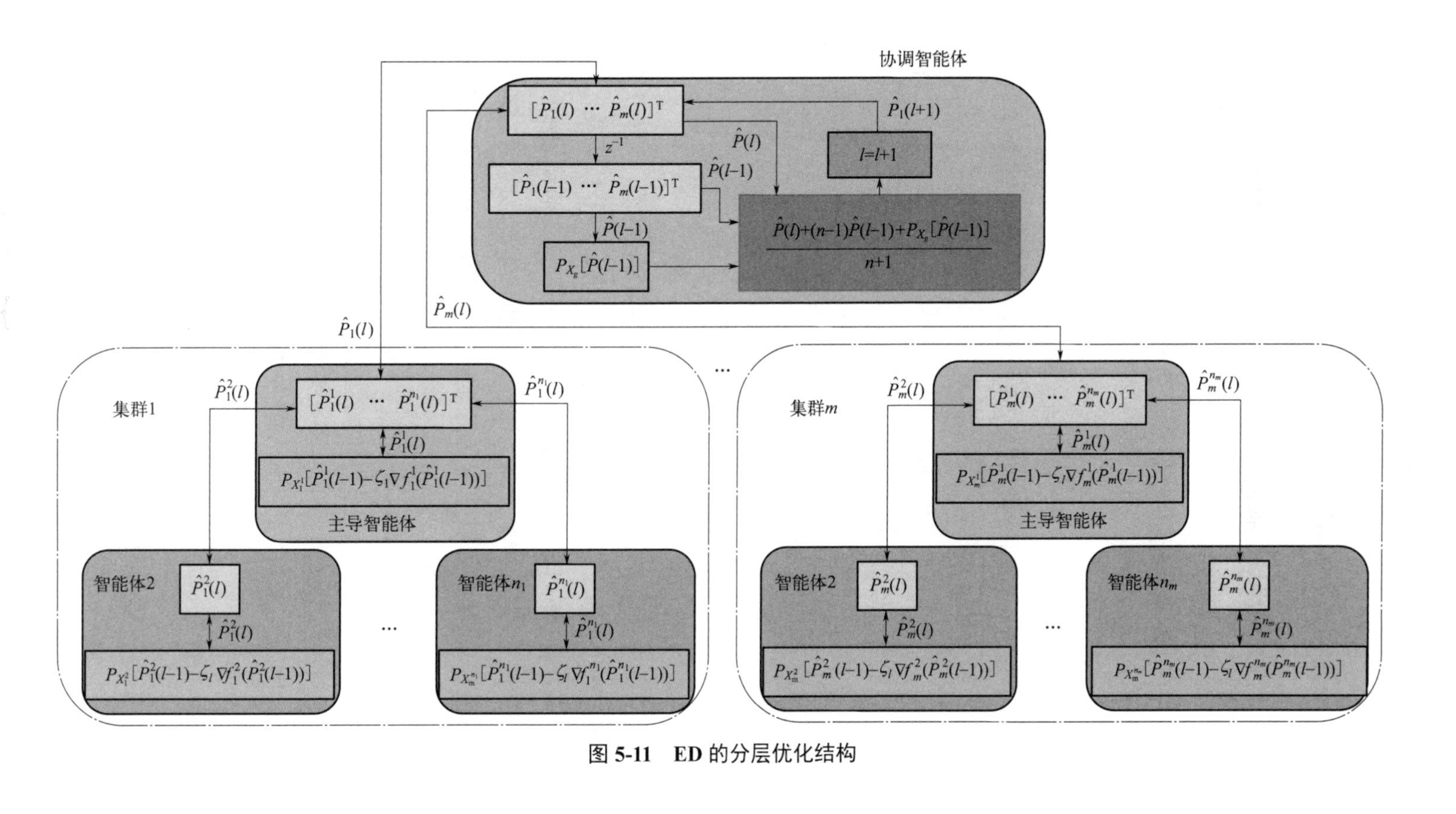

图 5-11 ED 的分层优化结构

步骤 5：返回更新的估计值。每个集群中的主导智能体以及局部智能体都可以从协调智能体接收到更新的估计值，即 $\hat{P}_i^j(l+1)=[\hat{\boldsymbol{P}}(l+1)]_{h_i^j}$，其中$[\cdot]_a$表示向量的第 a 个元素，$h_i^j=\sum_{s=1}^{i}n_{s-1}+j$，且 $n_0=0$。然后转到步骤 1。

注 5-8　式（5-55）～式（5-58）中提出的分层分散式算法相较于基于式（5-53）、式（5-54）中的分布式算法，有很大的改进。异同归纳如下：①类似于式（5-53）中的局部更新，每个局部发电机智能体中也进行了式（5-55）和式（5-56）中的操作。但是式（5-55）中局部更新的维数不取决于整个系统的大小，实际上它从 n 降为了 1。②新提出的算法可以分别处理局部约束和全局约束，即式（5-56）中只进行局部约束投影，而全局约束在协调智能体中考虑。而在式（5-56）中，投影约束集既包含局部约束又包含全局约束。显然，这种分离处理操作大大降低了每个局部智能体的计算复杂性。式（5-58）中的协调操纵是由式（5-54）中的平均思想激发而来的。

注 5-9　将所有智能体群集在一起并在每个集群中分配主导智能体的主要目的之一是减少局部智能体与协调智能体之间的通信联系。此外，这种结构还存在其他好处。例如，如果存在一些集群约束，主导智能体可以通过使用虚拟智能体方法来处理这些约束。虚拟智能体方法是由协调智能体在式（5-8）中进行的创新构想，稍后将对此进行详细说明。

注 5-10　在现有的分布式算法中，每个局部发电机都只计算自身的成本函数，并将问题分配为固定数量的智能体解决。但是，本节所提算法可以灵活地将原始问题分解为任意数量的子问题。以图 5-10 为例作简要说明。如果问题用一个计算节点解决，则称为集中式算法；如果将成本函数分解为 m 个计算节点（集群），则对于每个集群，其成本函数是同一集群中所有智能体的成本函数之和，即 $f_i=\sum_{j\in S_{G_i}}f_i^j(P_i^j)$。然后，借助协调智能体，可以实现与集中式算法相同的功能。

注 5-11　尽管式（5-49）中的成本函数是二次函数，所提算法也可以适用于任何非二次但凸的成本函数，例如本章参考文献［13］中的函数。

5.3.2　算法收敛性分析

本节将分析、证明所提出的分层分散式算法的收敛性。首先，对式（5-50）中的优化问题进行分解。然后，通过引入虚拟智能体的概念（关键分析思想之一），证明所提出的分层分散式算法的收敛性等同于文献 [6] 和 [13] 中的分布式算法。最后，具体证明可参考文献 [6]。

① 问题分解：所有发电机的全局估计为 $\hat{P}(l)\in\mathbb{R}^n$。对于 $\hat{P}$，智能体 k（$k=h_i^j=\sum_{s=1}^{j}n_{s-1}+j,n_0=0$）的成本函数和约束集分别表示如下。

$$c_k(P)=f_i^j([P]_{h_i^j})\tag{5-59}$$

$$X_k=\left\{P\mid P_i^{j\max}\leqslant[P]_{h_i^j}\leqslant P_i^{j\min}\right\}\tag{5-60}$$

然后式（5-50）可以改写为：

$$\begin{cases}\min\sum_{k=1}^{n}c_k(P)\\ \text{s.t.}\ \ P\in\bigcap_{k=1}^{n}X_k\cap X_g\end{cases}\tag{5-61}$$

注意，在式（5-61）中，除了每个智能体自身的成本函数和约束集之外，还有一个的全局约束集 X_g。为了将两者融合在一起，下面将介绍一个新概念——虚拟智能体。

② 虚拟智能体：这里提出的虚拟智能体是指具有恒定成本函数（即无优化变量，但受某些约束）的智能体。如果将虚拟智能体添加到系统中，整个系统的目标成本函数并不会改变。

假设在式（5-61）中增添一个额外的虚拟智能体，并将其标记为智能体 n+1。通过将虚拟智能体的成本函数和约束集设置为 $c_{n+1}=0$，$X_{n+1}=X_g$，式（5-61）可以等效地改写为：

$$\begin{cases}\min\sum_{k=1}^{n+1}c_k(P)\\ \text{s.t.}\ \ P\in\bigcap_{k=1}^{n+1}X_k\end{cases}\tag{5-62}$$

定理 5-3　令 $\left\{\hat{P}_i^j(l)\right\},i=1,\cdots,m,j=1,\cdots,n_i$ 为式（5-55）～式（5-58）所示算法求解出的估计，$X=\bigcap_{k=1}^{n+1}X_k$ 为约束交集。如果步长 ς_l 满足 $\varsigma_l>0$，$\sum_l\varsigma_l=\infty$ 和 $\sum_l\varsigma_l^2<\infty$，则序列 $\left\{\hat{P}(l)\right\}$ 收敛到最优解 $P^*\in X$，即 $\lim_{l\to\infty}\hat{P}(l)=P^*$。

证明：第 $l(l\geqslant1)$ 次迭代，有

$$\hat{\boldsymbol{P}}(l)+(n-1)\hat{\boldsymbol{P}}(l-1)=\begin{bmatrix}\hat{P}_1^1(l)\\\hat{P}_1^2(l-1)\\\vdots\\\hat{P}_m^{n_m}(l-1)\end{bmatrix}+\begin{bmatrix}\hat{P}_1^1(l-1)\\\hat{P}_1^2(l)\\\vdots\\\hat{P}_m^{n_m}(l-1)\end{bmatrix}+\cdots+\begin{bmatrix}\hat{P}_1^1(l-1)\\\hat{P}_1^2(l)\\\vdots\\\hat{P}_m^{n_m}(l)\end{bmatrix} \tag{5-63}$$

根据式（5-55）与式（5-56）有：

$$\hat{\boldsymbol{x}}_i^j(l)=\begin{bmatrix}\hat{P}_1^1(l-1)\\\vdots\\\hat{P}_i^j(l)\\\vdots\\\hat{P}_m^{n_m}(l-1)\end{bmatrix}=P_{X_i^j}\left[\hat{P}(l-1)-\varsigma_l\nabla f_i^j(\hat{P}_i^j(l-1))\right],i=1,\cdots,m,j=1,\cdots,n_i \tag{5-64}$$

将式（5-64）代入式（5-63）有：

$$\begin{aligned}\hat{\boldsymbol{P}}(l)+(n-1)\hat{\boldsymbol{P}}(l-1)&=\sum_{i=1}^{m}\sum_{j}^{n_i}P_{X_i^j}\left[\hat{\boldsymbol{P}}(l-1)-\varsigma_l\nabla f_i^j(\hat{P}_i^j(l-1))\right]\\&=\sum_{k=1}^{n}P_{X_k}\left[\hat{\boldsymbol{P}}(l-1)-\varsigma_l\nabla c_k(\hat{\boldsymbol{P}}(l-1))\right]\end{aligned} \tag{5-65}$$

考虑到虚拟智能体（第 n+1 个智能体）的成本函数为 $c_{n+1}=0$，所以 $\nabla c_{n+1}=0$，由此可以得到：

$$P_{X_{n+1}}\left[\hat{\boldsymbol{P}}(l-1)-\varsigma_l\nabla c_{n+1}(\hat{\boldsymbol{P}}(l-1))\right]=P_{X_{n+1}}\left[\hat{\boldsymbol{P}}(l-1)\right]=P_{X_g}\left[\hat{\boldsymbol{P}}(l-1)\right] \tag{5-66}$$

结合式（5-65）与式（5-66）：

$$\hat{\boldsymbol{P}}(l)+(n-1)\hat{\boldsymbol{P}}(l-1)+P_{X_g}\left[\hat{\boldsymbol{P}}(l-1)\right]=\sum_{k=1}^{n+1}P_{X_k}\left[\hat{\boldsymbol{P}}(l-1)-\varsigma_l\nabla c_k(\hat{\boldsymbol{P}}(l-1))\right] \tag{5-67}$$

实际上，该虚拟智能体的作用是实现全局约束投影。将式（5-67）代入式（5-58）有：

$$\hat{\boldsymbol{P}}(l+1)=\frac{\sum_{k=1}^{n+1}P_{X_k}\left[\hat{\boldsymbol{P}}(l-1)-\varsigma_l\nabla c_k(\hat{\boldsymbol{P}}(l-1))\right]}{n+1} \tag{5-68}$$

进一步研究式（5-68）给出的所有 $n+1$ 个智能体的估计值的平均值，它等价于式（5-53）、式（5-54）中的分布式算法以及文献［6］中的命题5。式（5-62）中的问题等价于文献［6］中的问题，因此剩余的证明参照文献［6］即可。

注5-12：从以上分析中可以看出，引入虚拟智能体概念的主要目的是处理全局约束（供需平等约束）。实际上，可以将该思想进一步用于将一些复杂的约束集合分解为几个简单的约束集合的交集，其中每个简单的约束集合可以分别由一个虚拟智能体表示。

根据以上分析，式（5-58）在分析中仅引入了一个虚拟智能体。实际上，可以通过如下修改将虚拟智能体的个数选择为任何非零整数 α：

$$\hat{\boldsymbol{P}}(l+1)=\frac{\hat{\boldsymbol{P}}(l)+(n-1)\hat{\boldsymbol{P}}(l-1)+\alpha P_{X_g}[\hat{\boldsymbol{P}}(l-1)]}{n+\alpha} \tag{5-69}$$

显然，虚拟智能体个数越多，$\hat{\boldsymbol{P}}$ 收敛到约束集 X_g 的速度就越快。另外，如果 $\alpha=0$，即不包括虚拟智能体，则将永远不会满足全局约束集 X_g。换句话说，这种虚拟智能体对于处理全局约束是必需的。在下一部分的案例研究中，我们将研究不同 α 值对算法收敛的影响。

5.3.3 仿真实例

本节就一些案例进行研究，来测试所提出的分层分散式ED方法的有效性。以IEEE- 30总线系统作为测试系统。首先，测试验证了带有发电机约束和不带发电机约束的情况，还测试了一个涉及发电机运行限制（包括功率输出限制和上/下斜坡限制）的算例，并且对所提出算法的即插即用特性进行了说明。然后研究了不同 α 对算法收敛性的影响。此外，研究了IEEE -118总线和由1000台发电机组成的电力系统被用作大型电力系统的案例。最后，与文献［6］中的集中式算法和分布式算法进行了比较。

（1）IEEE-30总线系统

本节选择IEEE-30总线系统作为测试系统。发电机和负载节点参数取自文献［14］，如表5-1、表5-2所示。首先，根据6台发电机物理连接的距离将其分为3个集群，即发电机1、2和13位于集群1中，发电机5和8在集群2中，发电机11在集群3中，如图5-12所示。一般地，发电机1、5和11被指定为各自的主导智能体。然后，发电机1、2、13是集群1中的智能体1、智能体2和智能体3，而发电机5和8分别是集群2中的智能体1和智能体2，发电机11是集群3中的智能体1。对应的通信图如图5-12（b）所示。从表5-2中很容易得出总

负载需求 $P_{\mathrm{d}}=\sum_{i=1}^{30}P_i^{\mathrm{d}}=283.4\mathrm{MW}$。下面介绍并讨论了几个案例。前两个案例，研究了不带发电机约束和带有发电机约束的情况。

表 5-1 30-总线电力系统发电机参数

发电机	α_i/[$/（MW2·h）]	β_i/[$/（MW·h）]	γ_i/（$/h）	$P_i^{\min}$/MW	$P_i^{\max}$/MW
TG_1	0.00375	2	0	50	200
TG_2	0.0175	1.75	0	20	80
TG_5	0.0625	1.0	0	15	50
TG_8	0.00834	3.25	0	10	35
TG_{11}	0.025	3.0	0	10	30
TG_{13}	0.025	3.0	0	12	40

表 5-2 30-总线电力系统负载节点参数

节点	P_i^d/MW	节点	P_i^d/MW	节点	P_i^d/MW
1	0.00	11	0.00	21	17.5
2	21.7	12	11.2	22	0.00
3	2.40	13	0.00	23	3.20
4	7.60	14	6.20	24	8.70
5	94.2	15	8.20	25	0.00
6	0.00	16	3.50	26	3.50
7	22.8	17	9.00	27	0.00
8	30.0	18	3.20	28	0.00
9	0.00	19	9.50	29	2.40
10	5.80	20	2.20	30	10.6

① 案例 1：无发电机约束。在本案例研究中，首先说明了未加发电机约束的算法，其中步骤 1 中的式（5-55）变为 $\hat{P}_i^j(l)=\hat{P}'^j_i(l)$。每台发电机智能体分别选择初始值为 $\hat{P}_i^j(0)=0,\forall i,j$。为了满足步长条件，选择递减的步长 $\varsigma_l=\frac{\varsigma_0}{l+1000},l\geqslant 1$，其

中ς_0是初始步长大小，设置为$\varsigma_0=1000$。仿真结果如图5-13所示。从图5-13（a）中可以看出，每个智能体的估计值收敛到最优点$\boldsymbol{P}_{\alpha}=[189.13\ 47.71\ 8.40\ 19.36\ 10.19\ 8.40]^{\mathrm{T}}$，这表示每台发电机的最优功率分配为：集群1中，$P_{\mathrm{TG}_1}=189.13\mathrm{MW}$，$P_{\mathrm{TG}_2}=47.71\mathrm{MW}$，$P_{\mathrm{TG}_{13}}=8.40\mathrm{MW}$；集群2中，$P_{\mathrm{TG}_5}=19.36\mathrm{MW}$，$P_{\mathrm{TG}_8}=10.19\mathrm{MW}$；集群3中，$P_{\mathrm{TG}_{11}}=10.19\mathrm{MW}$。注意，$P_{\mathrm{TG}_{11}}$、$P_{\mathrm{TG}_{13}}$分别与它们的下限$P_{\mathrm{TG}_{11}}^{\min}=10\mathrm{MW}$、$P_{\mathrm{TG}_{13}}^{\min}=12\mathrm{MW}$冲突。为了清楚地说明结果，图5-13（b）中使用水平对数刻度详细说明了每个智能体的估计误差。

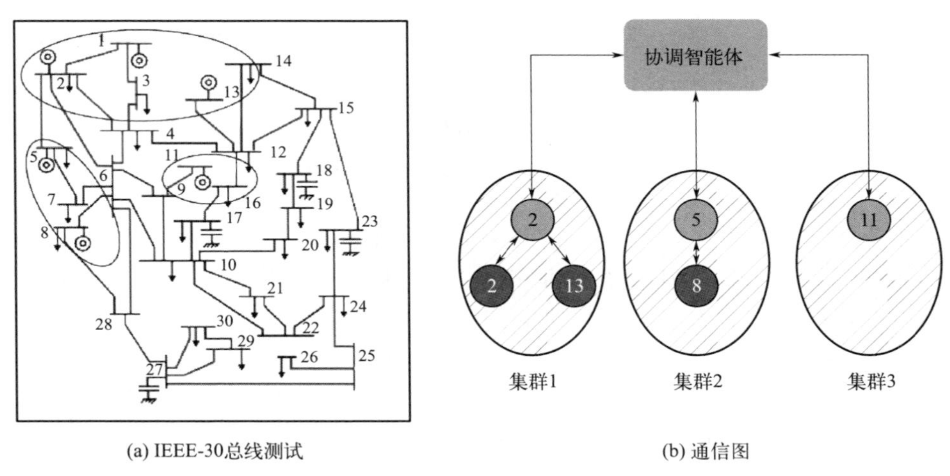

(a) IEEE-30总线测试

(b) 通信图

图5-12　IEEE-30 总线测试系统

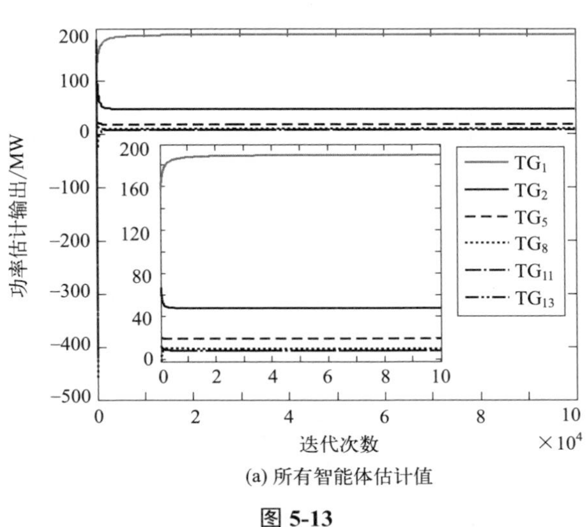

(a) 所有智能体估计值

图5-13

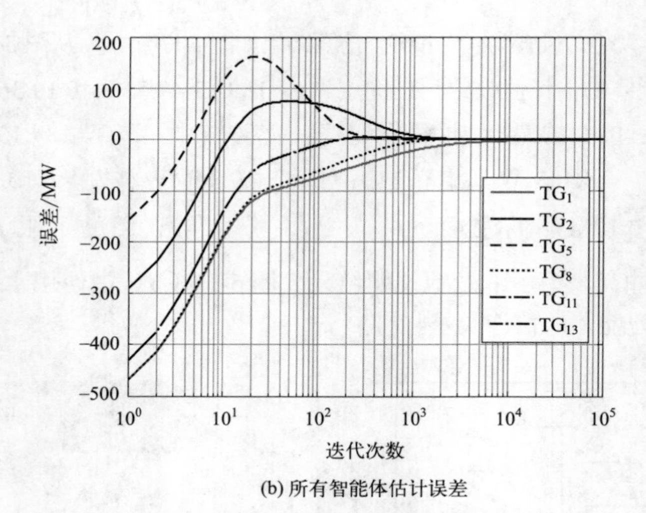

(b) 所有智能体估计误差

图 5-13 无发电机约束的仿真结果

② 案例 2：有发电机约束。在此案例研究中除了考虑发电机约束外，所有初始值均与案例研究 1 中的初始值相同。仿真结果如图 5-14 所示。最优功率输出为：集群 1 中，$P_{TG_1}=185.11\text{MW}$，$P_{TG_2}=46.87\text{MW}$，$P_{TG_{13}}=12.03\text{MW}$；集群 2 中，$P_{TG_5}=19.12\text{MW}$，$P_{TG_8}=10.03\text{MW}$；集群 3 中，$P_{TG_{11}}=10.03\text{MW}$。此时所有发电机的功率输出都分别在其约束范围内。仿真结果在具有 Intel Core i7-4770 CPU（3.40GHz）和 8 GB RAM 的 PC 上使用 MATLAB R2014a 进行实现。达到迭代次数 $l=5\times10^4$ 大约需要 10s，此时所有智能体几乎都收敛到最优解。

上述两种情况表明，提出的算法可以在不带发电机约束和带有发电机约束的情况下处理多区域 ED 问题。

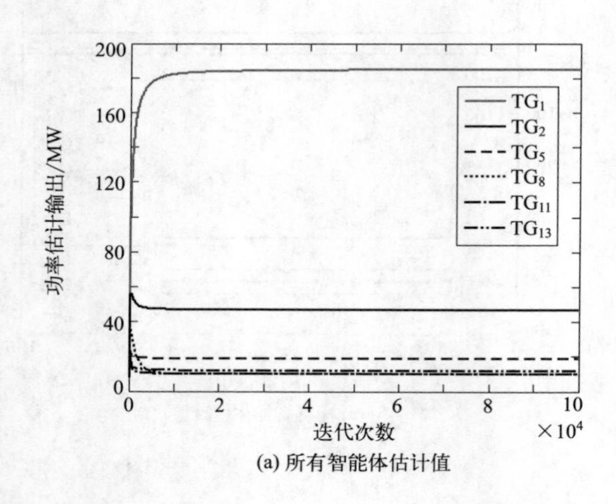

(a) 所有智能体估计值

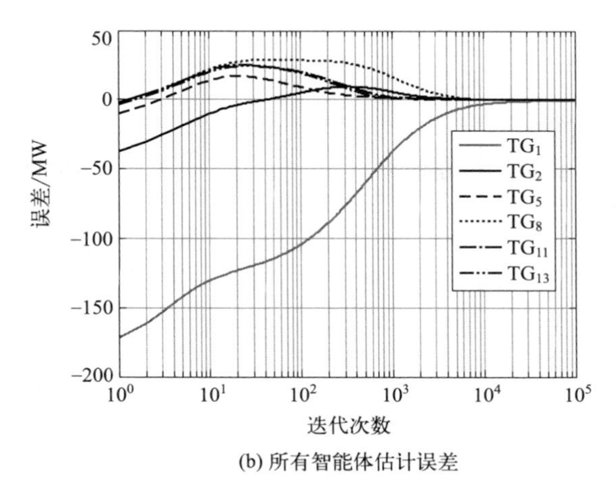

(b) 所有智能体估计误差

图 5-14　带有发电机约束的仿真结果

③ 案例 3：具有上升和下降斜坡限制。本节将进行涉及发电机运行限制的案例研究，包括功率输出限制以及上升和下降斜坡速率限制。每台发电机输出的上 / 下斜坡限制具有以下约束 [15,16]。

$$P_{i0}^j - DR_i^j \leqslant P_i^j \leqslant P_{i0}^j + UR_i^j \tag{5-70}$$

式中，P_{i0}^j、DR_i^j 和 UR_i^j 分别为第 i 个集群中第 j 个 TG 先前的功率输出、下斜坡限制和上斜坡限制。然后将此约束与局部发电机容量约束相结合，发电机的运行区域应满足：

$$\max(P_i^{j^{\min}}, P_{i0}^j - DR_i^j) \leqslant P_i^j \leqslant \min(P_i^{j^{\max}}, P_{i0}^j + \mathrm{U}R_i^j) \tag{5-71}$$

选择一个随机生成的 2h 动态负载曲线，以使用上述新约束集测试所提方法。该总负载需求每 5min 随机变化一次，变化范围为初始需求 $P_\mathrm{d} = 283.4$ MW 上下 50 %。选择每台发电机的上、下斜坡限制为 $DR_1=UR_1=20$，$DR_2=UR_2=10$，$DR_5=UR_5=10$，$DR_8=UR_8=8$，$DR_{11}=UR_{11}=7$，$DR_{13}=UR_{13}=5$。仿真结果如图 5-15 所示。从图中可以看出，所提出分层分散式优化方法能够在考虑上、下斜坡限制的前提下求得最优解。

④ 案例 4：变化的负载。这里应用案例 3 的 2h 动态负载曲线来证明所提算法适用于实际的 ED，如图 5-16（a）所示。这些参数的设置与案例 3 相同。每台发电机的最优功率输出估计如图 5-16（b）所示。可以看出，在提出的分层分散式优化架构下，每台发电机智能体都能够在此动态负载曲线下获得最优解。

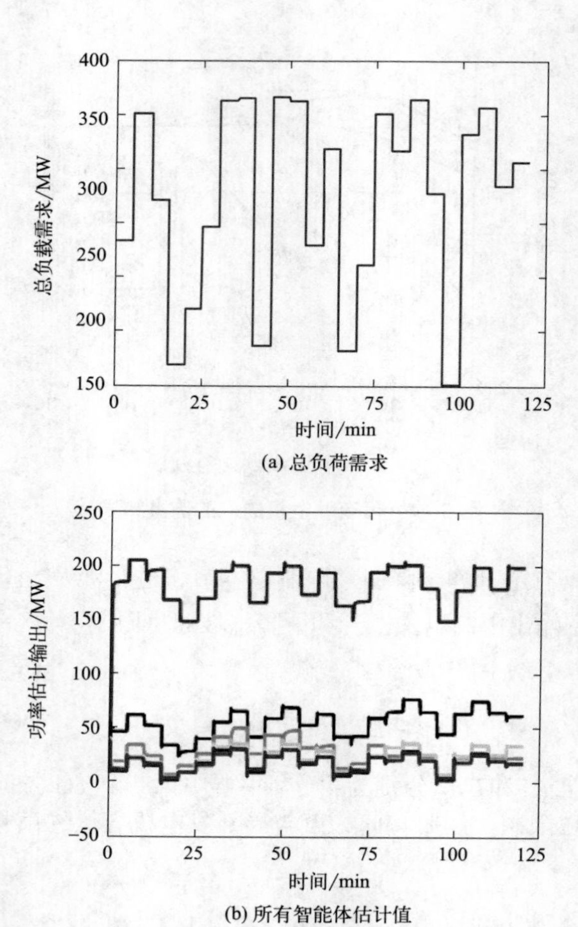

(a) 总负荷需求

(b) 所有智能体估计值

图 5-15　上升和下降斜坡限制

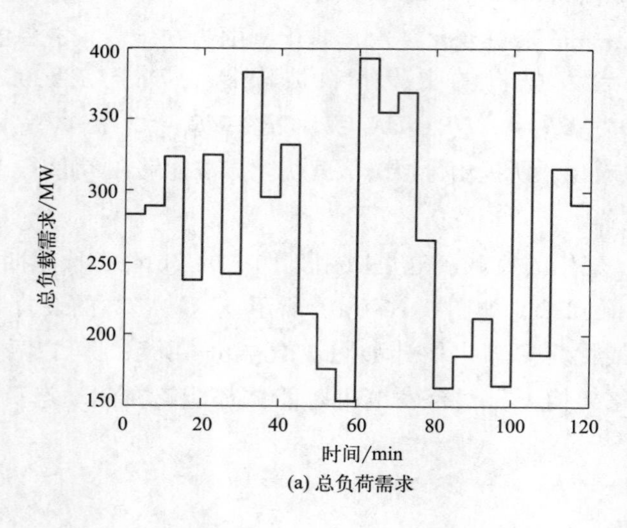

(a) 总负荷需求

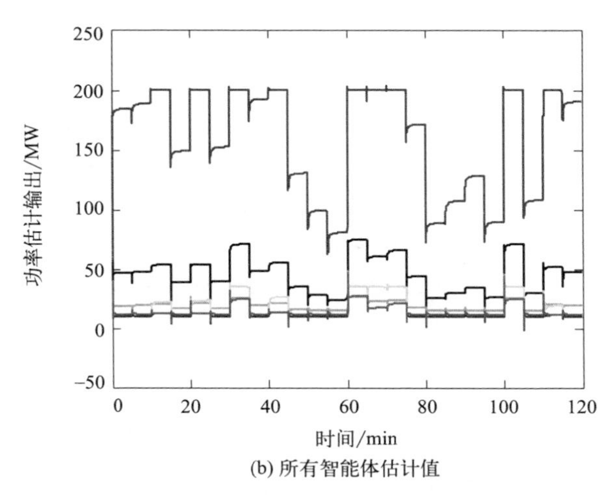

(b) 所有智能体估计值

图 5-16　所提算法在 2h 负载曲线下的仿真结果

⑤ 案例 5：即插即用功能。该案例研究旨在测试所提出算法的灵活性。这里考虑某台发电机的即插即用功能。仿真结果如图 5-17 所示。假设发电机 2（集群 1 中的智能体 2）在迭代次数 $l=1\times10^5$ 时与电力系统断开。随后其余发电机获得新的最优功率输出：$P_{TG_1}=200.00$ MW，$P_{TG_{13}}=15.26$MW，$P_{TG_5}=22.11$ MW，$P_{TG_8}=30.77$MW，$P_{TG_{11}}=15.26$ MW。然后，在迭代次数 $l=2\times10^5$ 时，发电机 2 再次接入系统，所有结果都收敛到先前的最优解。

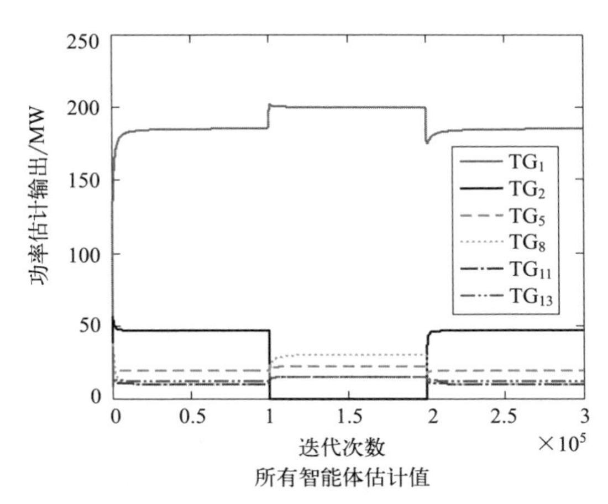

所有智能体估计值

图 5-17　发电机即插即用的仿真结果

⑥ 案例 6：不同 α 值的比较。如式（5-69）所述，提出的算法可以用于多个虚拟智能体的情况。为了研究虚拟智能体个数的影响，本案例研究了在不同 α 值下的收敛速度和全局约束满足与否。仿真结果如图 5-18 所示。从图 5-18（a）中可以看出，α 越小，收敛到最优点的速度越快。然而从图 5-18（b）中可以看出，

α 越大，越能更快地满足等式约束 X_g（供需约束）。作为最终求解，不仅要收敛到最优值而且需要满足约束集，因此要通过考虑收敛速度和约束集的满足与否来选择合适的 α。根据实验结果，本案例 α 选 10 比较合适，这是在收敛速度和约束集满足之间的权衡选择。

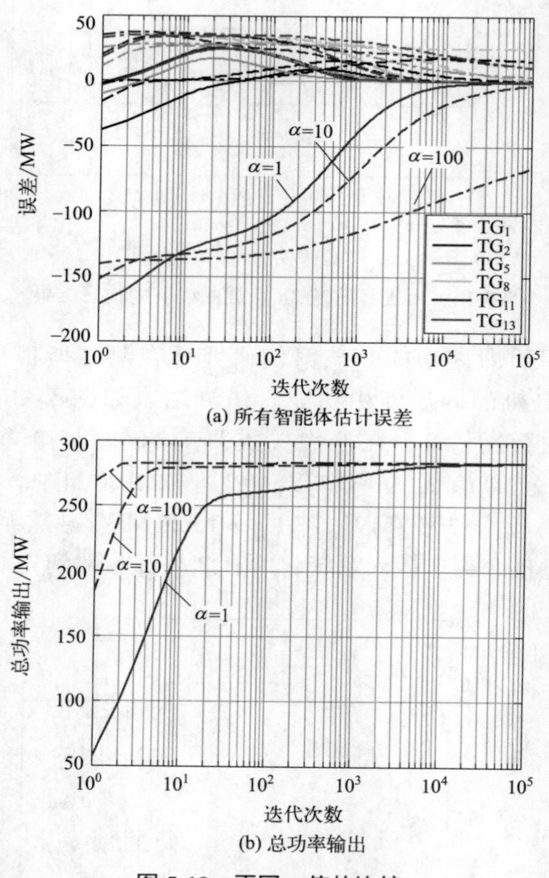

(a) 所有智能体估计误差

(b) 总功率输出

图 5-18　不同 α 值的比较

⑦ 案例 7：快速梯度。注意到算法执行步骤 1 时仅使用了一个迭代信息。根据文献［10］中的加速梯度方法，本案例期望通过添加动量项 $\eta\rho$（l−1）式（5-68）中的 $\rho(l-1)=\hat{\boldsymbol{P}}(l-1)-\hat{\boldsymbol{P}}(l-2)$ 来提高收敛速度。即：

$$\hat{\boldsymbol{P}}(l+1)=\frac{\hat{\boldsymbol{P}}(l)+(n-1)\hat{\boldsymbol{P}}(l-1)+P_{X_g}[\hat{\boldsymbol{P}}(l-1)]}{n+1}+\eta\rho(l-1) \tag{5-72}$$

式中，η 为加速度增益，通常选择为 $0<\eta<1$。本案例通过设置不同的 η 值，对用式（5-72）代替式（5-58）的算法进行了仿真测试。仿真结果如图 5-19 所示。对数刻度用于更清楚地显示收敛速度的差异，尤其是在演变开始时。与原始曲线

（实线）相比，可以看到，通过式（5-72）的修改（虚线），$\hat{\boldsymbol{P}}(l)$ 收敛到最优值的速度更快，因此将修改后的算法称为快速梯度方法。还可以看出，η 越大收敛速度更快，但会导致一些振荡。然而，证明该算法的收敛性具有一定难度，因此其仍然是一个开放的问题，值得进一步研究。

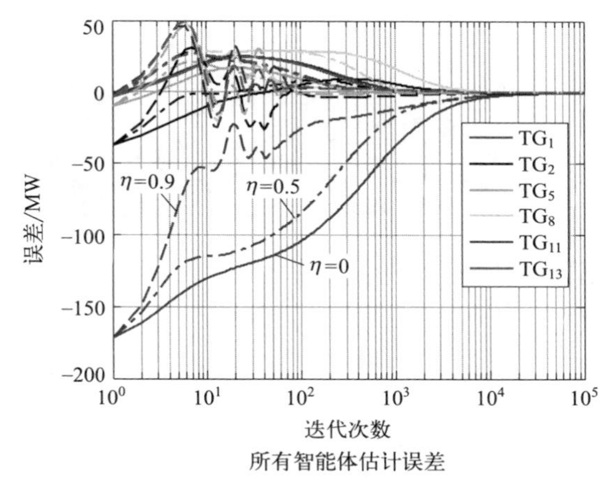

图 5-19　快速梯度法的仿真结果

（2）大型电力系统

为了测试所提出的方法在大型网络中的有效性，本案例首先选择 IEEE-118 总线系统作为测试系统。这里引用了文献［17］中 54 台发电机的成本函数参数。算法初始条件的选择与之前的案例研究相同，但总负载需求为 $P_{\mathrm{d}}=10000\mathrm{MW}$。仿真结果如图 5-20 所示。从图中可以看出，所有发电机都可以使用所提算法估计出自身的最优功率输出。

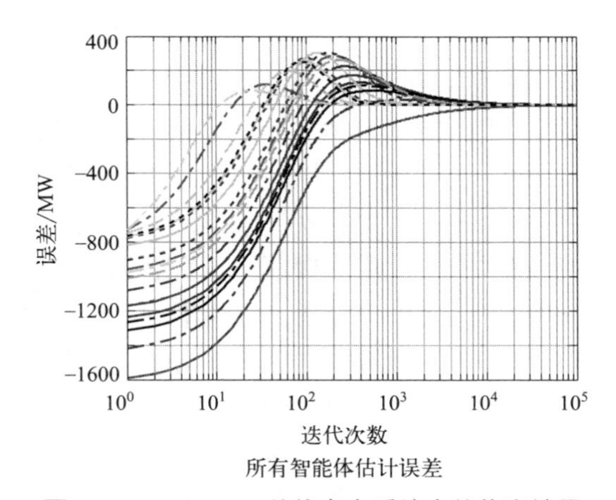

图 5-20　IEEE-118 总线电力系统中的仿真结果

此外，还在包含1000台发电机的电力系统中进行了算法测试。这1000台发电机的成本函数参数需要在一定范围内随机生成，例如 $\alpha_i^j \in [0.01,0.02]$，$\beta_i^j \in [1,2]$。初始条件的选择与先前的案例研究相同，但总负载需求为 $P_{\mathrm{d}} = 100000\mathrm{MW}$。仿真结果如图5-21所示。发电机可以使用所提算法估计出自身的最优功率输出。

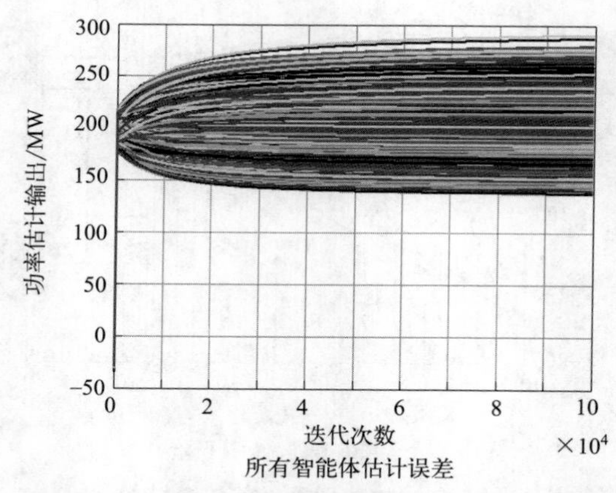

图5-21　该算法在1000台发电机上的仿真结果

（3）与集中式和分布式算法的比较

本案例与集中式算法进行了比较。基于集中式梯度的算法为：

$$\boldsymbol{P}(l+1) = P_{X_g}\left[\boldsymbol{P}(l) - \varsigma_l \nabla C(\boldsymbol{P}(l))\right] \tag{5-73}$$

式中，$\boldsymbol{P}(l) = \left[P_1(l)^{\mathrm{T}}, P_2(l)^{\mathrm{T}}, \cdots, P_n(l)^{\mathrm{T}}\right]^{\mathrm{T}} \in \mathbb{R}^n$ 为第 l 次迭代的估计；ς_l 为步长；$\nabla C(\boldsymbol{P}(l))$ 为所有成本函数的梯度，即 $C(\boldsymbol{P}(l)) = \sum_{i=1}^{n} P_i(l)$。为了进行公平的比较，使初始值和步长与案例1相同。仿真结果如图5-22所示。

从图5-22（a）中可以看到，总体估计收敛到最优点 $P^* = [189.13\quad 47.71\quad 8.40\quad 19.36\quad 10.19\quad 8.40]^{\mathrm{T}}$，这几乎与所提分散式算法获得的结果相同。上述结果的一致性进一步说明、验证了所提方法的有效性。从图5-22（b）中还可以看出，集中式算法具有更快的收敛速度，其收敛大约需要 $l = 1000$ 步，而所提算法在 $l = 1\times10^4$ 时才收敛。实际上，这并不奇怪，因为集中式算法是通过搜集所有发电机的信息，使用一个节点求得最优解的。另外，如5.3节开头所述，与分布式算法和分散算法相比，集中式算法通常有以下缺点：首先，具有较高的计算复杂度。以该示例为例，对于每一次迭代，集中式算法需要计算所有发电机的梯度，而在分布式算法中，每个智能体仅需要计算自身的梯度。此外，如果考虑所有局部发电机约束，则集中式算法很难进行投影运算。而所提算法中全局约束和局部约束是分别处理的，使得投影操作更加简单。其次，集中式算法不具有即插即用性。当新安装或拆卸某些发电机时，可能需要重新设计集中式算法。

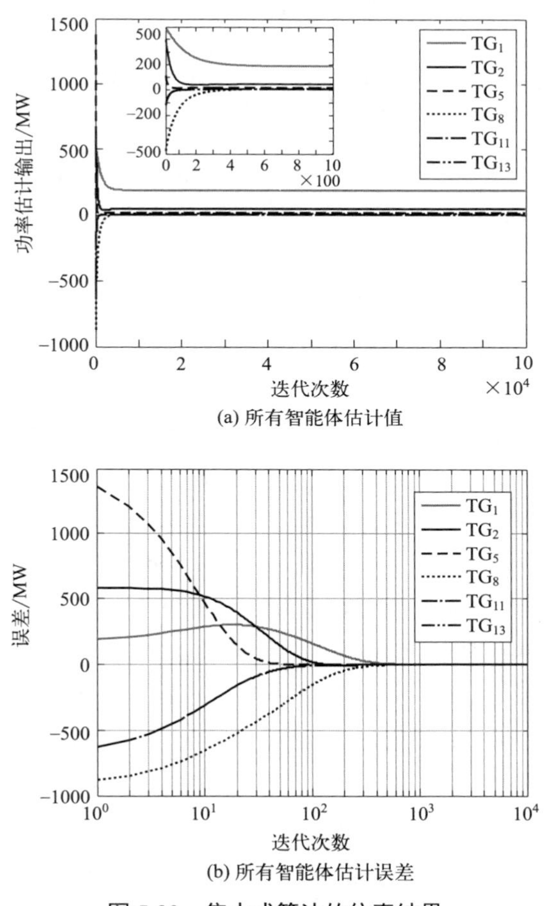

(a) 所有智能体估计值

(b) 所有智能体估计误差

图 5-22 集中式算法的仿真结果

上述结果的一致性验证了所提出方法的有效性。除此之外，正如本章 5.3.1 节所述，与文献［13］中的分布式算法相比，所提方法具有以下优点：

① 每次迭代不需要内部 FACA 通信，因此减轻了通信负担。此外，文献［13］所提分布式算法中的每个智能体都需要交换存储在维数等于 n 的向量中的全局估计，n 是所有智能体的数量。而对于所提方法，每个局部智能体与主导智能体之间仅需传递局部个体估计信息，因此向量的维数从 n 减小到 1。当 n 比较大时，这种降维非常有意义。这一特性大大降低了通信成本。

② 与文献［13］中的算法不同，全局约束仅由协调智能体获取。此外，全局

约束由名为虚拟智能体的新概念单独处理。

③ 只要算法保证所有智能体的估计收敛到最优值并且渐近满足约束，就不需要限制每次迭代的估计都在文献［13］中的可行范围之内。

参考文献

[1] LAM A Y S，ZHANG B，TSE D.Distributed algorithms for optimal power flow problem[C]//2012 IEEE 51st Conference on Decision and Control. Piscataway，NJ：IEEE，2012：430-437.

[2] XUE Y，LI B，NAHRSTEDT K. Optimal reource allocation in wireless Ad Hoc Networks：a price-based approach[J]. IEEE Transactions on Mobile Computing，2006，5（4）：347-364.

[3] WANG Z，JIANG L，HE C.Optimal price-based power control algorithm in congnitive radio networks[J]. IEEE Transactions on Wireless Communications，2014，13（11）5909-5920.

[4] NEDIC A，BERTSEKAS D P. Incremental subgradient methods for nondifferentiable optimization[J]. SIAM Journal on Optimization，2001，12（1）：109-138.

[5] JOHANSSON B，RABI M，JOHANSSON M. A randomized incremental subgradient method for distributed optimization in networked systems[J]. SIAM Journal on Optimization，2009，20（3）：1157-1170.

[6] NEDIC A，OZDAGLAR A，PARRILO P A. Constrained consensus and optimization in multi-agent networks[J]. IEEE Transactions on Automatic Control，2010，55（4）：922-938.

[7] BOYD S，PARIKH N，CHU E，et al. Distributed optimization and statistical learning via the alterbating direction method of multipliers [J]. Foundations and Trends in machine Learing，2010，3（1）：1-122.

[8] LI C，YU X，YU W.Optimal economic dispatch by fast distributed gradient [C]// The 13th Internaional Conference on Control，Automation，Robotics and Vision. Piscataway，NJ：IEEE，2014：571-576.

[9] BOYD S，DIACONIS P，XIAO L. Fastest mixing Markov chain on a graph [J]. SIAM Review，2004，46：667-689.

[10] GISELSSON P，DOANM M D，KEVICZKY T，et al. Accelerated gradient methods and dual decomposition in distributed model predictive control [J]. Automatica，2013，49（3），829-833.

[11] GHADIMI E，SHAMES I，JOHANSSON M. Multi-step gradient methods for networked optimization [J]. IEEE Transactions on Signal Processing，2013，61（21）：5417-5429.

[12] CHEN G，LEWIS F L，FENG E N，et al. Distributed optimal active power control

of multiple generation systems [J]. IEEE Transactions on Industrial Electronics, 2016, 62 (11): 7079-7090.

[13] GUO F, WEN C, MAO J, et al. Distributed economic dispatch for smart grids with random wind power [J]. IEEE Transactions on Smart Grid, 2016, 7 (3): 1572-1583.

[14] LI C, YU X, YU W, et al. Distributed event-triggered scheme for economic dispatch in smart grids [J]. IEEE Transactions on Industrial Informatics, 2016, 12 (5): 1775-1785.

[15] KHESHTI M, KANG X, BIE Z, et al. An effective lightning flash algorithm solution to large scale non-convex economic dispatch with valve-point and multiple fuel options on generation units [J]. Energy, 2017, 129: 1-15.

[16] MENG A, LI J, YIN H. An efficient crisscross optimization solution to large-scale non-convex economic load dispatch with multiple fuel types and valve-point effects [J]. Energy, 2017, 113: 1147-1161.

[17] LIPKA P A, O' NEILL R P, OREN S. Developing line current magnitude constraints for IEEE test problems - optimal power flow paper 7. Apr. 2013. [OL]. Available: https://www.ferc.gov/industries/electric/indusact/market-planning/opf-papers/acopf-7-line-constraints.pdf.

The Road of
Industrial
Intelligent
Innovation

第6章

快速分布式经济调度优化方法

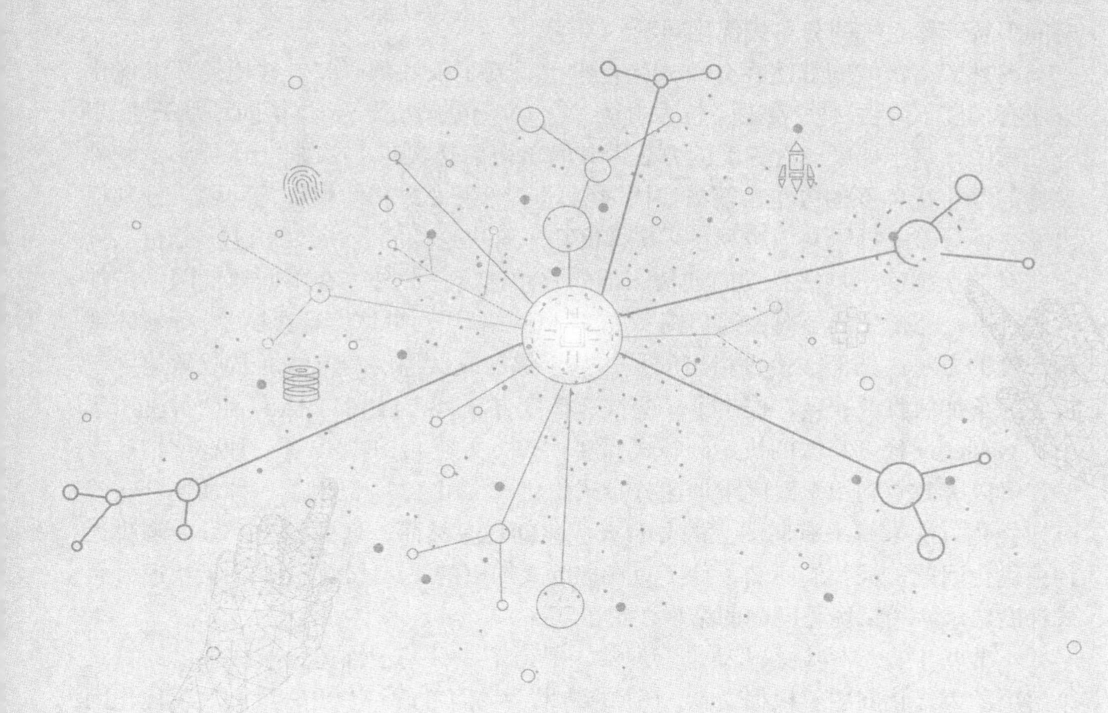

6.1 概述

近年来，分布式优化在资源分配[1]、机器学习[2]、信息融合[3]、经济调度[4]、需求响应[5]等领域得到了广泛的应用，引起了人们的广泛关注。在分布式优化中，本地智能体只能访问本地信息，协同求解一个优化问题，其目标函数为所有本地智能体的成本函数之和[6]。与传统的集中式优化方法相比，它具有保护隐私、计算复杂度低、易于实现和提高可靠性等显著优点[7]。

根据所表述问题的方式，现有的分布式优化算法大致可以分为两类，即连续时间算法和离散时间算法。连续时间算法通常是在一些现有控制理论的基础上发展起来的。文献[8]提出了一种基于共识的连续时间比例积分分布式优化方法。文献[9]基于多智能体系统的表述，为每个节点设计了分布式控制协议，使它们到达唯一的最优点。基于事件触发控制思想，文献[10]提出了一种利用离散时间通信的分布式连续时间协调算法。文献[11]研究了一个基于时变通信时延的连续时间多智能体系统的分布式优化问题。

另外，离散时间算法在分布式优化中也得到了很好的研究。常用的标准优化方法有梯度下降法[12]、牛顿-拉夫逊法[13]、对偶分解法[14]、拉格朗日乘子法[15]等。其中，基于梯度或次梯度的方法因其简单而最受欢迎。文献[16]提出了一种典型的基于次梯度的方法，该方法同时考虑了约束一致和约束优化问题，分别提出了一种分布式投影共识法和投影次梯度法来解决这类问题。文献[17]分析了分布式对偶次梯度平均法在无向通信图下的收敛速度。此外，在不同通信网络条件的假设下，还衍生出了时变通信图[18]、随机网络[19]、量化信息交换[20]等新的基于梯度的方法。然而，值得指出的是，基于梯度或次梯度的方法通常收敛速度较慢。为了加快收敛速度，提出了一些快速梯度方法。文献[21]提出了两种基于集中式 Nesterov 梯度算法的快速分布式梯度算法。文献[22]提出了一种梯度估计方案，可以有效地利用平滑度来加速分布式优化。文献[23]提出了一种加速分布式有向优化方法来解决有向图上的分布式优化问题。然而，这些算法都只能解决无约束优化问题。据我们所知，除了只考虑等式约束的文献[24]外，关于快速分布式梯度法求解约束优化问题的结果还很少。

本节基于自然界中的“动量”现象，提出了一种基于加速分布式梯度的算法来解决约束优化问题。根据文献[16]的结果，我们考虑一个更一般的约束优化问题，其中每个智能体都有自己的代价函数和约束集。在文献[16]中提出的分布式优化算法的基础上，我们提出了一种基于分布式梯度的加速算法，该算法添加了一个额外的动量项。

此外，本节还将所提出的算法应用于解决大规模电力系统的经济调度问题。经济调度的主要目标是以最低的发电成本分配电力输出给各发电机，同时满足全局需求供应约束和本地发电机约束[25]。这类问题通常有几种集中式的解决方法，参见文献[26]、[27]。然而，当系统变得更大时，由于计算和通信复杂度的增加，这种集中方法可能不合适。最近提出了几种分布式经济调度算法，大致可以分为两类，即基于共识的调度算法和基于分布式梯度的调度算法[28-31]。基于一致性的方法通常需要选择合适的初值，以严格满足全局相等约束。为了避免这种情况，文献［32］提出了一种基于分布式投影梯度法的无初始化经济调度方法。但是，正如文献［33］中指出的，当系统规模非常大时，由于本地智能体估计向量的维数等于所有智能体的数量，这种方法会有很大的通信代价。如果直接应用所提出的加速分布式梯度法来解决经济调度问题，我们将面临同样的问题。在文献［33］所述思想的启发下，本节利用文献［33］提出的分层分散结构，对所提出的加速分布式梯度方法进行了改进，得到了一种新的经济调度算法。与文献［33］类似，每个智能体只需要估计自己的功率输出，维度只有 1，而不是全局估计。此外，每次迭代的估计也不需要像文献［32］中的估计一样在可行集内，只要所提算法能保证所有智能体的估计收敛到最优值并渐近满足约束条件即可。

6.2 基于惯量反馈的加速梯度下降优化算法

6.2.1 优化算法设计

考虑 m 个智能体协同使以下总成本函数最小的优化问题：

$$f(\boldsymbol{x})=\sum_{i=1}^{m} f_i(\boldsymbol{x}) \tag{6-1}$$

式中，$\boldsymbol{x}\in\mathbb{R}^n$ 为 $n\times 1$ 向量；$f_i:\mathbb{R}^n\rightarrow\mathbb{R}$ 为局部成本函数。

通过考虑局部约束，我们的问题可以表述为：

$$\begin{cases}\min\limits_{\boldsymbol{x}}\sum\limits_{i=1}^{m} f_i(\boldsymbol{x})\\ \text{s.t.}\boldsymbol{x}\in\bigcap\limits_{i=1}^{m} X_i\end{cases} \tag{6-2}$$

式中，X_i 为局部约束集。假设只有局部智能体 i 知道成本函数 f_i 和约束集 X_i 都是凸的。

将式（6-2）的最优解表示为 $\boldsymbol{x}^* \in X$，$X = \bigcap_{i=1}^{m} X_i$ 是所有局部约束的交集，其中所有局部约束的交集 X_i 假设为非空。我们的想法是使每个智能体通过迭代利用其邻近智能体和自身的可用信息来迭代估计最优解。表示智能体 i 在 k 次迭代时的估计为 $\boldsymbol{x}_i^k, i=1,\cdots,m$。我们的目标是提出一个加速的分布式算法，以确保随着迭代次数的增加，这些估计都能达到最优解的共识，即 $\lim_{k\to\infty} \boldsymbol{x}_i^k = \boldsymbol{x}^*$，对于所有的 $i=1,\cdots,m$。

为了实现这一点，做以下假设。

假设 6-1　函数 f_i 是凸且可微的。

假设 6-2　约束集 X_i 是紧集。

设 ∇f_i 是 f_i 的梯度函数，假设 1 和假设 2 确保 ∇f_i 有界于集 X_i 上，即存在一个标量 $L>0$，使：

$$\left\|\nabla f_i(\boldsymbol{x})\right\| \leqslant L, \forall \boldsymbol{x} \in X_i \tag{6-3}$$

假设 6-3[16]（内点法）　鉴于集 $X_i \subseteq \mathbb{R}^n, i=1,\cdots,m$，设 $X = \bigcap_{i=1}^{m} X_i$ 表示它们的交集。存在向量 $\bar{\boldsymbol{x}} \in \operatorname{int}(X)$，即存在一个标量 $\delta>0$，使：

$$\{z \mid \left\|z-\bar{\boldsymbol{x}}\right\| < \delta\} \subset X \tag{6-4}$$

本节提出了一种加速分布式优化算法来解决式（6-2）中所述的约束优化问题。作为开始，首先简要介绍文献［16］中提出的一种流行的分布式算法，并在此基础上提出我们的加速分布式算法。在此之后，将回顾一些有用的引理，作为以后收敛分析的基础。

（1）文献 [16] 中的分布式梯度算法

文献［4］提出了一种典型的分布式算法，为了方便起见，这里将其总结如下：

$$\boldsymbol{v}^k = \frac{\boldsymbol{x}_1^k + \cdots + \boldsymbol{x}_m^k}{m} \tag{6-5}$$

$$\boldsymbol{x}_i^{k+1} = P_{X_i}\left[\boldsymbol{v}^k - \alpha_k \nabla f_i(\boldsymbol{v}^k)\right] \tag{6-6}$$

式中，$\boldsymbol{v}^k \in \mathbb{R}^n$ 为所有智能体在 k 次迭代后估计的平均值；$P_{X_i}[\bullet]$ 为投影算子；α_k 为 k 次迭代时的步长。文献［16］证明了该算法的收敛性，即只要步长满足 $\alpha_k > 0, \sum_k \alpha_k = \infty$ 和 $\sum_k {\alpha_k}^2 < \infty$，该算法将确保所有智能体达成一致的最优解 $\boldsymbol{x}^*$，

即 $\lim\limits_{k\to\infty} \boldsymbol{x}_i^k = \boldsymbol{x}^*$，对于所有的 $i = 1,\cdots,m$。

（2）加速分布式梯度算法

需要注意的是，基于梯度的优化方法收敛速度较慢[8,12,22]。为了加快其收敛速度，受“动量”现象的启发，我们提出了以下加速分布式梯度法，在式（6-6）中加入“动量”项：

$$\boldsymbol{x}_i^{k+1} = P_{X_i}\left[\boldsymbol{v}^k - \alpha_k \nabla f_i(\boldsymbol{v}^k) + \beta_k(\boldsymbol{v}^k - \boldsymbol{v}^{k-1})\right] \tag{6-7}$$

式中，$\boldsymbol{v}^k$ 在式（6-5）中给出；$\beta_k \in \mathbb{R}^+$ 为用户选择的加速度增益。注意：动量加速度增益由用户选择；动量项取决于前两次迭代中估计值和平均值之间的差值。因此，我们提出的方法保证了在任何迭代中，估计不仅沿着投影梯度方向移动，而且采取一个“动量”步骤，在某种程度上是“记住”一些历史方向，并期望能更快地收敛到最优点。注意，传统的集中式梯度法（见文献［33］、［34］）已经采用了这种思想，但在分布式方法中，特别是分布式约束优化中，还没有完全解决。根据已有的结果[22-24]，我们了解到 β_k 对收敛速度和算法收敛性有很大的影响。如果设 $\beta_k = 0$，则式（6-7）等价于式（6-6），是正态分布式梯度法。大的 β_k 可以加快算法的收敛速度，但也可能导致算法的发散。如何确定 β_k 的稳定裕度是下面研究的关键问题。

（3）预备知识

在给出主要结果之前，先回顾一些有用的引理。

引理 6-1[7]　设 X 是一个非空的闭凸集 $\mathbb{R}^n$，那么对于任意 $x \in \mathbb{R}^n$ 和所有 $y \in X$，有：

$$\left\|P_X[x] - y\right\|^2 \leqslant \left\|x - y\right\|^2 - \left\|P_X[x] - x\right\|^2 \tag{6-8}$$

引理 6-2[16]　设 $X_i \subseteq \mathbb{R}^n, i = 1,\cdots,m$ 为满足假设 2 和假设 3 的非空封闭凸集。设 $\boldsymbol{x}^i \in X_i, i = 1,\cdots,m$ 为任意向量，其平均值为 $\boldsymbol{v} = (1/m)\sum\limits_{i=1}^{m} \boldsymbol{x}^i$。向量 $\boldsymbol{s} \in \mathbb{R}^n$ 有：

$$\boldsymbol{s} = \frac{\varepsilon}{\varepsilon + \delta}\bar{\boldsymbol{x}} + \frac{\delta}{\varepsilon + \delta}\boldsymbol{v} \tag{6-9}$$

式中，$\varepsilon = \sum\limits_{j=1}^{m} \operatorname{dist}(\boldsymbol{v}, X_j)$ 和 δ 为假设 3 中给定的标量。

下面的表述成立：

① 向量 $\boldsymbol{s}$ 属于交集 $X = \bigcap\limits_{i=1}^{m} X_i$。

② 我们有如下关系：

$$\|\boldsymbol{v}-\boldsymbol{s}\| \leqslant \frac{1}{\delta m}\left(\sum_{j=1}^{m}\left\|\boldsymbol{x}^{j}-\boldsymbol{v}\right\|\right)\left(\sum_{j=1}^{m} \operatorname{dist}(\boldsymbol{v}, X_{j})\right) \tag{6-10}$$

作为一个特殊的结果，我们得到：

$$\operatorname{dist}(\boldsymbol{v}, X) \leqslant \frac{1}{\delta m}\left(\sum_{j=1}^{m}\left\|\boldsymbol{x}^{j}-\boldsymbol{v}\right\|\right)\left(\sum_{j=1}^{m} \operatorname{dist}(\boldsymbol{v}, X_{j})\right) \tag{6-11}$$

6.2.2 算法收敛性分析

在本节中，我们分析并证明所提出的加速分布式算法的收敛性。

首先，从下面所述的引理 3 开始，建立一个关于 $\boldsymbol{x}_i^{k+1}$ 到可行点 $\boldsymbol{z} \in X$ 的距离的性质。然后给出定理 1 所述算法的收敛性。

引理 6-3　设 $\{\boldsymbol{x}_i^k\}$ 为式（6-5）和式（6-7）中算法产生的估计，那么对于任意 $\boldsymbol{z} \in X$ 且所有 $k \geqslant 0$，有：

$$\begin{aligned}\left\|\boldsymbol{x}_i^{k+1}-\boldsymbol{z}\right\|^2 \leqslant & (1+\beta_k)(2\beta_k+1)\left\|\boldsymbol{v}^k-\boldsymbol{z}\right\|^2+\beta_k(3\beta_k+1)\left\|\boldsymbol{v}^{k-1}-\boldsymbol{z}\right\|^2 \\ & +2(1+\beta_k)\alpha_k\left(f_i(\boldsymbol{z})-f_i(\boldsymbol{v}^k)\right)+2{\alpha_k}^2L^2-\left\|\phi_i^k\right\|^2\end{aligned} \tag{6-12}$$

其中投影误差 ϕ_i^k 定义为：

$$\begin{aligned}\phi_i^k= & P_{X_i}\left[\boldsymbol{v}^k-\alpha_k \nabla f_i(\boldsymbol{v}^k)+\beta_k(\boldsymbol{v}^k-\boldsymbol{v}^{k-1})\right] \\ & -\left(\boldsymbol{v}^k-\alpha_k \nabla f_i(\boldsymbol{v}^k)+\beta_k(\boldsymbol{v}^k-\boldsymbol{v}^{k-1})\right)\end{aligned} \tag{6-13}$$

证明：对于任意 $\boldsymbol{z} \in X$ 和所有 $i,k \geqslant 0$，根据式（6-7），我们可以得到式（6-14）。

$$\left\|\boldsymbol{x}_i^{k+1}-\boldsymbol{z}\right\|^2=\left\|P_{X_i}\left[\boldsymbol{v}^k-\alpha_k \nabla f_i(\boldsymbol{v}^k)+\beta_k(\boldsymbol{v}^k-\boldsymbol{v}^{k-1})\right]-\boldsymbol{z}\right\|^2 \tag{6-14}$$

将引理 6-1 中式（6-8）应用到式（6-14）的右边，我们得到：

$$\left\|\boldsymbol{x}_i^{k+1}-\boldsymbol{z}\right\|^2 \leqslant\left\|\boldsymbol{v}^k-\alpha_k \nabla f_i(\boldsymbol{v}^k)+\beta_k(\boldsymbol{v}^k-\boldsymbol{v}^{k-1})-\boldsymbol{z}\right\|^2-\left\|\phi_i^k\right\|^2 \tag{6-15}$$

式中，ϕ_i^k 的定义见式（6-13）。

然后把式（6-15）改写成：

$$\begin{aligned}\left\|\boldsymbol{x}_i^{k+1}-\boldsymbol{z}\right\|^2 & \leqslant\left\|(1+\beta_k)(\boldsymbol{v}^k-\boldsymbol{z})-\alpha_k \nabla f_i(\boldsymbol{v}^k)-\beta_k(\boldsymbol{v}^{k-1}-\boldsymbol{z})\right\|^2-\left\|\phi_i^k\right\|^2 \\ & \leqslant\left\|(1+\beta_k)(\boldsymbol{v}^k-\boldsymbol{z})-\alpha_k \nabla f_i(\boldsymbol{v}^k)\right\|^2+\left\|\beta_k(\boldsymbol{v}^{k-1}-\boldsymbol{z})\right\|^2 \\ & \quad+2(1+\beta_k)\beta_k\|\boldsymbol{v}^k-\boldsymbol{z}\| \bullet\|\boldsymbol{v}^{k-1}-\boldsymbol{z}\| \\ & \quad+2\alpha_k\beta_k\|\nabla f_i(\boldsymbol{v}^k)\|\ \|\boldsymbol{v}^{k-1}-\boldsymbol{z}\|-\left\|\phi_i^k\right\|^2\end{aligned} \tag{6-16}$$

对于式（6-16）中的项$\left\|(1+\beta_k)(\boldsymbol{v}^k-\boldsymbol{z})-\alpha_k\nabla f_i(\boldsymbol{v}^k)\right\|^2$，得到：

$$\begin{aligned}&\left\|(1+\beta_k)(\boldsymbol{v}^k-\boldsymbol{z})-\alpha_k\nabla f_i(\boldsymbol{v}^k)\right\|^2 \leqslant \\ &(1+\beta_k)^2\left\|\boldsymbol{v}^k-\boldsymbol{z}\right\|^2+\left\|\alpha_k\nabla f_i(\boldsymbol{v}^k)\right\|^2-2(1+\beta_k)\alpha_k(\boldsymbol{v}^k-\boldsymbol{z})^{\mathrm{T}}\nabla f_i(\boldsymbol{v}^k)\end{aligned} \tag{6-17}$$

然后根据众所周知的梯度不等式[7]，得到：

$$-(\boldsymbol{v}^k-\boldsymbol{z})^{\mathrm{T}}\nabla f_i(\boldsymbol{v}^k)\leqslant f_i(\boldsymbol{z})-f_i(\boldsymbol{v}^k) \tag{6-18}$$

将式（6-18）代入式（6-17）得到：

$$\begin{aligned}&\left\|(1+\beta_k)(\boldsymbol{v}^k-\boldsymbol{z})-\alpha_k\nabla f_i(\boldsymbol{v}^k)\right\|^2 \leqslant \\ &(1+\beta_k)^2\left\|\boldsymbol{v}^k-\boldsymbol{z}\right\|^2+\alpha_k^2\left\|\nabla f_i(\boldsymbol{v}^k)\right\|^2+2(1+\beta_k)\alpha_k\left(f_i(\boldsymbol{z})-f_i(\boldsymbol{v}^k)\right)\end{aligned} \tag{6-19}$$

式（6-16）中$2(1+\beta_k)\beta_k\|\boldsymbol{v}^k-\boldsymbol{z}\|\bullet\|\boldsymbol{v}^{k-1}-\boldsymbol{z}\|$和$2\alpha_k\beta_k\|\nabla f_i(\boldsymbol{v}^k)\|\bullet\|\boldsymbol{v}^{k-1}-\boldsymbol{z}\|$，得到：

$$\begin{aligned}&2(1+\beta_k)\beta_k\|\boldsymbol{v}^k-\boldsymbol{z}\|\bullet\|\boldsymbol{v}^{k-1}-\boldsymbol{z}\|\leqslant \\ &(1+\beta_k)\beta_k\left(\|\boldsymbol{v}^k-\boldsymbol{z}\|^2+\|\boldsymbol{v}^{k-1}-\boldsymbol{z}\|^2\right)\end{aligned} \tag{6-20}$$

$$2\alpha_k\beta_k\|\nabla f_i(\boldsymbol{v}^k)\|\bullet\|\boldsymbol{v}^{k-1}-\boldsymbol{z}\|\leqslant\alpha_k^2\left\|\nabla f_i(\boldsymbol{v}^k)\right\|^2+\beta_k^2\|\boldsymbol{v}^{k-1}-\boldsymbol{z}\|^2 \tag{6-21}$$

将式（6-19）～式（6-21）代入式（6-16），利用式（6-3）中的梯度有界假设，即$\left\|\nabla f_i(\boldsymbol{v}^k)\right\|^2\leqslant L^2$时，证明引理。

现在我们可以给出主要结果了。

定理6-1　设$\{\boldsymbol{x}_i^k\}$为式（6-5）和式（6-7）中算法产生的估计，则序列$\{\boldsymbol{x}_i^k\}$达到一致，收敛于最优解$\beta_k>0,\Sigma_k\beta_k<\infty$且$\boldsymbol{x}^*\in X$，即：

$$\lim_{k\to\infty}\boldsymbol{x}_i^k=\lim_{k\to\infty}\boldsymbol{x}_j^k=\boldsymbol{x}^*,\forall i,j=1,\cdots,m$$

如果步长α_k和加速度增益β_k满足$\alpha_k>0,\Sigma_k\alpha_k=\infty,\Sigma_k\alpha_k^2<\infty$和$\beta_k>0,\Sigma_k\beta_k<\infty$。

证明：将式（6-12）中所有智能体从$i=1$到m的估计相加，我们可以得到式（6-22）。

$$\begin{aligned}\sum_{i=1}^m\left\|\boldsymbol{x}_i^{k+1}-\boldsymbol{z}\right\|^2\leqslant\ & m(1+\beta_k)(2\beta_k+1)\left\|\boldsymbol{v}^k-\boldsymbol{z}\right\|^2+m\beta_k(3\beta_k+1)\left\|\boldsymbol{v}^{k-1}-\boldsymbol{z}\right\|^2 \\ &+2(1+\beta_k)\alpha_k\sum_{i=1}^m\left(f_i(\boldsymbol{z})-f_i(\boldsymbol{v}^k)\right)+2m{\alpha_k}^2L^2-\sum_{i=1}^m\left\|\phi_i^k\right\|^2\end{aligned} \tag{6-22}$$

注意：

$$
\begin{aligned}
m\left\|\boldsymbol{v}^{k}-\boldsymbol{z}\right\|^{2} &= m\left\|\frac{\boldsymbol{x}_{1}^{k}+\cdots+\boldsymbol{x}_{m}^{k}}{m}-\boldsymbol{z}\right\|^{2}=m\left\|\frac{(\boldsymbol{x}_{1}^{k}-\boldsymbol{z})+\cdots+(\boldsymbol{x}_{m}^{k}-\boldsymbol{z})}{m}\right\|^{2} \\
&\leqslant \left\|\boldsymbol{x}_{1}^{k}-\boldsymbol{z}\right\|^{2}+\cdots+\left\|\boldsymbol{x}_{m}^{k}-\boldsymbol{z}\right\|^{2}=\sum_{i=1}^{m}\left\|\boldsymbol{x}_{i}^{k}-\boldsymbol{z}\right\|^{2}
\end{aligned} \tag{6-23}
$$

其中我们运用了关系：

$$
\left\|\frac{a_{1}+\cdots+a_{m}}{m}\right\|^{2} \leqslant \frac{\left\|a_{1}\right\|^{2}+\cdots+\left\|a_{m}\right\|^{2}}{m} \tag{6-24}
$$

将式（6-23）代入式（6-22）得到：

$$
\begin{aligned}
\sum_{i=1}^{m}\left\|\boldsymbol{x}_{i}^{k+1}-\boldsymbol{z}\right\|^{2} &\leqslant (1+\beta_{k})(2\beta_{k}+1)\sum_{i=1}^{m}\left\|\boldsymbol{x}_{i}^{k}-\boldsymbol{z}\right\|^{2}+\beta_{k}(3\beta_{k}+1)\sum_{i=1}^{m}\left\|\boldsymbol{x}_{i}^{k-1}-\boldsymbol{z}\right\|^{2} \\
&+2(1+\beta_{k})\alpha_{k}\left(f(\boldsymbol{z})-f(\boldsymbol{v}^{k})\right)+2m\alpha_{k}{}^{2}L^{2}-\sum_{i=1}^{m}\left\|\phi_{i}^{k}\right\|^{2}
\end{aligned} \tag{6-25}
$$

式中，$f(\boldsymbol{z})=\sum_{i=1}^{m}f_{i}(\boldsymbol{z})$。

受文献［16］的启发，并根据引理 6-2 中的式（6-9），我们定义向量 $\boldsymbol{s}^{k}$ 为：

$$
\boldsymbol{s}^{k}=\frac{\varepsilon}{\varepsilon+\delta}\overline{\boldsymbol{x}}+\frac{\delta}{\varepsilon+\delta}\boldsymbol{v}^{k}
$$

式中，$\overline{\boldsymbol{x}}$ 是假设 6-3 中定义的内点。

通过在式（6-25）中加减 $f_{i}(\boldsymbol{s}^{k})$，得到：

$$
\begin{aligned}
\sum_{i=1}^{m}\left\|\boldsymbol{x}_{i}^{k+1}-\boldsymbol{z}\right\|^{2} &\leqslant (1+\beta_{k})(2\beta_{k}+1)\sum_{i=1}^{m}\left\|\boldsymbol{x}_{i}^{k}-\boldsymbol{z}\right\|^{2} \\
&+\beta_{k}(3\beta_{k}+1)\sum_{i=1}^{m}\left\|\boldsymbol{x}_{i}^{k-1}-\boldsymbol{z}\right\|^{2}+2m\alpha_{k}^{2}L^{2}-\sum_{i=1}^{m}\left\|\phi_{i}^{k}\right\|^{2} \\
&+2(1+\beta_{k})\alpha_{k}\left(f(\boldsymbol{z})-f(\boldsymbol{s}^{k})\right)+2(1+\beta_{k})\alpha_{k}\sum_{i=1}^{m}\left(f_{i}(\boldsymbol{s}^{k})-f_{i}(\boldsymbol{v}^{k})\right)
\end{aligned} \tag{6-26}
$$

利用式（6-3）中的梯度界假设，得到：

$$
\left|f_{i}(\boldsymbol{s}^{k})-f_{i}(\boldsymbol{v}^{k})\right| \leqslant L\left\|\boldsymbol{s}^{k}-\boldsymbol{v}^{k}\right\| \tag{6-27}
$$

下面，我们试着找出项 $\left\|\boldsymbol{s}^{k}-\boldsymbol{v}^{k}\right\|$ 的上界。根据本章参考文献［4］的结果，可以建立：

$$
\left\|\boldsymbol{s}^{k}-\boldsymbol{v}^{k}\right\| \leqslant \frac{2B}{\delta}\sum_{i=1}^{m}\left\|\boldsymbol{v}^{k}-\boldsymbol{x}_{i}^{k+1}\right\| \tag{6-28}
$$

式中，B 为文献［16］中的项 $\left\|\boldsymbol{x}_{i}^{k}-\overline{\boldsymbol{x}}\right\|$ 的界，即 $\left\|\boldsymbol{x}_{i}^{k}-\overline{\boldsymbol{x}}\right\| \leqslant 2B$ [4]。

对于$\left\|\boldsymbol{v}^k-\boldsymbol{x}_i^{k+1}\right\|$，得到：

$$\begin{aligned}
&\left\|\boldsymbol{v}^k-\boldsymbol{x}_i^{k+1}\right\|=\left\|\boldsymbol{v}^k-\alpha_k\nabla f_i(\boldsymbol{v}^k)+\beta_k(\boldsymbol{v}^k-\boldsymbol{v}^{k-1})+\phi_i^k-\boldsymbol{v}^k\right\| \\
&=\left\|\phi_i^k-\alpha_k\nabla f_i(\boldsymbol{v}^k)+\beta_k(\boldsymbol{v}^k-\boldsymbol{v}^{k-1})\right\|\leqslant\left\|\phi_i^k\right\|+\alpha_k L+\beta_k\left\|\boldsymbol{v}^k-\boldsymbol{v}^{k-1}\right\| \\
&=\left\|\phi_i^k\right\|+\alpha_k L+\beta_k\left\|(\boldsymbol{v}^k-\boldsymbol{z})-(\boldsymbol{v}^{k-1}-\boldsymbol{z})\right\| \\
&\leqslant\left\|\phi_i^k\right\|+\alpha_k L+\beta_k\left\|\boldsymbol{v}^k-\boldsymbol{z}\right\|+\beta_k\left\|\boldsymbol{v}^{k-1}-\boldsymbol{z}\right\|
\end{aligned} \tag{6-29}$$

将式（6-29）代入式（6-28）得到：

$$\left\|\boldsymbol{s}^k-\boldsymbol{v}^k\right\|\leqslant\frac{2B}{\delta}\left(\sum_{i=1}^{m}\left\|\phi_i^k\right\|+m\alpha_k L+m\beta_k\left\|\boldsymbol{v}^k-\boldsymbol{z}\right\|\right)+\frac{2Bm\beta_k}{\delta}\left\|\boldsymbol{v}^{k-1}-\boldsymbol{z}\right\| \tag{6-30}$$

那么对于式（6-26）中的项$2(1+\beta_k)\alpha_k\sum_{i=1}^{m}\left(f_i(\boldsymbol{s}^k)-f_i(\boldsymbol{v}^k)\right)$，根据式（6-27）、式（6-28）和式（6-30），得到：

$$\begin{aligned}
&2(1+\beta_k)\alpha_k\sum_{i=1}^{m}\left(f_i(\boldsymbol{s}^k)-f_i(\boldsymbol{v}^k)\right)\leqslant 2m(1+\beta_k)\alpha_k L\left\|\boldsymbol{s}^k-\boldsymbol{v}^k\right\| \\
&\leqslant\frac{4m(1+\beta_k)\alpha_k BL}{\delta}\left(\sum_{i=1}^{m}\left\|\phi_i^k\right\|+m\alpha_k L\right) \\
&+\frac{4m(1+\beta_k)\alpha_k BL}{\delta}\left(m\beta_k\left\|\boldsymbol{v}^k-\boldsymbol{z}\right\|+m\beta_k\left\|\boldsymbol{v}^{k-1}-\boldsymbol{z}\right\|\right)
\end{aligned} \tag{6-31}$$

注意：

$$\begin{aligned}
&\frac{4m(1+\beta_k)\alpha_k BL}{\delta}\left\|\phi_i^k\right\|=2\left(\frac{2\sqrt{2}m(1+\beta_k)\alpha_k BL}{\delta}\right)\left(\frac{1}{\sqrt{2}}\left\|\phi_i^k\right\|\right) \\
&\leqslant\left(\frac{2\sqrt{2}m(1+\beta_k)\alpha_k BL}{\delta}\right)^2+\left(\frac{1}{\sqrt{2}}\left\|\phi_i^k\right\|\right)^2 \\
&=\frac{8m^2(1+\beta_k)^2{\alpha_k}^2B^2L^2}{\delta^2}+\frac{1}{2}\left\|\phi_i^k\right\|^2
\end{aligned} \tag{6-32}$$

类似地：

$$\begin{aligned}
&\frac{4m^2(1+\beta_k)\alpha_k\beta_k BL}{\delta}\left\|\boldsymbol{v}^k-\boldsymbol{z}\right\|=2\left(\frac{2m^2(1+\beta_k)\alpha_k BL}{\delta}\right)\left(\beta_k\left\|\boldsymbol{v}^k-\boldsymbol{z}\right\|\right) \\
&\leqslant\left(\frac{2m^2(1+\beta_k)\alpha_k BL}{\delta}\right)^2+\left(\beta_k\left\|\boldsymbol{v}^k-\boldsymbol{z}\right\|\right)^2 \\
&=\frac{4m^4(1+\beta_k)^2\alpha_k^2B^2L^2}{\delta^2}+\beta_k^2\left\|\boldsymbol{v}^k-\boldsymbol{z}\right\|^2
\end{aligned} \tag{6-33}$$

$$\frac{4m^2(1+\beta_k)\alpha_k\beta_k BL}{\delta}\left\|\boldsymbol{v}^{k-1}-\boldsymbol{z}\right\| \leqslant \frac{4m^4(1+\beta_k)^2\alpha_k^2 B^2 L^2}{\delta^2}+\beta_k^2\left\|\boldsymbol{v}^{k-1}-\boldsymbol{z}\right\|^2 \tag{6-34}$$

将式（6-31）～式（6-34）代入式（6-26）得到：

$$\begin{aligned}
\sum_{i=1}^{m}\left\|\boldsymbol{x}_i^{k+1}-\boldsymbol{z}\right\|^2 \leqslant & (1+\beta_k)(2\beta_k+1)\sum_{i=1}^{m}\left\|\boldsymbol{x}_i^{k}-\boldsymbol{z}\right\|^2 \\
& +\beta_k(3\beta_k+1)\sum_{i=1}^{m}\left\|\boldsymbol{x}_i^{k-1}-\boldsymbol{z}\right\|^2-\frac{1}{2}\sum_{i=1}^{m}\left\|\phi_i^k\right\|^2 \\
& +2(1+\beta_k)\alpha_k\left(f(\boldsymbol{z})-f(\boldsymbol{s}^k)\right)+G_k\alpha_k^2 \\
& +\beta_k^2\left\|\boldsymbol{v}^k-\boldsymbol{z}\right\|^2+\beta_k^2\left\|\boldsymbol{v}^{k-1}-\boldsymbol{z}\right\|^2
\end{aligned} \tag{6-35}$$

式中，$G_k=2mL^2+\dfrac{4m^2(1+\beta_k)BL^2}{\delta}+\dfrac{8m^3(1+\beta_k)^2B^2L^2}{\delta^2}+\dfrac{8m^4(1+\beta_k)^2B^2L^2}{\delta^2}$。

将关系式（6-24）应用于式（6-35）右边的最后两项，得到：

$$\beta_k^2\left\|\boldsymbol{v}^k-\boldsymbol{z}\right\|^2+\beta_k^2\left\|\boldsymbol{v}^{k-1}-\boldsymbol{z}\right\|^2 \leqslant \frac{\beta_k^2}{m}\sum_{i=1}^{m}\left\|\boldsymbol{x}_i^k-\boldsymbol{z}\right\|^2+\frac{\beta_k^2}{m}\sum_{i=1}^{m}\left\|\boldsymbol{x}_i^{k-1}-\boldsymbol{z}\right\|^2 \tag{6-36}$$

将式（6-36）代入式（6-35）得到：

$$\begin{aligned}
\sum_{i=1}^{m}\left\|\boldsymbol{x}_i^{k+1}-\boldsymbol{z}\right\|^2 \leqslant & \left(\left(2+\frac{1}{m}\right)\beta_k^2+3\beta_k+1\right)\sum_{i=1}^{m}\left\|\boldsymbol{x}_i^{k}-\boldsymbol{z}\right\|^2 \\
& +\left(\left(3+\frac{1}{m}\right)\beta_k^2+\beta_k\right)\sum_{i=1}^{m}\left\|\boldsymbol{x}_i^{k-1}-\boldsymbol{z}\right\|^2-\frac{1}{2}\sum_{i=1}^{m}\left\|\phi_i^k\right\|^2 \\
& +2(1+\beta_k)\alpha_k\left(f(\boldsymbol{z})-f(\boldsymbol{s}^k)\right)+G_k\alpha_k^2
\end{aligned} \tag{6-37}$$

对于任意的F和$F<H$的H，对k从$k=F+1$到H的关系求和，得到：

$$\begin{aligned}
& \sum_{k=F+1}^{H}\sum_{i=1}^{m}\left\|\boldsymbol{x}_i^{k+1}-\boldsymbol{z}\right\|^2+\frac{1}{2}\sum_{k=F+1}^{H}\sum_{i=1}^{m}\left\|\phi_i^k\right\|^2 \\
\leqslant & \sum_{k=F+1}^{H-1}\left(\left(5+\frac{2}{m}\right)\beta_k^2+4\beta_k+1\right)\sum_{i=1}^{m}\left\|\boldsymbol{x}_i^{k}-\boldsymbol{z}\right\|^2 \\
& +\left(\left(3+\frac{1}{m}\right)\beta_{F+1}^2+\beta_{F+1}\right)\sum_{i=1}^{m}\left\|\boldsymbol{x}_i^{F}-\boldsymbol{z}\right\|^2 \\
& +\left(\left(2+\frac{1}{m}\right)\beta_H^2+3\beta_H+1\right)\sum_{i=1}^{m}\left\|\boldsymbol{x}_i^{H}-\boldsymbol{z}\right\|^2 \\
& +2\sum_{k=F+1}^{H}\alpha_k(1+\beta_k)\left(f(\boldsymbol{z})-f(\boldsymbol{s}^k)\right)+\sum_{k=F+1}^{H}G_k\alpha_k^2
\end{aligned} \tag{6-38}$$

设$F=0$，$H\to\infty$，式（6-38）变为：

$$\begin{aligned}&\sum_{k=2}^{H-1}\left((-5-\frac{2}{m})\beta_k^2-4\beta_k\right)\sum_{i=1}^{m}\left\|\boldsymbol{x}_i^k-\boldsymbol{z}\right\|^2+\sum_{i=1}^{m}\left\|\boldsymbol{x}_i^{H+1}-\boldsymbol{z}\right\|^2\\&+\frac{1}{2}\sum_{k=1}^{H}\sum_{i=1}^{m}\left\|\phi_i^k\right\|^2+\sum_{k=1}^{H}2\alpha_k(1+\beta_k)\big(f(\boldsymbol{s}^k)-f(\boldsymbol{z})\big)\\&\leqslant\left((5+\frac{2}{m})\beta_1^2+4\beta_1+1\right)\sum_{i=1}^{n}\left\|\boldsymbol{x}_i^1-\boldsymbol{z}\right\|^2+\left(\left(3+\frac{1}{m}\right)\beta_1^2+\beta_1\right)\sum_{i=1}^{m}\left\|\boldsymbol{x}_i^0-\boldsymbol{z}\right\|^2\\&+\left(\left(2+\frac{1}{m}\right)\beta_H^2+3\beta_H+1\right)\sum_{i=1}^{m}\left\|\boldsymbol{x}_i^H-\boldsymbol{z}\right\|^2+\sum_{k=1}^{H}G_k\alpha_k^2\end{aligned}\tag{6-39}$$

注意，如果 $\beta_k>0,\sum_{k=1}^{+\infty}\beta_k<+\infty$，它意味着 $\sum_{k=1}^{+\infty}\beta_k^2<+\infty$ 且 $\beta_k\leqslant B_\beta$，其中 B_β 是 β_k 的上界。然后在 $\sum_{k=1}^{+\infty}\alpha_k^2<\infty$ 的条件下，$\sum_{k=1}^{H}G_k\alpha_k^2$ 是有界的，这意味着式（6-39）的右边是有界的。

此外，如果 $\sum_{k=1}^{+\infty}\beta_k<+\infty,\sum_{k=1}^{+\infty}\beta_k^2<+\infty$，那么式（6-39）左边的第一项也是有界的。因此得到：

$$\frac{1}{2}\sum_{k=1}^{\infty}\sum_{i=1}^{m}\left\|\phi_i^k\right\|^2+2\sum_{k=1}^{\infty}\alpha_k(1+\beta_k)\sum_{i=1}^{m}\big(f_i(\boldsymbol{s}^k)-f_i(\boldsymbol{z})\big)<\infty\tag{6-40}$$

这意味着：

$$\frac{1}{2}\sum_{k=0}^{\infty}\sum_{i=1}^{m}\left\|\phi_i^k\right\|^2<\infty\tag{6-41}$$

$$2\sum_{k=1}^{\infty}\alpha_k(1+\beta_k)\sum_{i=1}^{m}\big(f_i(\boldsymbol{s}^k)-f_i(\boldsymbol{z})\big)<\infty\tag{6-42}$$

使 $\boldsymbol{z}=\boldsymbol{x}^*$。$\mathbf{s}^k\in X$，故 $\sum_{i=1}^{m}\big(f_i(\boldsymbol{s}^k)-f_i(\boldsymbol{x}^*)\big)\geqslant 0$。注意如果 $\Sigma_k\alpha_k=\infty$，那么可以得到 $\Sigma_k\alpha_k(1+\beta_k)=\infty$（$0<\beta_k\leqslant B_\beta$），则由式（6-41）、式（6-42）得到：

$$\lim_{k\to\infty}\phi_i^k=0\tag{6-43}$$

$$\liminf_{k\to\infty}f(\boldsymbol{s}^k)=f(\boldsymbol{x}^*)\tag{6-44}$$

接下来，证明序列 $\left\{\boldsymbol{x}_i^k\right\}$ 收敛于同一个最优点 $\boldsymbol{x}^*$。

$\alpha_k\to 0,\beta_k\to 0$（$\Sigma_k\alpha_k^2<\infty,\Sigma_k\beta_k<\infty$）且 $\phi_i^k\to 0$，从式（6-30）可以得出：

$$\lim_{k\to\infty}\left\|\boldsymbol{s}^k-\boldsymbol{v}^k\right\|=0\tag{6-45}$$

根据式（6-7）和式（6-13），得到：

$$\boldsymbol{x}_i^{k+1} = \boldsymbol{v}^k - \alpha_k \nabla f_i(\boldsymbol{v}^k) + \beta_k(\boldsymbol{v}^k - \boldsymbol{v}^{k-1}) + \phi_i^k \tag{6-46}$$

考虑到 $\alpha_k \to 0, \beta_k \to 0$ 且 $\phi_i^k \to 0$，根据式（6-46），得到：

$$\lim_{k\to\infty}\left\|\boldsymbol{x}_i^{k+1} - \boldsymbol{v}^k\right\| = 0, \forall i = 1,\cdots,m \tag{6-47}$$

根据式（6-45）和式（6-47）的关系，得到：

$$\lim_{k\to\infty}\left\|\boldsymbol{x}_i^{k+1} - \boldsymbol{s}^k\right\| = 0, \forall i = 1,\cdots,m \tag{6-48}$$

根据文献［16］的收敛性分析，在式（6-38）中取上极限 $F \to \infty$，然后取下极限 $H \to \infty$，得到任意 $\boldsymbol{z}^* \in X^*$，有：

$$\limsup_{F\to\infty}\sum_{i=1}^{m}\left\|\boldsymbol{x}_i^{F+2} - \boldsymbol{z}^*\right\|^2 \leqslant \liminf_{H\to\infty}\sum_{i=1}^{m}\left\|\boldsymbol{x}_i^{H} - \boldsymbol{z}^*\right\|^2$$

这意味着标量序列 $\{\sum_{i=1}^{m}\left\|\boldsymbol{x}_i^k - \boldsymbol{z}^*\right\|\}$ 对于每一个 $\boldsymbol{z}^* \in X^*$ 都收敛，$\left\|\boldsymbol{x}_i^{k+1} - \boldsymbol{s}^k\right\| \to 0, \forall i = 1,\cdots,m$。那么标量序列 $\{\left\|\boldsymbol{s}^k - \boldsymbol{z}^*\right\|\}$ 对于每个 $\boldsymbol{z}^* \in X^*$ 也是收敛的。由于 $\liminf_{k\to\infty} f(\boldsymbol{s}^k) = f(\boldsymbol{x}^*)$。由此可见极限点 $\{\boldsymbol{s}^k\}$ 表示为 $\boldsymbol{x}^*$，一定属于 X^*。注意对于 $\boldsymbol{z}^* = \boldsymbol{x}^*$，$\{\left\|\boldsymbol{s}^k - \boldsymbol{z}^*\right\|\}$ 是收敛的，那么我们得到 $\lim_{k\to\infty}\boldsymbol{s}^k = \boldsymbol{x}^*$。最后根据式（6-48），我们得到 $\lim_{k\to\infty}\boldsymbol{x}_i^k = \boldsymbol{x}^*, \forall i = 1,\cdots,m$，这意味着序列 $\{\boldsymbol{x}_i^k\}$ 收敛于最优解 $\boldsymbol{x}^*$。这样证明就完成了。

6.2.3 大型电力系统的经济调度

在本节中，我们将提出的加速分布式优化方法应用于解决大型电力系统的经济调度（ED）问题。

（1）问题描述

从数学上讲，ED 问题的目标是在供需约束和发电机约束条件下，使发电总成本最小[25]：

$$C = \sum_{i\in\mathcal{G}} c_i(P_i) \tag{6-49}$$

式中，$\mathcal{G}$ 为发电机的集合；P_i 为第 i 台发电机的计划输出功率。

传统的热发电机（TG）的成本通常用二次函数来近似[25]：

$$c_i(P_i) = a_i P_i^2 + b_i P_i + c_i \tag{6-50}$$

式中，a_i、b_i 和 c_i 为第 i 台 TG 的成本系数。

在此基础上，将电力需求约束和发电机约束同时考虑，可将电力需求问题表述为：

$$\begin{cases}\min\limits_{P_i}\sum\limits_{i\in\mathcal{G}}c_i(P_i)\\ \text{s.t.}\sum\limits_{i\in\mathcal{G}}P_i=P_{\mathrm{d}}\\ P_i^{\min}\leqslant P_i\leqslant P_i^{\max},\forall i\in\mathcal{G}\end{cases}\tag{6-51}$$

式中，$P_i^{\min}$ 和 $P_i^{\max}$ 分别为第 i 台 TG 的下界和上界；P_{d} 为总负载，需满足 $\sum\limits_{i\in\mathcal{G}}P_i^{\min}\leqslant P_{\mathrm{d}}\leqslant\sum\limits_{i\in\mathcal{G}}P_i^{\max}$ 。

设该电力系统中存在 $m=|\mathcal{G}|$ 的 TG，且每个 TG 都被视为具有唯一 ID 的“智能体”。设 $\boldsymbol{P}$ 为一个全局矢量，收集所有发电机的发电功率，即 $\boldsymbol{P}=[P_1,P_2,\cdots,P_m]^{\mathrm{T}}$ 。

那么智能体 i 的成本函数 f_i 记为：

$$f_i(\boldsymbol{P})=c_i([\boldsymbol{P}]_h),\forall i=1,\cdots,m\tag{6-52}$$

式中，$[\boldsymbol{P}]_h$ 为向量 $\boldsymbol{P}$ 的第 h 个元素。

然后将局部约束集表示为：

$$X_i=\{\boldsymbol{P}\mid P_i^{\min}\leqslant[\boldsymbol{P}]_h\leqslant P_i^{\max}\}\tag{6-53}$$

全局约束集：

$$X_g=\{\boldsymbol{P}\mid\mathbf{1}^{\mathrm{T}}\boldsymbol{P}=P_{\mathrm{d}}\}\tag{6-54}$$

为供需约束，其中 $\mathbf{1}\in\mathbb{R}^m$ 是一个 $m\times1$ 向量，所有元素均为 1。

那么式（6-51）可以改写为：

$$\begin{cases}\min\limits_{\boldsymbol{P}}\sum\limits_{i=1}^{m}f_i(\boldsymbol{P})\\ \text{s.t.}\boldsymbol{P}\in\bigcap\limits_{i=1}^{m}X_i\cap X_g\end{cases}\tag{6-55}$$

表示发电机智能体 i 在迭代 k 次时的估计为 $\hat{P}_i(k)$ ，然后基于所提出的加速分布式梯度法，以 $\lim\limits_{k\to\infty}\left[\hat{P}_1(k),\cdots,\hat{P}_i(k),\cdots,\hat{P}_m(k)\right]^{\mathrm{T}}=\boldsymbol{P}^*$ 为目标，而 $\boldsymbol{P}^*\in\mathbb{R}^m$ 是式（6-55）的最优解。

（2）加速分布式算法

注意，由于涉及额外的总供需约束式（6-54），式（6-51）中表述的 ED 问题与式（6-2）中的略有不同。为了处理这个约束 X_g 并应用前面的结果，我们使用了一个额外的智能体，在这里称为协调器智能体，假定它能够直接与所有发电机智能体通信。此外，我们还假设只有这个协调器智能体能够访问总负载需求 P_{d}。

值得指出的是，在式（6-7）中，局部智能体的估计是一个全局向量，其维数等于所有智能体的数量。如果我们直接应用式（6-7）来求解 ED 问题，对于大型电力系统来说，计算和通信成本都是非常高的。在文献［33］的基础上，我们提出了一种新的加速分布式算法，每台发电机智能体只需要估计自己的功率输出，其维数始终为 1，且与系统规模无关。此外，对全局约束和局部约束分别进行处理。另外，正如文献［33］所指出的，该方法不要求每次迭代的估计都满足全局约束 X_g，同时保证了估计收敛到最优点，并且渐近地满足约束 X_g。这些特点使算法的计算复杂度大大降低。

本节提出的算法总结如下。

步骤 0：初始化。在迭代 $k=0$ 时，每台发电机智能体通过选择一个任意的初值 $\hat{P}_i(0)\in\mathbb{R}$，开始估计自己的功率输出 $\hat{P}_i$。

步骤 1：局部优化。在迭代 $k,k\geqslant 1$ 时，每个智能体基于自身成本函数 c_i 和局部约束集 X_i 的梯度，更新其局部估计 $\hat{P}_i(k)$，如下所示。

$$\hat{P}_i'(k)=\hat{P}_i(k-1)-\alpha_k\nabla c_i(\hat{P}_i(k-1))+\beta_k(\hat{P}_i(k-1)-\hat{P}_i(k-2)) \tag{6-56}$$

$$\begin{aligned}\hat{P}_i(k)&=P_{X_i}[\hat{P}_i'(k)]\\&=\begin{cases}P_i^{\max},\hat{P}_i'(k)>P_i^{\max}\\P_i^{\min},\hat{P}_i'(k)<P_i^{\min}\\\hat{P}_i'(k),\text{其他}\end{cases}\end{aligned} \tag{6-57}$$

式中，α_k 为迭代 k 次时的步长；β_k 为迭代 k 次时的加速度增益；∇c_i 为成本函数 c_i 的梯度。

步骤 2：全局约束投影。每台发电机智能体发送它的估计 $\hat{P}_i(k)$ 给协调器智能体，协调器智能体通过将所有单个估计值构成一个向量来获取并保存总体估计值，即 $\boldsymbol{P}(k)=\left[\hat{P}_1(k)\quad\cdots\quad\hat{P}_i(k)\quad\cdots\quad\hat{P}_m(k)\right]^{\mathrm{T}}\in\mathbb{R}^n$，然后由协调器智能体对 $\boldsymbol{P}(k)$ 进行全局约束投影。它由前面两个迭代步骤中的总体估计组成，如下所示。

$$\boldsymbol{P}(k)=(1+\beta_k)\boldsymbol{P}(k-1)-\beta_k\boldsymbol{P}(k-2) \tag{6-58}$$

$$P_{X_g}[\boldsymbol{P}(k)]=\boldsymbol{P}(k)-\frac{\boldsymbol{N}^{\mathrm{T}}\boldsymbol{P}(k)-P_{\mathrm{d}}}{m}\boldsymbol{N} \tag{6-59}$$

式中，$\boldsymbol{N}=\begin{bmatrix}1&\cdots&1\end{bmatrix}^{\mathrm{T}}\in\mathbb{R}^{m\times 1}$。

步骤 3：协调操作。协调操作由协调器智能体执行，如下所示。

$$\boldsymbol{P}(k)=\frac{\boldsymbol{P}(k)+(m-1)\boldsymbol{P}(k)+\gamma P_{X_g}[\boldsymbol{P}(k)]}{m+\gamma} \tag{6-60}$$

式中，$\gamma\in\mathbb{R}^+$为正整数，后面将详细讨论。

步骤4：返回更新的估计值。协调器智能体发送回更新的估计值$\boldsymbol{P}(k)$到所有的发电机智能体，即$\hat{P}_i(k)=[\boldsymbol{P}(k)]_i$，（$[\bullet]_i$表示向量的第$i$个元素）。然后令$k=k+1$后，执行步骤1。

注6-1　式（6-56）～式（6-60）中的加速分布式算法是基于式（6-7）中加速分布式算法提出的，但略有不同。我们将其异同总结如下。首先，与式（6-7）中的局部更新类似，式（6-56）和式（6-57）中的操作也由每个局部发电机智能体执行。但是式（6-56）中局部估计的维数总是等于1，这与原始算法式（6-7）中有很大的不同，原始算法中每个智能体持有全局向量，其维数为所有智能体的数量。这一新特性对解决电力系统特别是大型电力系统的供电问题有很大的帮助。其次，与式（6-7）算法不同的是，其增加了一个协调器，主要作用是处理供需约束和各发电机智能体之间的协调。

（3）收敛性分析

下面我们将证明所提出的加速分布式算法的收敛性等价于式（6-7）和式（6-5）中的加速分布算法，然后根据定理6-1的结果进行证明。

在给出主要结果之前，我们先回顾一下文献［6］和［33］中提出的一个叫作虚拟智能体的概念。虚拟智能体是指成本函数不变，即没有优化变量，但受到一定约束的智能体。当然，添加这样的虚拟智能体也不会影响整个系统的优化结果。

在式（6-55）中，除了局部约束$X_i, i=1,\cdots,m$外，还有一个额外的供需约束集X_g。受虚拟智能体思想的启发，我们在式（6-55）中加入了γ个虚拟智能体，并将其标记为智能体$m+1,\cdots,m+\gamma$。将这些虚拟智能体的成本函数和约束集设为$c_{m+1}=\cdots=c_{m+\gamma}=0, X_{m+1}=\cdots=X_{m+\gamma}=X_g$，式（6-55）可以等效地重写为：

$$\begin{cases}\min\limits_{\boldsymbol{P}}\sum\limits_{i=1}^{m+\gamma}c_i(\boldsymbol{P})\\ \text{s.t.}\boldsymbol{P}\in\bigcap\limits_{i=1}^{m+\gamma}X_i\end{cases} \tag{6-61}$$

在文献［33］中进行了一项有趣的研究，发现γ越小，收敛到最优点的速度越快。另外，更大的γ将驱动$\boldsymbol{P}$更快地收敛到约束集X_g。因此，γ需要通过考虑收敛速度和满足约束集来正确选择。

定理6-2　通过应用提出的算法式（6-56）～式（6-60）来解决ED问题式（6-55），当步长α_k和加速度增益β_k满足$\alpha_k>0,\Sigma_k\alpha_k=\infty,\Sigma_k\alpha_k^2<\infty$和$\beta_k>0$

$\Sigma_k \beta_k < \infty$时，各智能体的估计渐进收敛于最优解。

证明：当迭代k次时，其中$k \geqslant 1$。

$$
\begin{aligned}
& \boldsymbol{P}(k)+(m-1)\boldsymbol{P}(k) \\
& =\begin{bmatrix} \hat{P}_1(k) \\ (1+\beta_k)\hat{P}_2(k-1)-\beta_k\hat{P}_2(k-2) \\ \vdots \\ (1+\beta_k)\hat{P}_m(k-1)-\beta_k\hat{P}_m(k-2) \end{bmatrix} \\
& +\begin{bmatrix} (1+\beta_k)\hat{P}_1(k-1)-\beta_k\hat{P}_1(k-2) \\ \hat{P}_2(k) \\ \vdots \\ (1+\beta_k)\hat{P}_m(k-1)-\beta_k\hat{P}_m(k-2) \end{bmatrix} \\
& +\cdots \\
& +\begin{bmatrix} (1+\beta_k)\hat{P}_1(k-1)-\beta_k\hat{P}_1(k-2) \\ (1+\beta_k)\hat{P}_2(k-1)-\beta_k\hat{P}_2(k-2) \\ \vdots \\ \hat{P}_m(k) \end{bmatrix}
\end{aligned} \tag{6-62}
$$

根据式（6-56）、式（6-57），我们得到：

$$
\begin{aligned}
& \begin{bmatrix} (1+\beta_k)\hat{P}_1(k-1)-\beta_k\hat{P}_1(k-2) \\ \vdots \\ \hat{P}_i(k) \\ \vdots \\ (1+\beta_k)\hat{P}_m(k-1)-\beta_k\hat{P}_m(k-2) \end{bmatrix} \\
& =P_{X_i}[\boldsymbol{P}(k)-\alpha_k\nabla f_i(\boldsymbol{P}(k-1))], i=1,\cdots,m
\end{aligned} \tag{6-63}
$$

将式（6-63）代入式（6-62）得到：

$$
\begin{aligned}
& \boldsymbol{P}(k)+(m-1)\boldsymbol{P}(k) \\
& =\sum_{i=1}^{m} P_{X_i}\left[\boldsymbol{P}(k)-\alpha_k\nabla f_i(\boldsymbol{P}(k-1))\right]
\end{aligned} \tag{6-64}
$$

考虑虚拟智能体（智能体$m+1$到$m+\gamma$）。$c_{m+1}=\cdots=c_{m+\gamma}=0$，因此$\nabla c_{m+1}=\cdots=\nabla c_{m+\gamma}=0$，那么：

$$
\begin{aligned}
& P_{X_s}[\boldsymbol{P}(k-1)-\alpha_k \nabla c_s(\boldsymbol{P}(k-1))+\beta_k(\boldsymbol{P}(k-1)-\boldsymbol{P}(k-2))] \\
& =P_{X_s}[(1+\beta_k)\boldsymbol{P}(k-1)-\beta_k \boldsymbol{P}(k-2)] \\
& =P_{X_g}[\boldsymbol{P}(k)], s=m+1,\cdots,m+\gamma
\end{aligned} \tag{6-65}
$$

将式（6-64）和式（6-65）结合，得到：

$$
\begin{aligned}
& \boldsymbol{P}(k)+(m-1)\boldsymbol{P}(k)+\gamma P_{X_g}[\boldsymbol{P}(k)] \\
& =\sum_{i=1}^{m+\gamma} P_{X_i}[\boldsymbol{P}(k-1)-\alpha_k \nabla c_i(\boldsymbol{P}(k-1))]
\end{aligned} \tag{6-66}
$$

将式（6-66）代入式（6-59）得到：

$$
\boldsymbol{P}(k)=\frac{\sum_{i=1}^{m+\gamma} P_{X_i}[\boldsymbol{P}(k-1)-\alpha_k \nabla c_i(\boldsymbol{P}(k-1))]}{m+\gamma} \tag{6-67}
$$

通过对式（6-67）的进一步研究，它实际上是所有 $m+\gamma$ 个智能体估计的平均值等于定理 6-1 的式（6-5）。由于式（6-55）中所表述的问题也等价于定理 6-1 中的问题，那么剩下的证明就是定理 6-1 中的证明。

在实践中，大规模电力系统中的分布式通信可以在无线网络中实现，如 ZigBee、WiFi 和蜂窝通信网络[34]。尽管干扰造成的信号延迟是可能的，但这不是目前考虑的范围，减缓干扰可以参考文献［35］。为了实现即时通信，建议使用远程低延迟网络，如蜂窝通信网络，通信时延通常可以忽略不计。此外，所涉及的通信信息只是个体的估计 $\hat{P}_i$。因此，具有正常无线通信速度和带宽的网络更能实现所提出的分布式优化。此外，为了在所有智能体之间实现同步即时通信，通信信息通常包含来自全球时钟（如 GPS）的时间戳。

6.2.4 仿真实例

本节将介绍在 IEEE 上实现的几个案例研究，以 30 节点、118 节点的电力系统和一个由 1000 台发电机组成的大型电力系统为例，测试所提出的加速分布式梯度法的有效性。

(1) IEEE-30 节点系统

这里采用 IEEE-30 节点系统作为测试系统，如图 6-1 所示。参考文献［31］中的发电机和负载参数，总负载需求 $P_{\mathrm{d}}=\sum_{i=1}^{30} P_i^{\mathrm{d}}=283.4\mathrm{MW}$。在下文所述的案例 1 中，测试我们所提方法的有效性。然后将所提出的加速分布式算法与本章参考文献［33］中的分布式算法进行比较。

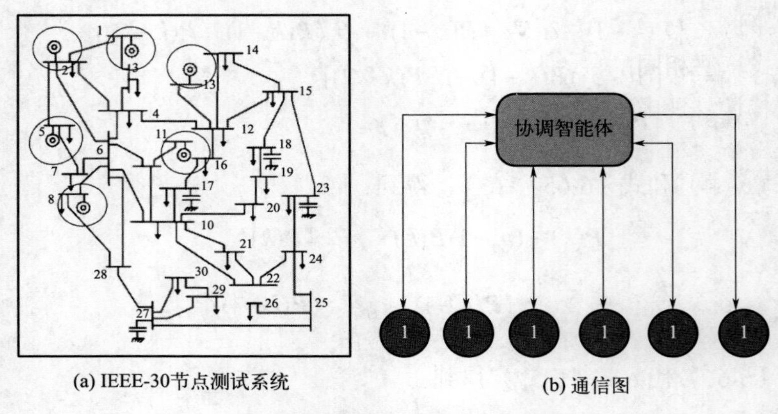

(a) IEEE-30节点测试系统　　(b) 通信图

图 6-1　IEEE-30 节点测试系统

① 案例 1：采用加速分布式算法。这个案例旨在说明我们的算法在 IEEE-30 节点电力系统中的有效性。每台发电机智能体选择初始值为 $\hat{P}_i(0)=0,\forall i$。为了满足定理 6-2 中推导的步长和加速度增益的条件，选择 $\alpha_k=\dfrac{\alpha_0}{k+1000}$，$k\geqslant 1$和$\beta_k=\beta_0 e^{-\frac{k}{2000}}$分别为递减的步长和加速度增益，$\alpha_0$、$\beta_0$分别为初始步长和加速度增益，分别设$\alpha_0=1000,\beta_0=1$。此外，添加 10 个虚拟智能体，即$\gamma=10$。仿真结果如图 6-2（a）中我们看到，每个智能体的估计值$\hat{P}_i(k)$收敛于最优点$P^*=[185.21\quad 46.94\quad 19.14\quad 10.03\quad 10.03\quad 12.03]^{\mathrm{T}}$，表示最优的功率分配为$P_{\mathrm{TG}_1}=185.21\mathrm{MW}$、$P_{\mathrm{TG}_2}=46.94\mathrm{MW}$、$P_{\mathrm{TG}_5}=19.14\mathrm{MW}$,$P_{\mathrm{TG}_8}=10.03\mathrm{MW}$,$P_{\mathrm{TG}_{11}}=10.03\mathrm{MW}$,$P_{\mathrm{TG}_{13}}=12.03\mathrm{MW}$。为了进一步清楚地说明算法的进化，图 6-2（b）使用了水平对数尺度来显示每个智能体的估计误差。

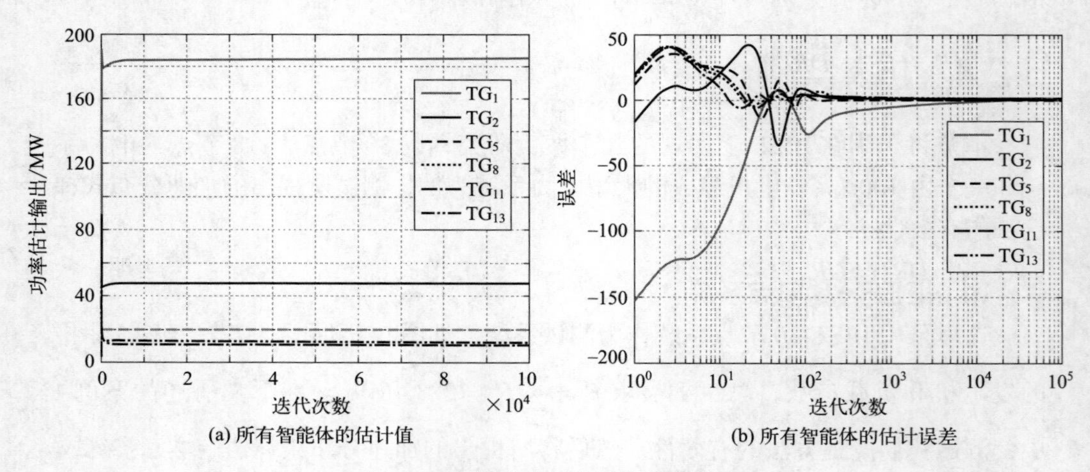

(a) 所有智能体的估计值　　(b) 所有智能体的估计误差

图 6-2　加速分布式算法的仿真结果

② 案例 2：与文献［33］中分布式算法的比较。案例 2 采用与文献［33］中提出的分布式算法相同的初值和步长。对比仿真结果如图 6-3 所示。与文献［33］中的分布式梯度法（虚线）相比，通过应用我们提出的加速分布式梯度法（实线），$\hat{\boldsymbol{P}}(k)$ 更快地收敛到最优值。

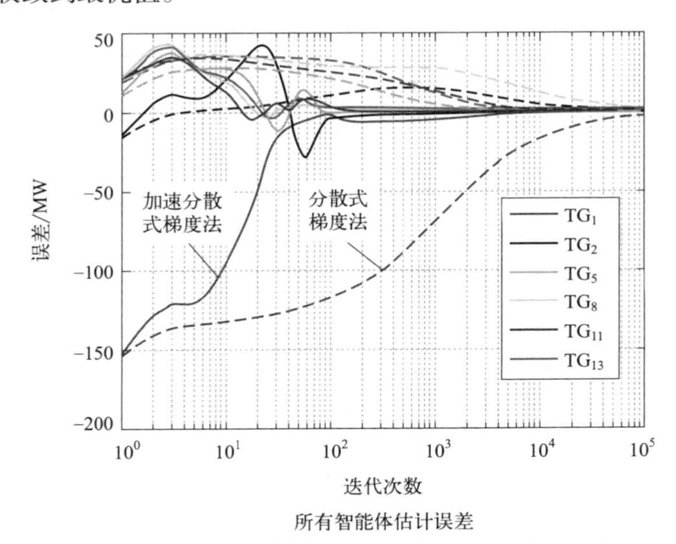

图 6-3　仿真结果与本章参考文献 [33] 中分布式算法的结果比较

（2）考虑爬坡约束的多周期经济调度问题

本节考虑了一个多周期经济调度问题，该问题同时考虑了功率输出和爬坡约束。上下斜率极限约束通常描述如下：

$$P_i^{t-1} - DR_i \leqslant P_i^t \leqslant P_i^{t-1} + UR_i \tag{6-68}$$

式中，P_i^{t-1}、DR_i 和 UR_i 分别为第 i 台发电机的上一个周期功率输出、爬坡约束上下限。

选择一个 1h 动态负载曲线来测试带有爬坡约束式（6-68）的算法。这一负载需求每 5min 随机产生一次，在初始需求 $P_{\mathrm{d}} = 283.4\mathrm{MW}$ 左右有 ±50% 的变化。每台发电机的斜率极限为 $DR_1 = UR_1 = 20$、$DR_2 = UR_2 = 10$、$DR_5 = UR_5 = 10$、$DR_8 = UR_8 = 8$、$DR_{11} = UR_{11} = 7$、$DR_{13} = UR_{13} = 5$。仿真结果如图 6-4 所示。结果表明，我们所提出的加速分布式梯度算法能够得到多周期经济调度问题的最优解。

（3）大型电力系统

为了测试所提方法在大型电力系统中的有效性，本节选取 IEEE-118 节点电力系统和由 1000 台发电机组成的电力系统作为测试系统。

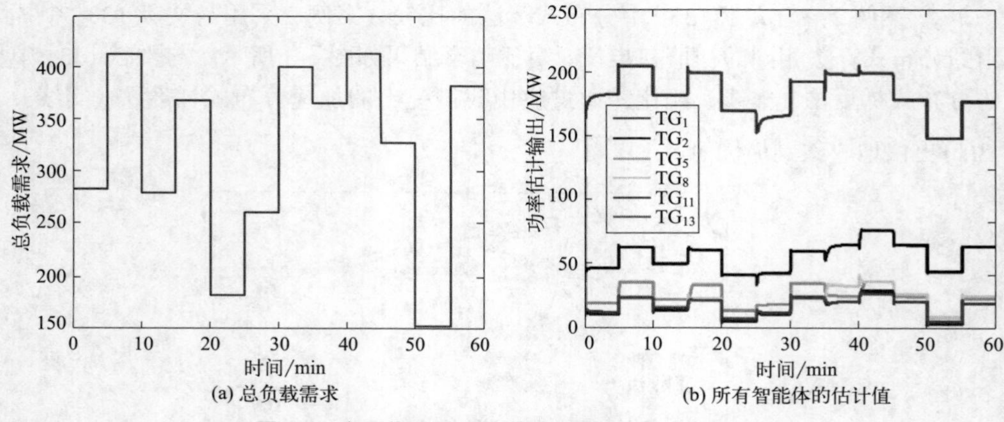

图 6-4　多周期经济调度仿真结果的 1h 负载曲线

IEEE-118 节点电力系统的成本函数参数来自文献［36］，1000 台发电机电力系统的成本函数参数在 $a_i \in [0.01\ 0.02]$、$b_i \in [1\ 2]$ 中随机产生。我们设置了与案例 1、案例 2 相同的算法初始条件，但对于 IEEE-118 节点电力系统，总负载需求为 $P_{\mathrm{d}} = 10000\mathrm{MW}$；对于 1000 台发电机的电力系统，总负载需求为 $P_{\mathrm{d}} = 100000\mathrm{MW}$。仿真结果如图 6-5 和图 6-6 所示，表明采用我们的方法，所有发电机都可以估计出自己的最优功率输出。此外，我们还应用了以下集中式投影梯度法来解决同样的问题：

$$\boldsymbol{P}(k+1) = P_{X_g}[\boldsymbol{P}(k) - \alpha_k \nabla c(\boldsymbol{P}(k))] \tag{6-69}$$

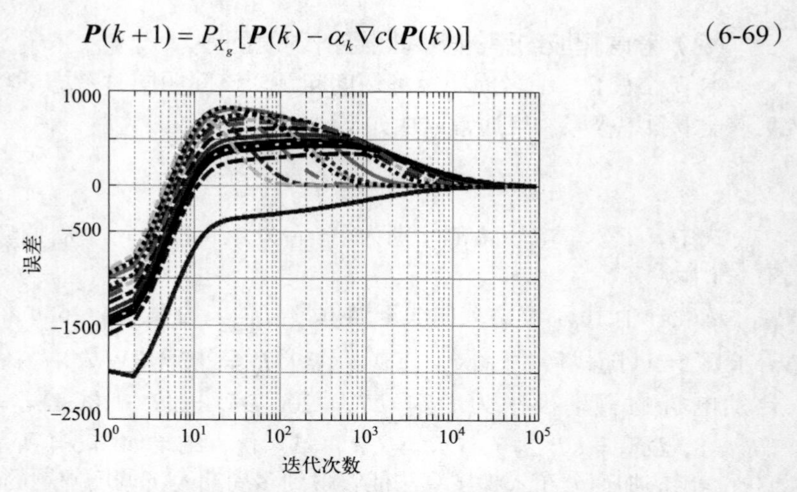

图 6-5　在 IEEE-118 节点电力系统中的仿真结果

式中，$\boldsymbol{P}(k) = [P_1(k)\ P_2(k) \cdots P_m(k)]^{\mathrm{T}} \in \mathbb{R}^m$ 为迭代 k 次时的总体估计；α_k 为步长；$\nabla c(\boldsymbol{P}(k))$ 为总成本函数的梯度。为了公平比较，我们选择的初始值和步长与

去中心化算法相同。仿真结果如图 6-7 所示。与图 6-6 所示的需要 $k=2\times10^4$ 步的分布式算法相比，该算法大约需要 $k=5000$ 步，收敛速度更快。事实上，这并不奇怪，因为集中式算法要得到所有的发电机信息，并在一个节点上计算最优解。同时也注意到，它们的计算时间是不同的。对于这两种情况，它们都是在 2.7 GHz 处理器的 MacBook Pro 上进行的。集中式算法耗时约为 $T_1=69.4\text{s}$ ，而提出的分布式算法耗时约为 $T_2=432.9\text{s}$ 。但值得指出的是，在分布式算法的仿真中，总共有 1000 个局部优化依次运行。在实践中，如果它们并行运行，它们所需的总时间应该远远小于 T_2 。

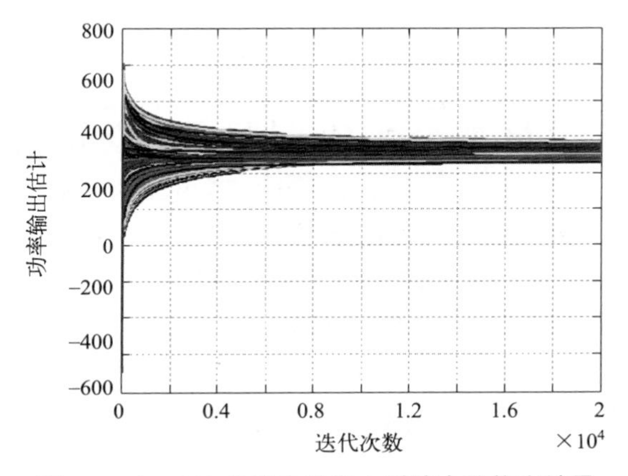

图 6-6　在 1000 台发电机电力系统中的仿真结果

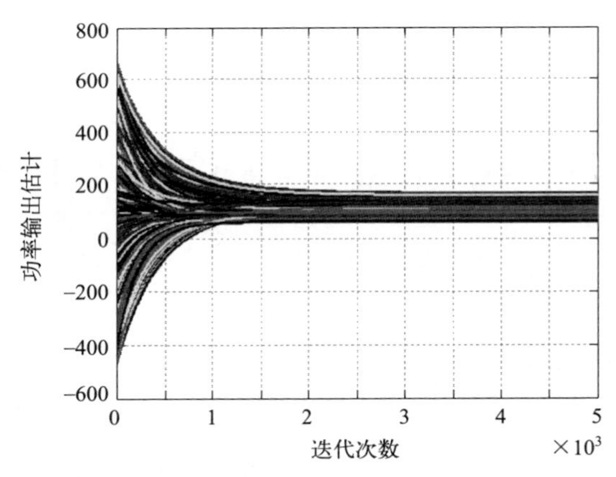

图 6-7　集中式优化算法在 1000 台发电机电力系统中的仿真结果

6.3 基于交替方向乘子法的分布式优化算法

6.3.1 优化算法设计

上一节首先介绍了一种典型的分布式梯度算法，之后为了提高算法的收敛速度，通过增加“动量”项对典型的分布式梯度算法进行改进，提出了快速分布式梯度算法，在适当的条件下能够有效提高算法的收敛速度。尽管上述算法的收敛速度有所提高，但本质上还是基于梯度的算法。由于梯度自身特性，该算法受到了无法避免的限制，收敛速度也会受到影响，因此本节从提高收敛速度角度出发，基于交替方向乘子法（alternating direction method of multipliers，ADMM）介绍了一种串行 ADMM 分布式算法。该方法不仅继承了 ADMM 算法求解速率的快速性，且分别采用障碍函数和虚拟智能体的思想来处理经济调度问题的不等式和等式约束，每次迭代过程中不需要协调中心，仅需通过和相邻智能体之间进行通信即可实现完全分布式求解，具有即插即用的特性。最后采用 IEEE-30 测试系统进行仿真，结果验证了所提分布式经济调度方法的有效性。

（1）传统的 ADMM 算法

传统 ADMM 算法[2]考虑下面的优化问题：

$$\begin{cases}\min\limits_{x,z} & f(\boldsymbol{x})+g(\boldsymbol{z})\\ \text{s.t.} & \boldsymbol{Ax}+\boldsymbol{Bz}=\boldsymbol{c}\end{cases}\tag{6-70}$$

式中，$\boldsymbol{x}\in\mathbb{R}^d,\boldsymbol{z}\in\mathbb{R}^r,\boldsymbol{c}\in\mathbb{R}^p$；矩阵 $\boldsymbol{A}$ 和矩阵 $\boldsymbol{B}$ 分别包含于 $\mathbb{R}^{p\times d}$，$\mathbb{R}^{p\times r}$。

为了保证 ADMM 算法的最佳收敛性，通常做如下假设。

假设 6-4　函数 $f(\boldsymbol{x}):\mathbb{R}^d\to\mathbb{R}\cup\{+\infty\}$、$g(\mathbf{z}):\mathbb{R}^d\to\mathbb{R}^r\cup\{+\infty\}$ 是适当的闭的凸函数。

假设 6-5　增广的拉格朗日函数 L_ρ 有一个鞍点。

式（6-70）相应的增广拉格朗日方程为：

$$L_\rho(\boldsymbol{x},z,\lambda)=f(\boldsymbol{x})+g(\boldsymbol{z})+\lambda^{\mathrm{T}}(\boldsymbol{Ax}+\boldsymbol{Bz}-\boldsymbol{c})+\frac{\rho}{2}\|\boldsymbol{Ax}+\boldsymbol{Bz}-\boldsymbol{c}\|_2^2\tag{6-71}$$

式中，$\lambda\in\mathbb{R}^p$ 为与等式约束 $\boldsymbol{Ax}+\boldsymbol{Bz}=\boldsymbol{c}$ 相关的拉格朗日乘数；$\rho\in\mathbb{R}^+$ 为惩罚系数。

ADMM 算法同样遵循乘子法的对偶更新原则，具体描述如下：

$$\boldsymbol{x}^{k+1}=\arg\min_{x} L_{\rho}\left(\boldsymbol{x},\boldsymbol{z}^{k},\boldsymbol{\lambda}^{k}\right) \tag{6-72}$$

$$\boldsymbol{z}^{k+1}=\arg\min_{z} L_{\rho}\left(\boldsymbol{x}^{k+1},\boldsymbol{z},\boldsymbol{\lambda}^{k}\right) \tag{6-73}$$

$$\boldsymbol{\lambda}^{k+1}=\boldsymbol{\lambda}^{k}+\rho\left(\boldsymbol{Ax}+\boldsymbol{Bz}-\boldsymbol{c}\right) \tag{6-74}$$

原始残差ϵ^k和对偶残差$\boldsymbol{\varepsilon}^k$分别定义为：

$$\begin{cases}\epsilon^{k}=\boldsymbol{Ax}+\boldsymbol{Bz}-\boldsymbol{c}\\ \boldsymbol{\varepsilon}^{k}=\rho\boldsymbol{A}^{\mathrm{T}}\boldsymbol{B}(\boldsymbol{z}^{k+1}-\boldsymbol{z}^{k})\end{cases} \tag{6-75}$$

传统ADMM算法的收敛准则如下。

引理6-4　如果假设6-4和假设6-5成立且惩罚系数$\rho>0$，则当$\lim\limits_{k\to\infty}\left\|\epsilon^{k}\right\|_{2}=0$，$\lim\limits_{k\to\infty}\left\|\boldsymbol{\varepsilon}^{k}\right\|_{2}=0$时，ADMM算法在最优解$(\boldsymbol{x}^{*},\boldsymbol{z}^{*})$处收敛，此时拉格朗乘数取到最优值$\lambda^{*}$。

（2）分布式ADMM优化算法

考虑到传统ADMM算法不能实现完全分布式求解，本节介绍了以往通过采用一致性算法[37]将标准ADMM算法中集中变量$\boldsymbol{z}$消去，进而尝试解决不完全分布的问题，具体过程如下。

首先我们先来考虑下面的无约束优化问题：

$$\min_{x}\sum_{i=1}^{n}f_{i}(\boldsymbol{x}) \tag{6-76}$$

式（6-76）可以转化成如下ADMM形式：

$$\begin{cases}\min\limits_{x}\ \sum\limits_{i=1}^{n}f_{i}(\boldsymbol{x}_{i})\\ \text{s.t.}\ \ \boldsymbol{x}_{i}-\boldsymbol{z}=0,i=1,\cdots n\end{cases} \tag{6-77}$$

式中，$\boldsymbol{x}_{i}\in\mathbb{R}^{d}$为式（6-76）中$\boldsymbol{x}$的元素。实际上，从约束可以看出，所有的元素$\boldsymbol{x}_i$都相等，所以式（6-76）被称为全局共识问题。

然后可以直接得到相应的增广拉格朗日方程：

$$\begin{aligned}L_{\rho}\left(\boldsymbol{x}_{1},\cdots,\boldsymbol{x}_{n},\boldsymbol{z},\boldsymbol{\lambda}\right)&=\sum_{i=1}^{n}\left[f_{i}\left(\boldsymbol{x}_{i}\right)+\boldsymbol{\lambda}_{i}^{\mathrm{T}}(\boldsymbol{x}_{i}-\boldsymbol{z})+\frac{\rho}{2}\left\|\boldsymbol{x}_{i}-\boldsymbol{z}\right\|_{2}^{2}\right]\\&=\sum_{i=1}^{n}L_{\rho}^{i}\left(\boldsymbol{x}_{i},\boldsymbol{z},\boldsymbol{\lambda}_{i}\right)\end{aligned} \tag{6-78}$$

因此由ADMM算法可以得到：

$$\boldsymbol{x}_{i}^{k+1}=\arg\min_{\boldsymbol{x}_{i}} L_{\rho}^{i}\left(\boldsymbol{x}_{i},\boldsymbol{z}^{k},\boldsymbol{\lambda}_{i}^{k}\right) \tag{6-79}$$

$$z^{k+1}=\frac{1}{n}\sum_{i=1}^{n}\left(\boldsymbol{x}_i^{k+1}+\frac{1}{\rho}\lambda_i^k\right) \tag{6-80}$$

$$\lambda_i^{k+1}=\lambda_i^k+\rho\left(\boldsymbol{x}_i^{k+1}-z^{k+1}\right) \tag{6-81}$$

从式（6-80）中可知，z 的更新需要收集 $i=1,\cdots,n$ 全部的 $\boldsymbol{x}_i^{k+1}$ 和 λ_i^k，即 z 的更新需要一个协调中心。进一步将 $\boldsymbol{x}_i^{k+1}$ 和 λ_i^k 的平均值分别记为 $\bar{\boldsymbol{x}}^{k+1}$和$\bar{\lambda}^k$，于是式（6-80）和式（6-81）可写作：

$$z^{k+1}=\bar{\boldsymbol{x}}^{k+1}+\frac{1}{\rho}\bar{\lambda}^k \tag{6-82}$$

$$\bar{\lambda}^{k+1}=\bar{\lambda}^k+\rho(\bar{\boldsymbol{x}}^{k+1}-z^{k+1}) \tag{6-83}$$

将式（6-82）代入式（6-83）得到 $\bar{\lambda}^{k+1}=0$，因此 ADMM 算法的式（6-79）～式（6-81）可以进一步简化为：

$$\boldsymbol{x}_i^{k+1}=\arg\min_{x_i}\left[f_i\left(\boldsymbol{x}_i\right)+\lambda_i^{k^{\mathrm{T}}}(\boldsymbol{x}_i-\bar{\boldsymbol{x}}^k)+\frac{\rho}{2}\left\|\boldsymbol{x}_i-\bar{\boldsymbol{x}}^k\right\|_2^2\right] \tag{6-84}$$

$$\lambda_i^{k+1}=\lambda_i^k+\rho(\boldsymbol{x}_i^{k+1}-\bar{\boldsymbol{x}}^{k+1}) \tag{6-85}$$

一致性 ADMM 算法尽管在式（6-84）和式（6-85）中避免了 z 的更新，但其更新仍然需要全局信息（所有 $\boldsymbol{x}_i^k$ 的平均值，即 $\bar{\boldsymbol{x}}^k$）。上述处理方式可以称为“伪完全分布式”。

（3）基于串行通信的完全分布式 ADMM 算法

上述已有的分布式算法的变量更新仍然需要协调中心完成，因此并不能实现收敛性好、鲁棒性强的完全分布式运算。为了提高算法的收敛速度，实现完全分布式的运算，本节介绍了基于串行通信的完全分布式 ADMM 算法 [25]。

① 图论知识　在介绍具体的算法之前，有必要回顾一下相关图论知识。

首先考虑具有 N 个节点、M 条边的无向连接图 $G=\{V,E\}$，V 代表节点的集合，E 代表无向边的集合，其中每个节点可被视为一个智能体。假设所有节点按从 1 到 N 排序，两个节点之间的边用 e_{ij}（$i<j$）表示。

为了更方便地表示图表的拓扑结构，需要引入边缘节点入射矩阵来进行描述。设定无向连接图 G 的边缘节点入射矩阵为 $\boldsymbol{A}_{M\times N}$，其中 M 为行，N 为列。矩阵 $\boldsymbol{A}$ 的每行对应图表的一条边 e_{ij}，记作 $[\boldsymbol{A}]^{e_{ij}}$。矩阵 $\boldsymbol{A}$ 的每列代表一个智能体，记作 $[\boldsymbol{A}]_k$，$[\boldsymbol{A}]_k^{e_{ij}}$ 则代表矩阵具体的相对应的边和点。其中 $[\boldsymbol{A}]_k^{e_{ij}}$ 具有以下特点：

$$[\boldsymbol{A}]_k^{e_{ij}}=\begin{cases}1,k=i\\-1,k=j\\0,\text{其他}\end{cases} \tag{6-86}$$

根据上述理论，图 6-8 所示的拓扑结构可以表达如下：

$$\boldsymbol{A}=\begin{bmatrix}1&-1&0&0&0\\0&1&-1&0&0\\0&0&1&-1&0\\1&0&0&-1&0\\0&1&0&0&-1\\0&0&1&0&-1\end{bmatrix}$$

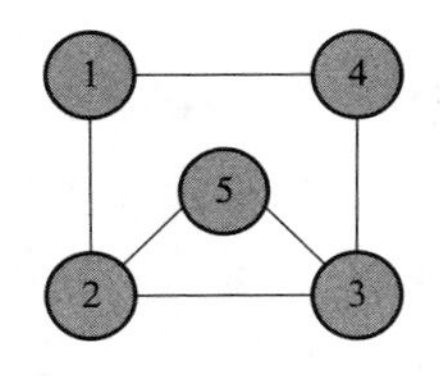

图 6-8　网络拓扑图

② 串行 ADMM 算法　首先考虑下面的无约束优化问题：

$$\min_x \sum_{i=1}^n f_i(\boldsymbol{x}) \tag{6-87}$$

结合前述图论知识，可以将该问题［式（6-87）］转化为：

$$\begin{cases}\min\limits_x \sum\limits_{i=1}^n f_i(x_i)\\\text{s.t.}\ \boldsymbol{Ax}=\boldsymbol{0}\end{cases} \tag{6-88}$$

为了保证 ADMM 算法的最佳收敛性，通常做如下假设。

假设 6-6　函数 $f(\boldsymbol{x}):\mathbb{R}^d\to\mathbb{R}\cup\{+\infty\}$、$g(\boldsymbol{z}):\mathbb{R}^d\to\mathbb{R}^r\cup\{+\infty\}$ 是适当的闭的凸函数。

假设 6-7　拉格朗日函数 $L(\boldsymbol{x},\lambda)=F(\boldsymbol{x})-\lambda'\boldsymbol{Ax}$ 存在一个鞍点，即对于所有的 $\boldsymbol{x}\in\mathbb{R}^N$，$\lambda\in\mathbb{R}^M$ 都存在（$\boldsymbol{x}^*$，λ^*）使得 $L(\boldsymbol{x}^*,\lambda)\leqslant L(\boldsymbol{x}^*,\lambda^*)\leqslant L(\boldsymbol{x},\lambda^*)$ 成立。

串行 ADMM 算法具体描述如下：

$$x_i^{k+1}=\arg\min_{x_i} f_i(\boldsymbol{x}_i)+\frac{\rho}{2}\sum_{j\in\mathcal{P}(i)}\left\|\boldsymbol{x}_j^{k+1}-\boldsymbol{x}_i-\frac{1}{\rho}\lambda_{ji}^k\right\|^2+\frac{\rho}{2}\sum_{j\in S(i)}\left\|\boldsymbol{x}_i-\boldsymbol{x}_j^k-\frac{1}{\rho}\lambda_{ij}^k\right\|^2 \tag{6-89}$$

$$\lambda_{ji}^{k+1}=\lambda_{ji}^{k}-\rho(\boldsymbol{x}_j^k-\boldsymbol{x}_i^{k+1}) \tag{6-90}$$

式中，$\mathcal{P}(i)=\{j\mid e_{ji}\in E,j<i\}$ 代表在节点 i 之前的节点 j 的集合；$\mathbb{S}(i)=\{j\mid e_{ij}\in E,i<j\}$ 代表在节点 j 之前的节点 i 的集合。

本节考虑的是无约束问题，为了提高串行 ADMM 算法的适用性，下面将分别讨论含等式约束问题和不等式约束问题两种情况下如何应用串行 ADMM 算法。

a. 含等式约束的串行 ADMM 算法。此时考虑的问题可以表达为下式：

$$\begin{cases}\min\limits_x \sum\limits_{i=1}^{n} f_i(\boldsymbol{x}) \\ \text{s.t. } \sum\limits_{i=1}^{n} x_i=C\end{cases} \tag{6-91}$$

这里为了处理等式约束，引入一个概念——虚拟智能体。

虚拟智能体：虚拟智能体指的是设想的智能体，其成本函数为常函数，不存在优化变量但满足特定的约束条件。从虚拟智能体的定义可知，目标函数加上等式约束并不改变整体求解结果，只是使得结果满足约束条件。

根据上述虚拟智能体的概念，可以将等式约束直接转成为求解函数的一部分，使得最后求解的问题变成无约束问题。这里需明确计算过程中，除了考虑系统本身的智能体，还要将用来处理等式约束的虚拟智能体计入其中并一起参与运算，即智能体的数目会增加。

式（6-91）经过虚拟智能体的处理，可以得到一个新的无约束问题：

$$\min_x \sum_{i=1}^{\omega} g_i(x_i) \tag{6-92}$$

式中，ω 为系统本身的智能体数与虚拟智能体的数目之和。

规定系统本身的智能体数目集为 A，虚拟智能体的数目集为 D。新的目标函数如下：

$$g_i(x_i)=tf_i(x_i)+\phi_i(x_i) \tag{6-93}$$

$$\phi_i(x)=v*\left\|\sum_{i=1}^{n} x_i=C\right\|^2, v>0 \tag{6-94}$$

式中，v 取较大的常数；$t^k=\mu t^{k-1}$（$t^0>0,\mu>1$）为参数 t 随迭代次数 k 的更新公式，用来调节 $f_i(x_i)$ 和 $\phi_i(x_i)$ 的权重比例，以求得目标函数的最优解。

因此利用串行 ADMM 算法求解带有等式约束的问题时，可以通过引入虚拟智能体对等式约束进行处理再进行运算，这样可以很好地解决此类优化问题。

b. 含等式约束和不等式约束的串行 ADMM 算法。此时我们考虑的问题可以表达为下式：

$$
\begin{cases}
\min\limits_{x} \sum\limits_{i=1}^{n} f_i(x) \\
\text{s.t.} \ \sum\limits_{i=1}^{n} x_i = C \\
\underline{h}_i \leqslant x_i \leqslant \overline{h}_i
\end{cases}
\tag{6-95}
$$

式中，$\underline{h}_i$ 和 $\overline{h}_i$ 分别为不等式约束的下界和上界。

这里的等式约束同样用虚拟智能体进行处理，下面主要介绍处理不等式约束的方法——障碍函数法。障碍函数法是通过在原来的目标函数上加上障碍函数，将目标函数的求解限制在可行域范围内。障碍函数的形式一般有分数和对数两种，考虑到分数形式的求导结果较为复杂，因此选择对数障碍函数来处理不等式约束。

式（6-95）经过虚拟智能体和障碍函数法的处理，也可以得到一个新的无约束问题：

$$
\min_{x} \sum_{i=1}^{\omega} g_i(x_i) \tag{6-96}
$$

式中，ω 为系统本身的智能体数与虚拟智能体的数目之和。

同样规定系统本身的智能体数目集为 A，虚拟智能体的数目集为 D。新的目标函数如下：

$$
g_i(x_i) = tf_i(x_i) + \phi_i(x_i) \tag{6-97}
$$

$$
\phi_i(x_i) = \begin{cases}
-\log(-\underline{h}_i + x_i) - \log(\overline{h}_i - x_i), i \in A \\
v * \left\| \sum\limits_{i=1}^{n} x_i = C \right\|^2, i \in D
\end{cases}
\tag{6-98}
$$

式中，v 取较大的常数；$t^k = \mu t^{k-1}$（$t^0 > 0, \mu > 1$）为参数 t 随迭代次数 k 的更新公式，用来调节 $f_i(x_i)$ 和 $\phi_i(x_i)$ 的权重比例，以求得目标函数的最优解；log（•）为以 2 为底的对数函数。

因此利用串行 ADMM 算法求解带有等式约束和不等式约束的问题时，可以通过虚拟智能体和障碍函数法分别对两种约束进行处理再进行运算，这样可以很好地解决此类优化问题。

（4）电力系统的经济调度

在本节中，我们将串行 ADMM 算法应用于解决电力系统的经济调度（ED）问题。

① 问题陈述　电力系统经济调度的目标是供需约束和发电机约束条件下使得所有可发电设备发电成本最低，即：

$$C=\sum_{i=1}^{N}c_i(P_i) \tag{6-99}$$

式中，N为发电机的总台数；P_i为第i台发电机的计划输出功率。

常规式发电机以及储能系统的成本函数统一用二次函数近似：

$$c_i(P_i)=a_iP_i^2+b_iP_i+c_i \tag{6-100}$$

式中，a_i、b_i和c_i为第i台发电设备的成本系数。

将电力需求约束和发电机自身约束同时考虑，经济调度问题可表述为：

$$\begin{cases}\min\limits_{P_i}\sum\limits_{i=1}^{N}c_i(P_i)\\ \text{s.t.}\ \sum\limits_{i=1}^{N}P_i=P_{\mathrm{d}}\\ P_i^{\min}\leqslant P_i\leqslant P_i^{\max},\forall i\in N\end{cases} \tag{6-101}$$

式中，$P_i^{\min}$和$P_i^{\max}$分别为第i台发电设备的上界和上界。

② 串行ADMM算法　本节主要介绍串行ADMM算法在实际优化问题中的应用。对于式（6-99）中的优化问题需要用虚拟智能体和障碍函数法对等式约束和不等式约束进行处理，经过整理的优化问题如下：

$$\begin{cases}\min\limits_{x}\sum\limits_{i=1}^{\omega}tf_i(x_i)+\phi_i(x_i)\\ \phi_i(x_i)=\begin{cases}-\log(-\underline{h}_i+P_i)-\log(\overline{h}_i-P_i),\ i\in A\\ \nu*\left\|\sum\limits_{i\in N}P_i=P_{\mathrm{d}}\right\|^2,\qquad i\in D\end{cases}\end{cases} \tag{6-102}$$

式中，$f_i(x_i)=c_i(P_i)$，$\underline{h}_i$和$\overline{h}_i$分别为每个P_i对自身发电约束的下界和上界；$\log(\bullet)$为以2为底的对数函数。

此时串行ADMM算法可描述为：

$$\begin{aligned}x_i^{k+1}=\arg\min_x tf_i(x)+\phi_i(x)+\frac{\rho}{2}\sum_{j\in\mathcal{P}(i)}\left\|x_j^{k+1}-x_i-\frac{1}{\rho}\lambda_{ji}^k\right\|^2\\ +\frac{\rho}{2}\sum_{j\in S(i)}\left\|x_i-x_j^k-\frac{1}{\rho}\lambda_{ij}^k\right\|^2\end{aligned} \tag{6-103}$$

$$\lambda_{ji}^{k+1}=\lambda_{ji}^k-\rho(x_j^k-x_i^{k+1}),\ j\in\mathcal{P}(i) \tag{6-104}$$

求解步骤：

a. 初始化：每个智能体任意选择初始 x_i^0（$i=1,2,\cdots,\omega$）、λ_{ij}^0 的值。

b. 参数初始值设置：首先设置迭代次数 k，设置 $t^0>0$、$\mu>1$、$\rho>0$，设置 v 为很大的正数。

c. 求解更新：根据式（6-87）串行计算出每个当前智能体的解 x_i^{k+1}，并根据式（6-104）利用前一个智能体的解 x_j^k 更新当前智能体相应的 λ 值，应用其后续的计算。

d. 收敛准则判断：根据收敛准则判断每一个智能体的解是否达到最优解，若没有达到最优解，则按照 $t^k=\mu t^{k-1}$ 更新每次的 t 值继续执行步骤 c，直到所有智能体达到最优解。

6.3.2 算法收敛性分析

算法收敛性的研究主要是将每次迭代所得到的 x_i^k 是否达到最优作为分析依据，因此为了便于对串行 ADMM 算法收敛性的分析，下面将介绍有关 x_i^k 最优性的三个引理。

引理 6-5　若 { $\boldsymbol{x}^k$，λ^k } 是式（6-88）根据 ADMM 算法算出的迭代值，对于任意 $\boldsymbol{x}\in\mathbb{R}^N$，则有：

$$\begin{aligned}&F(\boldsymbol{x})-F(\boldsymbol{x}^{k+1})+(\boldsymbol{x}-\boldsymbol{x}^{k+1})'(-\boldsymbol{A}'\lambda^{k+1}\\&-\beta\boldsymbol{A}'\boldsymbol{B}(\boldsymbol{x}^{k+1}-\boldsymbol{x}^k)+\beta\boldsymbol{B}'\boldsymbol{B}(\boldsymbol{x}^{k+1}-\boldsymbol{x}^k))\geqslant 0\end{aligned}\tag{6-105}$$

式中，$\boldsymbol{x}^k=[x_1^k,x_2^k,\cdots,x_N^k]'$；$\lambda^k=[\lambda_{ij}^k]_{ij,e_{ij}\in E}$；矩阵 $\boldsymbol{A}$ 为系统图表的边缘节点入射矩阵；矩阵 $\boldsymbol{B}=\min\{\boldsymbol{0},\boldsymbol{A}\}$。

引理 6-6　若 { $\boldsymbol{x}^k$，λ^k } 是式（6-88）根据 ADMM 算法算出的迭代值，对于任意 $\boldsymbol{x}\in\mathbb{R}^N$，则有：

$$\begin{aligned}&2(\boldsymbol{x}^{k+1})'\boldsymbol{A}'(\lambda^{k+1}-\lambda^*)+2\beta(\boldsymbol{x}^{k+1})'\boldsymbol{A}'\boldsymbol{B}(\boldsymbol{x}^{k+1}-\boldsymbol{x}^k)\\&\quad+2\beta(\boldsymbol{x}^*-\boldsymbol{x}^{k+1})'\boldsymbol{B}'\boldsymbol{B}(\boldsymbol{x}^{k+1}-\boldsymbol{x}^k)=\\&\frac{1}{\beta}(\|\lambda^k-\lambda^*\|^2-\|\lambda^{k+1}-\lambda^*\|^2)\\&+\beta(\|\boldsymbol{B}(\boldsymbol{x}^k-\boldsymbol{x}^*)\|^2-\|\boldsymbol{B}(\boldsymbol{x}^{k+1}-\boldsymbol{x}^*)\|^2)\\&-\beta\|\boldsymbol{B}(\boldsymbol{x}^{k+1}-\boldsymbol{x}^k)-\boldsymbol{A}\boldsymbol{x}^{k+1}\|^2\end{aligned}\tag{6-106}$$

式中，$\boldsymbol{x}^k=[x_1^k,x_2^k,\cdots,x_N^k]'$；$\lambda^k=[\lambda_{ij}^k]_{ij,e_{ij}\in E}$；矩阵 $\boldsymbol{A}$ 为系统图表的边缘节点入射矩阵；矩阵 $\boldsymbol{B}=\min\{\boldsymbol{0},\boldsymbol{A}\}$。

引理 6-7　若（$\boldsymbol{x}^*$，$\boldsymbol{\lambda}^*$）是拉格朗日函数 $L(\boldsymbol{x},\lambda)=F(\boldsymbol{x})-\lambda'\boldsymbol{A}\boldsymbol{x}$ 的一个鞍点，则有：

$$\boldsymbol{A}\boldsymbol{x}^*=\mathbf{0} \tag{6-107}$$

根据上述三个引理可推导出串行 ADMM 算法的收敛率为 $O\left(\frac{1}{k}\right)$。

6.3.3 仿真实例

这里采用 IEEE-30 节点系统作为测试系统，发电机和负载参数、总负载需求与 6.2.4 节中的仿真实例数据一致。仿真主要是通过含等式约束与含等式约束和不等式约束两种优化问题的求解来说明串行 ADMM 算法求解 IEEE-30 节点系统经济调度问题的可行性和有效性。IEEE-30 测试系统有 6 台发电机，因此系统本身的智能体个数为 6，虚拟智能体个数以 1 为例，因此 A 取 6，D 取 1。

（1）含等式约束的优化问题求解

由式（6-103）、式（6-104）可知整个目标函数的优化结果与 ρ、t^0、v 三个可变参数密切相关，经过实验测试得知，当 ρ 取 0.01、t^0 取 0.01、v 取 100 时目标函数会取得最优解。仿真结果如图 6-9 ～图 6-11 所示。图 6-9 通过和集中式算法的对比说明了串行 ADMM 算法的可行性。图 6-10 表明每个智能体的估计收敛于最优点 $\boldsymbol{P}^*=[189.3\quad 47.71\quad 19.36\quad 8.4\quad 8.4\quad 10.19]^{\mathrm{T}}$，最优功率分配为 $P_{\mathrm{TG}_1}=189.3\mathrm{MW}$、$P_{\mathrm{TG}_2}=47.71\mathrm{MW}$、$P_{\mathrm{TG}_5}=19.36\mathrm{MW}$、$P_{\mathrm{TG}_8}=8.4\mathrm{MW}$、$P_{\mathrm{TG}_{11}}=8.4\mathrm{MW}$、$P_{\mathrm{TG}_{13}}=10.19\mathrm{MW}$。图 6-11 反映了串行 ADMM 算法随迭代次数增加而逐渐降低的误差，充分说明了串行 ADMM 算法的快速收敛性。

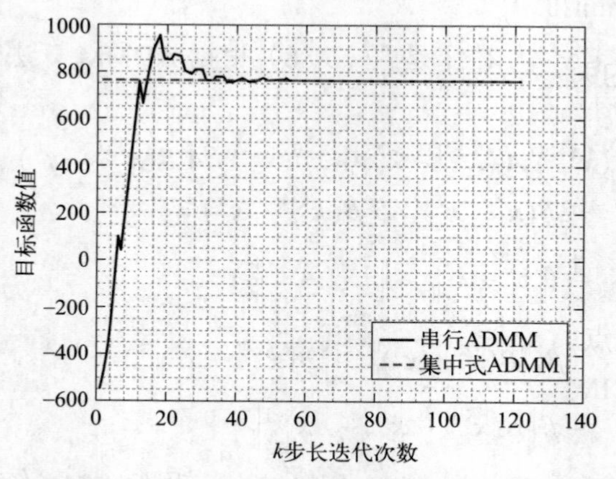

图 6-9　集中式与串行 ADMM 算法结果的对比

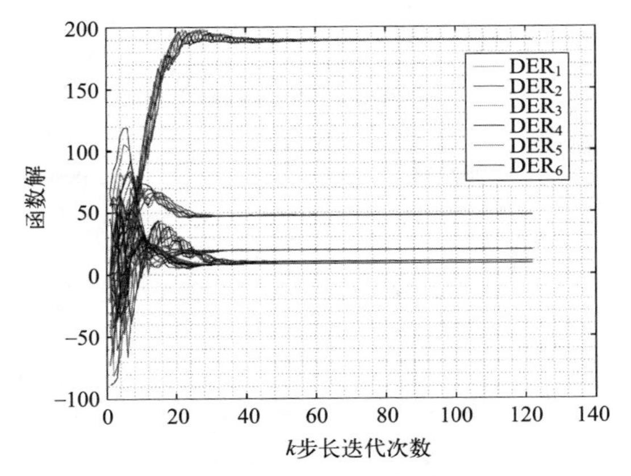

图 6-10 每次迭代对应发电机的最优功率配置

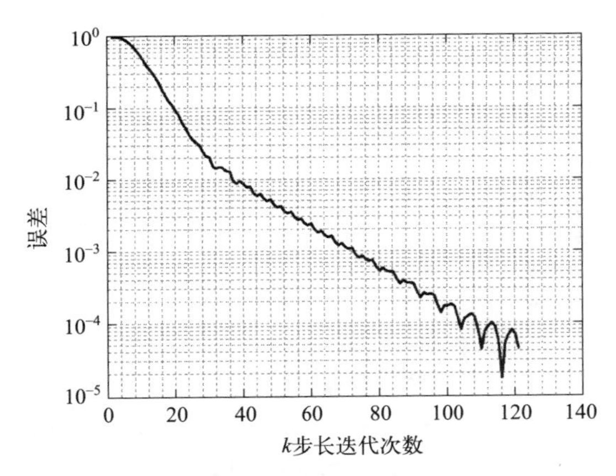

图 6-11 串行 **ADMM** 算法的误差

（2）含等式约束和不等式约束的优化问题求解

由式（6-103）、式（6-104）可知，整个目标函数的优化结果与 ρ 、t^0 、μ 、v 四个可变参数密切相关，经过实验测试得知，当 ρ 取 0.01、t^0 取 0.01、μ 取 2、v 取 100 时目标函数会取得最优解。仿真结果如图 6-12 ～图 6-14 所示。图 6-12 通过和集中式算法的对比说明了串行 ADMM 算法的可行性。图 6-13 表明每个智能体的估计收敛于最优点 $\boldsymbol{P}^* = [185.21 \quad 46.94 \quad 19.14 \quad 10.03 \quad 10.03 \quad 12.03]^{\mathrm{T}}$ ，最优功率分配为 $P_{\mathrm{TG}_1} = 185.21\mathrm{MW}$ 、$P_{\mathrm{TG}_2} = 46.94\mathrm{MW}$ 、$P_{\mathrm{TG}_5} = 19.14\mathrm{MW}$ 、$P_{\mathrm{TG}_8} = 10.03\mathrm{MW}$ 、$P_{\mathrm{TG}_{11}} = 10.03\mathrm{MW}$ 、$P_{\mathrm{TG}_{13}} = 12.03\mathrm{MW}$ 。

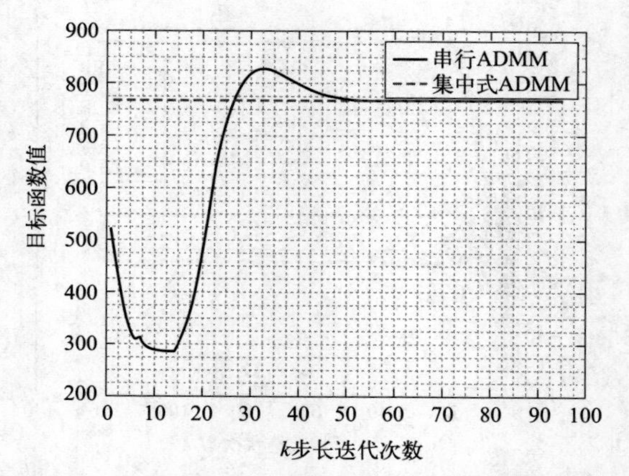

图 6-12　集中式与串行 ADMM 算法结果的对比

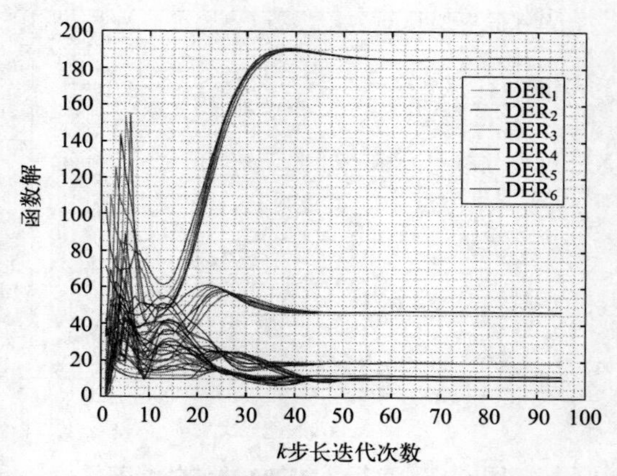

图 6-13　每次迭代对应发电机的最优功率配置

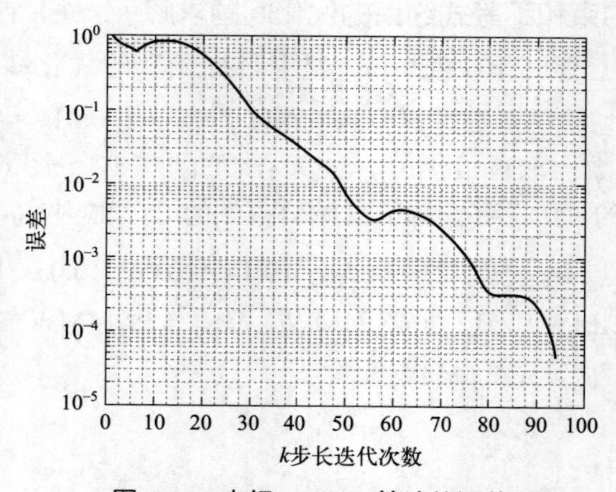

图 6-14　串行 ADMM 算法的误差

参考文献

[1] XIAO L, JOHANSSON M, BOYD S. Simultaneous routing and resource allocation via dual decomposition [J]. IEEE Transactions on Communications, 2004, 52 (7): 1136-1144.

[2] BOYD S, PARIKH N, CHU E, et al. Distributed optimization and statistical learning via alternating direction method of multipliers [J]. Foundations and Trends in Machine Learning, 2011, 3 (1): 1-122.

[3] CHEN J, SAYED A H. Diffusion adaptation strategies for distributed optimization and learning over networks [J]. IEEE Transactions on Signal Processing, 2012, 60 (8): 4289-4305.

[4] LI C, YU X, HUANG T, et al. Distributed optimal consensus over resource allocation network and its application to dynamical economic dispatch [J]. IEEE Transactions on Neural Network and Learning Systems, 2018, 29 (6): 2407-2418.

[5] LIU Z, SU M, SUN Y, et al. Optimal criterion and global/sub-optimal control schemes of decentralized economical dispatch for AC microgrid [J]. International Journal of Electrical Power & Energy Systems, 2019, 104: 38-42.

[6] GUO F, WEN C, MAO J, et al. A distributed hierarchical algorithm for multi-cluster constrained optimization [J]. Automatica, 2017, 77: 230-238.

[7] HE X, HUANG T, YU J, et al. A continuous-time algorithm for distributed optimization based on multiagent networks [J]. IEEE Transactions on Systems, Man, and Cybernetics: Systems, 2019, 49 (12): 2700-2709.

[8] DROGE G, KAWASHIMA H, EGERSTEDT M B. Continuous-time proportional-integral distributed optimisation for networked systems [J]. Journal of Control and Decision, 2014, 1 (3): 191-213.

[9] QIU Z, LIU S, XIE L. Distributed constrained optimal consensus of multiagent systems [J]. Automatica, 2016, 68: 209-215.

[10] KIA S S, CORTES J, MARTINEZ S. Distributed convex optimization via continuous-time coordination algorithms with discrete-time communication [J]. Automatica, 2015, 55: 254-264.

[11] YANG S, LIU Q, WANG J. Distributed optimization based on a multiagent system in the presence of communication delays [J]. IEEE Transactions on Systems, Man, and Cybernetics: Systems, 2017, 47 (5): 717-728.

[12] YI P, HONG Y, LIU F. Distributed gradient algorithm for constrained optimization with application to load sharing in power systems [J]. System and Control Letters, 2015, 83: 45-52.

[13] ZANELLA F, VARAGNOLO D, CENEDESE A, et al. Newton-Paphson consensus for distributed optimization [C]// 2011 50th IEEE Conference on Decision

and Control and European Control Conference. Piscataway，NJ：IEEE，2011：5917-5922.

[14] WANG S，LI C. Distributed robust optimization in netwroked system [J]. IEEE Transactions on Cybernetics，2017，47 (8)：2321-2333.

[15] WEI E，OZDAGLAR E. Distributed alternating direction method of multipliers [C]// 2012 IEEE 51st IEEE Conference on Decision and Control. Piscataway，N J：IEEE，2012：5445-5450.

[16] NEDIC A，OZDAGLAR A，PARRILO P A. Constrained consensus and optimization in multi-agent networks [J]. IEEE Transactions on Automatic Control，2010，55 (4)：922-938.

[17] DUCHI J C，AGARWAL A，WAINWRIGHT M J. Dual averaging for distributed optimization：convergence analysis and network scaling [J]. IEEE Transactions on Automatic Control，2012，57 (3)：592-606.

[18] NEDIC A，OLSHEVSKY A. Distributed optimization over time-varying directed graphs [J]. IEEE Transactions on Automatic Control，2015，60 (3)：601-615.

[19] XU J，ZHU S，SOH Y C，et al. Convergence of asynchronous distributed gradient methods over stochastic networks [J]. IEEE Transactions on Automatic Control，2018，63 (2)：434-448.

[20] LI H，LIU S，SOH Y C，et al. Event-triggered communication and data rate constraint for distributed optimization of multiagent systems [J]. IEEE Transactions on Systems，Man and Cybernetics：Systems，2018，48 (11)：1908-1919.

[21] JAKOVETIC D，XAVIER J，MOURA J M F. Fast distributed gradient methods [J]. IEEE Transactions on Automatic Control，2014，59 (5)：1131-1146.

[22] QU G，LI N. Harnessing smoothness to accelerate distributed optimization [J]. IEEE Transactions on Control of Networked Systems，2018，5 (3)：1245-1260.

[23] XI C，XIN R，KHAN U A. ADD-OPT：accelerated distributed directed optimization [J]. IEEE Transactions on Automatic Control，2018，63 (5)：1329-1339.

[24] GHADIMI E，SHAMES I，JOHANSSON M. “Multi-step gradient methods for networked optimization [J]. IEEE Transactions on Signal Processing，2013，61 (21)：5417-5429.

[25] WOOD A J，WOLLENBERG B F，SHEBLE G B. Power generation，operation and control [M]. 3rd ed. Hoboken，New Jersey：John Wiley & Sons，Inc.，2012.

[26] LIN C E，CHEN S T，HUANG C L. A direct Newton-Raphson economic dispatch [J]. IEEE Transactions on Power Systems，1992，7 (3)：1149-1154.

[27] FAN J Y，ZHANG L. Real-time economic

dispatch with line flow and emission constraints using quadratic programming [J]. IEEE Transactions on Power Systems, 1998, 13 (2): 320-325.

[28] YANG S, TAN S, XU J. Consensus based approach for economic dispatch problem in a smart grid [J]. IEEE Transactions on Power Systems, 2013, 28 (4): 4416-4426.

[29] XU Y, ZHANG W, LIU W. Distributed dynamic programming based approach for economic dispatch in smart grids [J]. IEEE Transactions on Industrial Informatics, 2015, 11 (1): 166-175.

[30] LI C, YU X, YU W. Distributed event-triggered scheme for economic dispatch in smart grid [J]. IEEE Transactions on Industrial Informatics, 2015, 12 (5): 1775-1785.

[31] CHEN G, LEWIS F L, FENG E N, et al. Distributed optimal active power control of multiple generation systems [J]. IEEE Transactions on Industrial Electronics, 2016, 62 (11): 7079-7090.

[32] GUO F, WEN C, MAO J, et al. Distributed economic dispatch for smart grids with random wind power [J]. IEEE Transactions on Smart Grid, 2016, 7 (3): 1572-1583.

[33] GUO F, WEN C, MAO J, et al. Hierachical decentralized optimization architecture for economic dispatch: a new approach for large-scale power system [J]. IEEE Transactions on Industrial Informatics, 2018, 14 (2): 523-534.

[34] LIANG H, CHOI B J, ZHUANG W, et al. Stability enhancement of decentralized inverter control through wireless communications in micor- grids [J]. IEEE Transactions on Smart Grid, 2013, 4 (1): 321-331.

[35] CHI H R, TSANG K F, CHUI K T, et al. Interference-mitigated Zig Bee based advanced metering infrastructure. IEEE Transactions on Industrial Informatics, 2016, 12 (2): 672-684.

[36] LIPKA P A, O' NEILL R P, OREN S. Developing line current magnitude constraints for IEEE test problems-optimal power flow paper 7 [OL]. Apr. 2013. Available: https: //www.ferc. gov/industries/electric/indusact/marketplanning/opf-papers/acopf-7-line-constraints. pdf.

[37] ZHANG H, KIM S, SUN Q, et al. Distributed adaptive virtual impedance control for accurate reactive power sharing based on consensus control in microgrids[J]. IEEE Transactions on Smart Grid, 2017, 8 (4): 1749-1761.

The Road of
Industrial
Intelligent
Innovation

第 7 章

分布式非凸经济调度优化方法

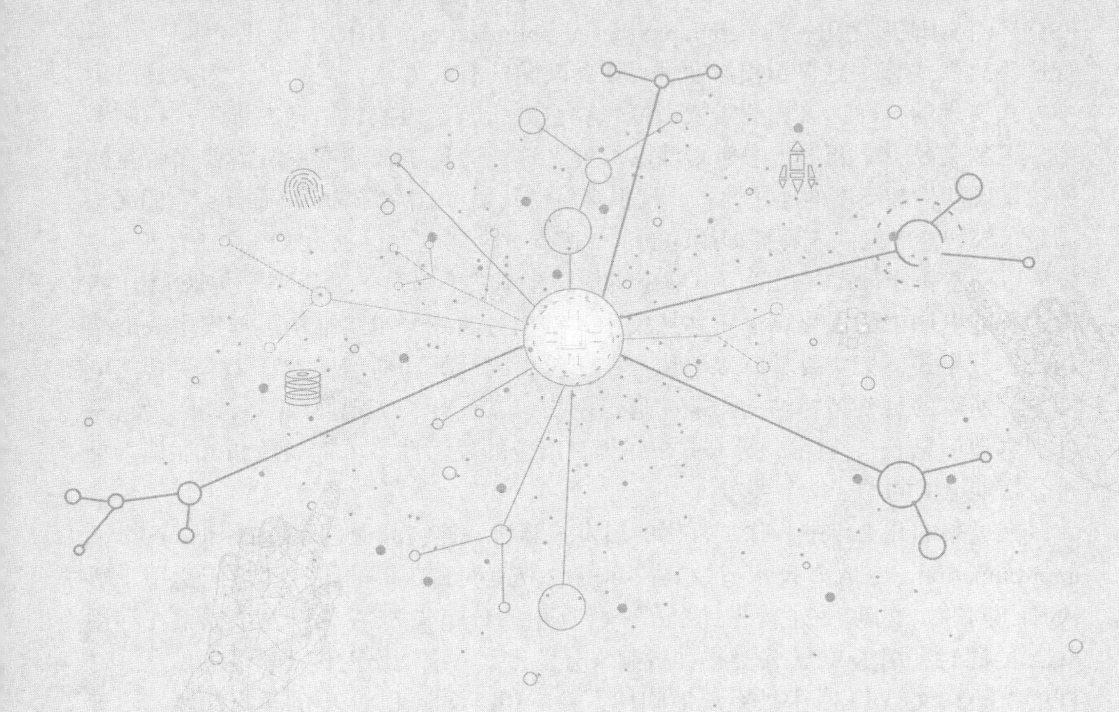

7.1 概述

智能电网被视为对传统电网的增强，使用双向的信息流与电力流来构建自动化的分布式高级电网[1]。与传统电力系统中的化石燃料热发电机不同，智能电网系统中的大多数分布式能源（DER）由可再生能源提供动力，例如光伏和风力发电机[2]。智能电网系统中基本的优化挑战之一是如何解决经济调度（economic dispatch，ED）问题，该问题旨在使总发电成本降至最低并在可调度发电机（DG）之间分配发电量。从相关目标函数的角度来看，常规优化方法（例如二次规划和拉格朗日松弛技术）要求成本函数是凸的。实际问题中，对于ED问题，凸成本函数仅适用于初步理论分析，为了应对实际智能电网中多种燃料类型和阀点效应，一个非平滑的和非凸成本函数被考虑进来。

用于解决非凸ED问题的主流技术包括遗传算法（genetic algorithm，GA）、差分进化（differential evolution，DE）、粒子群优化（particle swarm optimization，PSO）、生物地理优化（biogeography-based optimization，BBO）及其变体[3-6]。尽管这些启发式算法已显示出解决非凸ED问题的有效方法，但它们大多数是以集中方式实现的，即：该算法需要被嵌入在全系统范围内收集信息的集中式控制器中。正如文献[7]和[8]中所指出的那样，这样的集中式调度系统需要高带宽的通信基础架构和高度的连接性，并且很容易受到单点故障的威胁，而且，它们无法满足未来智能电网系统即插即用的要求。此外，全球电力行业的放松管制为进一步发展以动态和分布式方式适应电网来实现高能源效率提供了机会[9]。文献[10]指出，智能电网中的优化算法正在从集中式结构过渡到分布式结构。与集中式框架相比，分布式框架主要具有以下优点：①较少的计算和通信成本；②不受智能电网系统所需的可变拓扑结构影响的通信网络；③设计和实现简单易行，因为它只处理本地信息[11]。通常，分布式ED具有出色的灵活性、可扩展性和可靠性，更符合智能电网的“智能”要求。

在过去的几十年中，除了常用的启发式算法，连续凸逼近（successive convex approximation，SCA）技术还以其快速的收敛速度和获得的闭式解被广泛用于解决非凸问题。文献[12]首先提出了一种通用的分布式SCA框架，该框架在利用SCA的同时利用了SCA作为一种机制来分发计算并在网络上传播所需的信息。这样的框架在文献[13]中被系统地阐述，并应用于文献[14]中的学习问题。不幸的是，正如文献[12]～[19]中指出的那样，现有SCA要求目标函数至少是一阶可微的。因此，SCA技术尚未用于解决不可微问题，其中当然也包括涉及不可微成本函数的非凸 ED 问题。

基于以上考虑，本章提出一种先进的分布式连续凸逼近算法，以有效地解决非凸 ED 问题，主要贡献如下：

① 据作者所知，所提出的方法是 SCA 技术在不可微优化问题上的首次成功应用，这为经济优化之外的其他优化问题打开了大门。为了处理常规 SCA 对可微分目标函数的要求，我们的方法使用了扰动技术。

② 所提出的方法是完全分布式的，即它摆脱了对中央控制器或任何领导者节点的依赖，而每个节点通过简单的计算和通信来共同解决 ED 问题。除了前面提到的与集中式框架相比的主要优点之外，它仅需要稀疏的通信结构，这种结构实现起来具有成本效益。

③ 所提出的算法是确定性的，这意味着反复运行该算法会产生相同的解决方案。这一点与流行的基于一系列随机策略的启发式算法（例如 GA、DE、PSO 及它们的变体）不同，因为它们不能保证解决方案的唯一性。

7.2 基于连续凸逼近的非凸优化方法

7.2.1 问题描述

ED 问题的实质是在满足发电需求和本地发电需求的同时，将发电总成本降至最低[20]。通常将其表达为以下优化问题：

$$\min f(\boldsymbol{P}) \triangleq \sum_{i=1}^{N} f_i(p_i) \tag{7-1}$$

$$\text{s.t.} \ \sum_{i=1}^{N} p_i = P_{\mathrm{D}} \tag{7-2}$$

$$p_i^{\min} \leqslant p_i \leqslant p_i^{\max}, \quad i = 1, \cdots, N \tag{7-3}$$

式中，$\boldsymbol{P} = [p_1, \dots, p_N]^{\mathrm{T}}$ 作为向量收集了所有本地发电机功率输出 p_i；$f_i(p_i)$ 为第 i 台 DG 的本地发电成本；P_{D} 为总负载需求；N 为所考虑的电力系统中 DG 的个数。式（7-2）和式（7-3）分别表示本地发电机约束和全局供需平衡约束。请注意，这里考虑的 DG 是常规热能发电机，而可再生发电机（例如光伏太阳能电池和风力发电机）是不可分配的，因此将它们视为负的负荷，并且它们的功率输出已汇总到总负载需求 P_D 中。

传统的 ED 通常只假设单位成本成倍增加。但是，在实际情况下，阀门控制通过单独的喷嘴组进入涡轮的蒸汽。当阀门打开时，由于拉丝效应，燃料成本将急剧增加，从而使实际成本函数成为具有许多不可微分点的波纹曲线[21]。因此，采用了附加的整流正弦函数来表示阀点效应。当同时考虑阀点效应和多种燃料类型时，式（7-1）中的成本函数公式为：

$$f_i(p_i)=\begin{cases}a_{1i}+b_{1i}p_i+c_{1i}p_i^2+\left|d_{1i}\sin(e_{1i}(p_i^{\min}-p_i))\right|, p_i^{\min}\leqslant p_i\leqslant p_{1i}\\ a_{2i}+b_{2i}p_i+c_{2i}p_i^2+\left|d_{2i}\sin(e_{2i}(p_i^{\min}-p_i))\right|, p_{1i}\leqslant p_i\leqslant p_{2i}\\ \cdots\\ a_{ni}+b_{ni}p_i+c_{ni}p_i^2+\left|d_{ni}\sin(e_{ni}(p_i^{\min}-p_i))\right|, p_{(n-1)i}\leqslant p_i\leqslant p_i^{\max}\end{cases} \tag{7-4}$$

式中，a_{ni}、b_{ni}、c_{ni}、d_{ni}、e_{ni} 分别为第 i 台 DG 对应第 n 种燃料类型的发电成本系数；p_{ni} 为第 i 台 DG 的燃料类型 n 与 n+1 之间的燃料转换点。

注 7-1 为方便起见，我们将同时满足式（7-2）和式（7-3）的元素组成的约束集记为 $\mathcal{P}\subseteq\mathbb{R}^N$。此外，从本地的角度来看，仅满足式（7-3）的元素构成的约束集记为 $\mathcal{P}_i\subseteq\mathbb{R}$。显然，$\mathcal{P}$ 和 $\mathcal{P}_i$ 都是凸的和封闭的，这作为属性，对接下来介绍的算法设计是必需的。

注 7-2 在式（7-4）中我们很容易发现，代价函数有一些不可微的点：

$$\psi_i\triangleq\{p_i\in\mathcal{P}_i\mid p_i=p_i^{\min}+\frac{k\pi}{e_{ni}}, p_i=p_{ji},(j,k)\in\mathbb{Z}\} \tag{7-5}$$

确切地说，这些点的左右导数都存在，但不相等。

7.2.2 非凸优化算法设计

在本节中，我们将详细介绍集中式连续凸逼近（Centralized Successive Convex Approximation，CSCA）算法，并结合一种摄动技术来解决非凸且不可微的优化问题[式（7-1）～式（7-3）]。

首先，我们想指出的是，SCA 技术的本质是解决原始优化问题的一系列连续精炼的近似问题[15]。对于我们的问题[式（7-1）～式（7-3）]，在第 t 次迭代处，决策变量 $\boldsymbol{P}$ 通过求解以下凸优化问题[式（7-6）]来进行更新，该问题通过将目标函数 $f(\boldsymbol{P})$ 替换为一个凸的函数 $\tilde{f}(\boldsymbol{P})$ 来得到：

$$\begin{aligned}&\min\ \tilde{f}(\boldsymbol{P})\triangleq\sum_{i=1}^{N}\tilde{f}_i(p_i)\\&\text{s.t.}\ \boldsymbol{P}\in\mathcal{P}\end{aligned} \tag{7-6}$$

将优化问题[式（7-6）]在第 t 次迭代的可行解集记为：

$$\mathcal{B}(\boldsymbol{P}^t) \triangleq \{\tilde{\boldsymbol{P}} : \tilde{\boldsymbol{P}} = \arg\min_{\boldsymbol{P}\in\mathcal{P}} \tilde{f}(\boldsymbol{P};\boldsymbol{P}^t)\} \tag{7-7}$$

接下来，介绍 CSCA 算法的主要步骤。

步骤 1：基于以下的技术准则选择代替函数 $\tilde{f}(\boldsymbol{P};\boldsymbol{P}^t)$。

（G1）对于任意的 $\boldsymbol{P}^t \in \mathcal{P}$，$\tilde{f}(\boldsymbol{P};\boldsymbol{P}^t)$ 在可行域上都是强凸的。

（G2）对于任意的 $\boldsymbol{P}^t \in \mathcal{P}$，$\tilde{f}(\boldsymbol{P};\boldsymbol{P}^t)$ 在可行域上都是连续可微的。

（G3）函数值一致：对于任意的 $\boldsymbol{P}^t \in \mathcal{P}$，函数 $\tilde{f}(\boldsymbol{P};\boldsymbol{P}^t)$ 和函数 $f(\boldsymbol{P})$ 在 $\boldsymbol{P}=\boldsymbol{P}^t$ 的这一点上的函数值是相等的，即 $\tilde{f}(\boldsymbol{P}^t;\boldsymbol{P}^t)=f(\boldsymbol{P}^t)$。

（G4）梯度值一致：对于任意的 $\boldsymbol{P}^t \in \mathcal{P}$，函数 $\tilde{f}(\boldsymbol{P};\boldsymbol{P}^t)$ 和函数 $f(\boldsymbol{P})$ 在 $\boldsymbol{P}=\boldsymbol{P}^t$ 的这一点上的梯度值是相等的，即 $\nabla\tilde{f}(\boldsymbol{P}^t;\boldsymbol{P}^t)=\nabla f(\boldsymbol{P}^t)$。

（G5）上界：对于任意的 $\boldsymbol{P}^t \in \mathcal{P}$，都有 $\tilde{f}(\boldsymbol{P};\boldsymbol{P}^t) \geqslant f(\boldsymbol{P})$ 成立。

一个流行的强凸代替函数的案例：

$$\tilde{f}(\boldsymbol{P};\boldsymbol{P}^t) = f(\boldsymbol{P}^t) + \nabla^{\mathrm{T}} f(\boldsymbol{P}^t)(\boldsymbol{P}-\boldsymbol{P}^t) + \tau\left\|\boldsymbol{P}-\boldsymbol{P}^t\right\|^2 \tag{7-8}$$

式中，τ 为一个正常数，而形式 $\tau\left\|\boldsymbol{P}-\boldsymbol{P}^t\right\|^2$ 被用来确保代替函数的强凸性。注意 τ 必须足够大，以满足准则（G5）。

步骤 2：解决凸优化问题。通过使用一些流行的方法，例如二次规划，来解决式（7-7）中的凸优化问题，从而获得 $\tilde{\boldsymbol{P}}$。

步骤 3：将 $\boldsymbol{P}^t$ 更新为 $\boldsymbol{P}^{t+1}$，设计适当的步长选择规则后，可以根据获得的 $\tilde{\boldsymbol{P}}$ 来构造良好的搜索方向，使得目标值充分降低。

$$\boldsymbol{P}^{t+1} = \boldsymbol{P}^t + \gamma^t(\tilde{\boldsymbol{P}} - \boldsymbol{P}^t) \tag{7-9}$$

式中，$\gamma^t \in (0,1]$ 为步长。由于集合 $\mathcal{P}$ 的凸性，$\boldsymbol{P}^{t+1} \in \mathcal{P}$ 始终成立。

步骤 4：添加扰动。如注 7-2 所述，式（7-4）中存在一些不可微的点，这进一步意味着 $f(\boldsymbol{P})$ 在步骤 3 中的 $\boldsymbol{P}^{t+1}$ 处可能是不可微的。显然，这对于下一步构建代替函数是致命的。为了解决这个问题，我们建议采用如下扰动技术：

$$\boldsymbol{P}^{t+1} = \begin{cases} \boldsymbol{P}^{t+1} + \omega^{\zeta}\gamma^t(\boldsymbol{P}^t - \tilde{\boldsymbol{P}}), & \exists p_i^{t+1} \in \psi_i \\ \boldsymbol{P}^{t+1}, & \text{其他} \end{cases} \tag{7-10}$$

式中，$0<\omega<1$ 为用户设置的扰动系数；ζ 为最小的使得 $p_i^{t+1} \notin \psi_i$ 对于 $\boldsymbol{P}^{t+1}$ 中的任意 p^{t+1} 都成立的正整数。

CSCA 算法的示意图如图 7-1 所示。

接下来，基于 CSCA 算法，我们提出了分布式连续凸逼近（Distributed Successive Convex Approximation，DSCA）算法。该算法包含以下步骤：

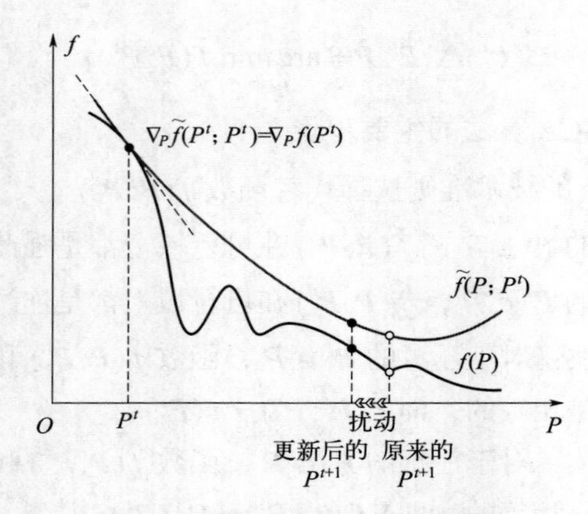

图 7-1　带扰动的 CSCA 示意图

步骤 1：选择代替函数 $\tilde{f}(p_i;p_i^t)$。对于第 i 台 DG，选择如下代替函数。

$$\tilde{f}_i(p_i;p_i^t)=f_i(p_i^t)+\nabla^{\mathrm{T}} f_i(p_i^t)(p_i-p_i^t)+\tau_i\left|p_i-p_i^t\right|^2 \tag{7-11}$$

其中对任意 DG，有 $\tau_i>0$。

步骤 2：合作解决凸优化问题。每台 DG 独立地解决其对应的子问题：

$$\tilde{p}_i=\underset{p_i\in\mathcal{P}_i}{\arg\min}\,\tilde{f}_i(p_i;p_i^t),\forall i=1,\cdots,N \tag{7-12}$$

其中凸集 $\mathcal{P}_i$ 已在注 7-1 中定义。请注意，通过式（7-12）获得的 $\tilde{p}_i$ 不满足供需平衡约束（7-2)。因此，在此步骤中需要对我们的方法做进一步的调整。受文献 [22] 中的工作启发，此处利用平衡供需算法（Balance Generation and Demand，BGD）作为有效处理上述约束的方法。对于第 i 台 DG，将本地负载表示为 l_i。将 $\varDelta_i$ 定义为供需不匹配的本地估计。通过应用以下策略，每台 DG 都可以检测供需不匹配的平均值：

$$\varDelta_i[n+1]=\varDelta_i[n]+\sum_{j\in\mathcal{N}_i}\alpha_{ij}[n](\varDelta_j[n]-\varDelta_i[n]) \tag{7-13}$$

式中，$\alpha_{ij}[n]$ 为边缘权重，如果第 i 个和第 j 台 DG 之间存在通信链接，则 $\alpha_{ij}[n]\neq 0$；$\mathcal{N}_i$ 为第 i 台 DG 的通信邻居；n 为离散化单位；$\varDelta_i[0]=l_i-\tilde{p}_i$ 被定义为第 i 台 DG 总线中初始的本地发电需求不匹配。作为一个简单的总结，在该共识算法的第 n 步中，智能体 i 需要两个信息：其邻居的供需误差 $\varDelta_j[n]$ 以及相应的边缘权重 $\alpha_{ij}[n]$。然后，在式（7-13）下，随着 $n\to\infty$，有：

$$\varDelta_i[n]\to\delta\triangleq\frac{\sum_{i=1}^{N}(l_i-\tilde{p}_i)}{N} \tag{7-14}$$

为了满足整个电力系统的供需平衡，第 i 台 DG 通过迭代计算下式来修改其

电力输出 $\tilde{p}_i$：

$$o_i = \tilde{p}_i + \delta \tag{7-15}$$

以及：

$$\tilde{p}_i = \begin{cases} p_i^{\max}, & o_i > p_i^{\max} \\ p_i^{\min}, & o_i < p_i^{\min} \\ o_i, & \text{其他} \end{cases}$$

直到实现平衡，即 $\delta = 0$。

步骤 3：将 p_i^t 更新为 p_i^{t+1}，其方式类似于式（7-9）。

$$p_i^{t+1} = p_i^t + \gamma^t(\tilde{p}_i - p_i^t) \tag{7-16}$$

步骤 4：分布式添加扰动。在步骤 3 中得到 p_i^{t+1} 之后，每台 DG 都会相应地添加如下扰动。

$$p_i^{t+1} = \begin{cases} p_i^{t+1} + \omega^{\zeta}\gamma^t(p_i^t - \tilde{p}_i), & \exists p_i^{t+1} \in \psi_i \\ p_i^{t+1}, & \text{其他} \end{cases} \tag{7-17}$$

DSCA 的流程图如图 7-2 所示。

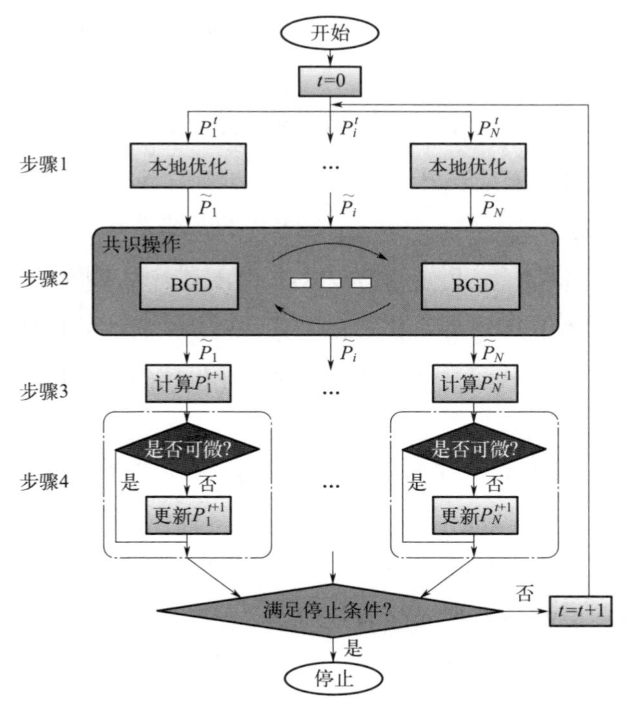

图 7-2　**DSCA 流程图**

7.2.3 算法收敛性分析

在本节中，我们分析所提出的 CSCA 方法的收敛性，首先给出两个重要引理，并且在定理 7-1 中总结主要结果。

引理 1（固定点和下降方向） 对于 7.2.2 节中的 CSCA，基于准则（G1）、（G2）和（G4），并具有给定的初始点 $\boldsymbol{P}^0 \in \mathcal{P}$，且 $f(\boldsymbol{P})$ 在这一点上是可微的，则以下结果成立。

① 当且仅当 $\boldsymbol{P}^t \in \mathcal{B}(\boldsymbol{P}^t)$ 时，$f(\boldsymbol{P})$ 在其上可微的一个点 $\boldsymbol{P}^t$ 是 $f(\boldsymbol{P})$ 的驻点。

② 若 $f(\boldsymbol{P})$ 在其上可微的一个点 $\boldsymbol{P}^t$ 不是 $f(\boldsymbol{P})$ 的驻点，那么 $\tilde{\boldsymbol{P}} - \boldsymbol{P}^t$ 是 $f(\boldsymbol{P}^t)$ 的下降方向，即：

$$\nabla^{\mathrm{T}} f(\boldsymbol{P}^t)(\tilde{\boldsymbol{P}} - \boldsymbol{P}^t) < 0 \tag{7-18}$$

证明：① 首先，假设 $\boldsymbol{P}^t$ 是 $f(\boldsymbol{P})$ 的驻点，那么其满足以下一阶最优性条件。

$$\nabla^{\mathrm{T}} f(\boldsymbol{P}^t)(\boldsymbol{P} - \boldsymbol{P}^t) \geqslant 0, \forall \boldsymbol{P} \in \mathcal{P} \tag{7-19}$$

使用技术准则（G4）中所述的梯度一致性，进一步有：

$$\nabla^{\mathrm{T}} \tilde{f}(\boldsymbol{P}^t; \boldsymbol{P}^t)(\boldsymbol{P} - \boldsymbol{P}^t) \geqslant 0, \forall \boldsymbol{P} \in \mathcal{P} \tag{7-20}$$

使用技术准则（G1）中所述的替代函数 $\tilde{f}(\boldsymbol{P}; \boldsymbol{P}^t)$ 的强凸性，式（7-20）进一步意味着：

$$\tilde{f}(\boldsymbol{P}; \boldsymbol{P}^t) \geqslant \tilde{f}(\boldsymbol{P}^t; \boldsymbol{P}^t), \forall \boldsymbol{P} \in \mathcal{P} \tag{7-21}$$

那么很容易发现：$\boldsymbol{P}^t \in \mathcal{B}(\boldsymbol{P}^t)$。

接下来，假设 $f(\boldsymbol{P})$ 在 $\boldsymbol{P}^t \in \mathcal{B}(\boldsymbol{P}^t)$ 上是可微的，那么有：

$$\nabla^{\mathrm{T}} f(\boldsymbol{P}^t)(\boldsymbol{P} - \boldsymbol{P}^t) = \nabla^{\mathrm{T}} f(\boldsymbol{P}^t; \boldsymbol{P}^t)(\boldsymbol{P} - \boldsymbol{P}^t) \geqslant 0, \forall \boldsymbol{P} \in \mathcal{P} \tag{7-22}$$

式中，等式和不等式分别是由技术准则（G4）中所述的梯度一致性以及技术准则（G1）中所述的替代函数 $\tilde{f}(\boldsymbol{P}; \boldsymbol{P}^t)$ 的强凸性得到的。观察式（7-22），很容易发现 $\boldsymbol{P}^t$ 是 $f(\boldsymbol{P})$ 的驻点。

② 假设 $\boldsymbol{P}^t$ 是 $f(\boldsymbol{P})$ 在其上可微的一个点，但不是 $f(\boldsymbol{P})$ 的一个驻点，那么显然：

$$\tilde{f}(\tilde{\boldsymbol{P}}; \boldsymbol{P}^t) < \tilde{f}(\boldsymbol{P}^t; \boldsymbol{P}^t) \tag{7-23}$$

那么很容易知道 $\boldsymbol{P}^t \neq \tilde{\boldsymbol{P}}$ 且：

$$\nabla^{\mathrm{T}} f(\boldsymbol{P}^t)(\tilde{\boldsymbol{P}} - \boldsymbol{P}^t) = \nabla^{\mathrm{T}} \tilde{f}(\boldsymbol{P}^t; \boldsymbol{P}^t)(\tilde{\boldsymbol{P}} - \boldsymbol{P}^t) < 0 \tag{7-24}$$

式中，等式与不等于分别是由技术准则（G4）中所述的梯度一致性以及技术准则（G1）中所述的替代函数 $\tilde{f}(\boldsymbol{P};\boldsymbol{P}^t)$ 的强凸性得到的。

证毕。

引理 7-2（引入扰动后目标值递减）　对于 7.2.2 节中的 CSCA，基于准则（G1）～（G5）且 $f(P)$ 在式（7-17）中原来的 $\boldsymbol{P}^{t+1}$ 上是可微的，那么一定存在一个正整数 ζ 使得在第 t 次迭代中：

① 更新后的 $\boldsymbol{P}^{t+1}$ 落在 $\boldsymbol{P}^t$ 和 $\tilde{\boldsymbol{P}}$ 之间，且 $f(\boldsymbol{P})$ 在这点上是可微的，即：

$$\boldsymbol{P}^{t+1}=\boldsymbol{P}^t+\gamma'(\tilde{\boldsymbol{P}}-\boldsymbol{P}^t) \tag{7-25}$$

式中，$0<\gamma'<1$。

② 目标函数值从 $\boldsymbol{P}^t$ 到更新后的 $\boldsymbol{P}^{t+1}$ 是递减的，即：

$$f(\boldsymbol{P}^{t+1})<f(\boldsymbol{P}^t) \tag{7-26}$$

证明：① 首先，将 $f(\boldsymbol{P})$ 在其上不可微的点的个数记为 M。假设 $f(\boldsymbol{P})$ 在原来的 $\boldsymbol{P}^{t+1}$ 上是不可微的。给定一个由式（7-10）得到的扰动系数的序列 $\mathcal{W}\triangleq\{\omega^\zeta\}_{\zeta=1}^M$，那么一定至少存在一个 $\omega^\zeta\in\mathcal{W}$，使得 $f(\boldsymbol{P})$ 在更新后的 $\boldsymbol{P}^{t+1}$ 上是可微的。使用确定下来的 ω^ζ，更新后的 $\boldsymbol{P}^{t+1}$ 被表示为式（7-27）。

$$\boldsymbol{P}^{t+1}=\boldsymbol{P}^t+(1-\omega^\zeta)\gamma^t(\tilde{\boldsymbol{P}}-\boldsymbol{P}^t) \tag{7-27}$$

由于 $0<\omega<1$ 且 ζ 是正整数，使 $\gamma'\triangleq(1-\omega^\zeta)\gamma^t$，那么（7-27）可以被重写为：

$$\boldsymbol{P}^{t+1}=\boldsymbol{P}^t+\gamma'(\tilde{\boldsymbol{P}}-\boldsymbol{P}^t) \tag{7-28}$$

显然 $0<\gamma'<1$，这意味着更新后的 $\boldsymbol{P}^{t+1}$ 不可避免地位于 $\boldsymbol{P}^t$ 和 $\tilde{\boldsymbol{P}}$ 之间。

② 基于以上的分析，我们很容易知道：

$$\begin{aligned}f(\boldsymbol{P}^{t+1})&\leqslant\tilde{f}(\boldsymbol{P}^{t+1};\boldsymbol{P}^t)\\&\leqslant\gamma'\tilde{f}(\tilde{\boldsymbol{P}};\boldsymbol{P}^t)+(1-\gamma')\tilde{f}(\boldsymbol{P}^t;\boldsymbol{P}^t)\\&<\tilde{f}(\boldsymbol{P}^t;\boldsymbol{P}^t)\\&=f(\boldsymbol{P}^t)\end{aligned} \tag{7-29}$$

式中，第一个不等式是由技术准则（G5）得到的；第二个不等式是由技术准则（G1）中所述的替代函数 $\tilde{f}(\boldsymbol{P};\boldsymbol{P}^t)$ 的强凸性得到的；而严格不等式是由于 $0<\gamma'<1$；最后的等式是由技术准则（G3）得到的。

证毕。

假设 7-1（Slater 条件）　对于 7.2.2 节中的 CSCA，给定收敛到极限点 $\bar{\boldsymbol{P}}$ 的子序列 $\{\boldsymbol{P}^{t_j}\}_{j=1}^\infty$，如果限制内部约束集内部存在点 $\boldsymbol{P}$ 使得 $\boldsymbol{P}$ 满足：

$$\boldsymbol{P}^{\min}<\boldsymbol{P}<\boldsymbol{P}^{\max}$$

式中，$\boldsymbol{P}^{\min}=[p_1^{\min},\ldots,p_N^{\min}]^{\mathrm{T}}$；$\boldsymbol{P}^{\max}=[p_1^{\max},\ldots,p_N^{\max}]^{\mathrm{T}}$。

利用本质上易于成立的 Slater 条件（只要让 $\boldsymbol{P}^{\min} < \boldsymbol{P}^{\max}$），我们给出以下的收敛结果。

定理 7-1（CSCA 算法的收敛性） 对于 7.2.2 节中的 CSCA，具有根据技术准则（G1）～（G5）以及被满足的假设 7-1 而选定的替代函数 $\tilde{f}(\boldsymbol{P};\boldsymbol{P}^t)$。给定 $f(\boldsymbol{P})$ 在其上是可微的，初始点 $\boldsymbol{P}^0 \in \mathcal{P}$，并且使 $\bar{\boldsymbol{P}}$ 为 CSCA 生成的迭代的极限点，则如果 $f(\boldsymbol{P})$ 在 $\bar{\boldsymbol{P}}$ 上是可微的，那么 $\bar{\boldsymbol{P}}$ 是一个 KKT（Karush-Kuhn-Tucker）点。

证明：为了进一步提供 CSCA 的泛化能力，用一种一般的形式来重新制定优化问题，如式（7-30）所示。

$$\begin{aligned} &\min_{P} \ h_0(\boldsymbol{P}) \\ &\text{s.t.} \ \ h_j(\boldsymbol{P}) \leqslant 0, \ \forall j = 1, \cdots, m \end{aligned} \tag{7-30}$$

式中，目标函数 $h_0(\boldsymbol{P})$ 是连续、非凸且非光滑的，以及其在可行域上仅有有限个不可微的点。据此，代替的优化问题被制定如下：

$$\begin{aligned} &\min_{P} \ \tilde{h}_0(\boldsymbol{P}) \\ &\text{s.t.} \ \ \tilde{h}_j(\boldsymbol{P}) \leqslant 0, \ \forall j = 1, \cdots, m \end{aligned} \tag{7-31}$$

为了匹配这个一般的制定形式，技术准则（G1）～（G5）被更新为（B1）～（B5），如下所示。对于 $\forall j = 0, \cdots, m$：

（B1）对于任意的 $\boldsymbol{P}^t \in \mathcal{P}$，$\tilde{h}_j(\boldsymbol{P};\boldsymbol{P}^t)$ 在可行域上都是强凸的。

（B2）对于任意的 $\boldsymbol{P}^t \in \mathcal{P}$，$\tilde{h}_j(\boldsymbol{P};\boldsymbol{P}^t)$ 在可行域上都是连续可微的。

（B3） 函数值一致：对于任意的 $\boldsymbol{P}^t \in \mathcal{P}$，函数 $\tilde{h}_j(\boldsymbol{P};\boldsymbol{P}^t)$ 和函数 $h_j(\boldsymbol{P})$ 在 $\boldsymbol{P} = \boldsymbol{P}^t$ 的这一点上的函数值是相等的，即 $\tilde{h}_j(\boldsymbol{P}^t;\boldsymbol{P}^t) = h_j(\boldsymbol{P}^t)$。

（B4） 梯度值一致：对于 $h_j(\boldsymbol{P})$ 在其上可微的任意一点 $\boldsymbol{P}^t \in \mathcal{P}$，函数 $\tilde{h}_j(\boldsymbol{P};\boldsymbol{P}^t)$ 和函数 $h_j(\boldsymbol{P})$ 在 $\boldsymbol{P} = \boldsymbol{P}^t$ 的这一点上的梯度值是相等的，即 $\nabla\tilde{h}_j(\boldsymbol{P}^t;\boldsymbol{P}^t) = \nabla h_j(\boldsymbol{P}^t)$。

（B5）上界：对于任意的 $\boldsymbol{P}^t \in \mathcal{P}$，都有 $\tilde{h}_j(\boldsymbol{P};\boldsymbol{P}^t) \geqslant h_j(\boldsymbol{P})$ 成立。

请注意，我们制定的ED问题固有地符合准则（B1）～（B5）。结合准则（B4）和（B5），我们很容易知道这些近似函数在保持相同的一阶行为的同时发挥了“上限”的作用。

在引理 7-2 中，我们证明了在原目标函数 $f(\boldsymbol{P})$ 在原来的 $\boldsymbol{P}^{t+1}$ 处不可微的情况下，目标函数值是递减的。在此之外，若 $f(\boldsymbol{P})$ 在原来的 $\boldsymbol{P}^{t+1}$ 处可微，那么和常规的 SCA 理论没有区别，即：

$$
\begin{aligned}
h_0(\boldsymbol{P}^{t+1}) &\leqslant \tilde{h}_0(\boldsymbol{P}^{t+1};\boldsymbol{P}^t) \\
&\leqslant \gamma\tilde{h}_0(\tilde{\boldsymbol{P}};\boldsymbol{P}^t)+(1-\gamma)\tilde{h}_0(\boldsymbol{P}^t;\boldsymbol{P}^t) \\
&\leqslant \tilde{h}_0(\boldsymbol{P}^t;\boldsymbol{P}^t) \\
&= h_0(\boldsymbol{P}^t)
\end{aligned} \tag{7-32}
$$

式中，$0\leqslant\gamma\leqslant1$。因此，无论 $f(\boldsymbol{P})$ 在原来的 $\boldsymbol{P}^{t+1}$ 处是否是可微的，其值从 $\boldsymbol{P}^t$ 到更新后的 $\boldsymbol{P}^{t+1}$ 是递减的。那么一定有：

$$
\lim_{t\to\infty} h_0(\boldsymbol{P}^t)=h_0(\bar{\boldsymbol{P}}) \tag{7-33}
$$

以及：

$$
\lim_{t\to\infty} \tilde{h}_0(\tilde{\boldsymbol{P}};\boldsymbol{P}^t)=h_0(\bar{\boldsymbol{P}}) \tag{7-34}
$$

给定任意的子序列 $\{\boldsymbol{P}^t\}_{t=1}^{\infty}$ 收敛到极限点 $\bar{\boldsymbol{P}}$，我们记一个满足下式的固定点 $\boldsymbol{P}'$：

$$
\tilde{h}_j(\boldsymbol{P}';\bar{\boldsymbol{P}})<0,\forall j=1,\cdots,m \tag{7-35}
$$

自然地，对于一个足够大的 t，一定有：

$$
\tilde{h}_j(\boldsymbol{P}';\boldsymbol{P}^t)<0,\forall j=1,\cdots,m \tag{7-36}
$$

换句话说，$\boldsymbol{P}'$ 在第 t 次迭代中是一个严格可行点。由于 $\tilde{h}_0(\boldsymbol{P};\boldsymbol{P}^t)$ 的严格凸性，有：

$$
\tilde{h}_0(\tilde{\boldsymbol{P}};\boldsymbol{P}^t)\leqslant\tilde{h}_0(\boldsymbol{P}';\boldsymbol{P}^t) \tag{7-37}
$$

进一步地，Slater 条件意味着：

$$
\begin{aligned}
&\bar{\boldsymbol{P}}\in\arg\min_{P\in\mathcal{P}}\tilde{h}_0(\boldsymbol{P};\bar{\boldsymbol{P}}) \\
&\text{s.t. } \tilde{h}_j(\boldsymbol{P};\bar{\boldsymbol{P}})\leqslant0,\forall j=1,\cdots,m
\end{aligned} \tag{7-38}
$$

由于 Slater 条件被满足，上述优化问题的 KKT 条件意味着存在 $\lambda_1,\cdots,\lambda_m$ 使得：

$$
\begin{aligned}
&0\in\nabla h_0(\bar{\boldsymbol{P}})+\sum_{j=1}^{m}\lambda_j\nabla\tilde{h}_j(\bar{\boldsymbol{P}}) \\
&\tilde{h}_j(\bar{\boldsymbol{P}};\bar{\boldsymbol{P}})\leqslant0,\forall j=1,\cdots,m \\
&\lambda_j\tilde{h}_j(\bar{\boldsymbol{P}};\bar{\boldsymbol{P}})=0,\forall j=1,\cdots,m
\end{aligned} \tag{7-39}
$$

使用技术准则（G4）～（G6），当 $h_j(\boldsymbol{P})$ 在 $\bar{\boldsymbol{P}}$ 上可微时，上述的条件变为：

$$
\begin{aligned}
&0 \in \nabla h_0(\bar{\boldsymbol{P}}) + \sum_{j=1}^{m} \lambda_j \nabla h_j(\bar{\boldsymbol{P}}) \\
&h_j(\bar{\boldsymbol{P}};\bar{\boldsymbol{P}}) \leqslant 0, \forall j = 1,\cdots,m \\
&\lambda_j h_j(\bar{\boldsymbol{P}};\bar{\boldsymbol{P}}) = 0, \forall j = 1,\cdots,m
\end{aligned} \tag{7-40}
$$

证毕。

注 7-3　与 CSCA 相比，DSCA 通过在步骤 2 中修改集中式凸优化来实现分布式凸优化，这种方式是并行进行局部凸优化，并采用分布式 BGD 算法来协同处理全局约束。此外，在其他步骤中，将优化变量 $\boldsymbol{P}=[p_1,\ldots,p_N]^{\mathrm{T}}$ 整个向量分解，然后以分布式方式求解。这两种算法涉及本质相同的计算，因此 DSCA 的收敛性与 CSCA 的收敛性相同。

7.2.4　仿真实例

我们在仿真中使用了两个测试系统。首先，采用基本的 10 单元电力系统作为标准测试系统，其考虑了多种燃料类型以及阀点效应。为了进行性能验证和比较，许多提出启发式算法的研究人员已将此案例用作基准测试[23-25]。第一个单元具有两种燃料类型，而其余单元具有三种燃料类型。所有单元的详细特征（例如成本系数和燃料类型）取自文献 [23]。总负载需求设置为 2700 MW。

我们还考虑了一个 40 单元电力系统，其包含了阀点效应。文献 [26] 给出了所有单元的详细特征。总负载需求设置为 10500 MW。

为了使提出的方法具有说服力，我们实现了几种集中式 / 分布式现有算法进行比较。首先，实现了一种基于分布式拍卖的算法（Auction-based Algorithm, AA）[11] 与我们提出的 DSCA 进行比较。此外，我们还注意到其他一些分布式算法，例如文献 [27] 中的分布式随机无梯度算法。但是，由于其集中式的平衡功率操作，它并不是完全分布式的。因此，将其添加到我们的比较实验中是不公平且不适当的。被实现的集中式算法包括 GA、PSO、DE、BBO 和 L-MILP[28]。L-MILP 方法通过分段线性化成本函数［式（7-1）］将式（7-1）～式（7-3）转换为 MILP 问题，然后使用一些流行的商业求解器来解决它。

在本节实验中，我们将 DSCA 的步长设置为 $\gamma'=1$，且对于其涉及的所有共识问题，两次相邻迭代之间的差值小于 1e−5 被认为已达成共识。本地负载被设为给定总负载的平均值。扰动系数被设置为 $\omega=0.99$。

考虑到所需的 CPU 计算时间很大程度上取决于代码的实现细节，因此我们编写了一个简洁的凸优化程序来有效地解决式（7-10）。我们未使用任何通用的 MATLAB 凸优化工具箱（例如 CVX），因为其复杂的内在机制大大降低了计算速度。此外，众所周知，通信条件将大大影响分布式算法的计算效率。因此，图 7-3 描述了两种代表性的通信拓扑：表示稀疏通信条件的线拓扑与表示优越通信条件的全连接拓扑。

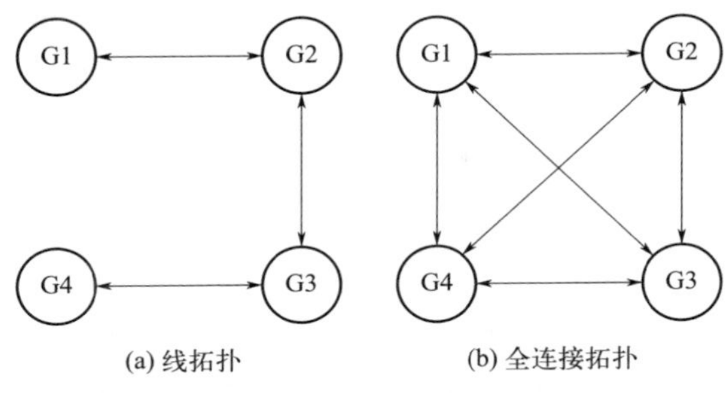

图 7-3 两种代表性的通信拓扑

(1) 10 单元系统上的实验结果

首先使用基本的 10 单元电力系统作为第一个测试系统。DSCA 的最大迭代次数设置为 3×10^5。此外，所有 DG 的凸参数都在 $\{[1,2\times10^3], (2\times10^3,1\times10^5], (1\times10^5,2.5\times10^5], (2.5\times10^5,3\times10^5]\}$ 的迭代间隔中设置为 $\tau_i=\{2,16,50,100\}$。DSCA 和 AA 的收敛曲线如图 7-4 所示。很容易地看到，所提出的 DSCA 算法在前 1000 次迭代中快速收敛，并产生了令人满意的最优解，在给定的最大迭代内生成成本为 623.8641\$/h，而 AA 算法则陷入了非理想的局部最优解的影响，成本为 626.7090\$/h。表 7-1 报告了所提出的 DSCA 获得的完整功率分配。表 7-2 展示了 DSCA 和最佳的集中式 / 分布式算法在一些运行次数中的平均、最小和最大成本的比较结果。结果表明，与许多集中式 / 分布式算法相比，所提出的 DSCA 获得的解决方案成本更低。因此，鉴于 DSCA 分布式特性的好处，其可被认为实现了令人满意的性能。另外，与 AA 算法类似，在给定初始参数和起点的情况下，DSCA 具有确定性，重复执行算法始终会产生相同的解决方案。换句话说，最好的 DSCA 解决方案可以在一次运行中实现。

表 7-1 DSCA 为 10 单元电力系统找到的功率分配方案

DG	功率分配 /MW	燃料类型	总发电代价 / (\$/h)
1	219.1309	2	623.8641
2	213.1471	1	
3	282.6730	1	
4	239.0181	3	

续表

DG	功率分配 /MW	燃料类型	总发电代价 / ($/h)
5	276.3354	1	623.8641
6	238.4517	3	
7	290.0954	1	
8	239.6861	3	
9	425.5986	3	
10	275.8636	1	

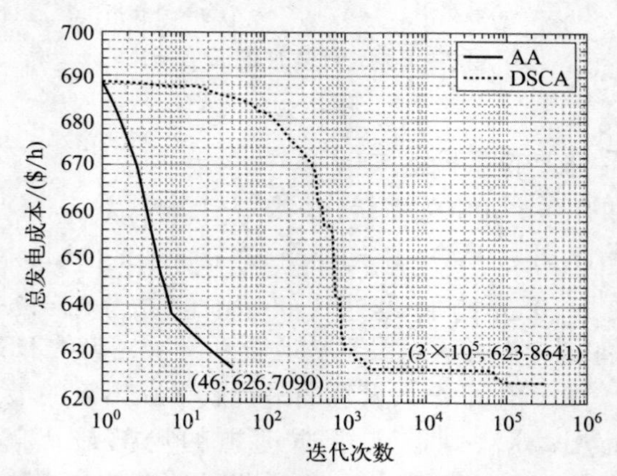

图 7-4　**DSCA 在 10 单元系统上的收敛曲线（与 AA 对比）**

表 7-2　**DSCA 在 10 单元电力系统上与其他算法的对比结果**

算法	类型	总发电代价 / ($/h)			试验次数
		最小	平均	最大	
GA[3]	集中式	625.37	627.81	630.95	100
PSO[4]	集中式	623.99	624.51	638.35	100
BBO[5]	集中式	623.90	624.10	626.46	100
DE[6]	集中式	623.94	624.07	626.50	100
L-MILP[28]	集中式		623.89		1
AA[11]	分布式		626.71		1
DSCA	分布式		623.87		1

（2）40 单元系统上的实验结果

为了研究所提出的 DSCA 在较大规模测试系统上性能，我们将其在 40 个单元的电力系统上做了测试。最大迭代次数设置为 10^6。此外，在前 1.5×10^5 次迭代中将凸参数设置为 $\tau_i=0.19$，在随后的迭代中将其设置为 $\tau_i=30$。DSCA 的收敛曲线如图 7-5 所示。从图 7-5 中可以看出，在解决方案质量和收敛速度方面，提出的 DSCA 优于 AA。表 7-3 报告了我们提议的 DSCA 获得的功率分配。表 7-4 则展示了 DSCA 获得的最低成本、平均成本和最高成本，并将其与其他先前开发的方法获得的发电成本进行比较。可以看出，DSCA 所获得的最低成本低于大多数现有算法的最低成本。

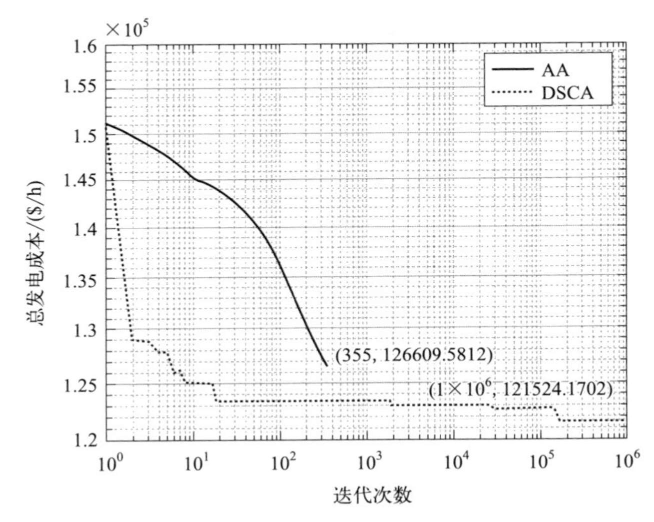

图 7-5　DSCA 在 40 单元系统上的收敛曲线（与 AA 对比）

表 7-3　DSCA 为 40 单元电力系统找到的功率分配方案

DG	功率分配 /MW	DG	功率分配 /MW	DG	功率分配 /MW
1	110.8119	15	304.5324	29	10.00
2	110.8119	16	304.5324	30	87.8957
3	119.9873	17	489.4635	31	190.00
4	179.7510	18	489.2831	32	190.00
5	87.8957	19	511.3372	33	190.00
6	140.00	20	511.3372	34	199.9696

续表

DG	功率分配 /MW	DG	功率分配 /MW	DG	功率分配 /MW
7	299.9913	21	523.2968	35	199.9806
8	284.7192	22	523.2968	36	199.9806
9	284.6418	23	523.2865	37	110.00
10	130.0927	24	523.2865	38	110.00
11	94.00	25	523.3501	39	110.00
12	168.6583	26	523.3501	40	511.3372
13	214.8618	27	10.00		
14	394.2611	28	10.00		
总发电代价 /（$/h）	623.8641				

表 7-4 **DSCA 在 40 单元电力系统上与其他算法的对比结果**

算法	类型	总发电代价 /（$/h）			试验次数
		最小	平均	最大	
GA[3]	集中式	131228.10	136961.59	142122.56	100
PSO[4]	集中式	124248.51	127508.68	131930.13	100
BBO[5]	集中式	121867.54	122764.76	123853.86	100
DE[6]	集中式	121481.44	121679.70	122024.71	100
L-MILP[28]	集中式		121434.91		1
AA[11]	分布式		126609.58		1
DSCA	分布式		121524.17		1

（3）120 单元系统上的实验结果

我们还测试了包含 120 个单元的大型系统。请注意，该 120 单元的大型系统是由 40 单元的电力系统复制 3 倍而来的。但是为了有所不同，我们将总负载需求设置为 36000MW，而不是 10500MW 的三倍（这是 40 单元系统的总负载需求）。在此 120 单元的系统上，用于 DSCA 和 AA 的超参数与 40 单位的系统相同。仿真结果如图 7-6 和表 7-5 所示。可以很容易地观察到，我们提出的 DSCA 的收敛速

度 / 结果要比 AA 好得多，而 AA 则很早就停止了迭代。AA 缺乏足够的机制（例如种群机制）来保证在大规模高维解空间中的搜索能力，因此这并不令人惊讶。相反，我们的 DSCA 不会受到此问题的干扰，因为它仅解决了原始优化问题的一系列连续改进的近似问题。可以观察到，在给定的情况下，即使修订一两个集中式基线也比建议的 DSCA 更好，考虑到分布式特性的好处，可以认为 DSCA 的性能令人非常满意。

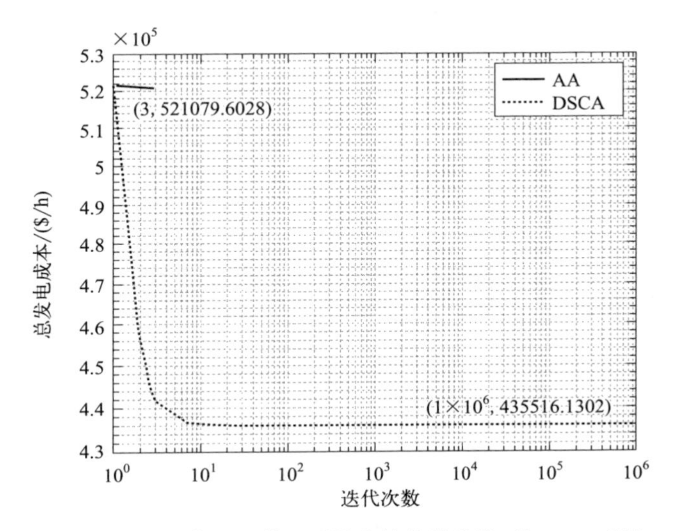

图 7-6　DSCA 在 120 单元系统上的收敛曲线（与 AA 对比）

表 7-5　DSCA 在 120 单元电力系统上与其他算法的对比结果

算法	类型	总发电代价 / （$/h）			试验次数
		最小	平均	最大	
DE[6]	集中式	452173.35	458845.25	462839.96	100
GA[3]	集中式	439839.52	444936.80	451684.57	100
PSO[4]	集中式	435762.23	441899.36	482503.00	100
BBO[5]	集中式	435349.00	435701.54	435803.78	100
L-MILP[28]	集中式		435398.63		1
AA[11]	分布式		521079.60		1
DSCA	分布式		435516.13		1

（4）计算效率

表 7-6 报告了 DSCA 每次迭代在不同步骤中花费的 CPU 时间。此外，还比较了所有分布式算法在内部迭代（即步骤 2，共识运算）和外部迭代（共识运算和其他运算的总和）中所花费的 CPU 计算时间，如表 7-7 所示。可以看到，在由线拓扑和全连接拓扑支持的 10 单元系统中，建议的 DSCA 普遍优于 AA。此外，在具有全连接拓扑的大型 40 单元系统中，使用 AA 时 DSCA 每次迭代的 CPU 时间成本也相近。要提及的是，在使用线拓扑的 40 单元系统中，即使 DSCA 比 AA 耗时更多（约 3.5 倍），但考虑到 DSCA 在该系统中的收敛速度更快（请参见图 7-5），在第 10 次迭代中 DSCA 就实现了第 355 次迭代中 AA 更好的解决方案），我们很容易发现DSCA 在计算效率方面比 AA 更好。AA 在 120 单元系统的案例上不收敛，因此此处省略了所涉及的计算效率的比较分析。

表 7-6　DSCA 不同步骤的 CPU 时间耗费

步骤	CPU 时间 /s					
	10 单元系统		40 单元系统		120 单元系统	
	线型	全连接型	线型	全连接型	线型	全连接型
1	0.00003		0.00007		0.00028	
2	0.00011	0.00007	0.05431	0.00206	0.65459	0.01627
3、4	0.00001		0.00001		0.00001	
总计	0.00015	0.00011	0.05439	0.00214	0.65488	0.01656

表 7-7　算法单次迭代的 CPU 时间耗费对比结果

拓扑	算法	CPU 时间 /s					
		内层循环			外层循环		
		10 单元系统	40 单元系统	120 单元系统	10 单元系统	40 单元系统	120 单元系统
线型	AA	0.00105	0.01521	0.05782	0.00118	0.01551	0.06981
	DSCA	0.00011	0.05431	0.65459	0.00015	0.05439	0.65488
全连接型	AA	0.00007	0.00031	0.00031	0.00020	0.00061	0.01335
	DSCA	0.00007	0.00206	0.00206	0.00011	0.00214	0.01656

参考文献

[1] FANG X，MISRA S，XUE G，et al. Smart grid：the new and improved power grid：a survey [J]. IEEE Communications Surveys and Tutorials，2011，14 (4)：944-980.

[2] LI C，YU X，YU W，et al. Distributed event-triggered scheme for economic dispatch in smart grids[J]. IEEE Transactions on Industrial Informatics，2016，12 (5)：1775-1785.

[3] CHIANG C L. Improved genetic algorithm for power economic dispatch of units with valve-point effects and multiple fuels [J]. IEEE Transactions on Power Systems，2005，20 (4)：1690-1699.

[4] GAING Z L. Particle swarm optimization to solving the economic dispatch considering the generator constraints[J]. IEEE Transactions on Power Systems，2003，18 (3)：1187-1195.

[5] BHATTACHARYA A，CHATTOPADHYAY P K. Hybrid differential evolution with biogeography-based optimization for solution of economic load dispatch[J]. IEEE Transactions on Power Systems，2010，25 (4)：1955-1964.

[6] NOMAN N，IBA H. Differential evolution for economic load dispatch problems[J]. Electric Power Systems Research，2008，78 (8)：1322-1331.

[7] OZAY M，ESNAOLA I，VURAL F T Y，et al. Sparse attack construction and state estimation in the smart grid：centralized and distributed models[J]. IEEE Journal on Selected Areas in Communications，2013，31 (7)：1306-1318.

[8] LI C，YU X，HUANG T，et al. Distributed optimal consensus over resource allocation network and its application to dynamical economic dispatch[J]. IEEE Transactions on Neural Networks and Learning Systems，2018，29 (6)：2407-2418.

[9] MUDUMBAI R，DASGUPTA S，CHO B B. Distributed control for optimal economic dispatch of a network of heterogeneous power generators[J]. IEEE Transactions on Power Systems，2012，27 (4)：1750-1760.

[10] YANG Q，BARRIA J A，GREEN T C. Communication infrastructures for distributed control of power distribution networks[J]. IEEE Transactions on Industrial Informatics，2011，7 (2)：316-327.

[11] BINETTI G，DAVOUDI A，NASO D，et al. A distributed auction-based algorithm for the nonconvex economic dispatch problem[J]. IEEE Transactions on Industrial Informatics，2013，10 (2)：1124-1132.

[12] DI LORENZO P，SCUTARI G. Next：in-network nonconvex optimization[J]. IEEE Transactions on Signal and Information Processing over Networks，2016，2 (2)：120-136.

[13] SCUTARI G，SUN Y. Parallel and distri-

buted successive convex approximation methods for big-data optimization [M]. Berlin: Springer, 2018: 141-308.

[14] DI LORENZO P, SCARDAPANE SIMONE. Distributed Stochastic Nonconvex Optimization and Learning based on Successive Convex Approximation [C]// 2019 53rd Asilomar Conference on Signals, Systems, and Computers. New York: IEEE, 2019: 1 - 5.

[15] YANG Y, PESAVENTO M. A unified successive pseudoconvex approximation framework [J]. IEEE Transactions on Signal Processing, 2017, 65 (13): 3313-3328.

[16] SCUTARI G, FACCHINEI F, SONG P, et al. Decomposition by partial linearization: parallel optimization of multiagent systems [J]. IEEE Transactions on Signal Processing, 2013, 62 (3): 641-656.

[17] YANG Y, PESAVENTO M, Z Q LUO, et al. Inexact block coordinate descent algorithms for nonsmooth nonconvex optimization [J]. IEEE Transactions on Signal Processing, 2020, 68: 947-961.

[18] FACCHINEI F, SCUTARI G, SAGRATELLA S. Parallel selective algorithms for nonconvex big data optimization [J]. IEEE Transactions on Signal Processing, 2015, 63 (7): 1874-1889.

[19] LIU A, LAU V K N, KANANIAN B. Stochastic successive convex approximation for non-convex constrained stochastic optimization[J]. IEEE Transactions on Signal Processing, 2019, 67 (16): 4189-4203.

[20] GUO F, LI G, WEN C, et al. An accelerated distributed gradient-based algorithm for constrained optimization with application to economic dispatch in a large-scale power system [J]. IEEE Transactions on Systems, Man, and Cybernetics: Systems, 2021, 51 (4): 2041-2053.

[21] DECKER G L, BROOKS A D. Valve point loading of turbines [J]. Transactions of the American Institute of Electrical Engineers. Part III: Power Apparatus and Systems, 1958, 77 (3): 481-484.

[22] LI F, QIN J, KANG Y, et al. Consensus based distributed reinforcement learning for nonconvex economic power dispatch in microgrids [C]// International Conference on Neural Information Processing. Berlin Springer, 2017: 831-839.

[23] CHIANG C L. Improved genetic algorithm for power economic dispatch of units with valve-point effects and multiple fuels [J]. IEEE Transactions on Power Systems, 2005, 20 (4): 1690-1699.

[24] MENG A, LI J, YIN H. An efficient criss-cross optimization solution to large-scale non-convex economic load dispatch with multiple fuel types and valve-point effects[J]. Energy, 2016, 113: 1147-1161.

[25] MANOHARAN P, KANNAN P, BASKAR S, et al. Penalty parameter-less constraint handling scheme based evolutionary

algorithm solutions to economic dispatch [J]. IET Generation, Transmission & Distribution, 2008, 2 (4): 478-490.

[26] SINHA N, CHAKRABARTI R, CHATTOPADHYAY P. Evolutionary programming techniques for economic load dispatch [J]. IEEE Transactions on Evolutionary Computation, 2003, 7 (1): 83-94.

[27] XIE J, YU Q, CAO C. A distributed randomized gradient-free algorithm for the non-convex economic dispatch problem[J]. Energies, 2018, 11 (1): 244.

[28] WANG M Q, GOOI H B, CHEN S X, et al. A mixed integer quadratic programming for dynamic economic dispatch with valve point effect [J]. IEEE Transactions on Power Systems, 2014, 29 (5): 2097-2106.

The Road of
Industrial
Intelligent
Innovation

第 8 章

基于人工智能技术的分布式在线经济调度方法

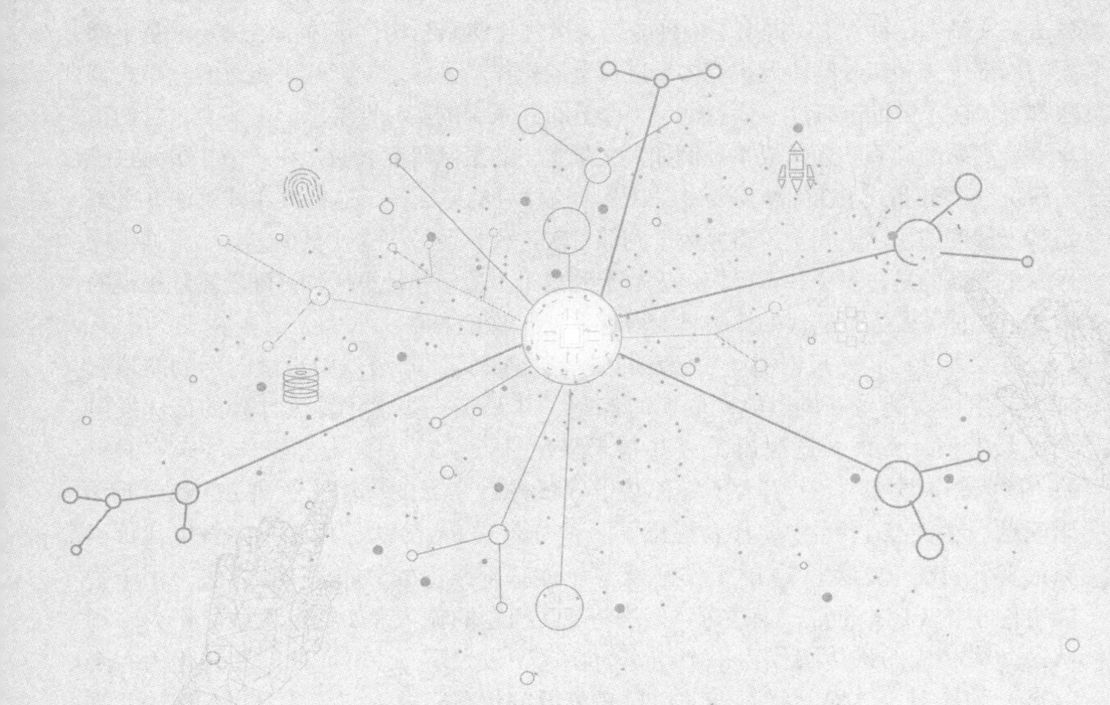

8.1 概述

为了满足偏远农村地区和岛屿居民日益增长的电力需求和用电需求，21 世纪初，电力可靠性技术解决方案协会（CERTS）提出了微电网（MG）的概念[1]。根据其定义，MG 是集成发电、输电、配电和用电为一体的小型低压电力系统。与传统电力系统中的化石燃料火电机组不同，MG 系统中的大部分分布式能源是由光伏、风力发电等驱动的。这些分布式能源通常产生间歇性的电力，而且它们在发电能力方面也相对较小。因此，需要更先进的控制和优化技术来控制[2-4]MG 系统的能量管理。几十年来，求解经济调度（ED）的分布式数值优化方法一直备受关注。文献 [5] 的工作提出了一种基于交替方向乘子法（ADMM）的分布式优化算法。在文献 [6] 中，作者提出了一种利用 θ- 对数势垒的分布内点法。文献 [7] 提出了一种基于共识的分布式正则化原对偶次梯度算法，以避免在每次迭代时将估计投影到全局约束集上，但牺牲了一定的求解精度。在文献 [8] 中，作者提出了一种基于平均分析的分布式极值寻找算法。文献 [9] 针对 ED 提出了一种分层分散优化体系结构，该体系结构要求基于梯度的局部优化和额外的协调智能体来进行全局操作。一般来说，几乎所有的分布式算法都只关注求解的准确性，而忽略了当今分布式系统的实时性要求。事实上，它们正承受着高昂的计算和通信成本。例如，文献 [7] 的案例研究表明，在一个 3 单元系统上解决一个分布式 ED 问题需要 10s 以上。这背后的原因是，这些分布式算法几乎都是基于梯度的，这表明至少需要数千到数万次迭代，而每次迭代至少包含一个共识操作。更糟糕的是，每个共识操作包含数十到数千个通信和计算操作。随着系统规模的增加，这种需要大量迭代的算法将变得越来越低效。

在文献 [10] ～ [12] 中，模型预测控制（MPC）方法被用于微电网的能量管理，其主要功能是提供微电网的实时控制，并跟踪一些优化算法计算的最优发电调度参考值。此外，还提出了一些基于强化学习（RL）的分布式方法来实时解决 ED 问题。文献 [13] 引入了一种基于分布式 Q 学习的算法来解决 ED 和单元承诺问题。在文献 [14] 中，作者提出了一种分布式 RL 算法，用于未知发电代价函数的实时 ED。文献 [15] 的工作开发了一种基于共识的分布式 RL 方法，用于智能电网中的 ED。通常，上述 RL 算法将 ED 问题的输入（如特定负载）作为一种状态，将相应的最优解作为一个动作。在这个设置下，一个 ED 问题转化为一个状态—动作对。然而，状态—动作对是离散的情况，这意味着上述 RL 算法几乎不可能学习到代表 ED 问题整个关系空间的所有可行的状态—动作对。换句话说，这些 RL 算法缺乏必要的泛化能力，只能实时响应几个训练过的案例，这一点在它们的案例研究[13-15]中也得到了清晰的体现。因此，当考虑连续时变负载时，这种 RL 算法似乎无法实时解决分布式框架下的 ED 问题。

让我们以另外一种方式重新考虑 ED 的问题。这实际上是一个在给定总负荷需求时寻求其最优解的问题。从系统的角度来看，ED 优化算法实际上是一个输入为总负荷需求 P_d，输出为各可调度发电机（DG）最优发电量 P_i^*，$\forall i$ 的系统，如图 8-1（a）所示。所有现有的算法都只做一件事，即基于给定的 P_d（输入），使用各种数值方法计算 P_i^*（输出）。受最近机器学习技术[16-18]进展的启发，人们自然会问这样一个问题：是否可以将现有的 ED 优化算法当作一个黑盒，尝试学习它的输入和输出之间的关系？答案应该是肯定的。事实上，利用人工神经网络解决 ED 问题的开创性工作可以追溯到 20 世纪 90 年代，如文献 [19]、[20]。然而，由于当时的计算资源有限，这些人工神经网络只考虑了一个隐含层，这不可避免地降低了逼近精度。此外，DNN 还被用于实时控制无线资源[21]和着陆[22-24]的工作。然而，上述方法都是以集中式的方式设计的。正如文献 [20] 中指出的那样，这样的集中机制可能会遭受单点故障和对智能电网系统重新配置的不灵活性。此外，随着系统规模的扩大，其在训练阶段的单个计算成本会非常高。

针对这些问题，本节提出了一种新的基于分布式学习的优化框架，以实时解决智能电网系统的 ED 问题。该方法的核心思想是将传统 ED 优化算法的解视为从输入 P_d 到输出 $P_i^*, i=1,\cdots,N$ 的未知非线性映射。根据神经网络的性质，可以用深度神经网络（DNN）来近似此映射，如图 8-1（b）所示。只要所构建的神经网络能够准确学习这种非线性映射，就可以解决 ED 问题。此外，与现有的集中式网络结构不同，本节提出了一种新的基于分布式学习的优化框架，将单个大规模的 DNN 分解为多个小规模的分布式 DNN。每个局部 DNN 只负责学习某个局部信息输入和局部输出 P_i^* 之间的关系。直观地说，如果这样一个基于 DNN 的框架可以很好地近似 ED 优化算法，例如文献 [9] 中的方法，那么通过简单地传递给定的负载信息来产生最优的功率输出 P_i^* 将会在计算上相当简单。与传统的优化算法相比，本节提出的基于学习的优化算法只需要简单的矩阵向量相乘，大大节省了计算时间，非常适合实时的经济调度。此外，值得指出的是，训练这样的网络也是相当简单的，因为通过运行优化算法进行学习，很容易获得训练样本。

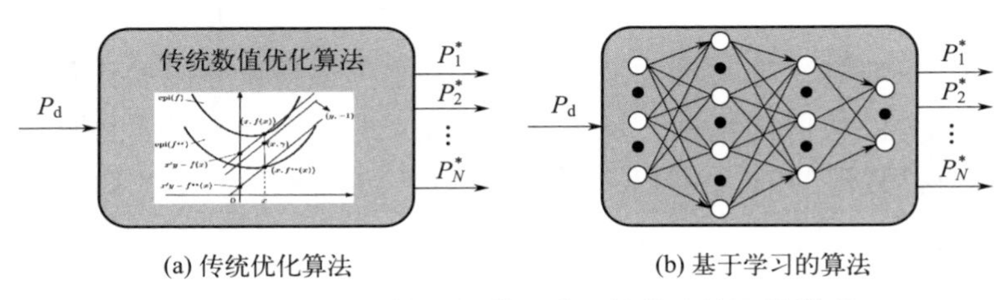

(a) 传统优化算法　　(b) 基于学习的算法

图 8-1　传统优化算法与基于学习的算法的比较说明

8.2 基于深度学习的分布式优化方法

8.2.1 优化算法设计

（1）智能电网系统经济调度

① 问题描述　调度系统的经济调度是在满足总负荷需求约束和局部发电约束的前提下，以最低的发电成本在各可调度机组之间进行功率分配。它通常被表述为如下的优化问题[25]：

$$\begin{cases} \min\limits_{P} \sum\limits_{i \in DG} f_i(P_i) \\ \text{s.t.} \sum\limits_{i \in DG} P_i = P_{\mathrm{d}} \\ P_i^{\min} \leqslant P_i \leqslant P_i^{\max}, \quad \forall i \in DG \end{cases} \tag{8-1}$$

式中，DG 为智能电网系统中可调度发电机（DGs）的集合；f_i 为第 i 台 DG 的发电机代价函数，通常用下面的二次函数来近似：

$$f_i(P_i) = \alpha_i P_i^2 + \beta_i P_i + \gamma_i \tag{8-2}$$

式中，α_i、β_i 和 γ_i 为代价函数的正系数；P_{d} 为可调度发电机所需的净负荷总需求（例如，P_{d} = 总负载需求减去来自可再生能源的输出）；$P_i^{\min}$ 和 $P_i^{\max}$ 分别为本地可调度发电机的下界和上界。

注 8-1　在经济调度问题中，只考虑调度发电机的输出功率作为优化变量。光伏电池和风力涡轮机等不可调度的发电机通常被视为负荷，因此它们的输出功率可以集中到总负荷需求[26]中。

② 传统数值优化算法的局限性　在求解 ED 问题时，现有的分布式数值优化算法，如文献 [27]、[28]、[25] 和 [9] 中的算法，主要关注的问题是计算成本高、收敛速度慢。另外，智能电网系统中可再生能源的间歇性特性导致了快速且不可预测的波动，这显然需要一种快速的 ED 算法来为该系统实时给出最优的功率分配。显然，现有的数值优化算法要满足这一要求是非常具有挑战性的。为了解决这样一个具有挑战性的问题，我们的目标是以学习为基础的策略来解决 ED 问题。

（2）预备知识

① 离散时间动态平均共识算法　动态平均共识（DAC）算法的设计是为了允

许一组智能体以分布式的方式跟踪其参考输入的平均。与传统的静态平均共识算法将初始值设置为静态常数不同，DAC 算法中的参考输入是时变的[29]。

本节利用文献［29］中提出的一阶离散 DAC 算法，以完全分布的方式找到时变的总负载需求 P_{d}。N 台 DGs 之间的通信情况如图 8-2 所示，其中 $N=|DG|$ 为所有可调度发电机的个数。

设第 i 台 DG 的参考信号记为 $r_i(t)$，则 $\Delta r_i(t)$ 是 $r_i(t)$ 在最近样本中的增量变化：

$$\Delta r_i(t)=r_i(t)-r_i(t-h),t\geqslant 0 \tag{8-3}$$

式中，h 为时间离散单元；$\Delta r_i(0)=r_i(0)$。

第 i 台 DG 在 t 时刻的状态为 $x_i(t)$。然后可以将 DAC 协议写成：

$$x_i(t+h)=x_i(t)+\sum_{i=1,j\neq i}^{N}a_{ij}(x_j(t)-x_i(t))+\Delta r_i(t) \tag{8-4}$$

式中，a_{ij} 为第 i 和第 j 台 DG 之间的相互作用增益。根据文献［29］，在式（8-3）和式（8-4）的 DAC 协议下，所有的 DGs 都可以渐进地跟踪其输入参考的平均值，即：

$$\lim_{t\to\infty}x_i(t)=x_j(t)=\frac{\sum_{i=1}^{N}r_i(t)}{N},\forall i,j=1,\cdots,N \tag{8-5}$$

如果 $r_i(t)$ 是 t 时刻第 i 台 DG 处的局部负载消耗，则离散时间 DAC 算法式（8-3）和式（8-4）实现分布式的全局负载消耗。

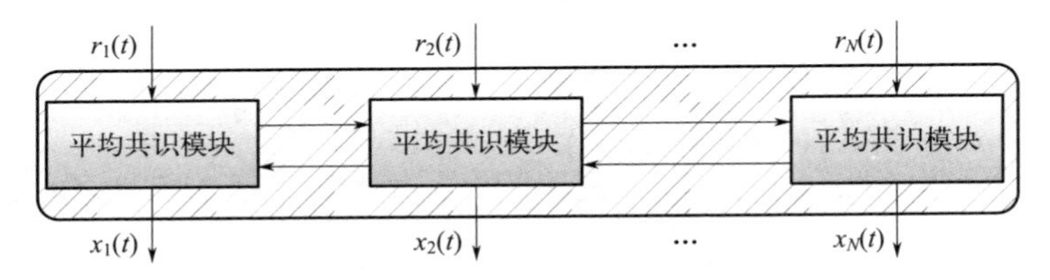

图 8-2　动态平均共识算法的图解

② 平衡生成与需求算法　为了满足 DG 发电与负荷需求之间的平衡需求，文献［15］提出了一种分布式发电与负荷平衡算法。该算法的主要思想如下。

对于第 i 台 DG，局部功率输出表示为 O_i，负载表示为 L_i。通过下面的策略，每台 DG 可以检测出功率需求不匹配的平均值：

$$\Delta_i[n]=\Delta_i[n]+\varsigma\sum_{j\neq i}^{N}a_{ij}(\Delta_j[n]-\Delta_i[n]) \tag{8-6}$$

ς 为一个常见的步长；$\Delta_i[0]=L_i-O_i$ 被定义为第 i 台 DG 总线的发电需求不匹配。然后，根据式（8-6），当 $n\to\infty$时，有：

$$\Delta_i[n]\to\delta=\sum_{i=1}^{N}(L_i-O_i)/N$$

为了使整个系统的发电和需求平衡，第 i 台 DG 可以通过反复计算修正其功率输出 P_i：

$$P_i=O_i+\delta \tag{8-7}$$

以及：

$$O_i=\begin{cases}P_i^{\max}, & P_i>P_i^{\max}\\ P_i^{\min}, & P_i>P_i^{\min}\\ P_i, & \text{其他}\end{cases} \tag{8-8}$$

即 $\delta=0$。该算法的有效性在文献［13］中得到了验证。

③ λ- 迭代算法　本节采用经典的 λ - 迭代算法来扮演“待学习算法”的角色。首先，每台发电机的增量成本定义为：

$$\lambda_i=\frac{\partial f_i(P_i)}{\partial P_i}=g_i(P_i),\quad i=1,\cdots,N \tag{8-9}$$

若所有发电机的增量成本 λ_i 与 λ_i^* 达成一致，那么每台发电机输出的最优解 P_i^* 可被推导为：

$$P_i^*=\begin{cases}g_i^{-1}(\lambda^*), & P_i^{\min}\leqslant g_i^{-1}(\lambda^*)\leqslant P_i^{\max}\\ P_i^{\max}, & g_i^{-1}(\lambda^*)>P_i^{\max}\\ P_i^{\min}, & g_i^{-1}(\lambda^*)<P_i^{\min}\end{cases} \tag{8-10}$$

式中，$g_i^{-1}(\lambda)$ 为式（8-9）中 $g_i(P_i)$ 的逆函数。

有几种方法可以找到这样的最优增量成本 λ^*。其中，λ - 迭代算法因其简单的实现方法和可接受的收敛速度而最受欢迎。该算法背后的基本原理是通过使用二分搜索方法找到所有发电机的最佳增量成本 λ^*，其伪代码总结在算法 8-1 中（$\bar{\cdot}$ 和 $\underline{\cdot}$ 分别表示上、下限）。

算法 8-1　λ - 迭代算法的伪代码。

初始化 $\bar{\lambda}^0$ 和 $\underline{\lambda}^0$，迭代次数 $t=0$。

重复：

$$\lambda_m^t=\frac{\bar{\lambda}^t+\underline{\lambda}^t}{2}$$

$$\hat{P}_i^t = g_i^{-1}(\lambda_m^t) = \frac{\lambda_m^t - b_i}{2a_i},\ \forall i = 1,\cdots,N$$

$P_i^t = [\hat{P}_i^t]_{P_i^{\min}}^{P_i^{\max}}$，$\forall i = 1,\cdots,N$

$\Delta P^t = \sum_{i=1}^{N} P_i^t - P_{\text{d}}$

若 $\Delta P^t > 0$，则 $\begin{cases} \overline{\lambda}^t := \lambda_m^t \\ \underline{\lambda}^t := \underline{\lambda}^t \end{cases}$，否则 $\begin{cases} \overline{\lambda}^t := \overline{\lambda}^t \\ \underline{\lambda}^t := \lambda_m^t \end{cases}$

$t = t + 1$

直到满足停止条件 $\| \overline{\lambda}^t - \underline{\lambda}^t \| < \varepsilon$

输出 P_i^t

（3）一种新的基于集中式学习的优化方法

本节提出了一种新的基于学习的策略来实时解决 ED 问题。该方法的核心思想是将迭代算法作为一个“可学习”的复杂非线性映射。在本节中，DNN 被使用以扮演一个优秀“学习者”的角色。

学习优化的质量高低本质上取决于 DNN 逼近经济调度函数的参数化能力，因此本节从网络结构设计这一方面介绍了所提算法的设计细节。本节采用由一个输入层、一个输出层和多个隐藏层组成的全连接结构，如图 8-3 所示。总负载需求 P_{d} 和最优 ED 解决方案 P_i^* 分别作为该网络的输入和输出。此外，在隐藏层中选择了整流线性单元（ReLU）作为激活函数，其定义为 $ReLU(x) = \max\{0, x\}$。然而，值得注意的是，输出层使用了一个投影算子作为一个特殊的激活函数来满足局部发电约束。

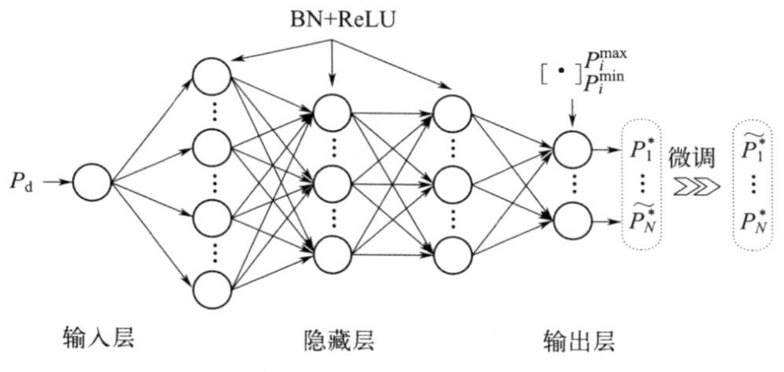

图 8-3　集中式 DNN 结构设计

本地发电约束投影算子 $[\cdot]_{P_i^{\min}}^{P_i^{\max}}$ 可以通过四个 ReLU 单元来实现，如图 8-4 所示。

$$[I]_{P_i^{\min}}^{P_i^{\max}} = P_i^{\min} + \max(\max(\xi, 0) - P_i^{\min}, 0) \tag{8-11}$$

式中，ξ 为投影算子 $[\bullet]_0^{P_i^{\max}}$ ，由两个 ReLU 单位来实现：

$$\xi = [I]_0^{P_i^{\max}} = P_i^{\max} - \max(P_i^{\max} - \max(I,0),0) \tag{8-12}$$

式中，I 为输入。

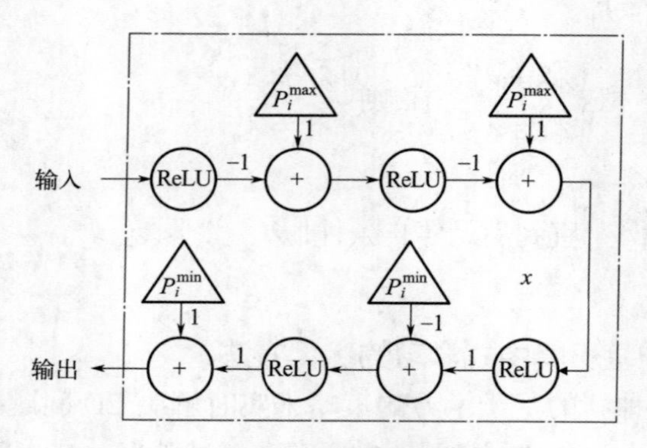

图 8-4　投影算子的实现

此外，由于 DNN 难以避免地逼近误差的存在，DNN 的输出向量 $[\tilde{P}_1^*,\cdots,\tilde{P}_N^*]^{\mathrm{T}}$ 可能与发电需求平衡约束和本地发电约束略有冲突，因此需要进行一些微调。本节采用了一个简单的投影算法来使 DNN 得到的解决方案可行。

首先，通过以下方式确定整个智能电网系统的平均发电需求失配：

$$\delta[n] = \frac{P_{\mathrm{d}} - \sum_{i=1}^{N} \tilde{P}_i^*[n]}{N} \tag{8-13}$$

式中，n 为迭代索引。然后更新输出变量：

$$\tilde{P}_i^*[n+1] = \tilde{P}_i^*[n] + \delta[n], \quad \forall i \tag{8-14}$$

并做本地投影：

$$\tilde{P}_i^*[n+1] = \begin{cases} P_i^{\max}, & \tilde{P}_i^*[n+1] > P_i^{\max} \\ P_i^{\min}, & \tilde{P}_i^*[n+1] < P_i^{\min} \\ \tilde{P}_i^*[n+1], & \text{其他} \end{cases} \tag{8-15}$$

令 $n = n+1$ 并继续式（8-13）～式（8-15）中的迭代步骤，直到达到发电和需求之间的平衡，即 $\delta[n]=0$ 。如果停止迭代索引记为 n_{s} ，则得到最终的最优解：

$$[P_1^*,\cdots,P_N^*]^{\mathrm{T}} = [\tilde{P}_1^*[n_{\mathrm{s}}],\cdots\tilde{P}_N^*[n_{\mathrm{s}}]]^{\mathrm{T}} \tag{8-16}$$

注 8-2　值得一提的是，考虑到训练计算成本是评估该方法的一个重要因素，因此在设计的 DNN 中采用批标准化（Batch Normalization，BN）技术来加速训练过程。BN 在一些工作中得到了广泛的讨论和研究。然而据我们所知，其很少用于基于学习的能量管理方法。再者，因为 DNN 需要表达的关系总是相当复杂的，所以这种技术带来的好处会充分体现出来。

目前尚不清楚现有的 ED 算法是否可以被 DNN 逼近。如果答案是肯定的，那么就会出现一个有趣但具有挑战性的问题：DNN 的结构特征（例如，隐藏层和神经元的数量）与其逼近 ED 算法时的准确性之间的定量关系是什么？

为了回答上述问题，在本节中，对提出的基于 DNN 的方法进行了严格的理论分析。在给出主要结果之前，先介绍一些对所提方法有用的理论知识。

设 $\boldsymbol{NET}_N(\boldsymbol{z})$ 是前馈神经网络的输出，该网络由一个隐藏层和 N 个 *sigmoid* 激活函数组成，$\boldsymbol{z}$ 是网络的输入。将 $\boldsymbol{x}^t$ 定义为第 t 次迭代的迭代算法的输出，则 $\boldsymbol{x}^t$ 和 $\boldsymbol{x}^{t+1}$ 之间的关系由下式给出：

$$\boldsymbol{x}^{t+1} = f^t(\boldsymbol{x}^t, z), \quad t = 1, \cdots, T \tag{8-17}$$

式中，f^t 为第 t 次迭代的连续映射；T 为迭代总数。

引理 8-1　假设 $\boldsymbol{x}^t \in \boldsymbol{X}, \forall t = 1, \cdots, T$ 和 $\boldsymbol{z} \in \boldsymbol{Z}$，其中 $\boldsymbol{X}$ 和 $\boldsymbol{Z}$ 是某些紧集。再假设从输入 $\boldsymbol{z}$ 到最终输出 $\boldsymbol{x}^T$ 的映射，即：

$$\boldsymbol{x}^T = f^T(f^{T-1}(\cdots f^1(f^0(\boldsymbol{z}), \boldsymbol{z})\cdots, \boldsymbol{z}), \boldsymbol{z}) \triangleq \boldsymbol{F}(\boldsymbol{z}) \tag{8-18}$$

可以通过 $\boldsymbol{NET}_N(\boldsymbol{z})$ 精确逼近，即对于给定的逼近误差 $\varsigma > 0$，存在一个足够大的正常数 N，使得：

$$\sup_{z \in \boldsymbol{Z}} \| \boldsymbol{NET}_N(\boldsymbol{z}) - \boldsymbol{F}(\boldsymbol{z}) \| \leqslant \varsigma \tag{8-19}$$

引理 8-2[21]　对于任意两个正数 $X_{\max}$ 和 $Y_{\max}$，定义：

$$\begin{aligned} &S := \{(x, y) \mid 0 \leqslant x \leqslant X_{\max}, 0 \leqslant y \leqslant Y_{\max}\} \\ &m := \lceil \log(X_{\max}) \rceil \end{aligned} \tag{8-20}$$

式中，$\lceil \cdot \rceil$ 为一个舍入函数。

存在以 (x, y) 为输入和以 $NET(x, y)$ 为输出的多层神经网络满足以下关系：

$$\max_{(x,y)\in S} | xy - NET(x, y) | \leqslant \frac{Y_{\max}}{2^n} \tag{8-21}$$

具体来说，多项式 xy 可以近似为 $\tilde{x}y$，其中 $\tilde{x}$ 是 x 的 n 位二进制展开，即：

$$\begin{aligned} \tilde{x}y &= \sum_{i=-n}^{m} 2^i x_i y \\ &= \sum_{i=-n}^{m} \max(2^i y + 2^{m+\lceil \log(Y_{\max}) \rceil}(x_i - 1), 0) \end{aligned} \tag{8-22}$$

式中，x_i 为 x 二进制展开的第 i 位。另外，实际中总共需要 $2m+2n+3$ 层、$m+n+1$ 个二进制单元和 $2m+2n+1$ 个 ReLUs 来完成逼近乘法操作。

引理 8-3[21]　假设正数 $X_{\max}$、$Y_{\max}$、ϵ_1、ϵ_2 满足以下关系：

$$\begin{aligned}&0 \leqslant x \leqslant X_{\max},\ 0 \leqslant y \leqslant Y_{\max}\\&\max(\epsilon_1,\epsilon_2) \leqslant \max(X_{\max},Y_{\max}),\ \epsilon_1,\epsilon_2 \geqslant 0\end{aligned} \tag{8-23}$$

那么有：

$$\begin{aligned}&|xy-(x\pm\epsilon_1)(y\pm\epsilon_2)|\\&\leqslant 3\max(X_{\max},Y_{\max})\max(\epsilon_1,\epsilon_2)\end{aligned} \tag{8-24}$$

本节将对所提出的基于学习的方法进行一些理论分析。需要注意的是，算法 8-1 中存在非连续操作，即二分搜索操作。为了满足引理 8-1 中的连续映射要求，下述的 *sigmoid* 函数被利用来逼近二分搜索操作：

$$k^t = sigmoid(\Delta P^t) = \frac{1}{1+\mathrm{e}^{-\alpha\Delta P^t}} \tag{8-25}$$

式中，*sigmoid* 函数用作阶跃函数的拟合函数。具有不同 α 值的 *sigmoid* 函数示例如图 8-5 所示。可以观察到足够大的 α 可以使 *sigmoid* 函数更拟合阶跃函数。

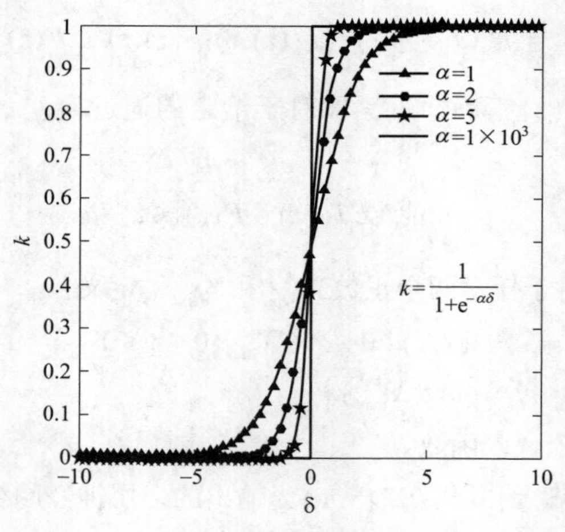

图 8-5　不同 α 值的 *sigmoid* 函数

在 *sigmoid* 函数的帮助下，算法 8-1 可以稍微修改一下，修改后的 λ - 迭代算法总结在算法 8-2 中。其将算法 8-1 中 $\overline{\lambda}^t$ 和 $\underline{\lambda}^t$ 的更新修改为算法 8-2 中的连续操作。

算法 8-2　修改后的 λ - 迭代算法的伪代码。

　初始化 $\overline{\lambda}^0$ 和 $\underline{\lambda}^0$，迭代次数 $t=0$

重复：

$$\lambda_m^t = \frac{\bar{\lambda}^t + \underline{\lambda}^t}{2}$$

$$\hat{P}_i^t = g_i^{-1}(\lambda_m^t) = \frac{\lambda_m^t - b_i}{2a_i}，\ \forall i = 1,\cdots,N$$

$$P_i^t = [\hat{P}_i^t]_{P_i^{\min}}^{P_i^{\max}}，\ \forall i = 1,\cdots,N$$

$$\Delta P^t = \sum_{i=1}^{N} P_i^t - P_{\mathrm{d}}$$

$$k^t = \frac{1}{1+\mathrm{e}^{-\alpha\Delta P^t}}$$

$$\begin{cases} \bar{\lambda}^{t+1} = \dfrac{2-k^t}{2}\bar{\lambda}^t + \dfrac{k^t}{2}\underline{\lambda}^t \\ \underline{\lambda}^{t+1} = \dfrac{1-k^t}{2}\bar{\lambda}^t + \dfrac{1+k^t}{2}\underline{\lambda}^t \end{cases}$$

$$t = t+1$$

直到满足停止条件 $\|\bar{\lambda}^t - \underline{\lambda}^t\| < \varepsilon$

输出 P_i^t

注 8-3　算法 8-2 与算法 8-1 相比，仅在对 $\bar{\lambda}^t$ 和 $\underline{\lambda}^t$ 的更新上有所不同。如图 8-5 所示，足够大的 α 将使算法 8-2 与算法 8-1 几乎没有区别。但是，这种修改对于后续 DNN 逼近的理论分析是非常有用的。

现在准备给出总结在以下定理中的主要结果。

定理 8-1　假设算法 8-2 中的 λ - 迭代算法被初始化为 $0 \leqslant \underline{\lambda}^0 \leqslant \bar{\lambda}^0 \leqslant \lambda_{\max}$，并在 $t=T$ 处停止迭代。给定 $\epsilon > 0$，存在一个将 $P_{\mathrm{d}} \in \mathbb{R}_+$ 作为输入和将 $NET(\bar{\lambda}^0, \underline{\lambda}^0, P_D) \in \mathbb{R}_+^N$ 作为输出的神经网络，该网络有 $\mathcal{O}(nT)$ 层、$\mathcal{O}((n+N)T)$ 个 ReLUs、$\mathcal{O}(nT)$ 二进制单元和 $\mathcal{O}(T)$ 个 *sigmoid* 单元，使得下列关系成立：

$$\max_i \left| P_i^T - NET(\bar{\lambda}^0, \underline{\lambda}^0, P_{\mathrm{d}})_i \right| \leqslant \epsilon \tag{8-26}$$

其中：

$$n = \left\lceil -3 + \log \frac{\lambda_{\max} Q^{T-2}}{a_{\min}\epsilon} \right\rceil \tag{8-27}$$

式中，$a_{\min}$ 是 $\{a_i\}, i = 1,\cdots,N$ 中最小的系数；Q 定义如下：

$$Q \triangleq \frac{3\lambda_{\max}\alpha N}{4a_{\min}} \tag{8-28}$$

证明：与大多数现有的 DNN 逼近方法类似，分析迭代算法的 DNN 逼近精度的主要思想是深度展开（Deep Unfolding）整个迭代算法，然后使用一些基本单元来表示每次迭代中的映射关系。按照这个想法，所提方法的整个近似分析可以分为 3 个阶段，如图 8-6 所示。

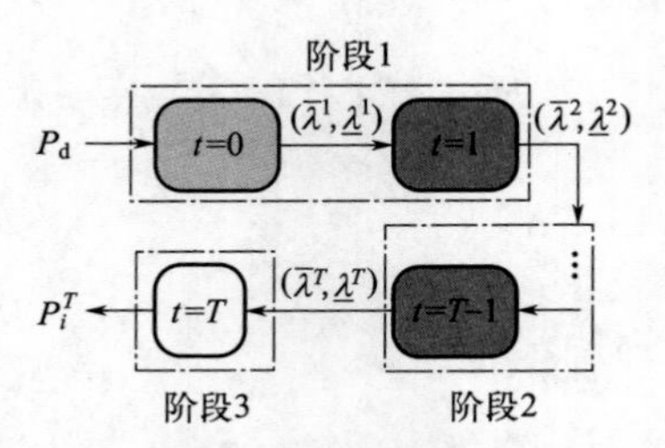

图 8-6　所提方法的三阶段逼近分析示意图

阶段 1 主要涉及迭代 $t=0$ 和 $t=1$，进行一些算法初始化操作，不存在传播误差。这个阶段详细分析了映射 $P_d \to (\bar{\lambda}^2,\underline{\lambda}^2)$。而阶段 2 对从迭代 $t=2$ 到 $t=T-1$ 的映射，即 $(\bar{\lambda}^2,\underline{\lambda}^2) \to (\bar{\lambda}^T,\underline{\lambda}^T)$ 进行分析。最后整个分析完成于阶段 3，通过分析映射 $(\bar{\lambda}^T,\underline{\lambda}^T) \to P_i^T$ 可以得到整个传播误差。

阶段 1：如图 8-7 所示，在迭代 $t=0$ 时，用准备好的初始值 $(\bar{\lambda}^0,\underline{\lambda}^0)$ 和一些系统参数如 a_i 和 b_i，可以在获取 $(\bar{\lambda}^2,\underline{\lambda}^2)$ 之前通过一些简单的数学运算立即获取所有中间变量，包括 k^1、ΔP^1、$(\bar{\lambda}^1,\underline{\lambda}^1)$ 等，而没有逼近误差。然而，在迭代 $t=1$ 计算 $(\bar{\lambda}^2,\underline{\lambda}^2)$ 时，应该注意到 DNN 中缺少两个输入变量的直接乘法运算。因此，根据引理 8-2 中的逼近理论，可以构造一个多层神经网络来逼近这样的乘法运算。换句话说，在所构建的 DNN 中，传播误差是从近似表示 $(\bar{\lambda}^2,\underline{\lambda}^2)$ 的过程开始的。

将 $\widetilde{k^1}$ 表示为 k^1 的逼近值，即：

$$\widetilde{k^1} = k^1 - \zeta_{k^1} \tag{8-29}$$

式中，$\zeta_{k^1} < 2^{-n}$ 是对 k^1 的 n 位二进制展开引起的误差，那么 $\bar{\lambda}^2$ 和 $\underline{\lambda}^2$ 可以分别描述如下：

$$\begin{aligned}
&\left|\widetilde{\bar{\lambda}^2} - \bar{\lambda}^2\right| \\
&= \left|\left(\widetilde{\frac{2-k^1}{2}\bar{\lambda}^1 + \frac{k^1}{2}\underline{\lambda}^1}\right) - \left(\frac{2-k^1}{2}\bar{\lambda}^1 + \frac{k^1}{2}\underline{\lambda}^1\right)\right| \\
&= \left|\left(\frac{2-k^1+\zeta_{k^1}}{2}\bar{\lambda}^1 + \frac{k^1-\zeta_{k^1}}{2}\underline{\lambda}^1\right) - \left(\frac{2-k^1}{2}\bar{\lambda}^1 + \frac{k^1}{2}\underline{\lambda}^1\right)\right| \\
&= \frac{\bar{\lambda}^1 - \underline{\lambda}^1}{2}\zeta_{k^1} = \frac{\bar{\lambda}^0 - \underline{\lambda}^0}{4}\zeta_{k^1} \leqslant 2^{-(n+2)}\lambda_{\max}
\end{aligned} \tag{8-30}$$

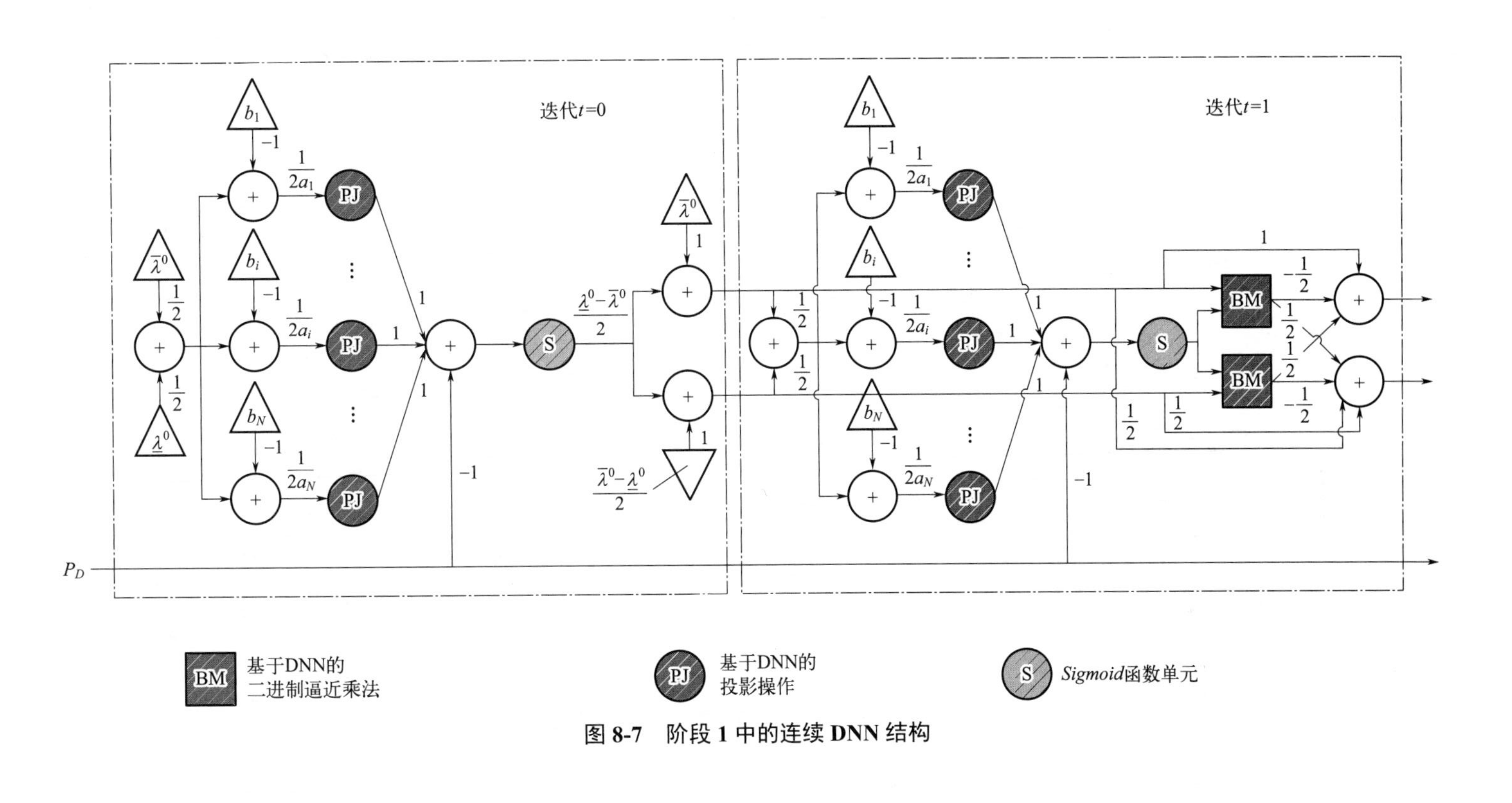

图 8-7　阶段 1 中的连续 DNN 结构

$$\begin{aligned}&\left|\widetilde{\underline{\lambda}^2}-\underline{\lambda}^2\right|\\&=\left|\left(\widetilde{\frac{1-k^1}{2}\bar{\lambda}^1}+\widetilde{\frac{1+k^1}{2}\underline{\lambda}^1}\right)-\left(\frac{1-k^1}{2}\bar{\lambda}^1+\frac{1+k^1}{2}\underline{\lambda}^1\right)\right|\\&=\frac{\bar{\lambda}^1-\underline{\lambda}^1}{2}\zeta_{k^1}=\frac{\bar{\lambda}^0-\underline{\lambda}^0}{4}\zeta_{k^1}\leqslant 2^{-(n+2)}\lambda_{\max}\end{aligned}\tag{8-31}$$

阶段 2：需要完成映射$(\bar{\lambda}^2,\underline{\lambda}^2)\to(\bar{\lambda}^T,\underline{\lambda}^T)$。$t\in[2,T-1]$，每个对应的网络结构与图 8-7 所示$t=1$的网络结构相同。

首先，从映射$(\bar{\lambda}^2,\underline{\lambda}^2)\to(\bar{\lambda}^3,\underline{\lambda}^3)$开始分析。使：

$$\begin{aligned}&\left|\widetilde{\bar{\lambda}^2}-\bar{\lambda}^2\right|\leqslant\varepsilon,\\&\left|\widetilde{\underline{\lambda}^2}-\underline{\lambda}^2\right|\leqslant\varepsilon,\\&0<\underline{\lambda}^2<\bar{\lambda}^2<\lambda_{\max}\end{aligned}\tag{8-32}$$

这意味着：

$$\left|\widetilde{\lambda_m^2}-\lambda_m^2\right|=\left|\frac{\widetilde{\bar{\lambda}^2}+\widetilde{\underline{\lambda}^2}}{2}-\frac{\bar{\lambda}^2+\underline{\lambda}^2}{2}\right|\leqslant\varepsilon\tag{8-33}$$

进一步推导为：

$$\left|\widetilde{\hat{P}_i^2}-\hat{P}_i^2\right|=\left|\frac{\widetilde{\lambda_m^2}-b_i}{2a_i}-\frac{\lambda_m^2-b_i}{2a_i}\right|\leqslant\frac{\varepsilon}{2a_i}\tag{8-34}$$

由于上下界投影算子不会放大误差，因此：

$$\left|\widetilde{P_i^2}-P_i^2\right|\leqslant\left|\widetilde{\hat{P}_i^2}-\hat{P}_i^2\right|\leqslant\frac{\varepsilon}{2a_i}\tag{8-35}$$

则算法 8-2 中的总功率估计误差为：

$$\left|\widetilde{\Delta P^2}-\Delta P^2\right|\leqslant\sum_{i=1}^{N}\frac{\varepsilon}{2a_i}=V\tag{8-36}$$

为了方便，将其记为V。

随后，$\left|\widetilde{k^2}-k^2\right|$可以推导为：

$$\begin{aligned}&\left|\widetilde{k^2}-k^2\right|=\left|\frac{1}{1+\mathrm{e}^{-\alpha\widetilde{\Delta P^2}}}-\frac{1}{1+\mathrm{e}^{-\alpha\Delta P^2}}\right|\\&\leqslant\frac{1}{1+\mathrm{e}^{-\alpha\frac{V}{2}}}-\frac{1}{1+\mathrm{e}^{\alpha\frac{V}{2}}}=U\end{aligned}\tag{8-37}$$

为了方便，将其记为 U。

现在考虑逼近误差$\left|\widetilde{\bar{\lambda}^3}-\bar{\lambda}^3\right|$，即：

$$
\begin{aligned}
&\left|\widetilde{\bar{\lambda}^3}-\bar{\lambda}^3\right| \\
&=\left|\left(\widetilde{\frac{2-\widetilde{k^2}}{2}\widetilde{\bar{\lambda}^2}+\frac{\widetilde{k^2}}{2}\widetilde{\underline{\lambda}^2}}\right)-\left(\frac{2-k^2}{2}\bar{\lambda}^2+\frac{k^2}{2}\underline{\lambda}^2\right)\right| \\
&\leqslant\left|\widetilde{\frac{2-\widetilde{k^2}}{2}\widetilde{\bar{\lambda}^2}}-\frac{2-k^2}{2}\bar{\lambda}^2\right|+\left|\widetilde{\frac{\widetilde{k^2}}{2}\widetilde{\underline{\lambda}^2}}-\frac{k^2}{2}\underline{\lambda}^2\right|
\end{aligned}
\tag{8-38}
$$

对于式（8-38）中的第一项，有：

$$
\begin{aligned}
\left|\widetilde{\frac{2-\widetilde{k^2}}{2}\widetilde{\bar{\lambda}^2}}-\frac{2-k^2}{2}\bar{\lambda}^2\right|&=\left|\frac{2-(\widetilde{k^2}-\zeta_{\widetilde{k^2}})}{2}\widetilde{\bar{\lambda}^2}-\frac{2-k^2}{2}\bar{\lambda}^2\right| \\
&=\left|\left(\frac{2-k^2}{2}+\frac{u+\zeta_{\widetilde{k^2}}}{2}\right)(\bar{\lambda}^2+\varepsilon_1)-\frac{2-k^2}{2}\bar{\lambda}^2\right|
\end{aligned}
\tag{8-39}
$$

式中，$\zeta_{k^2}<2^{-n}$是由$\widetilde{\frac{2-\widetilde{k^2}}{2}\widetilde{\bar{\lambda}^2}}$中$\widetilde{k^2}$的 n 位二进制展开引起的逼近误差；u 为$\widetilde{k^2}$和k^2之间的误差；ε_1 为$\widetilde{\bar{\lambda}^2}$和$\bar{\lambda}^2$之间的误差。注意$\zeta_{\widetilde{k^2}}<2^{-n}$，$0<|u|<U$［根据式（8-37）］和$0<|\varepsilon_1|<\varepsilon$，则：

$$
\begin{aligned}
&\left|\widetilde{\frac{2-\widetilde{k^2}}{2}\widetilde{\bar{\lambda}^2}}-\frac{2-k^2}{2}\bar{\lambda}^2\right| \\
&\leqslant\left|\left(\frac{2-k^2}{2}+\frac{U+2^{-n}}{2}\right)(\bar{\lambda}^2+\varepsilon)-\frac{2-k^2}{2}\bar{\lambda}^2\right| \\
&\leqslant 3\max(1,\lambda_{\max})\max\left(\frac{U+2^{-n}}{2},\varepsilon\right)
\end{aligned}
\tag{8-40}
$$

式中，最后的不等式因引理 8-3 成立。

类似地，对于式（8-38）中的第二项，有：

$$
\begin{aligned}
\left|\widetilde{\frac{\widetilde{k^2}}{2}\widetilde{\underline{\lambda}^2}}-\frac{k^2}{2}\underline{\lambda}^2\right|&=\left|\frac{(\widetilde{k^2}-\zeta_{\widetilde{k^2}})}{2}\widetilde{\underline{\lambda}^2}-\frac{k^2}{2}\underline{\lambda}^2\right| \\
&=\left|\left(\frac{k^2}{2}+\frac{u-\zeta_{\widetilde{k^2}}}{2}\right)(\underline{\lambda}^2+\varepsilon_2)-\frac{k^2}{2}\underline{\lambda}^2\right|
\end{aligned}
$$

$$
\begin{aligned}
&\leqslant \left|\left(\frac{k^2}{2}+\frac{-U-2^{-n}}{2}\right)(\underline{\lambda}^2-\varepsilon)-\frac{k^2}{2}\underline{\lambda}^2\right| \\
&\leqslant 3\max\left(\frac{1}{2},\lambda_{\max}\right)\max\left(\frac{U+2^{-n}}{2},\varepsilon\right)
\end{aligned}
\tag{8-41}
$$

式中，ε_2 为 $\widetilde{\underline{\lambda}^2}$ 和 $\underline{\lambda}^2$ 之间的误差，其也满足 $0<|\varepsilon_2|<\varepsilon$。

将式（8-40）和式（8-41）代入式（8-38），有：

$$
\begin{aligned}
&\left|\widetilde{\bar{\lambda}^3}-\bar{\lambda}^3\right| \\
&\leqslant 3\max(1,\lambda_{\max})\max\left(\frac{U+2^{-n}}{2},\varepsilon\right) \\
&+3\max\left(\frac{1}{2},\lambda_{\max}\right)\max\left(\frac{U+2^{-n}}{2},\varepsilon\right)
\end{aligned}
\tag{8-42}
$$

类似地，按照从式（8-38）到式（8-42）的分析步骤，可以得到以下逼近误差：

$$
\begin{aligned}
&\left|\widetilde{\underline{\lambda}^3}-\underline{\lambda}^3\right| \\
&=\left|\left(\widetilde{\frac{1-\widetilde{k^2}}{2}\widetilde{\bar{\lambda}^2}}+\widetilde{\frac{1+\widetilde{k^2}}{2}\widetilde{\underline{\lambda}^2}}\right)-\left(\frac{1-k^2}{2}\bar{\lambda}^2+\frac{1+k^2}{2}\underline{\lambda}^2\right)\right| \\
&\leqslant\left|\widetilde{\frac{1-\widetilde{k^2}}{2}\widetilde{\bar{\lambda}^2}}-\frac{1-k^2}{2}\bar{\lambda}^2\right|+\left|\widetilde{\frac{1+\widetilde{k^2}}{2}\widetilde{\underline{\lambda}^2}}-\frac{1+k^2}{2}\underline{\lambda}^2\right| \\
&\leqslant 3\max\left(\frac{1}{2},\lambda_{\max}\right)\max\left(\frac{U+2^{-n}}{2},\varepsilon\right) \\
&+3\max(1,\lambda_{\max})\max\left(\frac{U+2^{-n}}{2},\varepsilon\right)
\end{aligned}
\tag{8-43}
$$

实际上，$\lambda_{\max}$ 通常远大于 1。另外，由于 $V=\sum_{i=1}^{N}\frac{\varepsilon}{2a_i}$ 可被进一步松弛为：

$$
\frac{\varepsilon N}{2a_{\max}}\leqslant V\leqslant\frac{\varepsilon N}{2a_{\min}}
\tag{8-44}
$$

式中，$a_{\max}=\max\{a_i\}$ 和 $a_{\min}=\min\{a_i\},\forall i=1,\cdots,N$。考虑以下推导：

$$
\begin{aligned}
U&\geqslant\nabla sigmoid\left(\frac{V}{2}\right)V \\
&\geqslant\nabla sigmoid\left(\frac{\varepsilon N}{4a_{\min}}\right)\frac{\varepsilon N}{2a_{\max}}
\end{aligned}
\tag{8-45}
$$

回顾ε的定义，式（8-45）意味着如果$sigmoid(\bullet)$函数，即式（8-25）中的α以及N选择得足够大，使得$\nabla sigmoid\left(\frac{\varepsilon N}{4a_{\min}}\right) > \frac{2a_{\max}}{N}$，那么很容易得到$\frac{U}{\varepsilon} > 1$。换句话说，如果$U > \varepsilon$和$U > 2^{-n}$，则式（8-42）和式（8-43）可以进一步松弛为：

$$|\widetilde{\overline{\lambda}^3} - \overline{\lambda}^3| \leqslant 6\lambda_{\max}U \tag{8-46}$$

$$|\widetilde{\underline{\lambda}^3} - \underline{\lambda}^3| \leqslant 6\lambda_{\max}U \tag{8-47}$$

式（8-46）进一步推导为：

$$|\widetilde{\overline{\lambda}^3} - \overline{\lambda}^3| \leqslant 6\lambda_{\max}U \leqslant \frac{3\lambda_{\max}\alpha V}{2} \tag{8-48}$$

式中，第二个不等式是由于$\frac{U}{V} < \nabla sigmoid(0)$而$\nabla sigmoid(0)$是$sigmoid$函数，即式（8-25）在$\Delta P^t = 0$点的导数。结合式（8-44）和式（8-48），有：

$$|\widetilde{\overline{\lambda}^3} - \overline{\lambda}^3| \leqslant \frac{3\lambda_{\max}\alpha N}{4a_{\min}}\varepsilon = Q\varepsilon \tag{8-49}$$

式中，Q定义为：

$$Q \triangleq \frac{3\lambda_{\max}\alpha N}{4a_{\min}} \tag{8-50}$$

类似地，式（8-47）可被松弛为：

$$|\widetilde{\underline{\lambda}^3} - \underline{\lambda}^3| \leqslant Q\varepsilon \tag{8-51}$$

通过对比式（8-32）、式（8-49）和式（8-51），可以归纳出从迭代$t = 2$到$t = 3$的神经网络的逼近误差是有界的，即：

$$\begin{gathered}|\widetilde{\overline{\lambda}^3} - \overline{\lambda}^3| \leqslant Q|\widetilde{\overline{\lambda}^2} - \overline{\lambda}^2| \\ |\widetilde{\underline{\lambda}^3} - \underline{\lambda}^3| \leqslant Q|\widetilde{\underline{\lambda}^2} - \underline{\lambda}^2|\end{gathered} \tag{8-52}$$

通过反复分析从式（8-32）传播到式（8-52）的逼近误差，DNN在映射$(\overline{\lambda}^2, \underline{\lambda}^2) \to (\overline{\lambda}^T, \underline{\lambda}^T)$上的逼近误差可以量化为：

$$\begin{gathered}|\widetilde{\overline{\lambda}^T} - \overline{\lambda}^T| \leqslant Q^{T-2}|\widetilde{\overline{\lambda}^2} - \overline{\lambda}^2| \leqslant Q^{T-2}\varepsilon \\ |\widetilde{\underline{\lambda}^T} - \underline{\lambda}^T| \leqslant Q^{T-2}|\widetilde{\underline{\lambda}^2} - \underline{\lambda}^2| \leqslant Q^{T-2}\varepsilon\end{gathered} \tag{8-53}$$

阶段3：这个阶段正在接近计算最终的逼近误差。按照从式（8-32）到式（8-35）的分析步骤，迭代$t = T$后第i台发电机最优功率输出的逼近误差可以从式（8-53）中快速得出：

$$|\widetilde{P_i^T} - P_i^T| \leqslant \frac{1}{2a_i}Q^{T-2}\varepsilon \tag{8-54}$$

进一步推导为：

$$\max_i \left| P_i^T - NET(\overline{\lambda}^0, \underline{\lambda}^0, P_D)_i \right| \leqslant \frac{1}{2a_{\min}} Q^{T-2} \varepsilon \tag{8-55}$$

这意味着对二进制展开位数 n 的要求：

$$n \geqslant -3 + \log \frac{\lambda_{\max} Q^{T-2}}{a_{\min} \epsilon} \tag{8-56}$$

式中，$\log(\cdot)$ 是以 2 为底的对数函数。

因此，为了保证定理 8-1 中式（8-26）成立，可以选择神经网络二元展开的最小位数为：

$$\left\lceil -3 + \log \frac{\lambda_{\max} Q^{T-2}}{a_{\min} \epsilon} \right\rceil \tag{8-57}$$

通过上面的分析，可以很容易地统计出逼近整个算法所需的神经元和层数。在阶段 1，当 $t = 0$ 时，需要 4 层、$4N$ ReLUs、1 *sigmoid* 单元；当 $t = 1$ 时，需要 $2n + 7$ 层、$(4N + 4n + 2)$ ReLUs、1 *sigmoid* 单元和 $(2n + 2)$ 二进制单元。在阶段 2 中，每次迭代所需的层和单元与阶段 1 的 $t = 1$ 相同。在阶段 3 中，需要 4 层和 $4N$ ReLUs。

总的来说，最多需要 $[(T-1)(2n+7)+8]$ 层、$[(T-1)(4N+4n+2)+8N]$ ReLUs、$[(T-1)(2n+2)]$ 二进制单元和 T *sigmoid* 单元。

证毕。

（4）一种新的基于分布式学习的优化方法

① 仿生算法设计　如图 8-8 所示，人类在探索未知问题时，通常先利用自己的经验库形成一个粗略的判断，然后通过细致的操作做出精确的决策。受上述方案的启发，本节提出了一种基于 DNN 的两阶段优化算法。在第一阶段，本算法利用 DNN 作为经验库快速找到近似解，然后利用 BGD 算法在很短的时间内将近似解微调为最优可行解。

② 算法结构　本节提出的算法结构如图 8-9 所示，采用文献［30］中的双层多智能体框架进行设计。整个算法位于网络层，网络层是基于“水平分布和垂直层次”的思想发展起来的。具体来说，如图 8-9 所示，整个算法在所有 DG 之间进行分解，每一个子算法由三个级联模块组成，分别是动态平均共识（DAC）、深度神经网络（DNN）和平衡生成与需求（BGD）算法。通过允许所有子算法与其相邻的子算法进行通信，物理层的所有 DG 可以协作解决式（8-1）中所述的 ED 问题。在实践中，分布式通信在智能电网系统中可以应用于无线网络，如 ZigBee、

WiFi 和蜂窝通信网络[31]。

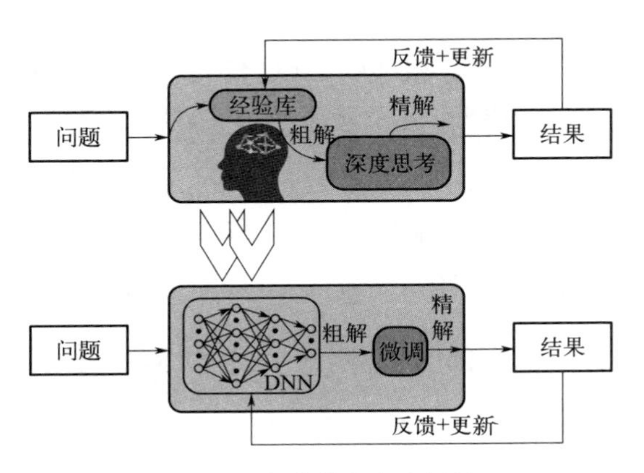

图 8-8　仿生优化方案设计

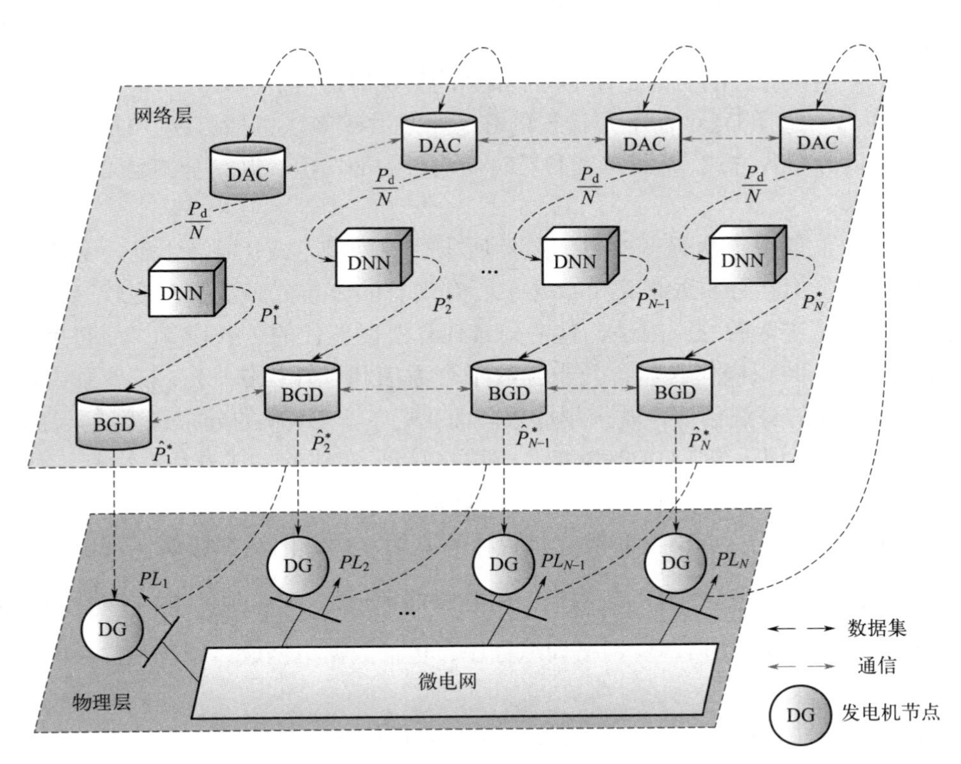

图 8-9　基于分布式学习的智能电网实时 ED 优化方法

每个子算法的主要过程可以概括为以下 3 个步骤。

a. 通过 DAC 发现全局负载需求：DAC 模块在我们框架的第一层设计，如图 8-9 所示。在每个时刻 t，每个 DAC 模块的工作方式如下：a. 同步监测和测量局部负载分布，即 $PL_i(t)$；b. 与相邻的 DAC 模块通信；c. 将 $\Delta r_i(t)$ 代入 $\Delta PL_i(t)$，根据式（8-3）～式（8-4）计算并更新平均负荷需求 $\frac{P_d}{N}=\frac{\sum_{i}^{N} PL_i(t)}{N}$，其中 $PL_i(t)$ 定义为第 i 个 DG 的增量负荷变化，即 $\Delta PL_i(t)=PL_i(t)-PL_i(t-h)$。

b. 从 DNN 中获得最优功率解：一旦第 1 步的平均负荷需求 $\frac{P_d(t)}{N}$ 准备好，将 $\frac{P_d(t)}{N}$ 直接馈入训练良好的局部 DNN 网络中，提取第 i 台 DG 的最优功率解 P_i^*。这里局部 DNN 网络在近似以下非线性映射关系中起着关键作用：$\frac{P_d(t)}{N}\to P_i^*$。

c. 通过 BGD 调整 ED 解：注意，在第 2 步中，第 i 台 DG 的最优功率输出 P_i^* 是通过局部 DNN 网络分散获得的，这可能与供需平等约束和局部发电量约束稍有冲突。因此，在这个步骤中需要对外地加工方案的解决办法作进一步的调整。在文献 [15] 工作的激励下，本节采用了式（8-6）～式（8-8）中提出的平衡生成和需求算法。使用该算法的目的是使 DNN 得到的最优解可行。

注 8-4　选择 DAC 而不是传统的静态平均共识算法的原因是，DAC 允许一组智能体以分布式方式 [29] 跟踪其参考时变输入的平均值，这完全满足了我们对实时性的要求。

注 8-5　值得再次强调的是，虽然所表述的问题 [式（8-1）] 是一个典型的凸优化问题，但在分布式框架下，几乎所有现有的分布式算法都存在较高的计算和通信成本。这背后的原因是，这些分布式算法以迭代的方式设计，而每个迭代需要至少一个共识操作，包含几十到数千个通信和计算操作 [5-9]。随着系统规模的增加，这样的算法会变得越来越低效。而我们基于 DNN 的分布式算法只需要 3 步，包括 2 个共识运算（DAC+BGD），就可以以分布式的方式得到最优解。因此，从算法设计的角度来看，本节提出的算法具有相当的优越性。

③ DNN 训练　DNN 在框架中起着经验库的作用，因此在算法实现前的一个关键步骤是离线训练局部 DNN 网络，使其很好地近似 $\frac{P_d(t)}{N}$ 到 P_i^* 的非线性映射关系。本节提供了详细的 DNN 网络训练程序，包括数据集生成、训练和验证以及测试阶段。

a. 数据集生成阶段：在这一阶段，通过运行传统的数值优化算法生成训练实例，例如，文献 [9] 中的分层分散优化（HDO）算法在不同负荷需求剖面 P_d 下，得到的最优输出功率 $P_i^{*(k)}$，$i=1,\cdots,N$ 及其对应的平均负荷需求 $\frac{P_d^{(k)}}{N}$ 构成第 k 个训练样本。值得注意的是，训练集的范围应该涵盖 P_{d} 的所有可能值，这样在后续的在线应用阶段，就不需要担心训练良好的 DNN 的泛化性能。在任意不同负载需求 $P_{\mathrm{d}}^{(k)}$ 的情况下重复运行 HDO 算法，最终可以得到第 i 台 DG 的整个数据集 $\left\{\left(\dfrac{P_{\mathrm{d}}^{(k)}}{N}, P_i^{*(k)}\right)\right\}_{k=1}^{K}$。根据神经网络[21]训练的一般做法，我们将数据集按 5 ∶ 2 ∶ 3 的比例随机分为训练集、验证集和测试集。注意，所有的训练数据都已经归一化为［-1,1］，测试数据也进行了相应的归一化。

b. 训练和验证阶段：首先使用训练数据集来优化 DNN 的权值，使其逐渐接近期望的输出。使用的代价函数是标签 $\{P_i^{*(k)}\}$ 和 DNN 输出之间的均方误差（*MSE*）。这里用于训练的优化算法 Adam，这是最近[32]深度学习中最常用的算法。正确的学习率和批大小（Batch size）需要通过交叉验证来选择。为了进一步提高训练性能，利用截断正态分布对权值进行初始化。

c. 测试阶段：训练阶段完成后，DNN 测试开始。DNN 网络的整个测试过程非常简单。首先，将不同的平均负载需求 $\dfrac{P_{\mathrm{d}}}{N}$ 输入训练良好的 DNN，并收集其输出，即 P_i^*。然后将传统的 HDO 算法和基于 DNN 的算法的输出结果进行比较，以评估提出的基于 DNN 的体系结构的精度。以测试数据与网络输出之间的均方误差（*MSE*）作为衡量网络近似精度的指标。*MSE* 越小，近似越准确。如果 *MSE* 大于预先设定的阈值，我们将返回训练阶段，增加隐藏层数及其对应的神经元数量。此外，改变激活函数也可以作为提高近似精度的替代方案。一旦满足所需的精度，将重点关注基于 DNN 的框架的计算速度，以验证其是否能够进行实时的经济调度。

④ 算法实现　所提出的基于分布式学习的优化算法，在 DNN 网络离线训练完成后，即可实现并实时计算每台 DG 的最优输出功率。为了验证我们所提方案的有效性，8.2.3 节将提供几个案例研究。

注 8-6　提出的基于分布式学习的 ED 算法与传统的数值优化方法有以下几个方面的区别：a. 不需要新的优化算法的数学推导，因为可以使用已经建立好的算法来生成训练数据集。相反，可以通过将 $\dfrac{P_{\mathrm{d}}(t)}{N}$ 输入训练良好的 DNN 网络，只需进行一些简单的矩阵计算，就可以立即得到 P_i^*。b. 基于 DNN 的方法是一种纯数据驱动的方法。如果有这些最优输出和相应的负荷需求数据，我们甚至不需要知道式（8-2）中的代价函数系数。c. 与传统的数值优化算法相比，基于学习的方法最大的优点是在线获得最优解所需的时间更少，非常适合于实时优化。

注 8-7　值得指出的是，还有其他几种 DNN 体系结构，如卷积神经网络（CNN）[33]、长短期记忆（LSTM）循环神经网络[34]、自动编码器[35]、图神经网络（GNN）[36] 等。这些体系结构在特征提取、分类和预测方面都有自己的优势。之所以选择全连通的 DNN，是因为制定的 ED 问题缺乏特殊的特征结构，无法用于卷积和图像嵌入等高级特征提取手段。因此，考虑到复杂的特征提取方法似乎毫无用处，这与我们追求效率和实时性的初衷背道而驰，很明显，简洁的全连通 DNN[37] 将是首选。

8.2.2 算法收敛性分析

已有的许多工作（如文献 [18]、[21]、[37] ～ [39]）揭示了 DNN 可以近似某些非线性函数和一些可学习的迭代算法。然而，目前尚不清楚所提出的 DNN 是否能很好地近似现有的 ED 算法；在给定的近似精度下，该 DNN 最多需要多少隐藏层和神经元来近似 ED 算法。在本节中，我们基于文献 [9] 中的 HDO 算法，通过给出隐藏层及其神经元的数量，从理论上分析 DNN 的逼近精度，总结如下定理。

定理 8-2　考虑一个训练良好的深度神经网络，利用 $O(T)$ 个隐层和 $O(NT)$ 个神经元可以很好地无误差逼近算法 1（HDO 算法），其中 T 为 HDO 算法需要的迭代步长，N 为可调度发电机的总数。

证明：我们旨在从理论上证明 DNN 能够近似文献 [9] 中提出的 HDO 算法。为方便起见，将文献 [9] 中 HDO 算法的伪代码总结在算法 8-3 中。

与文献 [21] 中的分析过程类似，DNN 近似分析的主要步骤概述如下：

步骤 1：构造简单的神经网络，可以由 ReLUs 组成，表示一次迭代中相邻变量之间的映射关系。

步骤 2：将这些小的神经网络组成一个表示算法一次迭代的有理函数。

步骤 3：连接这些有理函数来近似整个算法。

步骤 4：分析上述网络与传统数值计算方法的误差。

众所周知，DNN[18] 只能实现线性变换和非线性激活函数（如 ReLU 单元）的组合。对于算法 8-3，我们首先关注相邻变量之间的转换。对于式（8-2）中给出的代价函数，其梯度可写成 $\nabla f_i(P_i(l)) = 2\alpha_i P_i(l) + \beta_i$，即算法 8-3 中的 $W_i(l)$ 可以用 $P_i(l)$ 的线性函数表示。此外，局部约束投影算子 $[\cdot]_{P_i^{\min}}^{P_i^{\max}}$ 可以通过四个 ReLU 单元来实现，如图 8-4 所示。

一旦得到 $S_i(l)$，则需要分析 $(n-1)P_i(l) + X_i(l)$ 的实现，为了方便，记为 $V_i(l)$：

$$
\begin{aligned}
V_i(l) &\triangleq (N-1)P_i(l) + X_i(l) \\
&= NP_i(l) - \frac{\sum_{i=1}^{N} P_i(l) - P_{\mathrm{d}}}{N}
\end{aligned}
\tag{8-58}
$$

显然，它表明每个 $V_i(l)$ 都可以用 P_d 和 $P_i(l)$ 的线性函数来表示，$i \in 1,\cdots,N$。

最后，通过 $S_i(l)$ 和 $V_i(l)$ 的简单线性组合得到 $P_i(l+1)$：

$$P_i(l+1) = \frac{S_i(l)+V_i(l)}{N+1} \tag{8-59}$$

利用 DNN 实现 HDO 算法的整体实现结构如图 8-10 所示。黑色的神经元表示使用了式（8-11）中的激活函数，而白色的神经元表示没有使用任何非线性激活函数。

基于上述构造，可以通过计算图 8-3 所示的神经元和层数，得出近似 HDO 算法所需的神经元和层数。假设 HDO 算法的总迭代次数记为 T。首先，需要 N+1 个神经元在第一层存储 P_d 和所有的 $P_i(l)$。

在任何迭代 $l \in [1,T-1]$ 中，对于所有 $V_i(l)$ 和 $W_i(l)$ 需要 1 层包含 2N 个神经元，所有 $S_n(l)$ 共 4 层，包含 4N 个神经元（带 ReLUs）和所有 $P_i(l+1)$ 需要 1 层包含 N 个神经元 P_i。在最后的迭代 T 中，只需要 6 层和 7 个神经元。因此，需要带有 $7NT-6N+8$ 个神经元的 $6T+1$ 层，才能在理论上没有错误地逼近算法 8-3。这样证明就完成了。

算法 8-3　[9] 中 HDO 算法的伪代码。

　　初始化输出 $P_i(0) \in \mathbb{R}$，设 $l=0$

　　重复

梯度下降法操作 $W_i(l) = P_i(l) - \zeta_l \nabla f_i(P_i(l))$

本地投影约束 $S_i(l) = P_{X_i}[W_i(l)] = [W_i(l)]_{P_i^{\min}}^{P_i^{\max}}$

全部投影约束 $X_i(l) = P_{X_g}[P_i(l)] = P_i(l) - \dfrac{\sum_{i=1}^{N} P_i(l) - P_d}{n}$

协同运作 $P_i(l+1) = \dfrac{S_i + (n-1)P_i(l) + X_i(l)}{N+1}$

迭代更新 $l = l+1$

直到满足一些停止的条件

　　输出 $P_i(l+1)$

注 8-8　需要指出的是，定理 8-2 给出了所需隐含层数及其对应神经元的上界。在实践中，通常可以观察到，更小的网络也可以达到很好的近似精度。

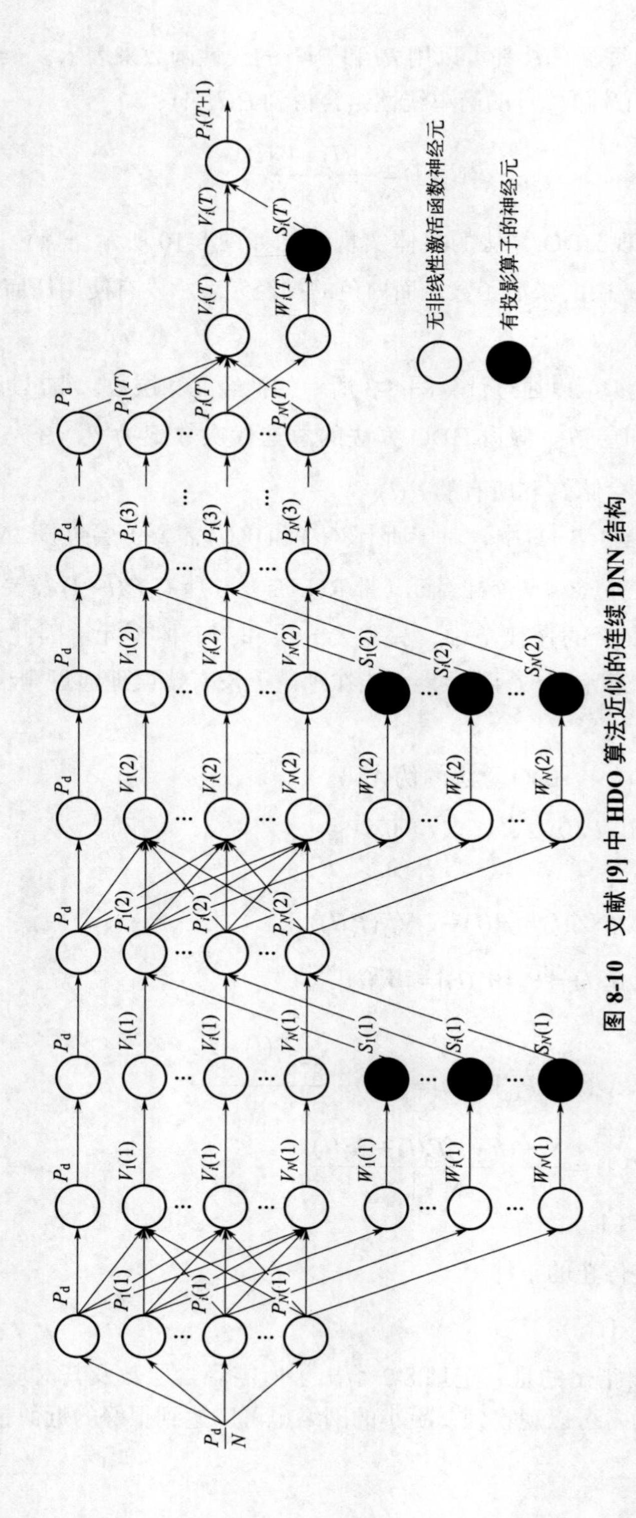

图 8-10 文献 [9] 中 HDO 算法近似的连续 DNN 结构

8.2.3 仿真实例

本节首先以一个6总线岛状智能电网系统来验证所提算法的性能。通过两个有发电约束和无发电约束的静态负荷需求下的实例分析，验证了所提算法的逼近精度。然后，利用动态负载剖面验证了该方法的在线ED能力。最后，以一个IEEE-118总线的电力系统为例，在考虑了功率损耗的情况下，验证了我们的方法。分别设计100、500、1000台DGs的大型电力系统，从算法计算时间上比较了本节算法与传统数值算法（包括文献［9］中的HDO算法和文献［40］中的ADMM算法）的实时性。

（1）实验装置

① 测试智能电网系统：为了测试本节提出的实时ED算法的有效性，设计了一个孤岛智能电网系统（如图8-11所示）作为测试系统。本系统有6台可调度的DGs，其参数与本章参考文献［9］一致，也列于表8-1。设标称总负荷需求为$P_d=283.4\text{MW}$。

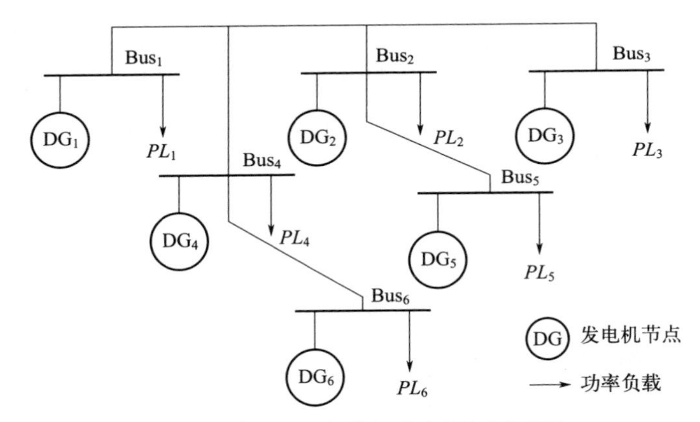

图8-11 6-母线岛式智能电网测试系统

表8-1 6-母线电力系统发电机参数

DG	α_i /[$/(MW²·h)]	β_i /[$/(MW·h)]	γ_i /($/h)	$P_i^{\min}$/MW	$P_i^{\max}$/MW
1	0.00375	2	0	50	200
2	0.0175	1.75	0	20	80
3	0.0625	1.0	0	15	50
4	0.00834	3.25	0	10	35

续表

DG	α_i /[\$/(MW^2·h)]	β_i /[\$/(MW·h)]	γ_i /(\$/h)	$P_i^{\min}$/MW	$P_i^{\max}$/MW
5	0.025	3.0	0	10	30
6	0.025	3.0	0	12	40

② 算法设置：在接下来的案例研究中，使用文献［9］中提出的HDO算法来生成训练实例。为了进行算法训练，假设总负荷需求P_d随机变化，以模拟负荷波动和可再生资源渗透。下面将考虑两种不同的情况，即没有生成约束的实例1和有生成约束的实例2。为了完全覆盖P_d的正常范围，在实例1和实例2中，P_d分别在［250WM，400MW］和［141.7MW，425.1MW］范围内变化，涵盖了其标称值的50%～150%的变化。两种情况下，P_d的数据采样分辨率均设为0.01MW。BGD的最小功率调节设置为$s=1\times10^{-3}$。同时，如果$|\Delta(n+1)-\Delta(n)|<5\times10^{-4}$满足，则认为发电和需求之间达到了平衡。

在本节给出的所有数值结果中，与定理8-2给出的理论结果不同，使用了一个小得多的DNN，一个输入层，一个输出层，三个隐藏层，每个隐藏层包含200个神经元，如图8-12所示。为了保证DNN模型的收敛性，我们将训练时间设置为1h。1h后，训练自动停止。

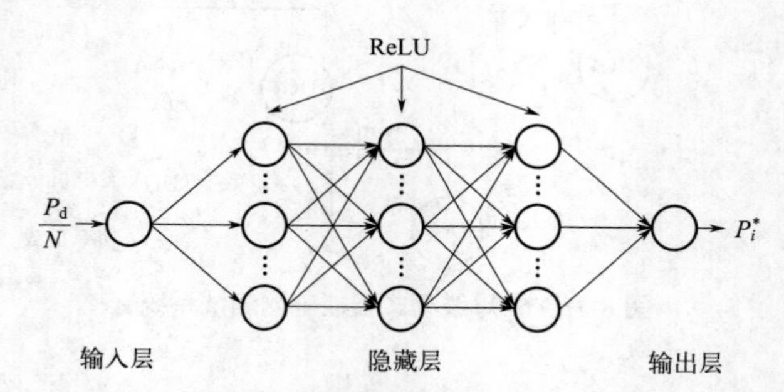

图8-12 案例研究中使用的DNN结构

为了找到DNN的最佳参数，对这个案例研究进行了交叉验证。以实例1中的DG_1为例，研究了批量大小和学习率对训练早期验证数据集评估的*MSE*的影响。从图8-13（a）可以看出，批量越大收敛速度越慢，而小批量处理规模会导致非收敛行为。此外，从图8-13（b）中还可以看出，在0.0005～0.005之间，选定的学习率的收敛性变化不大。考虑到以上观察和实际考虑，我们选择批量大小为1000，学习率为0.001。

提出的基于DNN的方法是在Python 3.7.2中使用TensorFlow 1.0.0实现的。

该方法在服务器计算机上运行，服务器计算机有两个 10 核 Intel Broadwell 处理器、两个 Nvidia K40 图形处理单元（GPU）和 128GB 内存。在训练阶段使用 GPU，以减少训练时间，但在测试阶段不使用。

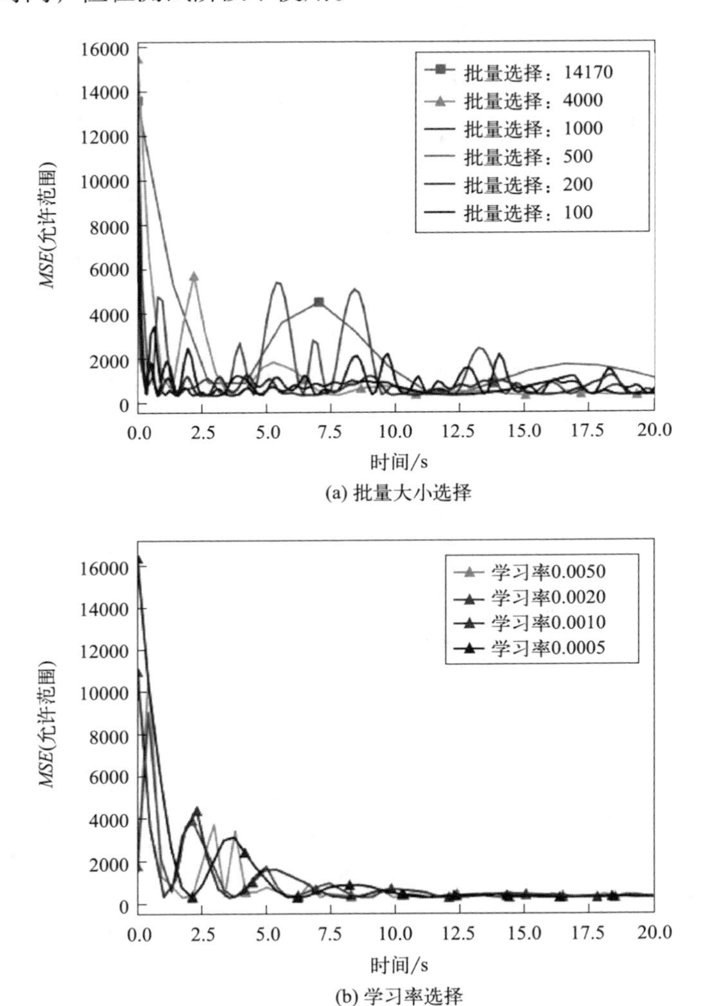

(a) 批量大小选择

(b) 学习率选择

图 8-13　实例 1 中 DG_1 的参数选择

（2）离线精度性能测试

在本节中，新提议的框架在静态负载需求 P_d 下进行了测试。将本节算法的结果与文献 [9] 中的 HDO 算法进行比较，如图 8-14 和图 8-15 所示。可以看出，在这两个实例中，我们所提出的框架都能很好地近似出最优功率输出与平均负荷需求 $\frac{P_d}{N} \to P_i^*$ 之间的映射关系。如表 8-2 所示，两个实例中的平均 *MSE* 分别为

1.10×10^{-6} 和 2.70×10^{-3}，说明本节的方法造成的估计误差可以忽略不计。此外，在总需求固定为 P_d =283.4MW 时，本节提出的基于DNN的逼近误差也列在表 8-3 中。可以看出，本节所提出的方法在两个实例中都能获得很好的近似精度。

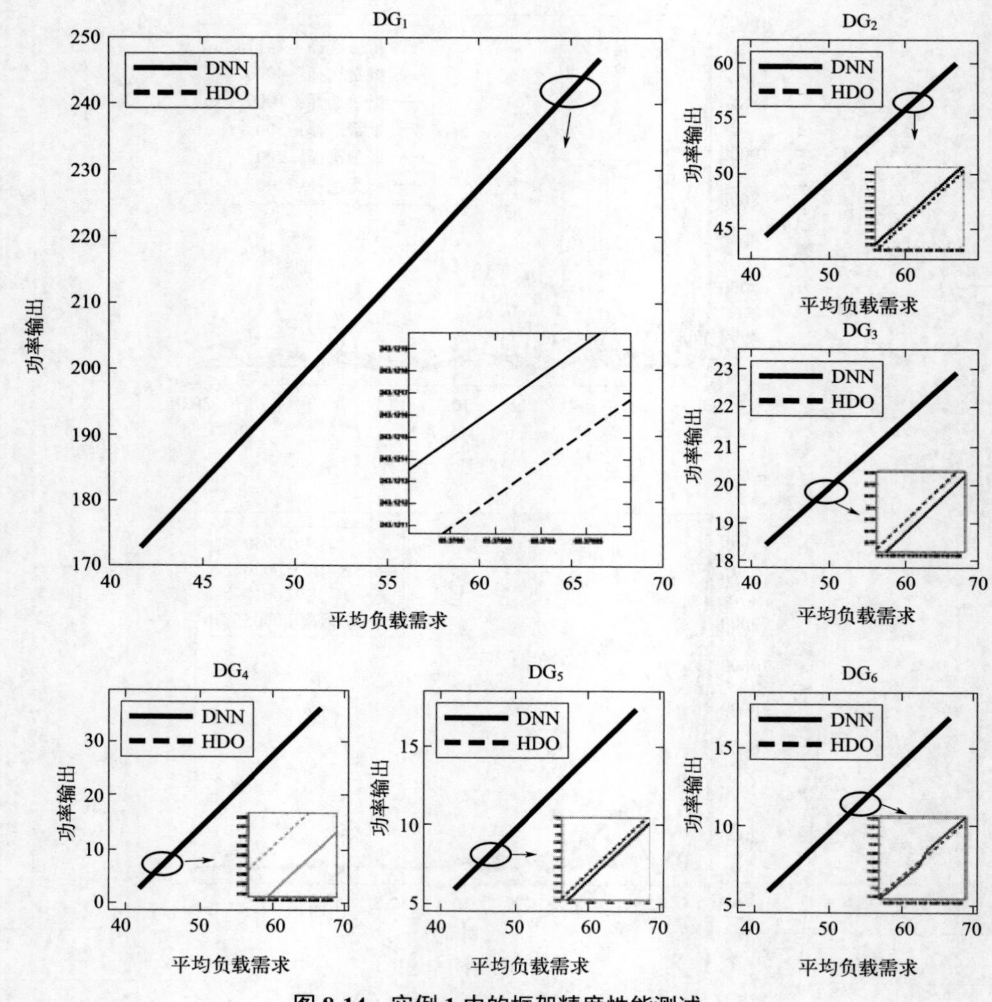

图 8-14 实例 1 中的框架精度性能测试

表 8-2 所提算法离线精度性能测试

项目	DG_1	DG_2	DG_3	DG_4	DG_5	DG_6	平均 *MSE*
实例 1	1.44×10^{-6}	1.03×10^{-6}	1.00×10^{-6}	1.12×10^{-6}	1.01×10^{-6}	1.01×10^{-6}	1.10×10^{-6}
实例 2	8.23×10^{-4}	3.80×10^{-3}	4.08×10^{-3}	2.17×10^{-3}	1.12×10^{-3}	4.20×10^{-3}	2.70×10^{-3}

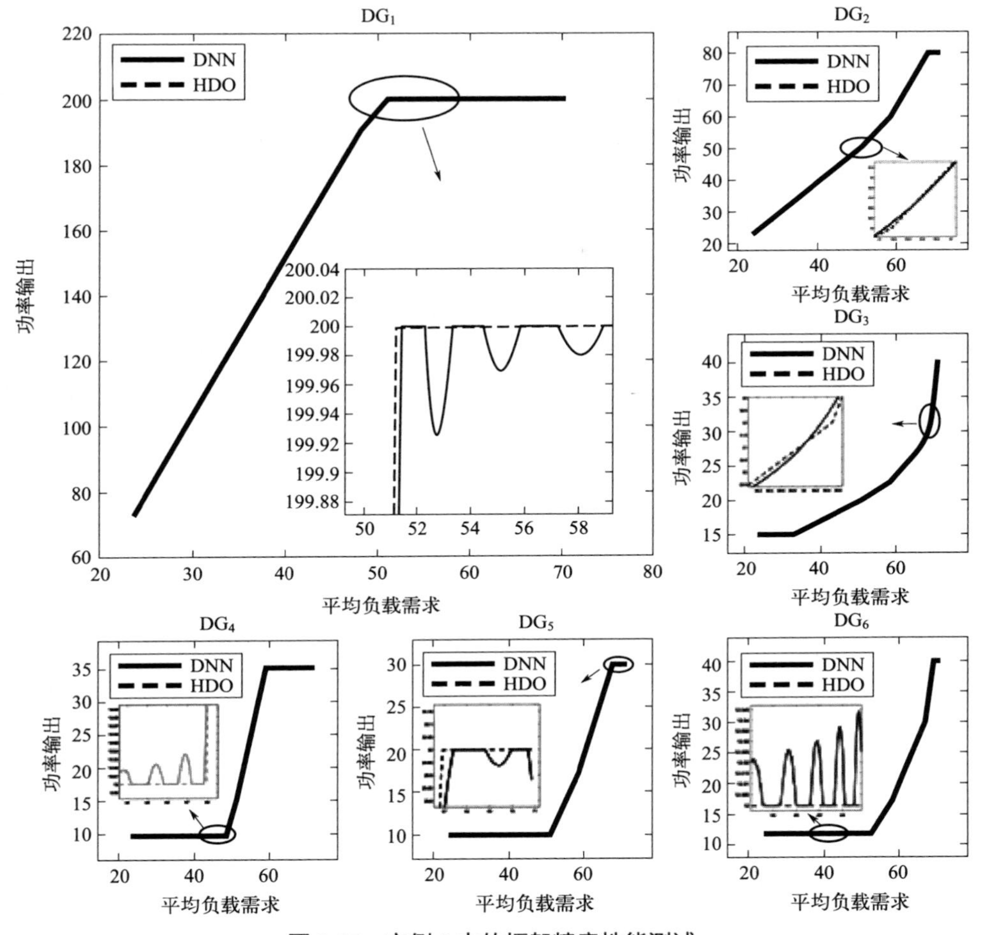

图 8-15　实例 2 中的框架精度性能测试

表 8-3　所提算法离线精度性能测试（P_d = 283.4 MW）

	案例 1			案例 2		
DG	HDO	DNN	误差	HDO	DNN	误差
1	189.3325	189.3326	1.80×10^{-4}	185.4036	185.4384	3.48×10^{-2}
2	47.7141	47.7133	7.70×10^{-4}	46.8722	46.8335	3.87×10^{-2}
3	19.3599	19.3590	9.29×10^{-4}	19.1242	19.1003	2.40×10^{-2}
4	10.1915	10.1910	4.38×10^{-4}	10.0000	10.0000	0
5	8.3999	8.3990	8.34×10^{-4}	10.0000	10.0000	0
6	8.3999	8.3990	8.32×10^{-4}	12.0000	12.0268	2.68×10^{-2}

（3）在线能力性能测验

本节通过考虑动态负载分布来测试所提方法的在线 ED 能力。在上文所述的两个实例中，均假设总线 1 的负载是时变的，而其他负载保持不变，即 $PL_1(t)=10\sin(t/10)+125$ ， $PL_2(t)=50$ ， $PL_3(t)=32.5$ ， $PL_4(t)=22.5$ ， $PL_5(t)=20$ ， $PL_6(t)=26$ 。

首先在 120 步内截取 DAC 的输出信号，以监测平均一致性。如图 8-16 所示，在 20 步内，6 台 DGs 的状态达到一致，这意味着实现的 DAC 算法对发现整个调度框架的动态负荷需求做出了重要贡献。在接下来的 100 个时间步骤中，我们应用算法来解决时变负载条件下的经济调度问题。实验结果如图 8-17、图 8-18 所示，其中红线为各 DG 母线的负荷需求曲线，蓝线为实时最优功率输出。从图 8-17 和图 8-18 中可以看出，我们提出的分布式 ED 算法能够实时地为每台 DG 分配最优输出功率。

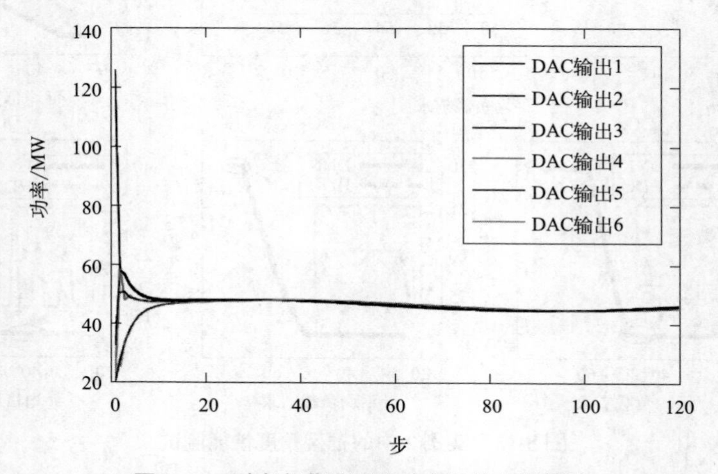

图 8-16　时变负荷发现的动态平均共识算法

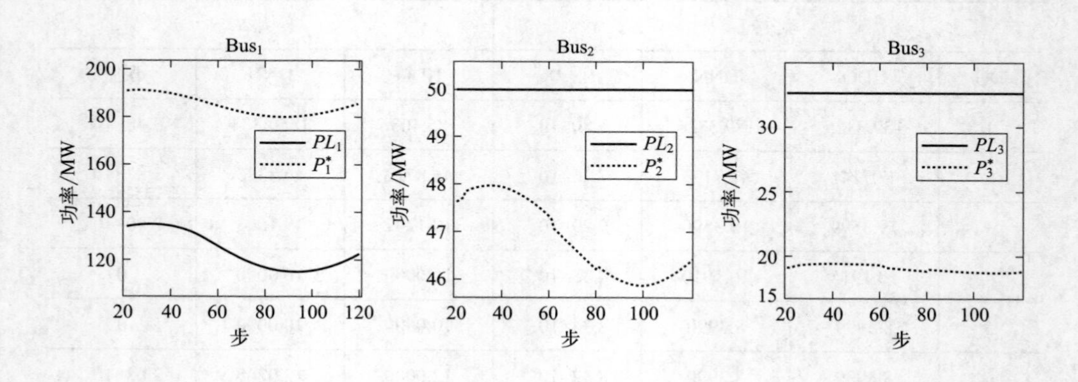

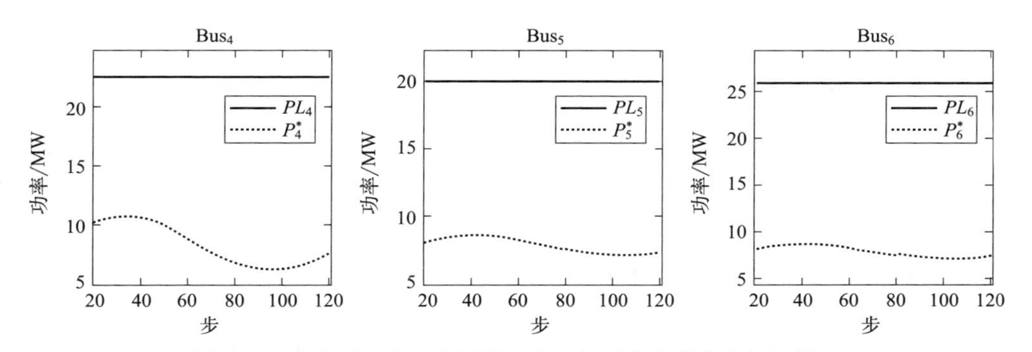

图 8-17 在实例 1 中，基于学习方法的时变负载在线经济调度

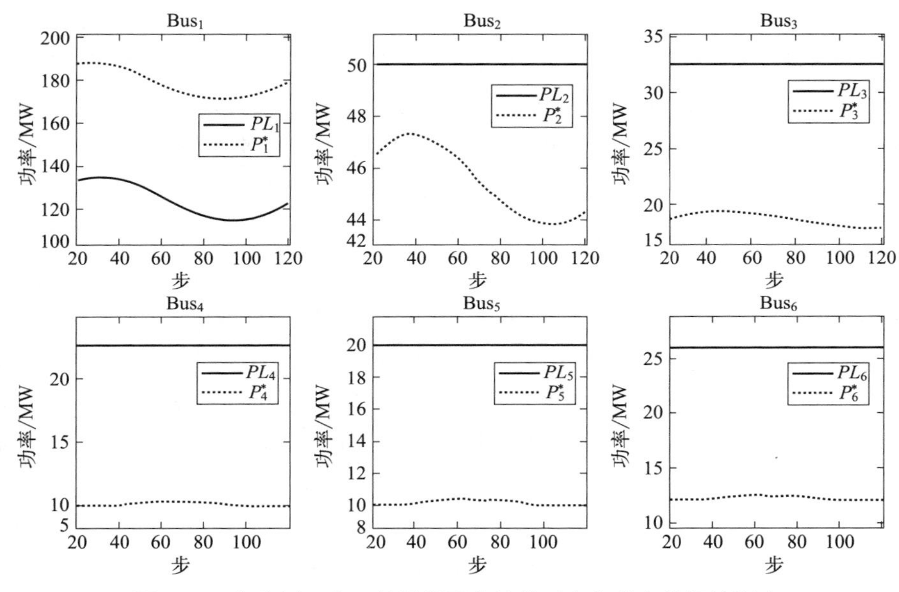

图 8-18 在实例 2 中，基于学习方法的时变负载在线经济调度

（4）大规模电力系统的可扩展性性能

为了测试我们所提架构的可扩展性，本节首先选择 IEEE-118 总线电力系统作为测试系统，然后考虑由 100、500 和 1000 台 DGs 组成的 3 个大型电力系统。

① IEEE-118 总线电力系统：该系统有 54 台可调度发电机，其代价函数参数与本章参考文献 [41] 一致。同时，也考虑了输电功率损失。则式（8-1）可以重新表述为：

$$\begin{cases} \min\limits_{P} \sum\limits_{i \in DG} f_i(P_i) \\ \text{s.t.} \sum\limits_{i \in DG} P_i = P_{\mathrm{d}} + L(P) \\ P_i^{\min} \leqslant P_i \leqslant P_i^{\max}, \quad \forall i \in DG \end{cases} \tag{8-60}$$

式中，$L(P)$ 为智能电网系统的有功功率损耗。与本章参考文献［42］的结果类似，它只需要满足一个一般的假设，即 $L(\bullet)$ 是非负可微的，且满足：

$$\gamma_i(P)=\frac{\partial L}{\partial P_i}\leqslant\gamma_0<1 \tag{8-61}$$

式中，γ_i 为第 i 台 DG 在智能电网传输线中损失的额外单位的功率的分数。与文献［42］的结果类似，在本案例研究中，假设 γ_i 在［1%，2%］范围内随机变化，这意味着在智能电网传动系统中损失了 1% ～ 2% 的 DGs 输出功率。

在训练数据生成步骤中，我们将所有 DGs 的 γ_i 固定为 1.5%，并使总负荷需求 P_{d} 在［5000MW，15000MW］范围内随机变化。数据采样分辨率设置为 1MW，远高于 6 总线的智能电网系统。其他实验参数设置与实例 1、实例 2 相同。为了更直观地展示结果，将 P_{d} =10000MW 输入我们的方案中，然后将其输出与 HDO 算法在随机传输功率损耗（即 1% ～ 2% 规则）和固定功率损耗（即 1.5% 规则）下的结果进行比较。此外，为了更好地确定我们的方法对随机功率损耗的鲁棒性，根据相应的 1% ～ 2% 规则生成了额外的测试数据。对比结果见表 8-4。可以看出，在 1.5% 规则下（即固定 1.5% 的功耗损耗），我们提出的方法与 HDO 算法的结果基本相同，平均误差 $|\bar{e}_2|$ 为 6×10^{-4}。另外，在 1% ～ 2% 规则下（即随机功率损耗在［1%，2%］范围内变化），DNNs 的输出与 HDO 算法的平均误差为 $|\bar{e}_1|=0.42$ 。这表明，即使在智能电网系统中存在不可避免的随机功率损耗，所有的发电机都能准确地估计出所提方案的最优功率输出。此外，还比较了我们提出的算法与 HDO 算法的计算时间。在这个案例研究中，HDO 算法需要 12.76s，而本节方法只要 0.38s。因此所提出的方法在逼近精度和计算效率方面都取得了优异的性能。

② 3 个大型电力系统：考虑 100、500、1000 台 DGs 的 3 个大型电力系统。这些 DG 的代价函数参数随机产生在以下范围内，即 $\alpha_i\in$［0.01，0.02］，$\beta_i\in$［1，2］。总负载需求 P_{d} 也在其标称值 P_{d}' 的 80% ～ 120% 之间随机产生。将数据采样分辨率设为 0.01，根据电力系统可扩展性的不同，将本节算法的计算时间与在文献［9］中传统基于梯度的 HDO 算法和在文献［40］中 ADMM 算法的计算时间进行比较，总结如表 8-5 所示。请注意，HDO 算法和 ADMM 算法在 MATLAB R2018a 中运行，而基于 DNN 的算法在 Python 3.7.2 中运行。这些都是在同一台服务器计算机上进行的。可以看出，随着系统规模的扩大，HDO 算法和 ADMM 算法所需的 CPU 计算时间越来越长。然而，无论系统大小如何，我们所提出的框架仍然停留在非常少的计算时间。换句话说，本节提出的基于学习的优化方法在实时优化功率分配方面具有巨大的优势，特别是在大型电力系统中。

表 8-4 提出算法在 IEEE-118 母线电力系统（P_d=10000MW）中的离线精度性能测试

DG	P_i			误差		DG	P_i			误差	
	HDO(1%～2%)	HDO(1.5%)	DNN	$\|e_1\|$	$\|e_2\|$		HDO(1%～2%)	HDO(1.5%)	DNN	$\|e_1\|$	$\|e_2\|$
1	146.07	146.64	146.64	0.57	4.27×10^{-4}	28	448.04	448.26	448.26	0.22	2.23×10^{-3}
2	146.07	146.64	146.64	0.57	2.90×10^{-4}	29	449.27	449.49	449.49	0.22	2.11×10^{-3}
3	146.07	146.64	146.64	0.57	9.16×10^{-5}	30	591.99	592.28	592.28	0.28	8.54×10^{-4}
4	146.07	146.64	146.64	0.57	3.05×10^{-4}	31	146.07	146.64	146.64	0.57	2.90×10^{-4}
5	515.78	516.04	516.04	0.26	1.04×10^{-3}	32	146.07	146.64	146.64	0.57	2.14×10^{-4}
6	97.41	97.46	97.46	0.05	5.95×10^{-4}	33	146.07	146.64	146.64	0.57	5.65×10^{-4}
7	146.07	146.64	146.64	0.57	2.29×10^{-4}	34	146.07	146.64	146.64	0.57	5.19×10^{-4}
8	146.07	146.64	146.64	0.57	2.90×10^{-4}	35	146.07	146.64	146.64	0.57	2.75×10^{-4}
9	146.07	146.64	146.64	0.57	7.63×10^{-5}	36	146.07	146.64	146.64	0.57	6.56×10^{-4}
10	146.07	146.64	146.64	0.57	3.81×10^{-4}	37	546.79	574.06	574.06	0.27	6.71×10^{-4}
11	252.17	252.29	252.29	0.12	2.03×10^{-3}	38	146.07	146.64	146.64	0.57	4.27×10^{-4}
12	359.84	360.01	360.01	0.17	1.34×10^{-3}	39	4.58	4.59	4.59	0.00	6.45×10^{-4}
13	146.07	146.64	146.64	0.57	3.36×10^{-4}	40	695.85	696.20	696.20	0.35	2.87×10^{-3}
14	8.02	8.03	8.03	0.00	1.72×10^{-4}	41	146.07	146.64	146.64	0.57	5.19×10^{-4}
15	146.07	146.64	146.64	0.57	7.63×10^{-5}	42	146.07	146.64	146.64	0.57	3.05×10^{-4}
16	146.07	146.64	146.64	0.57	1.37×10^{-4}	43	146.07	146.64	146.64	0.57	3.66×10^{-4}
17	146.07	146.64	146.64	0.57	2.44×10^{-4}	44	146.07	146.64	146.64	0.57	3.36×10^{-4}
18	146.07	146.64	146.64	0.57	6.41×10^{-4}	45	288.83	288.97	288.97	0.14	7.63×10^{-4}
19	146.07	146.64	146.64	0.57	3.51×10^{-4}	46	45.84	45.87	45.87	0.02	1.98×10^{-4}
20	21.78	21.79	21.79	0.01	3.72×10^{-4}	47	146.07	146.64	146.64	0.57	1.83×10^{-4}
21	233.80	233.91	233.91	0.11	2.01×10^{-3}	48	146.07	146.64	146.64	0.57	2.29×10^{-4}
22	55.01	55.04	55.04	0.03	3.59×10^{-4}	49	146.07	146.64	146.64	0.57	5.19×10^{-4}
23	146.07	146.64	146.64	0.57	6.56×10^{-4}	50	146.07	146.64	146.64	0.57	5.04×10^{-4}
24	146.07	146.64	146.64	0.57	1.53×10^{-4}	51	41.26	41.28	41.28	0.02	3.81×10^{-4}
25	177.63	177.72	177.72	0.09	1.33×10^{-3}	52	146.07	146.64	146.64	0.57	1.83×10^{-4}
26	183.37	183.46	183.46	0.09	5.80×10^{-4}	53	146.07	146.64	146.64	0.57	4.57×10^{-4}
27	146.07	146.64	146.64	0.57	3.05×10^{-4}	54	146.07	146.64	146.64	0.57	3.51×10^{-4}
平均误差 $\|e_1\|$ 0.42						平均误差 $\|\overline{e}_2\|$ 6.00×10^{-4}					

表 8-5 所提算法的可扩展性性能测试

案例（P'_{d},N）	CPU 总时间 /s			
	DNN（Python）	HDO（Matlab）	ADMM（Matlab）	DNN/HDO
（10000,100）	0.4325	20.7813	67.3539	2.08%
（50000,500）	0.7291	126.2656	294.9357	0.58%
（100000,1000）	0.8754	1081.1718	635.8829	0.08%

（5）动态发电机状态的灵活性性能

考虑到在实际场景中，一些发电机会因为特定的原因[43]而开启 / 关闭，所以设计的算法应该能够适应发电机的不同状态。因此，本案例将发电机的平均状态 $\frac{U_{1\sim N}}{N} \triangleq \frac{\sum_{i}^{N} 2^{N-1} U_N}{N}$ 和平均总负荷需求 $\frac{P_{\mathrm{d}}}{N}$ 作为 DNN 的输入。具体来说，发电机的状态首先被表示为一组二进制变量 $[U_N,\cdots,U_1]$，其中 $U_i=1$ 表示第 i 台发电机处于开启状态，否则为关闭状态。然后每个二进制变量转换成一个十进制变量 $[2^{N-1}U_n,\cdots,2^0U_1]$。最后，用这些十进制变量作为动态平均一致性算法的初始状态，立即得到发电机的平均状态，然后输入局部 DNN 中。

测试系统同样选择 IEEE-118 总线电力系统，同时也考虑了发电约束。为了构建具有充分代表性的数据集，$U_{1\sim N}$ 遍历所有可行发电机状态，P_{d} 在相应的可行区域内均匀采样。当验证集的平均 MSE 值小于 1×10^{-3} 时，训练过程停止。其余的实验设置与可扩展性性能测试相同。

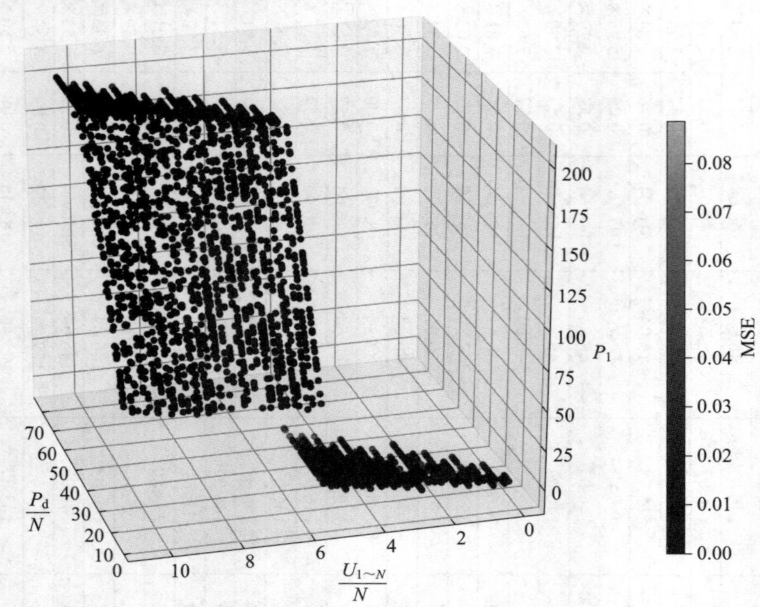

图 8-19 基于发电机动态状态的框架精度性能测试方法

如图 8-19 所示，三维空间中可视化的测试样本有 3000 个，每个点都代表 HDO 算法得到的最优解。每个点的颜色分别表示 HDO 和 DNN 得到的两种解对应的 *MSE*。可以观察到，我们提出的方法产生令人满意的解决方案，平均 *MSE* 为 1.07×10^{-3}。

为了进一步验证所提基于学习的架构的在线经济调度性能，除了维持动态负载外，我们还在时间步长 200 时关闭第 6 台发电机，并在 600 步内绘制出经济调度结果，如图 8-20 所示。可以看到 6 总线系统中各发电机实时实现了经济调度，说明基于 DNN 的框架能够很好地适应发电机的动态状态。

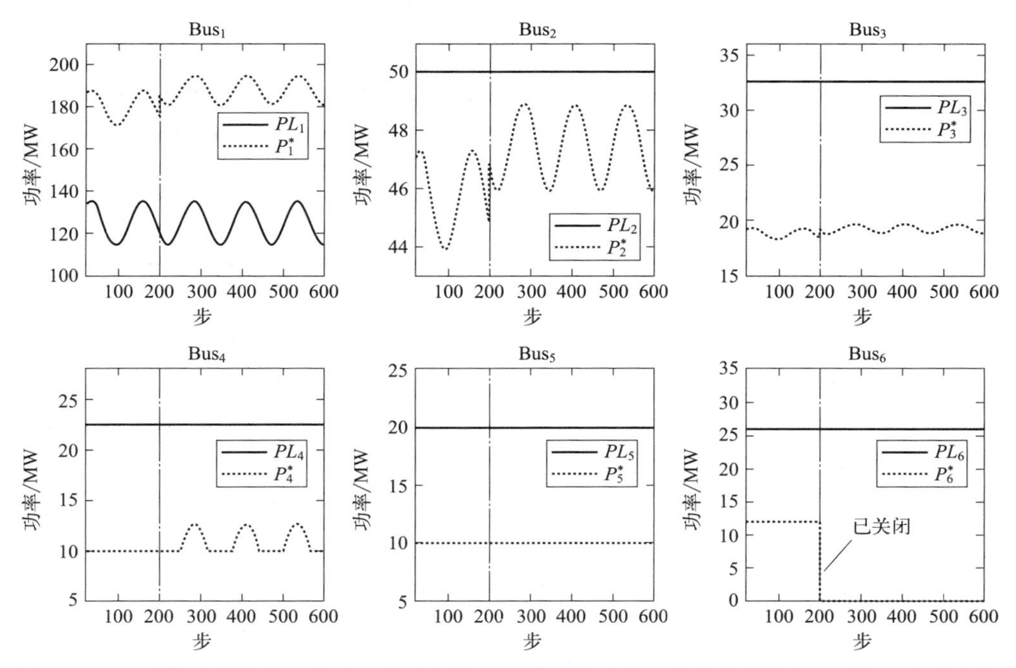

图 8-20　在时变负载和发电机动态状态下的基于学习的功率在线优化分配方法（第 6 台发电机在第 200 步关闭）

参考文献

[1] LASSETER R H. Microgrids [C]// Proceedings of Power Engineering Society Winter Meeting. Piscataway，NJ: IEEE，2002，1: 305-308.

[2] HAN H，HOU X，Yang J，et al. Review of power sharing control strategies for islanding operation of ac microgrids [J]. IEEE Transactions on Smart Grid，2016，7 (1): 200-215.

[3] WEN G，HU G，HU J，et al. Frequency regulation of source-grid-load systems: a compound control strategy [J]. IEEE

Transactions on Industrial Informatics, 2015,12 (1): 69-78.

[4] WANG D, WANG Z, WEN C. Distributed optimal consensus control for a class of uncertain nonlinear multiagent networks with disturbance rejection using adaptive technique [J]. IEEE Transactions on Systems, Man, and Cybernetics: Systems, 2021, 51 (7): 4389-4399.

[5] CHEN G, YANG Q. An admm-based distributed algorithm for economic dispatch in islanded microgrids [J]. IEEE Transactions on Industrial Informatics, 2018, 14 (9): 3892-3903.

[6] LI C, YU X, HUANG T, et al. Distributed optimal consensus over resource allocation network and its application to dynamical economic dispatch [J]. IEEE Transactions on Neural Networks and Learning Systems, 2017, 29 (6): 2407-2418.

[7] YUAN D, HO D W, XU S. Regularized primal - dual subgradient method for distributed constrained optimization [J]. IEEE Transactions on Cybernetics, 2015, 46 (9): 2109-2118.

[8] WANG D, CHEN M, WANG W. Distributed extremum seeking for optimal resource allocation and its application to economic dispatch in smart grids [J]. IEEE Transactions on Neural Networks and Learning Systems, 2019, 30 (10): 3161-3171.

[9] GUO F, WEN C, MAO J, et al. Hierarchical decentralized optimization architecture for economic dispatch: a new approach for large-scale power system [J]. IEEE Transactions on Industrial Informatics, 2018, 14 (2): 523-534.

[10] ZHANG Y, MENG F, WANG R, et al. Uncertaintyresistant stochastic mpc approach for optimal operation of chp microgrid [J]. Energy, 2019, 179: 1265-1278.

[11] PARISIO A, WIEZOREK C, KYNTÄJÄ T, et al. Cooperative mpc-based energy management for networked microgrids [J]. IEEE Transactions on Smart Grid, 2017, 8 (6): 3066-3074, 2017.

[12] LOU G, GU W, XU Y, et al. Distributed mpc-based secondary voltage control scheme for autonomous droop-controlled microgrids [J]. IEEE Transactions on Sustainable Energy, 2016, 8 (2): 792-804.

[13] LI F, QIN J, ZHENG W X. Distributed q-learning-based online optimization algorithm for unit commitment and dispatch in smart grid [J]. IEEE Transactions on Cybernetics, 2020, 50 (9): 4146-4156.

[14] DAI P, YU W, WEN G, et al. Distributed reinforcement learning algorithm for dynamic economic dispatch with unknown generation cost functions [J]. IEEE Transactions on Industrial Informatics, 2019, 16 (4): 2258-2267.

[15] LI F, QIN J, KANG Y, et al. Consensus based distributed reinforcement learning for nonconvex economic power

dispatch in microgrids [C]// International Conference on Neural Information Processing. Berlin: Springer, 2017: 831-839.

[16] EISEN M, ZHANG C, CHAMON L F O, et al. Learning optimal resource allocations in wireless systems [J]. IEEE Transactions on Signal Processing, 2019, 67 (10): 2775-2790.

[17] LI K, MALIK J. Learning to optimize [J]. arXiv preprint arXiv: 1606.01885, 2016.

[18] LIANG S, SRIKANT R. Why deep neural networks for function approximation? [J]. arXiv preprint arXiv: 1610.04161, 2016.

[19] NANDA J, SACHAN A, PRADHAN L, et al. Application of artifificial neural network to economic load dispatch [C]//1997 Fourth International Conference on Advances in Power System Control, Operation and Management. Piscataway, NJ: IEEE, 1997, 2: 707-711.

[20] PANTA S, PREMRUDEEPREECHACHANI S, NUCHPRAYOON S, et al. Optimal economic dispatch for power generation using artifificial neural network [C]// 2007 International Power Engineering Conference (IPEC 2007) . Piscataway, NJ: IEEE, 2007: 1343-1348.

[21] SUN H, CHEN X, SHI Q, et al. Learning to optimize: training deep neural networks for interference management [J]. IEEE Transactions on Signal Processing, 2018, 66 (20): 5438-5453.

[22] SÁNCHEZ-SÁNCHEZ C, IZZO D.Real-time optimal control via deep neural networks: study on landing problems [J]. Journal of Guidance, Control, and Dynamics, 2018, 41 (5): 1122-1135.

[23] YOU S, WAN C, DAI R, et al. Learning-based optimal control for planetary entry, powered descent and landing guidance [C]// AIAA Scitech 2020 Forum.Reston, VA: AIAA, 2020: 0849.

[24] CHENG L, WANG Z, SONG Y, et al. Real-time optimal control for irregular asteroid landings using deep neural networks [J]. Acta Astronautica, 2020, 170: 66-79.

[25] GUO F, LI G, WEN C, et al. An accelerated distributed gradient-based algorithm for constrained optimization with application to economic dispatch in a large-scale power system [J]. IEEE Transactions on Systems, Man, and Cybernetics: Systems, 2021, 51 (4): 2041-2053.

[26] AHN S J, NAM S R, CHOI J H, et al. Power scheduling of distributed generators for economic and stable operation of a microgrid [J]. IEEE Transactions on Smart Grid, 2013, 4 (1): 398-405.

[27] CHEN G, LEWIS F L, FENG E N, et al. Distributed optimal active power control of multiple generation systems [J]. IEEE Transactions on Industrial Electronics, 2015, 62 (11): 7079-7090.

[28] LI C, YU X, YU W, et al. Distributed event-triggered scheme for economic dispatch in smart grids [J]. IEEE Transactions on Industrial Informatics,

2016, 12 (5): 1775-1785.

[29] ZHU M, MARTÍNEZ S. Discrete-time dynamic average consensus [J]. Automatica, 2010, 46 (2): 322-329.

[30] GUO F, WEN C, SONG Y D. Distributed control and optimization technologies in smart grid systems [M]. Boca Raton, Florida: CRC Press, 2017.

[31] LIANG H, CHOI B J, ZHUANG W, et al. Stability enhancement of decentralized inverter control through wireless communications in microgrids [J]. IEEE Transactions on Smart Grid, 2013, 4 (1): 321-331.

[32] KINGMA D P, BA J. Adam: A method for stochastic optimization [J]. arXiv preprint arXiv: 1412.6980, 2014.

[33] LECUN Y, BENGIO Y, et al. Convolutional networks for images, speech, and time series [J]. The Handbook of Brain Theory and Neural Networks, 1995, 3361 (10): 1995.

[34] GERS F A, SCHMIDHUBER J, CUMMINS F. Learning to forget: continual prediction with lstm [J]. Neural Computation, 2000, 12 (10): 2451-2471.

[35] NG A, et al. Sparse autoencoder [J]. CS294A Lecture Notes, 2011, 72 (2011): 1-19.

[36] SCARSELLI F, GORI M, TSOI A C, et al. The graph neural network model [J]. IEEE Transactions on Neural Networks, 2008, 20 (1): 61-80.

[37] HORNIK K, STINCHCOMBE M, WHITE H. Multilayer feedforward networks are universal approximators [J]. Neural networks, 1989, 2 (5): 359-366.

[38] LE X, CHEN S, YAN Z, et al. A neurodynamic approach to distributed optimization with globally coupled constraints [J]. IEEE Transactions on Cybernetics, 2018, 48 (11): 3149-3158

[39] LIANG F, SHEN C, YU W, et al. Towards optimal power control via ensembling deep neural networks [J]. IEEE Transactions on Communications, 2020, 68 (3): 1760-1776.

[40] DENG W, LAI M J, PENG Z, et al. Parallel multi-block admm with o (1/k) convergence [J]. Journal of Scientifific Computing, 2017, 71 (2): 712-736.

[41] LIPKA P A, O' NEILL R P, OREN S. Developing line current magnitude constraints for IEEE test problems-optimal power flow paper 7 [OL]. Apr. 2013. 2013. Available: https: //www.ferc. gov/industries/electric/indusact/market-planning/opf-papers/acopf-7-line-constraints. pdf.

[42] MUDUMBAI R, DASGUPTA S, CHO B B. Distributed control for optimal economic dispatch of a network of heterogeneous power generators [J]. IEEE Transactions on Power Systems, 2012, 27 (4): 1750-1760.

[43] WEN G, YU X, LIU Z W, et al. Adaptive consensus-based robust strategy for economic dispatch of smart grids subject to communication uncertainties [J]. IEEE Transactions on Industrial Informatics, 2017, 14 (6): 2484-2496.